MATHEMATISCHE LEITFÄDEN

Herausgegeben von Professor Dr. phil. Dr. h. c. G. Köthe, Universität Frankfurt/M.

Kategorien und Funktoren

Von Dr. rer. nat. BODO PAREIGIS
Privatdozent an der Universität München

1969 · Mit 49 Aufgaben und zahlreichen Beispielen

Springer Fachmedien Wiesbaden GmbH

ISBN 978-3-519-02210-7   ISBN 978-3-663-12190-9 (eBook)
DOI 10.1007/978-3-663-12190-9

Verlagsnummer 2210

Weinheim und Hemsbach/Bergstr. und Bad Homburg v. d. H.
Umschlaggestaltung: W. Koch, Stuttgart

Vorwort

Im Jahre 1945 haben E i l e n b e r g und M a c L a n e in ihrer Arbeit über eine „General theory of natural equivalences" [1] die Grundlagen zur Theorie der Kategorien und Funktoren gelegt. Es dauerte dann noch zehn Jahre, bis die Zeit für eine Weiterentwicklung dieser Theorie reif war. Zu Beginn des Jahrhunderts hatte man noch vorwiegend einzelne mathematische Objekte studiert, in den letzten Dekaden jedoch hat sich das Interesse immer mehr der Untersuchung der zulässigen Abbildungen zwischen mathematischen Objekten und von ganzen Klassen von Objekten zugewendet. Die angemessene Methode für diese neue Auffassung ist die Theorie der Kategorien und Funktoren. Ihre neue Sprache — selbst von ihren Begründern zunächst als „general abstract nonsense" bezeichnet — breitete sich in den verschiedensten Gebieten der Mathematik aus.

Die Theorie der Kategorien und Funktoren abstrahiert die Begriffe „Objekt" und „Abbildung" von den zugrunde liegenden mathematischen Gebieten, z. B. der Algebra oder der Topologie, und untersucht, welche Aussagen in einer solchen abstrakten Struktur möglich sind. Diese sind dann in all den mathematischen Gebieten gültig, die sich mit dieser Sprache erfassen lassen.

Selbstverständlich bestehen heute einige Tendenzen, die Theorie der Kategorien und Funktoren zu verselbständigen und losgelöst von anderen mathematischen Disziplinen zu betrachten, was zum Beispiel im Hinblick auf die Grundlagen der Mathematik einen besonderen Reiz hat. Zur Zeit scheint der größte Wert jedoch darin zu liegen, daß sich viele verschiedene Gebiete der Mathematik als Kategorien interpretieren lassen und daß die Mittel und Sätze dieser Theorie auf diesen Gebieten angewendet werden können. Damit wird es möglich, größere Teile der schon unüberschaubar gewordenen Mathematik wieder gemeinsam zu erfassen. Wie oft kommt es doch vor, daß etwa Beweise in der Algebra und in der Topologie „ähnliche" Methoden verwendet haben! Diese neue Sprache vermag es, viele dieser „Ähnlichkeiten" exakt auszudrücken. Damit geht gleichzeitig eine Vereinheitlichung parallel. Deshalb wird sich der Mathematiker, der sich mit dieser Sprache vertraut gemacht hat, oft leichter in die Grundlagen eines neuen Gebietes einarbeiten können, als das früher der Fall war, vor allem, wenn diese Grundlagen in kategorietheoretischer Form gegeben sind.

Dieses Buch soll eine Einführung in die Theorie der Kategorien und Funktoren geben sowohl für den Mathematiker, der sich noch nicht mit dieser Theorie vertraut gemacht hat, als auch für den Studenten etwa nach dem zweiten oder dritten Semester, dem dann erste Beispiele zur Anwendung zur Verfügung stehen. Aus diesem Grunde ist das erste Kapitel auch sehr ausführlich gehalten. Die wichtigsten Begriffe, die in den meisten mathematischen Disziplinen in der einen oder anderen Form auftreten, werden in der Sprache der Kategorien ausgedrückt. Die Beispiele — meist algebraischer und topologischer Art — sollen sowohl als Anwendungen als auch als eine mögliche Form, sich in das betreffende Gebiet einzuarbeiten, verstanden werden.

---

[1] Trans. Amer. Math. Soc. 58 (1945).

Im zweiten Kapitel werden vor allem adjungierte Funktoren und Limites behandelt in der Art, wie sie von D. N. Kan eingeführt wurde.

Das dritte Kapitel soll zeigen, wieweit das Gebiet der universellen Algebra mit kategorietheoretischen Mitteln erfaßt werden kann. Damit wird eine der zur Zeit interessantesten Anwendungen der Theorie der Kategorien und Funktoren dargestellt.

Die abelschen Kategorien im vierten Kapitel sind eine wichtige Verallgemeinerung der Kategorien von Moduln. Daher werden besonders interessante Sätze über Moduln in diesem allgemeineren Rahmen bewiesen. Die Einbettungssätze am Schluß des Kapitels gestatten es außerdem, viele weitere Resultate von Modulkategorien auf beliebige abelsche Kategorien zu übertragen.

Der Anhang über Mengenlehre bringt einerseits die axiomatische Grundlegung für die mengentheoretischen Begriffe, die zur Definition der kategorietheoretischen Begriffe verwendet werden. Dabei wird die Axiomatik von Gödel und Bernays verwendet. Andrerseits soll dort eine Formulierung des Auswahlaxioms angegeben werden, die für die Theorie der Kategorien und Funktoren besonders bequem ist.

Dieses Buch ist wie schon erwähnt als Einführung gedacht und soll damit die Grundlage für ein Studium der Fachliteratur bieten. Deshalb wird am Ende des Buches auf einige wichtige Veröffentlichungen hingewiesen, vor allem auf solche, in denen der Leser weitere Hinweise auf die Spezialliteratur finden kann.

Ich danke dem Herausgeber Professor Dr. Dr. h.c. G. Köthe für die Aufnahme dieses Buches in die Reihe der Leitfäden der Mathematik und dem Verlag B. G. Teubner für die gute Zusammenarbeit bei der Drucklegung. Besonderen Dank schulde ich Herrn Professor Dr. F. Kasch für die Anregung, die Ausarbeitung meiner Vorlesung über Kategorien und Funktoren zu dem vorliegenden Buch auszubauen. Beim Lesen der Korrekturen wurde ich freundlicherweise unterstützt von den Herren Dr. J. Beck, Prof. Dr. F. Kasch, Dr. U. Oberst, Dr. R. Rentschler und Dr. H.-J. Schneider. Die mühevolle Arbeit, die Stichwörter zu diesem Buch zusammenzustellen, hat meine Frau übernommen. Allen sei an dieser Stelle mein Dank ausgesprochen.

München, im Sommer 1969   B. Pareigis

Inhalt

1 Grundlagen

In den ersten Abschnitten dieses Kapitels werden die grundlegenden Begriffe Kategorie, Funktor und funktorieller Morphismus eingeführt. Die weiteren Abschnitte beschäftigen sich dann hauptsächlich mit Begriffen, die in Kategorien für Objekte und Morphismen wichtig sind. Nur in den letzten beiden Abschnitten wird ausführlicher auf Funktoren und funktorielle Morphismen eingegangen. Dabei ist das Yoneda-Lemma wohl als einer der wichtigsten Sätze in der Theorie der Kategorien und Funktoren zu betrachten.

Die Beispiele, die in 1.1 gegeben werden, werden zum Teil weiter verfolgt, so daß am Schluß des Kapitels für einige Kategorien alle eingeführten Begriffe in den einzelnen Kategorien in der jeweils speziellen Form bekannt sind. Zum Teil bleibt es dabei dem Leser überlassen zu verifizieren, daß die angegebenen Objekte oder Morphismen in den entsprechenden Kategorien die behaupteten Eigenschaften besitzen. Viele Beispiele werden aber auch ausführlich durchgerechnet.

1.1 Definition der Kategorie

In der modernen Mathematik werden in zunehmendem Maße außer den mathematischen Objekten auch die zwischen ihnen definierten zulässigen Abbildungen untersucht. Schon am Beispiel der Mengen wird dies klar. Außer den Mengen, die in der Mengenlehre die mathematischen Objekte bilden (siehe dazu den Anhang), sind auch die Mengenabbildungen von Interesse. Sehr viel kann schon über eine Menge gesagt werden, wenn man nur die Abbildungen in diese Menge hinein von allen anderen Mengen kennt. So kann man z. B. die Menge, die aus nur einem Element besteht, dadurch kennzeichnen, daß von jeder anderen Menge genau eine Abbildung in sie hinein führt.

Wir wollen zunächst die Eigenschaften, die mathematische Objekte und zulässige Abbildungen in allen bekannten Anwendungen haben, in einer Definition zusammenfassen. Dabei legen wir die im Anhang behandelte Mengenlehre zugrunde.

Sei $\mathscr{C}$ eine Klasse von Objekten $A, B, C, \ldots \in \mathrm{Ob}\,\mathscr{C}$ zusammen mit

1) einer Familie von paarweise disjunkten Mengen $\{\mathrm{Mor}_\mathscr{C}(A,B)\}$ für alle Objekte $A, B \in \mathscr{C}$, deren Elemente $f, g, h, \ldots \in \mathrm{Mor}_\mathscr{C}(A,B)$ Morphismen heißen und

2) einer Familie von Abbildungen

$$\{\mathrm{Mor}_\mathscr{C}(A,B) \times \mathrm{Mor}_\mathscr{C}(B,C) \ni (f,g) \quad \mapsto \quad gf \in \mathrm{Mor}_\mathscr{C}(A,C)\}$$

für alle $A, B, C \in \mathrm{Ob}\,\mathscr{C}$, die Verknüpfungen genannt werden.

$\mathscr{C}$ heißt eine Kategorie, wenn $\mathscr{C}$ folgende Axiome erfüllt:

1) Assoziativität: Für alle $A, B, C, D \in \mathrm{Ob}\,\mathscr{C}$ und alle

$$f \in \mathrm{Mor}_\mathscr{C}(A,B), \; g \in \mathrm{Mor}_\mathscr{C}(B,C) \quad \text{und} \quad h \in \mathrm{Mor}_\mathscr{C}(C,D)$$

ist
$$h(gf) = (hg)f.$$

2) **Identität:** Für jedes Objekt $A \in \mathrm{Ob}\,\mathscr{C}$ existiert ein Morphismus $1_A \in \mathrm{Mor}_\mathscr{C}(A,A)$, Identität genannt, so daß für alle $B, C \in \mathrm{Ob}\,\mathscr{C}$ und alle $f \in \mathrm{Mor}_\mathscr{C}(A,B)$ und $g \in \mathrm{Mor}_\mathscr{C}(C,A)$ gilt

$$f\,1_A = f \quad \text{und} \quad 1_A g = g\,.$$

Zu einer Kategorie $\mathscr{C}$ gehören also immer die Klasse der Objekte und die Klasse der Morphismenmengen und zusätzlich die Verknüpfungen von Morphismen. Die Verknüpfungen hatten wir in unserem Beispiel der Mengen noch nicht besprochen, während die Morphismen den dort besprochenen Abbildungen entsprechen. Die Verknüpfung von Morphismen entspricht im Fall der Mengen der Hintereinanderausführung der Mengenabbildungen. Diese Hintereinanderausführung ist bekanntlich assoziativ. Die identische Abbildung auf einer Menge erfüllt das Axiom der Identität. Damit bilden alle Mengen zusammen mit den Mengenabbildungen und der Hintereinanderausführung eine Kategorie, die wir auch mit **Me** bezeichnen werden.

Hier wird schon klar, warum man eine Klasse von Objekten betrachtet, denn die Gesamtheit aller Mengen bildet wegen der bekannten Antinomien der Mengenlehre keine Menge mehr. Einer der bekannten Auswege aus dieser Schwierigkeit ist die Einführung neuer „uferloser" Mengen unter dem Namen Klassen. Die axiomatische Behandlung dieser Mengenlehre behandeln wir im Anhang. Eine weitere Möglichkeit ist die axiomatische Forderung von Universen, in denen alle mengentheoretischen Konstruktionen eine gewisse Kardinalzahl nicht überschreiten. Das ermöglicht in manchen Fällen eine elegantere Formulierung der Sätze über Kategorien, setzt dafür aber ein weiteres Axiom für die Mengenlehre voraus. Diese Möglichkeit wurde wesentlich von A. Grothendieck und P. Gabriel verwendet. W. Lawvere hat eine Theorie entwickelt, in der die Kategorien axiomatisch ohne Verwendung der Mengenlehre eingeführt werden und die Mengenlehre daraus hergeleitet wird. Es wird hier nur die Mengenlehre nach Gödel-Bernays (Anhang) verwendet werden.

Ehe wir weitere Beispiele für Kategorien untersuchen, soll eine Reihe von abkürzenden Schreibweisen verabredet werden. Im allgemeinen werden Objekte mit großen und Morphismen mit kleinen lateinischen Buchstaben bezeichnet. Daß A ein Objekt von $\mathscr{C}$ ist, drücken wir auch durch $A \in \mathscr{C}$ aus, und $f \in \mathscr{C}$ soll heißen, f ist ein Morphismus zwischen zwei Objekten von $\mathscr{C}$. $f \in \mathscr{C}$ bedeutet also, daß es zwei eindeutig bestimmte Objekte $A, B \in \mathscr{C}$ gibt, so daß $f \in \mathrm{Mor}_\mathscr{C}(A,B)$. A heißt die **Quelle** von f und B das **Ziel** von f. Wir schreiben dann auch $f: A \to B$ oder $A \xrightarrow{f} B$. Wenn keine Verwechslungen auftreten können, wird $\mathrm{Mor}_\mathscr{C}(A,B)$ durch $\mathrm{Mor}(A,B)$ abgekürzt.

Die Vereinigung der Familie von Morphismenmengen einer Kategorie wird mit $\mathrm{Mor}\,\mathscr{C}$ bezeichnet. Man beachte, daß zwar $\mathrm{Mor}_\mathscr{C}(A,B)$ leer sein kann, daß aber $\mathrm{Mor}\,\mathscr{C}$ mindestens die Identitäten für jedes Objekt aus $\mathscr{C}$ enthält, also nur für eine leere Klasse von Objekten leer ist. Diese Kategorie heißt dann **leere Kategorie**. Weiter beachte man, daß zu jedem Objekt $A \in \mathscr{C}$ genau eine Identität 1_A existiert. Ist nämlich $1'_A$ eine weitere Identität für A, so ist $1'_A = 1'_A 1_A = 1_A$.

In den folgenden Beispielen werden jeweils nur die Objekte und Morphismen einer Kategorie angegeben. Die Verknüpfung von Morphismen wird nur dann angegeben, wenn sie nicht die Hintereinanderausführung von Abbildungen ist. Dem Leser bleibt es überlassen, die Axiome für Kategorien in den nachstehenden Beispielen zu verifizieren.

Beispiele. 1. **Me**-Kategorie der Mengen: Sie ist oben und im Anhang hinreichend beschrieben.

2. Kategorie der geordneten Mengen: Eine Menge heißt geordnet, wenn auf ihr eine Relation erklärt ist, die reflexiv ($a \in A \Rightarrow a \leq a$), transitiv ($a \leq b, b \leq c \Rightarrow a \leq c$) und antisymmetrisch ($a \leq b, b \leq a \Rightarrow a = b$) ist. Die geordneten Mengen bilden die Objekte der betrachteten Kategorie. Eine Abbildung f zwischen zwei geordneten Mengen heißt ordnungstreu, wenn aus $a \leq b$ folgt $f(a) \leq f(b)$. Die ordnungstreuen Abbildungen bilden die Morphismen der Kategorie.

3. Me*-Kategorie der punktierten Mengen: Eine punktierte Menge ist ein Paar (A,a), wobei A eine nichtleere Menge und $a \in A$ ist. Eine punktierte Abbildung f von (A,a) in (B,b) ist eine Abbildung $f: A \to B$ mit $f(a) = b$. Die punktierten Mengen bilden die Objekte, die punktierten Abbildungen die Morphismen dieser Kategorie.

4. Gr-Kategorie der Gruppen: Eine Gruppe besteht aus einer nichtleeren Menge A zusammen mit einer Verknüpfung

$$A \times A \ni (a,b) \quad \mapsto \quad ab \in A,$$

so daß folgende Axiome gelten:

1) $a(bc) = (ab)c$ für alle $a,b,c \in A$.
2) Es existiert ein $e \in A$ mit $ea = ae = a$ für alle $a \in A$.
3) Zu jedem $a \in A$ existiert ein $a^{-1} \in A$ mit $aa^{-1} = a^{-1}a = e$.

Ein Gruppenhomomorphismus f von einer Gruppe A in eine Gruppe B ist eine Abbildung von A in B mit $f(aa') = f(a)f(a')$. Die Gruppen bilden die Objekte, die Gruppenhomomorphismen die Morphismen dieser Kategorie.

5. Ab-Kategorie der abelschen Gruppen: Eine Gruppe A heißt abelsch, wenn $ab = ba$ für alle $a \in A$ gilt. Die abelschen Gruppen zusammen mit den Gruppenhomomorphismen bilden die Kategorie **Ab**.

6. Ri-Kategorie der unitären, assoziativen Ringe: Ein unitärer, assoziativer Ring besteht aus einer abelschen Gruppe A (deren Verknüpfung gewöhnlich als $(a,b) \mapsto a + b$ geschrieben wird) zusammen mit einer weiteren Verknüpfung

$$A \times A \ni (a,b) \quad \mapsto \quad ab \in A,$$

so daß folgende Axiome gelten:

1) $(a + b)c = ac + bc$ für alle $a,b,c \in A$,
2) $a(b + c) = ab + ac$ für alle $a,b,c \in A$,
3) $(ab)c = a(bc)$ für alle $a,b,c \in A$,
4) es existiert ein $1 \in A$ mit $1a = a1 = a$ für alle $a \in A$.

Ein unitärer Ringhomomorphismus f von einem unitären, assoziativen Ring A in einen unitären, assoziativen Ring B ist eine Abbildung von A in B mit $f(a + a') = f(a) + f(a')$, $f(aa') = f(a)f(a')$ und $f(1) = 1$. Die unitären assoziativen Ringe zusammen mit den unitären Ringhomomorphismen bilden die Kategorie **Ri**.

7. $_R$Mod-Kategorie der unitären R-Moduln (für einen unitären, assoziativen Ring R): Ein unitärer R-(Links-)Modul ist eine abelsche Gruppe A (deren Verknüpfung gewöhnlich als $(a,b) \mapsto a + b$ geschrieben wird) zusammen mit einer Verknüpfung

$$R \times A \ni (r,a) \quad \mapsto \quad ra \in A,$$

so daß folgende Axiome gelten:

1) $r(a + a') = ra + ra'$ für alle $r \in R, a,a' \in A$,
2) $(r + r')a = ra + r'a$ für alle $r,r' \in R, a \in A$,
3) $(rr')a = r(r'a)$ für alle $r,r' \in R, a \in A$,
4) $1a = a$ für alle $a \in A$.

Ein Homomorphismus f von einem unitären R-Modul A in einen unitären R-Modul B ist eine Abbildung von A in B mit $f(a + a') = f(a) + f(a')$ und $f(ra) = rf(a)$. Die unitären R-Moduln zusammen mit den Homomorphismen von unitären R-Moduln bilden die Kategorie $_R$**Mod**. Ist R ein Körper, so heißen die R-Moduln auch Vektorräume.

8. Top-Kategorie der topologischen Räume: Ein topologischer Raum ist eine Menge A zusammen mit einer Teilmenge $\mathcal{O}_A$, der Potenzmenge von A, so daß folgende Axiome gelten:

1) Ist $B_i \in \mathcal{O}_A, i \in I$, so ist $\bigcup_{i \in I} B_i \in \mathcal{O}_A$.

2) Ist $B_i \in \mathcal{O}_A, i = 1, \ldots, n$, so ist $\bigcap_{i=1}^{n} B_i \in \mathcal{O}_A$.

3) $\emptyset \in \mathcal{O}_A$.

4) $A \in \mathcal{O}_A$.

Die Elemente von $\mathcal{O}_A$ heißen offene Mengen von A. Eine stetige Abbildung f eines topologischen Raumes A in einen topologischen Raum B ist eine Abbildung von A in B mit $f^{-1}(C) \in \mathcal{O}_A$ für alle $C \in \mathcal{O}_B$. Die topologischen Räume zusammen mit den stetigen Abbildungen bilden die Kategorie **Top**.

9. Htp-Kategorie der topologischen Räume modulo Homotopie: Zwei stetige Abbildungen f und g eines topologischen Raumes A in einen topologischen Raum B heißen homotop, wenn es eine stetige Abbildung $h: I \times A \to I \times B$ mit $h(0,a) = f(a)$ und $h(1,a) = g(a)$ für alle $a \in A$ gibt, wobei I das Intervall $[0,1]$ der reellen Zahlen ist. Dabei sind die offenen Mengen $\mathcal{O}_{I \times A}$ von $I \times A$ beliebige Vereinigungen von Mengen der Form $J \times B$, wobei $J \subseteq I$ ein offenes Intervall und $B \in \mathcal{O}_A$ sind. Die Eigenschaft stetiger Abbildungen homotop zu sein ist eine Äquivalenzrelation! Die Äquivalenzklassen heißen Homotopieklassen von stetigen Abbildungen. Die Hintereinanderausführung homotoper stetiger Abbildungen ergibt wieder homotope Abbildungen! Damit definiert diese Hintereinanderausführung von Abbildungen eine Verknüpfung von Homotopieklassen, die unabhängig von der Wahl der Repräsentanten ist. Die topologischen Räume zusammen mit den Homotopieklassen von stetigen Abbildungen und der eben beschriebenen Verknüpfung bilden die Kategorie **Htp**.

10. Top*-Kategorie der punktierten topologischen Räume: Ein punktierter topologischer Raum ist ein Paar (A,a), wobei A ein nichtleerer topologischer Raum und $a \in A$ ist. Eine punktierte stetige Abbildung f von (A,a) in (B,b) ist eine stetige Abbildung $f: A \to B$ mit $f(a) = b$. Die punktierten topologischen Räume zusammen mit den punktierten stetigen Abbildungen bilden die Kategorie **Top***.

11. Htp*-Kategorie der punktierten topologischen Räume modulo Homotopie: Zwei punktierte stetige Abbildungen f und g eines punktierten topologischen Raumes (A,a) in einen punktierten topologischen Raum (B,b) heißen homotop, wenn sie als stetige Abbildungen homotop sind und wenn $h(r,a) = b$ für alle $r \in I$. Die punktierten topologischen Räume zusammen mit den Homotopieklassen von punktierten stetigen Abbildungen und der in Beispiel 9 erklärten Verknüpfung von Homotopieklassen bilden die Kategorie **Htp***.

12. Geordnete Menge als Kategorie: Sei A eine geordnete Menge im Sinne von Beispiel 2. A definiert eine Kategorie $\mathscr{A}$, deren Objekte die Elemente von A sind. Für $a,b \in A = \mathrm{Ob}\,\mathscr{A}$ definieren wir

$$\mathrm{Mor}_{\mathscr{A}}(a,b) = \begin{cases} \{(a,b)\} & \text{falls} \quad a \leq b, \\ \emptyset & \text{sonst.} \end{cases}$$

Die Transitivität der Ordnungsrelation definiert eindeutig eine Verknüpfung der Morphismen. Die Reflexivität garantiert die Existenz der Identität. Dadurch, daß $\text{Mor}_{\mathscr{A}}(a,b)$ höchstens ein Element besitzt, ist die Verknüpfung assoziativ.

13. Gruppe als Kategorie: Sei A eine Gruppe. A definiert eine Kategorie $\mathscr{A}$, die genau ein Objekt B besitzt, für die $\text{Mor}_{\mathscr{C}}(B,B) = A$ ist und die Verknüpfung der Morphismen die Gruppenmultiplikation ist.

14. Natürliche Zahlen als Kategorie: Die natürlichen Zahlen bilden eine geordnete Menge bei der Relation $a \leq b$ genau dann, wenn $a|b$ gilt. Wie in Beispiel 12 bilden die natürlichen Zahlen so eine Kategorie.

15. Kategorie der Mengenkorrespondenzen: Eine Mengenkorrespondenz von der Menge A nach der Menge B ist eine Teilmenge von $A \times B$. Ist $f \subseteq A \times B$ und $g \subseteq B \times C$, so sei $gf = \{(a,c) \mid a \in A,\ c \in C$, es gibt ein $b \in B$ mit $(a,b) \in f$ und $(b,c) \in g\}$. Die Mengen als Objekte mit den Mengenkorrespondenzen als Morphismen bilden eine Kategorie.

16. Äquivalenzrelation als Kategorie: Sei M eine Menge und R eine Äquivalenzrelation auf M. Die Elemente von M seien die Objekte. Ist $(m,m') \in R$, so sei $\text{Mor}(m,m') = \{(m,m')\}$. Ist $(m,m') \notin R$, so sei $\text{Mor}(m,m') = \emptyset$. Dadurch ist eine Kategorie definiert.

Eine Kategorie $\mathscr{C}$ heißt **diskrete Kategorie**, wenn für je zwei Objekte $A \neq B$ von $\mathscr{C}$ gilt $\text{Mor}_{\mathscr{C}}(A,B) = \emptyset$ und wenn für jedes Objekt A von $\mathscr{C}$ gilt $\text{Mor}_{\mathscr{C}}(A,A) = \{1_A\}$. Ähnlich wie im Beispiel 12 definiert jede Klasse eine diskrete Kategorie. Umgekehrt kann man jede diskrete Kategorie als Klasse auffassen.

Die Beispiele 12, 13, 14 und 16 gehören einer besonderen Art von Kategorien an, nämlich solchen mit nur einer Menge (statt Klasse) von Objekten. Eine Kategorie, deren Objekte eine Menge bilden, heißt **kleine Kategorie** oder **Diagrammschema**. Eine Erklärung für den zweiten Namen wird sich in 1.8 ergeben.

1.2 Funktoren und funktorielle Morphismen

Schon in 1.1 haben wir betont, daß zu jeder Art von mathematischen Objekten auch die zugehörigen Abbildungen zu untersuchen sind. Die mathematischen Objekte, die wir in 1.1 definiert haben, sind die Kategorien. Die Rolle der Abbildungen werden die Funktoren spielen.

Seien $\mathscr{B}$ und $\mathscr{C}$ Kategorien. $\mathscr{F}$ bestehe aus

1) einer Abbildung $\text{Ob}\,\mathscr{B} \ni A \mapsto \mathscr{F}(A) \in \text{Ob}\,\mathscr{C}$,

2) einer Familie von Abbildungen

$$\{\text{Mor}_{\mathscr{B}}(A,B) \ni f \mapsto \mathscr{F}(f) \in \text{Mor}_{\mathscr{C}}(\mathscr{F}(A),\mathscr{F}(B))\}$$

für alle $A,B \in \text{Ob}\,\mathscr{B}$.

$\mathscr{F}$ heißt ein **kovarianter Funktor**, wenn $\mathscr{F}$ folgende Axiome erfüllt:

1) $\mathscr{F}(1_A) = 1_{\mathscr{F}(A)}$ für alle $A \in \text{Ob}\,\mathscr{B}$.

2) $\mathscr{F}(fg) = \mathscr{F}(f)\mathscr{F}(g)$ für alle $f \in \text{Mor}_{\mathscr{B}}(B,C)$, $g \in \text{Mor}_{\mathscr{B}}(A,B)$ und alle $A,B,C \in \text{Ob}\,\mathscr{B}$.

Seien $\mathscr{B}$ und $\mathscr{C}$ Kategorien. $\mathscr{F}$ bestehe aus

1) einer Abbildung $\text{Ob}\,\mathscr{B} \ni A \mapsto \mathscr{F}(A) \in \text{Ob}\,\mathscr{C}$,

2) einer Familie von Abbildungen

$$\{\text{Mor}_{\mathscr{B}}(A,B) \ni f \mapsto \mathscr{F}(f) \in \text{Mor}_{\mathscr{C}}(\mathscr{F}(B),\mathscr{F}(A))\}$$

für alle $A,B \in \text{Ob}\,\mathscr{B}$.

$\mathscr{F}$ heißt ein **kontravarianter Funktor**, wenn $\mathscr{F}$ folgende Axiome erfüllt:

1) $\mathscr{F}(1_A) = 1_{\mathscr{F}(A)}$ für alle $A \in \mathrm{Ob}\,\mathscr{B}$.

2) $\mathscr{F}(fg) = \mathscr{F}(g)\mathscr{F}(f)$ für alle $f \in \mathrm{Mor}_{\mathscr{B}}(B,C)$, $g \in \mathrm{Mor}_{\mathscr{B}}(A,B)$ und alle $A,B,C \in \mathrm{Ob}\,\mathscr{B}$.

Da die (ko- und kontravarianten) Funktoren die Rolle von Abbildungen spielen, werden wir auch oft $\mathscr{F}: \mathscr{B} \to \mathscr{C}$ schreiben, wenn $\mathscr{F}$ ein Funktor von der Kategorie $\mathscr{B}$ in der Kategorie $\mathscr{C}$ ist. Bestehen keine Verwechslungsmöglichkeiten, so schreiben wir auch $\mathscr{F}A$ statt $\mathscr{F}(A)$ und $\mathscr{F}f$ statt $\mathscr{F}(f)$. Einen kovarianten Funktor nennt man oft auch nur Funktor.

Sind $\mathscr{B}$, $\mathscr{C}$ und $\mathscr{D}$ Kategorien und $\mathscr{F}: \mathscr{B} \to \mathscr{C}$ und $\mathscr{G}: \mathscr{C} \to \mathscr{D}$ Funktoren, so sei $\mathscr{G}\mathscr{F}: \mathscr{B} \to \mathscr{D}$ der Funktor, der durch Hintereinanderausführung der $\mathscr{F}$ bzw. $\mathscr{G}$ definieren-den Abbildungen entsteht. Es ist nämlich $\mathscr{G}\mathscr{F}(1_A) = \mathscr{G}(1_{\mathscr{F}(A)}) = 1_{\mathscr{G}\mathscr{F}(A)}$ und $\mathscr{G}\mathscr{F}(fg) = \mathscr{G}(\mathscr{F}(f)\mathscr{F}(g)) = \mathscr{G}\mathscr{F}(f)\mathscr{G}\mathscr{F}(g)$. Ist einer der beiden Funktoren kontravariant, so ist die Ver-tauschung der Reihenfolge der Morphismen zu beachten. Sind beide Funktoren gleichzeitig ko- oder kontravariant, so ist $\mathscr{G}\mathscr{F}$ kovariant. Ist einer der Funktoren kovariant und der andere kontravariant, so ist $\mathscr{G}\mathscr{F}$ kontravariant.

Ist $\mathscr{H}: \mathscr{D} \to \mathscr{E}$ ein weiterer Funktor, so ist wegen der Assoziativität der Hintereinander-ausführung von Abbildungen auch die Verknüpfung von Funktoren assoziativ: $\mathscr{H}(\mathscr{G}\mathscr{F}) = (\mathscr{H}\mathscr{G})\mathscr{F}$.

Wir bezeichnen mit $\mathrm{Id}_{\mathscr{C}}: \mathscr{C} \to \mathscr{C}$ den Funktor, dessen definierende Abbildungen die iden-tischen Abbildungen sind. $\mathrm{Id}_{\mathscr{C}}$ ist ein kovarianter Funktor. Außerdem gilt für Funktoren $\mathscr{F}$ und $\mathscr{G}$ wie oben:

$$\mathrm{Id}_{\mathscr{C}}\,\mathscr{F} = \mathscr{F} \quad \text{und} \quad \mathscr{G}\,\mathrm{Id}_{\mathscr{C}} = \mathscr{G}.$$

Nach diesen Betrachtungen wäre anzunehmen, daß die Kategorien und Funktoren wieder eine Kategorie (der Kategorien) bildet. In der von uns verwendeten Mengenlehre ist das aber nicht der Fall. Eine Kategorie ist nämlich im allgemeinen keine Menge mehr, sondern eine echte Klasse. Daher können wir die Kategorien nicht zu einer neuen Objektklasse zusammen-fassen (s. Anhang). Auch die Funktoren sind im allgemeinen echte Klassen und lassen sich nicht zu Morphismenmengen zusammenfassen. Lassen wir jedoch nur kleine Kategorien zu, so ist jede Kategorie eine Menge (sie wird als Menge von bestimmten Mengen aufgefaßt) und jeder Funktor eine Menge. Man kann daher **Kat**, die Kategorie der kleinen Kategorien mit Funktoren als Morphismen, bilden.

Als Beispiel wollen wir hier nur einen speziellen Typ von Funktoren angeben. Weitere Bei-spiele von Funktoren werden wir später noch gründlich zu untersuchen haben. Die Kategorien **Me***, **Gr**, **Ab**, **Ri**, $_R$**Mod**, **Top** und **Top*** haben alle als Objekte Mengen, die eine zusätzliche Struktur tragen. Die Morphismen sind immer Abbildungen, die mit der Struktur noch in besonderer Weise verträglich sind und die Verknüpfung ist immer die Hintereinanderausfüh-rung. Ordnet man jedem Objekt die zu Grunde liegende Menge und jedem Morphismus die zu Grunde liegende Abbildung von Mengen zu, so definiert das einen kovarianten Funktor in **Me**, den man häufig auch **Vergißfunktor** nennt.

Statt die Struktur auf den Mengen vollständig zu „vergessen", kann man auch nur einen Teil der Struktur „vergessen". So sind die abelschen Gruppen auch Gruppen und die Homo-morphismen sind in beiden Fällen dieselben. Die Ringe sind auch abelsche Gruppen und die Ringhomomorphismen Gruppenhomomorphismen. Man erhält also Vergißfunktoren **Ab** $\to$ **Gr** bzw. **Ri** $\to$ **Ab**. Entsprechend existieren Vergißfunktoren $_R$**Mod** $\to$ **Ab** und **Top*** $\to$ **Top**. Tragen die topologischen Räume eine zusätzliche Struktur (hausdorffsch, kompakt, diskret u. a.) so werden dadurch entsprechende Kategorien definiert, und wir erhalten Vergißfunkto-ren in die Kategorie **Top**.

Das Beispiel. **Ab** → **Gr** und die zuletzt genannten topologischen Beispiele haben eine zusätzliche Eigenschaft. Eine abelsche Gruppe ist eine Gruppe, die eine besondere Eigenschaft hat, ebenso ist ein hausdorffscher topologischer Raum ein topologischer Raum mit einer besonderen Eigenschaft. Die Objekte der einen Kategorie sind jeweils auch Objekte der anderen Kategorie, die Morphismen der einen Kategorie sind Morphismen der anderen Kategorie, die Verknüpfung ist dieselbe, und die Identitäten bleiben beim Übergang durch den Vergißfunktor erhalten. Eine Kategorie $\mathscr{A}$ heißt Unterkategorie einer Kategorie $\mathscr{B}$, wenn $\mathrm{Ob}\,\mathscr{A} \subseteq \mathrm{Ob}\,\mathscr{B}$, $\mathrm{Mor}_{\mathscr{A}}(A,B) \subseteq \mathrm{Mor}_{\mathscr{B}}(A,B)$ für alle $A,B \in \mathrm{Ob}\,\mathscr{A}$, wenn die Verknüpfung von Morphismen in $\mathscr{A}$ mit der Verknüpfung derselben Morphismen in $\mathscr{B}$ übereinstimmt und wenn die Identität eines Objektes aus $\mathscr{A}$ auch in $\mathscr{B}$ die Rolle der Identität für dasselbe Objekt spielt. Von $\mathscr{A}$ in $\mathscr{B}$ führt dann ein Vergißfunktor.

Ri ist keine Unterkategorie von **Ab**! Es gilt nämlich nicht $\mathrm{Ob}\,\mathbf{Ri} \subseteq \mathrm{Ob}\,\mathbf{Ab}$, obwohl man jeden Ring auch als abelsche Gruppe auffassen kann. Die zugehörigen abelschen Gruppen zweier Ringe können übereinstimmen, selbst wenn die Ringe nicht übereinstimmen. Die Multiplikation kann verschieden erklärt sein.

Seien $\mathscr{F}\colon \mathscr{B} \to \mathscr{C}$ und $\mathscr{G}\colon \mathscr{B} \to \mathscr{C}$ zwei ko- bzw. kontravariante Funktoren. Ein funktorieller Morphismus $\varphi\colon \mathscr{F} \to \mathscr{G}$ ist eine Familie von Morphismen $\{\varphi(A)\colon \mathscr{F}(A) \to \mathscr{G}(A)\}$ für alle $A \in \mathrm{Ob}\,\mathscr{B}$, so daß für alle Morphismen $f\colon A \to B$ von $\mathscr{B}$ gilt $\varphi(B)\mathscr{F}(f) = \mathscr{G}(f)\varphi(A)$ bzw. $\varphi(A)\mathscr{F}(f) = \mathscr{G}(f)\varphi(B)$.

Es werden im folgenden oft Gleichungen mit zusammengesetzten Morphismen auftreten. Da dabei die Objekte, die Quelle und Ziel der einzelnen Morphismen sind, nicht explizit auftreten, sind diese Gleichungen schwer überschaubar. Man wählt daher auch eine ausführlichere Darstellung mit Hilfe von Pfeilen, wie wir sie schon für einzelne Morphismen kennengelernt haben und die wir ein Diagramm nennen.

Im Falle eines funktoriellen Morphismus zwischen kovarianten Funktoren läßt sich die definierende Gleichung $\varphi(B)\mathscr{F}(f) = \mathscr{G}(f)\varphi(A)$ auch durch

$$
\begin{array}{ccc}
\mathscr{F}A & \xrightarrow{\varphi(A)} & \mathscr{G}A \\
\mathscr{F}f \downarrow & & \downarrow \mathscr{G}f \\
\mathscr{F}B & \xrightarrow{\varphi(B)} & \mathscr{G}B
\end{array}
$$

veranschaulichen. Folgt man von $\mathscr{F}A$ dem Pfeil $\varphi(A)$ nach $\mathscr{G}A$ und anschließend dem Pfeil $\mathscr{G}f$ nach $\mathscr{G}B$, so ist das stellvertretend für den Pfeil $\mathscr{G}f\varphi(A)$ von $\mathscr{F}A$ nach $\mathscr{G}B$. Entsprechend läuft $\varphi(B)\mathscr{F}f$ über $\mathscr{F}B$. Die Bedingung, daß diese beiden Morphismen übereinstimmen sollen, drücken wir dadurch aus, daß wir sagen, das Diagramm sei kommutativ. Ein Diagramm mit beliebig vielen Pfeilen und Objekten heißt kommutativ, wenn für je zwei Objekte des Diagramms der Morphismus, den man beim Durchlaufen eines Weges zwischen den beiden Objekten in Richtung der Pfeile erhält, unabhängig vom Weg ist.

Statt $\varphi(A)$ schreiben wir auch häufig φA, wenn keine Verwechslungsmöglichkeiten bestehen. Statt funktorieller Morphismus sagt man auch natürliche Transformation.

Sind $\varphi\colon \mathscr{F} \to \mathscr{G}$ und $\psi\colon \mathscr{G} \to \mathscr{H}$ funktorielle Morphismen, so ist auch $\psi\varphi$ mit $\psi\varphi(A)\colon = \psi(A)\varphi(A)$ ein funktorieller Morphismus. Wegen der Assoziativität der Verknüpfung von Morphismen gilt $(\rho\psi)\varphi = \rho(\psi\varphi)$. Die Familie $\{1_{\mathscr{F}A}\colon \mathscr{F}A \to \mathscr{F}A\}$ definiert einen funktoriellen Morphismus $\mathrm{id}_{\mathscr{F}}\colon \mathscr{F} \to \mathscr{F}$, und es ist für alle funktoriellen Morphismen $\varphi\colon \mathscr{F} \to \mathscr{G}$ und $\psi\colon \mathscr{G} \to \mathscr{F}$

$$\mathrm{id}_{\mathscr{F}}\,\psi = \psi \quad \text{und} \quad \varphi\,\mathrm{id}_{\mathscr{F}} = \varphi\,.$$

Auch hier scheint es zunächst so, als ob die Funktoren zusammen mit den funktoriellen Morphismen eine Kategorie bilden. Auch hier entstehen mengentheoretische Schwierigkeiten dadurch, daß die Funktoren im allgemeinen echte Klassen sind und sich nicht zu einer Klasse von Objekten zusammenfassen lassen. Ist $\mathcal{A}$ eine kleine Kategorie und $\mathcal{B}$ eine beliebige Kategorie, so ist $\mathcal{A}$ eine Menge und $\mathcal{B}$ eine Klasse. Ein Funktor $\mathcal{F}\colon \mathcal{A} \to \mathcal{B}$, der ja als Abbildung definiert ist, ist nach Axiom C4 (Anhang) als Graph aufgefaßt auch eine Menge. Ebenso ist ein funktorieller Morphismus zwischen zwei Funktoren von $\mathcal{A}$ in $\mathcal{B}$ als Familie von Morphismen, die mit einer Menge Ob $\mathcal{A}$ indiziert ist, eine Menge. Die funktoriellen Morphismen zwischen zwei Funktoren von $\mathcal{A}$ nach $\mathcal{B}$ sind als Teilmenge der Potenzmenge von $\bigcup_{A \in \mathcal{A}} \mathrm{Mor}_{\mathcal{B}}(\mathcal{F}A, \mathcal{G}A)$ eine Menge. Daher bilden die Funktoren von einer kleinen Kategorie $\mathcal{A}$ in eine Kategorie $\mathcal{B}$ zusammen mit den funktoriellen Morphismen eine Kategorie $\mathrm{Funkt}(\mathcal{A}, \mathcal{B})$, die wir **Funktorkategorie** nennen. Sind die Kategorien $\mathcal{A}$ und $\mathcal{B}$ nicht ausdrücklich vorgegeben, so betrachtet man den Funktor nicht nur als Graph. Man verlangt darüber hinaus, daß Funktoren zwischen verschiedenen Paaren von Kategorien verschieden sind, so daß in diesem allgemeinen Fall ein Funktor auch dann eine echte Klasse sein kann, wenn die Quelle des Funktors eine kleine Kategorie ist. Ist $\mathcal{A}$ die leere Kategorie, so besteht $\mathrm{Funkt}(\mathcal{A}, \mathcal{B})$ aus genau einem Funktor und aus genau einem funktoriellen Morsphismus, dem identischen Morphismus.

Ein wichtiges Beispiel für einen funktoriellen Morphismus werden wir im folgenden Abschnitt behandeln.

1.3 Darstellbare Funktoren

Sei $\mathcal{C}$ eine Kategorie. Seien $A \in \mathcal{C}$ und $f \in \mathrm{Mor}_{\mathcal{C}}(B, C)$ gegeben. Dann definieren wir eine Abbildung $\mathrm{Mor}_{\mathcal{C}}(A, f)\colon \mathrm{Mor}_{\mathcal{C}}(A, B) \to \mathrm{Mor}_{\mathcal{C}}(A, C)$ durch $\mathrm{Mor}_{\mathcal{C}}(A, f)(g) := fg$ für alle $g \in \mathrm{Mor}_{\mathcal{C}}(A, B)$ und eine Abbildung $\mathrm{Mor}_{\mathcal{C}}(f, A)\colon \mathrm{Mor}_{\mathcal{C}}(C, A) \to \mathrm{Mor}_{\mathcal{C}}(B, A)$ durch $\mathrm{Mor}_{\mathcal{C}}(f, A)(h) := hf$ für alle $h \in \mathrm{Mor}_{\mathcal{C}}(C, A)$.

Lemma. *Sei $\mathcal{C}$ eine Kategorie und $A \in \mathcal{C}$. Dann ist $\mathrm{Mor}_{\mathcal{C}}(A, -)\colon \mathcal{C} \to \mathbf{Me}$ mit*

$$\mathrm{Ob}\, \mathcal{C} \ni B \mapsto \mathrm{Mor}_{\mathcal{C}}(A, B) \in \mathrm{Ob}\, \mathbf{Me}$$
$$\mathrm{Mor}_{\mathcal{C}}(B, C) \ni f \mapsto \mathrm{Mor}_{\mathcal{C}}(A, f) \in \mathrm{Mor}_{\mathbf{Me}}(\mathrm{Mor}_{\mathcal{C}}(A, B), \mathrm{Mor}_{\mathcal{C}}(A, C))$$

ein kovarianter Funktor. Weiter ist $\mathrm{Mor}_{\mathcal{C}}(-, A)\colon \mathcal{C} \to \mathbf{Me}$ mit

$$\mathrm{Ob}\, \mathcal{C} \ni B \mapsto \mathrm{Mor}_{\mathcal{C}}(B, A) \in \mathrm{Ob}\, \mathbf{Me}$$
$$\mathrm{Mor}_{\mathcal{C}}(B, C) \ni f \mapsto \mathrm{Mor}_{\mathcal{C}}(f, A) \in \mathrm{Mor}_{\mathbf{Me}}(\mathrm{Mor}_{\mathcal{C}}(C, A), \mathrm{Mor}_{\mathcal{C}}(B, A))$$

ein kontravarianter Funktor.

Beweis: Wir beweisen nur die erste Aussage. Der Beweis der zweiten Aussage verläuft analog und kann mit späteren Ergebnissen über die Dualität von Kategorien trivial auf die erste Aussage zurückgeführt werden

Es ist $\mathrm{Mor}_{\mathcal{C}}(A, 1_B)(g) = 1_B g = g$, also ist $\mathrm{Mor}_{\mathcal{C}}(A, 1_B) = 1_{\mathrm{Mor}\,(A, B)}$. Seien $f, g \in \mathcal{C}$ verknüpfbar zu fg, d. h. sei die Quelle von f zugleich das Ziel von g. Dann ist für alle Morphismen h, für die die Ausdrücke definiert sind:

$$\mathrm{Mor}_{\mathcal{C}}(A, fg)(h) = (fg)h = f(gh) = \mathrm{Mor}_{\mathcal{C}}(A, f)\, \mathrm{Mor}_{\mathcal{C}}(A, g)(h).$$

Die Funktoren dieses Lemmas sind die wichtigsten Funktoren in der Theorie der Kategorien. Sie erhalten daher einen besonderen Namen: $\mathrm{Mor}_{\mathcal{C}}(A, -)$ heißt **kovarianter** und $\mathrm{Mor}_{\mathcal{C}}(-, A)$ **kontravarianter darstellbarer Funktor** und A heißt das **darstellende Objekt**.

Jetzt wollen wir ein Beispiel eines funktoriellen Morphismus geben. Seien A und B zwei Mengen. Die Abbildung

$$A \times \mathrm{Mor}_{\mathbf{Me}}(A,B) \ni (a,f) \mapsto f(a) \in B$$

heißt **Auswertungsabbildung**. Bei festgehaltenem $a \in A$ definiert die Auswertungsabbildung eine Abbildung von $\mathrm{Mor}\,(A,B)$ in B, nämlich die Auswertung jedes Morphismus f im Argument a. Die dadurch erhaltene Abbildung $A \to \mathrm{Mor}\,(\mathrm{Mor}\,(A,B),B)$ werde mit $\varphi(A)$ bezeichnet. $\mathrm{Mor}\,(-,B)$ ist ein kontravarianter Funktor von **Me** in **Me**. Dann ist $\mathrm{Mor}\,(\mathrm{Mor}\,(-,B),B)$ als Verknüpfung von zwei kontravarianten Funktoren ein kovarianter Funktor von **Me** in **Me**.

Wir zeigen jetzt, daß φ ein funktorieller Morphismus von $\mathrm{Id}_{\mathbf{Me}}$ in $\mathrm{Mor}(\mathrm{Mor}(-,B),B)$ ist. Sei dazu $g\colon A \to C$ eine beliebige Abbildung von Mengen. Dann ist die Kommutativität des Diagramms

$$
\begin{array}{ccc}
A & \xrightarrow{\varphi(A)} & \mathrm{Mor}(\mathrm{Mor}(A,B),B) \\
{\scriptstyle g}\downarrow & & \downarrow{\scriptstyle \mathrm{Mor}(\mathrm{Mor}(g,B),B)} \\
C & \xrightarrow{\varphi(C)} & \mathrm{Mor}(\mathrm{Mor}(C,B),B)
\end{array}
$$

nachzuweisen. Für $a \in A$ ist $\mathrm{Mor}(\mathrm{Mor}(g,B),B)\,\varphi(A)(a) = \varphi(A)(a)\mathrm{Mor}(g,B)$ und $\varphi(C)g(a)$ je eine Abbildung von $\mathrm{Mor}(C,B)$ in B. Für jedes $f \in \mathrm{Mor}(C,B)$ ist aber $\varphi(A)(a)\mathrm{Mor}(g,B)(f) = \varphi(A)(a)(fg) = fg(a) = f(g(a)) = \varphi(C)(g(a))(f)$, also $\varphi(A)(a)\mathrm{Mor}(g,B) = \varphi(C)g(a)$. Damit ist das Diagramm kommutativ.

In der linearen Algebra findet man einen diesem φ entsprechenden funktoriellen Morphismus eines Vektorraumes in seinen Bidual-Raum.

1.4 Dualität

Bei kontravarianten Funktoren haben wir schon festgestellt, daß sie in merkwürdiger Weise die Verknüpfung von Morphismen vertauschen, oder in der Sprache der Diagramme ausgedrückt, daß nach der Anwendung eines kontravarianten Funktors die Pfeilrichtung umgekehrt ist. Diese Bemerkung wollen wir zur Konstruktion eines wichtigen Funktors verwenden.

Wir gehen dazu aus von einer beliebigen Kategorie $\mathscr{C}$. Zu $\mathscr{C}$ konstruieren wir eine weitere Kategorie $\mathscr{C}^0$, deren Objektklasse die Objektklasse von $\mathscr{C}$ ist, deren Morphismen durch $\mathrm{Mor}_{\mathscr{C}^0}(A,B) := \mathrm{Mor}_{\mathscr{C}}(B,A)$ definiert sind und in der die Verknüpfungen definiert sind durch

$$\mathrm{Mor}_{\mathscr{C}^0}(A,B) \times \mathrm{Mor}_{\mathscr{C}^0}(B,C) \ni (f,g) \mapsto fg \in \mathrm{Mor}_{\mathscr{C}^0}(A,C),$$

wobei fg in $\mathscr{C}$ zu bilden ist. Man verifiziert leicht, daß diese Verknüpfung in $\mathscr{C}^0$ assoziativ ist und daß die Identitäten von $\mathscr{C}$ auch in $\mathscr{C}^0$ die Rolle von Identitäten spielen. Die Kategorie $\mathscr{C}^0$ heißt die zu $\mathscr{C}$ **duale Kategorie**.

Die Zuordnungen

$$\mathscr{C} \ni A \mapsto A \in \mathscr{C}^0$$
$$\mathrm{Mor}_{\mathscr{C}}(A,B) \ni f \mapsto f \in \mathrm{Mor}_{\mathscr{C}^0}(B,A)$$

und

$$\mathscr{C}^0 \ni A \mapsto A \in \mathscr{C}$$
$$\mathrm{Mor}_{\mathscr{C}^0}(A,B) \ni f \mapsto f \in \mathrm{Mor}_{\mathscr{C}}(B,A)$$

definieren zwei kontravariante Funktoren, deren Hintereinanderausführung die Identität auf $\mathscr{C}$ bzw. $\mathscr{C}^0$ ergibt. Um zu kennzeichnen, daß A bzw. f als Objekt bzw. Morphismus von $\mathscr{C}^0$ betrachtet werden, schreiben wir statt A bzw. f auch häufig A^0 bzw. f^0. Nach Definition ist für jede Kategorie $\mathscr{C} = (\mathscr{C}^0)^0$. Die Funktoren, die wir hier beschrieben haben, bezeichnen wir mit Op: $\mathscr{C} \to \mathscr{C}^0$ bzw. Op: $\mathscr{C}^0 \to \mathscr{C}$. Diese beiden Funktoren vertauschen die Richtung der Morphismen oder in Diagrammen die Richtung der Pfeile und damit gleichzeitig auch die Reihenfolge bei der Verknüpfung, weil eine andere Verknüpfung für Kategorien nicht definiert ist. Es ist nämlich $f^0 g^0 = (gf)^0$. Die zweimalige Durchführung dieses Prozesses ergibt wieder die Identität.

Unter diesem Gesichtspunkt könnte man den Beweis des zweiten Teils des Lemmas aus 1.3 folgendermaßen führen. Statt die Abbildungen, die durch $\mathrm{Mor}_{\mathscr{C}}(-,A)\colon \mathscr{C} \to \mathbf{Me}$ definiert sind, zu untersuchen, untersuche man die Abbildungen $\mathrm{Mor}_{\mathscr{C}^0}(A,-)\colon \mathscr{C}^0 \to \mathbf{Me}$. Diese Abbildungen bilden nach dem ersten Teil des Lemmas einen Funktor. Man verifiziert sofort, daß $\mathrm{Mor}_{\mathscr{C}^0}(A,-)\,\mathrm{Op} = \mathrm{Mor}_{\mathscr{C}}(-,A)$ als Abbildungen von $\mathscr{C}$ in $\mathbf{Me}$. Also ist $\mathrm{Mor}_{\mathscr{C}}(-,A)$ ein kontravarianter Funktor. Wir haben hier, statt die Aussage für $\mathscr{C}$ zu beweisen, die „duale Aussage" für $\mathscr{C}^0$ bewiesen, wobei wir unter der dualen Aussage die Aussage mit umgekehrter Morphismenrichtung verstehen. Auf diese Weise erhält man zu jeder Aussage über Kategorien eine duale Aussage, und eine Aussage ist für eine Kategorie $\mathscr{C}$ genau dann wahr, wenn die duale Aussage für die Kategorie $\mathscr{C}^0$ wahr ist.

Wir wollen dieses sogenannte Dualitätsprinzip exakter mit der im Anhang behandelten Mengenlehre beschreiben. Sei $\mathfrak{F}(\mathscr{C})$ eine Formel mit einer freien Klassenvariablen $\mathscr{C}$. $\mathfrak{F} = \mathfrak{F}(\mathscr{C})$ heißt Satz über Kategorien, wenn gilt

$$(\wedge \mathscr{C})(\mathscr{C} \text{ ist Kategorie } \Rightarrow \mathfrak{F}(\mathscr{C})),$$

d. h. die Aussage $\mathfrak{F}(\mathscr{C})$ ist für alle Kategorien $\mathscr{C}$ wahr. Zu $\mathfrak{F}$ konstruieren wir eine neue Formel $\mathfrak{F}^0 = \mathfrak{F}^0(\mathscr{D})$ mit einer freien Klassenvariablen $\mathscr{D}$ durch

$$\mathfrak{F}^0(\mathscr{D}) = (\vee \mathscr{C})(\mathscr{C} \text{ ist Kategorie } \wedge \mathscr{C}^0 = \mathscr{D} \wedge \mathfrak{F}(\mathscr{C})),$$

d. h. für eine Kategorie $\mathscr{D}$ ist $\mathfrak{F}^0(\mathscr{D})$ genau dann wahr, wenn $\mathfrak{F}(\mathscr{D}^0)$ wahr ist, weil ja aus $\mathscr{C}^0 = \mathscr{D}$ folgt $\mathscr{C} = \mathscr{D}^0$. Ist $\mathfrak{F}(\mathscr{C})$ ein Satz über Kategorien, so erhält man $\mathfrak{F}^0(\mathscr{C})$ aus $\mathfrak{F}(\mathscr{C})$, indem man die Richtungen aller in $\mathfrak{F}(\mathscr{C})$ vorkommenden Morphismen umkehrt, was ja gerade der Bildung von $\mathfrak{F}(\mathscr{C}^0)$ entspricht. Wir nennen $\mathfrak{F}^0$ auch die zu $\mathfrak{F}$ duale Formel. Damit erhalten wir das **Dualitätsprinzip**:

Ist $\mathfrak{F}$ ein Satz über Kategorien, so ist die zu $\mathfrak{F}$ duale Formel $\mathfrak{F}^0$ auch ein Satz über Kategorien, der zu $\mathfrak{F}$ duale Satz.

Ist nämlich $\mathfrak{F}(\mathscr{C})$ wahr für alle Kategorien $\mathscr{C}$, so ist $\mathfrak{F}(\mathscr{C}^0)$ für alle Kategorien $\mathscr{C}$ wahr, also auch $\mathfrak{F}^0(\mathscr{C})$.

Bei der Anwendung dieses Dualitätsprinzips müssen wir darauf achten, daß nicht nur die Behauptungen der Sätze über Kategorien dualisiert werden, sondern auch die Voraussetzungen. Führen wir also zur Abkürzung neue Begriffe ein, so ist jeweils der duale Begriff mit zu definieren.

1.5 Mono-, Epi- und Isomorphismen

Man versucht in der Theorie der Kategorien möglichst viele Begriffe von speziellen Kategorien, wie der Kategorie der Mengen, auf beliebige Kategorien zu übertragen. Als geeignetes Vergleichsobjekt mit $\mathbf{Me}$ bieten sich die Morphismenmengen an, genauer die darstellbaren kovarianten Funktoren von einer beliebigen Kategorie $\mathscr{C}$ in **Me**. Man könnte also einem Objekt $A \in \mathscr{C}$ bzw. einem Morphismus $f \in \mathscr{C}$ die Eigenschaft $\mathfrak{E}$ zuordnen, falls A bzw. f durch jeden darstellbaren Funktor $\mathrm{Mor}_{\mathscr{C}}(B, -)$ auf eine Menge bzw. eine Abbildung mit der Eigenschaft $\mathfrak{E}$ in **Me** abgebildet wird. Damit dadurch im Falle $\mathscr{C} = $ **Me** die ursprüngliche Definition herauskommt, muß man noch darauf achten, daß die Eigenschaft $\mathfrak{E}$ einer Menge oder einer Abbildung bei $\mathrm{Mor}_{\mathbf{Me}}(B, -)$ erhalten bleibt und durch diese Bedingung charakterisiert wird.

Eine erste Anwendung dieses Prinzips finden wir in dem Begriff einer injektiven Abbildung von Mengen. Sei $f: C \to D$ eine injektive Abbildung. Dann ist für alle $B \in$ **Me** auch $\mathrm{Mor}(B,f)$: $\mathrm{Mor}(B,C) \to \mathrm{Mor}(B,D)$ injektiv. Ist nämlich $\mathrm{Mor}(B,f)(g) = \mathrm{Mor}(B,f)(h)$ für $g,h \in \mathrm{Mor}(B,C)$, so ist $fg = fh$. Für alle $b \in B$ ist daher $f(g(b)) = f(h(b))$. Da f injektiv ist, ist $g(b) = h(b)$, also $g = h$. Damit können wir diesen Begriff sinnvoll verallgemeinern, weil die Umkehrung trivialerweise aus $B = \{\emptyset\}$ folgt.

Sei $\mathscr{C}$ eine Kategorie und f ein Morphismus aus $\mathscr{C}$. f heißt **Monomorphismus**, wenn die Abbildung $\mathrm{Mor}_{\mathscr{C}}(B,f)$ für alle $B \in \mathscr{C}$ injektiv ist.

Dual zum Begriff des Monomorphismus definieren wir den Epimorphismus. Sei $\mathscr{C}$ eine Kategorie und f ein Morphismus aus $\mathscr{C}$. f heißt **Epimorphismus**, wenn die Abbildung $\mathrm{Mor}_{\mathscr{C}}(f,B)$ für alle $B \in \mathscr{C}$ injektiv ist.

Lemma 1. a) $f: A \to B$ *ist genau dann ein Monomorphismus in* $\mathscr{C}$, *wenn für alle* $C \in \mathscr{C}$ *und für alle* $g,h \in \mathrm{Mor}_{\mathscr{C}}(C,A)$ *aus* $fg = fh$ *folgt* $g = h$, *d.h. wenn* f *links kürzbar ist.*

b) $f: A \to B$ *ist genau dann ein Epimorphismus in* $\mathscr{C}$, *wenn für alle* $C \in \mathscr{C}$ *und für alle* $g,h \in \mathrm{Mor}_{\mathscr{C}}(B,C)$ *aus* $gf = hf$ *folgt* $g = h$, *d.h. wenn* f *rechts kürzbar ist.*

Beweis: a) und b) gelten, weil $\mathrm{Mor}(C,f)(g) = fg$ und $\mathrm{Mor}(f,C)(g) = gf$ ist.

Die beiden folgenden Beispiele sollen zeigen, daß Mono- bzw. Epimorphismen nicht immer injektive bzw. surjektive Abbildungen sind, falls die Morphismen der verwendeten Kategorie überhaupt als Abbildungen aufgefaßt werden können.

Beispiele. 1. Eine abelsche Gruppe G heißt teilbar, wenn für jede natürliche Zahl n gilt: $nG = G$, d. h. wenn zu jedem $g \in G$ und n ein $g' \in G$ mit $ng' = g$ existiert. Sei $\mathscr{C}$ die Kategorie der teilbaren abelschen Gruppen und Gruppenhomomorphismen. Der Restklassenhomomorphismus $v: \mathbb{P} \to \mathbb{P}/\mathbb{Z}$ der rationalen Zahlen in die rationalen Zahlen modulo den ganzen Zahlen ist ein Monomorphismus in der Kategorie $\mathscr{C}$. Seien nämlich $f,g: A \to \mathbb{P}$ zwei Morphismen in $\mathscr{C}$ mit $f \neq g$. Dann existiert ein $a \in A$ mit $f(a) - g(a) = \frac{r}{s} \neq 0$ und $s \neq \pm 1$. Sei $b \in A$ mit $rb = a$ gegeben. Dann ist $r(f(b) - g(b)) = f(a) - g(a) = r\frac{1}{s}$, also ist $f(b) - g(b) = \frac{1}{s}$, d. h. $vf(b) \neq vg(b)$. Damit ist v ein Monomorphismus, der als Abbildung von Mengen nicht injektiv ist.

2. In der Kategorie **Ri** sind Epimorphismen nicht notwendig surjektive Abbildungen. Zum Beispiel ist die Einbettung $\lambda: \mathbb{Z} \to \mathbb{P}$ ein Epimorphismus. Seien nämlich $g,h: \mathbb{P} \to A$ gegeben mit $g\lambda = h\lambda$. Dann ist $g(n) = h(n)$ für alle ganzen Zahlen n und $g(1) = h(1) = 1$. Also ist $g(n)g(\frac{1}{n}) = 1 = h(n)h(\frac{1}{n})$. Wir erhalten so, daß $g(\frac{1}{n}) = (g(n))^{-1} = (h(n))^{-1} = h(\frac{1}{n})$ und allgemein $g(p) = h(p)$ für alle $p \in \mathbb{P}$, d. h. λ ist ein Epimorphismus.

3. Wir geben noch ein drittes, topologisches Beispiel. Ein topologischer Raum A heißt hausdorffsch, wenn zu je zwei verschiedenen Punkten $a,b \in A$ immer zwei offene Mengen U bzw. V mit $a \in U \subseteq A$ und $b \in V \subseteq A$ so existieren, daß $U \cap V = \emptyset$. Die hausdorffschen

Räume zusammen mit den stetigen Abbildungen bilden eine Unterkategorie **Hd** von **Top**. Eine stetige Abbildung $f\colon A \to B$ heißt **dicht**, wenn zu jeder offenen Menge $U \neq \emptyset$ in B ein $a \in A$ mit $f(a) \in U$ existiert. Die Einbettung $\mathbb{P} \to \mathbb{R}$ ist zum Beispiel eine dichte stetige Abbildung. Wir zeigen, daß jede dichte stetige Abbildung in **Hd** ein Epimorphismus ist. Sei $f\colon A \to B$ eine solche Abbildung. Seien $g\colon B \to C$ und $h\colon B \to C$ in **Hd** mit $g \neq h$ gegeben. Sei $g(b) \neq h(b)$ für ein $b \in B$. Dann existieren offene Mengen U und V mit $g(b) \in U \subseteq C$ und $h(b) \in V \subseteq C$ und $U \cap V = \emptyset$. Die Mengen $g^{-1}(U) \subseteq B$ und $h^{-1}(V) \subseteq B$ sind offene Mengen mit $g^{-1}(U) \cap h^{-1}(V) \ni b$, weil g und h stetig sind. Weiter ist $g^{-1}(U) \cap h^{-1}(V)$ eine nichtleere offene Menge, also existiert ein $a \in A$ mit $f(a) \in g^{-1}(U) \cap h^{-1}(V)$. Dann ist $gf(a) \in U$ und $hf(a) \in V$. Da $U \cap V = \emptyset$, ist $gf(a) \neq hf(a)$, d.h. $gf \neq hf$. Da $\mathbb{P}$ und $\mathbb{R}$ hausdorffsche Räume sind, ist die Einbettung $\mathbb{P} \to \mathbb{R}$ ein Beispiel für einen Epimorphismus, der als Abbildung nicht surjektiv ist.

Korollar (Würfellemma). *In dem Diagramm*

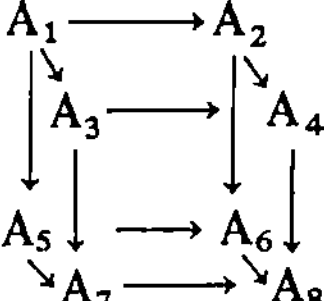

seien die Grundfläche und die vier Seitenflächen kommutativ und $A_4 \to A_8$ ein Monomorphismus. Dann ist auch die Dachfläche kommutativ.

Beweis: Alle in dem Diagramm auftretenden Morphismen $A_1 \to A_8$ sind gleich, also auch $A_1 \to A_3 \to A_4 \to A_8$ und $A_1 \to A_2 \to A_4 \to A_8$. Da $A_4 \to A_8$ ein Monomorphismus ist, ist damit die Dachfläche kommutativ.

Lemma 2. *Seien f und g Morphismen in einer Kategorie, die verknüpfbar sind. Dann gilt:*
a) *Ist fg ein Monomorphismus, so ist g ein Monomorphismus.*
b) *Sind f und g Monomorphismen, so ist fg ein Monomorphismus.*
c) *Ist fg ein Epimorphismus, so ist f ein Epimorphismus.*
d) *Sind f und g Epimorphismen, so ist fg ein Epimorphismus.*

Beweis: Da die Aussagen c) und d) dual zu a) und b) sind, genügt es a) und b) zu beweisen. Sei $gh = gk$. Dann ist $fgh = fgk$ und $h = k$. Damit ist a) bewiesen. b) ist trivial, wenn man beachtet, daß Monomorphismen genau die Morphismen sind, die links kürzbar sind.

Beispiel. Wir wollen jetzt noch ein Beispiel für eine Kategorie geben, in der die Epimorphismen genau die surjektiven Abbildungen sind, nämlich die Kategorie der endlichen Gruppen. Der Beweis läßt sich ebenso für die Kategorie **Gr** durchführen. Zunächst ist jede surjektive Abbildung in dieser Kategorie als Abbildung rechts kürzbar, also auch als Morphismus. Wir müssen jetzt zeigen, daß jeder Epimorphismus $f\colon G' \to G$ surjektiv ist. $f(G') = H$ ist eine Untergruppe von G, von der zu zeigen ist, daß sie mit G übereinstimmt. Da sich f als $G' \to H \to G$ zerlegen läßt, ist die injektive Abbildung $H \to G$ ein Epimorphismus (Lemma 2, c)), von der die Surjektivität zu zeigen ist. Sei G/H die Menge der Linksnebenklassen gH mit $g \in G$. Sei weiter $\mathrm{Perm}(G/H \cup \{\infty\})$ die Gruppe der Permutationen der Vereinigung von G/H mit einer disjunkten einpunktigen Menge. Diese Gruppe ist wieder endlich. Sei σ diejenige Permutation, die $H \in G/H$ mit ∞ vertauscht und alle anderen Elemente von G/H fest läßt. Dann ist $\sigma^2 = \mathrm{id}$. Sei $t\colon G \to \mathrm{Perm}(G/H \cup \{\infty\})$ die Abbildung, die durch $t(g)(g'H) = gg'H$

und $t(g)(\infty) = \infty$ definiert ist. Dann ist t ein Gruppenhomomorphismus. Sei $s: G \to \mathrm{Perm}(G/H \cup \{\infty\})$ durch $s(g) = \sigma t(g)\sigma$ definiert. Auch s ist ein Gruppenhomomorphismus. Weiter ist $t(h) = s(h)$ für alle $h \in H$, wie man sofort elementweise verifiziert. Da aber $H \to G$ ein Epimorphismus ist, ist $t = s$. Also ist für alle $g \in G$

$$gH = t(g)(H) = s(g)(H) = \sigma t(g)\sigma(H) = \sigma t(g)(\infty) = \sigma(\infty) = H\,.$$

Damit ist gezeigt, daß $H = G$ ist!

Sei $\mathscr{C}$ wieder eine beliebige Kategorie. Ein Morphismus $f \in \mathrm{Mor}_{\mathscr{C}}(A,B)$ heißt **Isomorphismus**, wenn es einen Morphismus $g \in \mathrm{Mor}_{\mathscr{C}}(B,A)$ so gibt, daß $fg = 1_B$ und $gf = 1_A$. Zwei Objekte $A,B \in \mathscr{C}$ heißen **isomorph**, wenn es einen Isomorphismus in $\mathrm{Mor}_{\mathscr{C}}(A,B)$ gibt. Zwei Morphismen $f: A \to B$ und $g: A' \to B'$ heißen isomorph, wenn es Isomorphismen $h: A \to A'$ und $k: B \to B'$ so gibt, daß das Diagramm

$$
\begin{array}{ccc}
A & \xrightarrow{\ f\ } & B \\
{\scriptstyle h}\downarrow & & \downarrow{\scriptstyle k} \\
A' & \xrightarrow{\ g\ } & B'
\end{array}
$$

kommutativ ist.

Folgende Aussagen sind unmittelbar klar. Ist $f: A \to B$ ein Isomorphismus mit $fg = 1_B$ und $gf = 1_A$, so ist auch g ein Isomorphismus. Wir schreiben statt g auch f^{-1}. g ist durch f nämlich eindeutig bestimmt. Die Verknüpfung zweier Isomorphismen ist wieder ein Isomorphismus. Die Identitäten sind Isomorphismen. Also ist die Relation zwischen zwei Objekten isomorph zu sein eine Äquivalenzrelation. Ebenso ist die Isomorphie von Morphismen eine Äquivalenzrelation. Für isomorphe Objekte bzw. Morphismen schreiben wir auch häufig $A \cong B$ bzw. $f \cong g$. Sei jetzt $\mathscr{F}: \mathscr{C} \to \mathscr{D}$ ein Funktor und $f \in \mathscr{C}$ ein Isomorphismus mit dem inversen Isomorphismus f^{-1}. Dann ist $\mathscr{F}(f)\mathscr{F}(f^{-1}) = \mathscr{F}(ff^{-1}) = \mathscr{F}(1) = 1$ und entsprechend $\mathscr{F}(f^{-1})\mathscr{F}(f) = 1$. Also ist mit f auch $\mathscr{F}f$ ein Isomorphismus.

Morphismen $f \in \mathrm{Mor}_{\mathscr{C}}(A,A)$ mit gleicher Quelle und Ziel heißen **Endomorphismen**. Endomorphismen, die auch Isomorphismen sind, heißen **Automorphismen**.

Lemma 3. *Ist f ein Isomorphismus, so ist f ein Monomorphismus und ein Epimorphismus.*

Beweis: Da zu f ein inverser Morphismus existiert, ist f links und rechts kürzbar.

Die Umkehrung dieses Lemmas gilt nicht! So ist $\lambda: \mathbb{Z} \to \mathbb{P}$ in **Ri**, wie wir gesehen haben, ein Epimorphismus. Da dieser Morphismus als Abbildung injektiv ist und alle Morphismen in **Ri** Abbildungen sind, ist λ auch links kürzbar, also ein Monomorphismus. λ ist aber offenbar kein Isomorphismus, weil λ sonst bei Anwendung des Vergißfunktors in **Me** ein Isomorphismus bleiben müßte, also bijektiv wäre. Ebenso ist $v: \mathbb{P} \to \mathbb{P}/\mathbb{Z}$ in der Kategorie der teilbaren abelschen Gruppen ein Monomorphismus und ein Epimorphismus, aber kein Isomorphismus. Gleiches gilt auch im Beispiel über die Kategorie der hausdorffschen Räume.

Eine Kategorie $\mathscr{C}$ heißt **ausgeglichen**, wenn jeder Morphismus, der Mono- und Epimorphismus ist, ein Isomorphismus ist. Beispiele sind **Me**, **Gr**, **Ab** und ${}_R\mathbf{Mod}$.

Sei $\varphi: \mathscr{F} \to \mathscr{G}$ ein funktorieller Morphismus von Funktoren von $\mathscr{C}$ in $\mathscr{D}$. φ heißt **funktorieller Isomorphismus**, wenn es einen funktoriellen Morphismus $\psi: \mathscr{G} \to \mathscr{F}$ so gibt, daß $\psi\varphi = \mathrm{id}_{\mathscr{F}}$ und $\varphi\psi = \mathrm{id}_{\mathscr{G}}$. Zwei Funktoren $\mathscr{F}$ und $\mathscr{G}$ heißen **isomorph**, wenn zwischen ihnen ein funktorieller Isomorphismus existiert. Wir schreiben dann auch $\mathscr{F} \cong \mathscr{G}$. Zwei Kategorien heißen **isomorph**, wenn Funktoren $\mathscr{F}: \mathscr{C} \to \mathscr{D}$ und $\mathscr{G}: \mathscr{D} \to \mathscr{C}$ so existieren, daß $\mathscr{G}\mathscr{F} = \mathrm{Id}_{\mathscr{C}}$ und $\mathscr{F}\mathscr{G} = \mathrm{Id}_{\mathscr{D}}$. Zwei Kategorien heißen äquivalent, wenn Funktoren $\mathscr{F}\colon \mathscr{C} \to \mathscr{D}$ und $\mathscr{G}\colon \mathscr{D} \to \mathscr{C}$ so existieren, daß $\mathscr{G}\mathscr{F} \cong \mathrm{Id}_{\mathscr{C}}$ und $\mathscr{F}\mathscr{G} \cong \mathrm{Id}_{\mathscr{D}}$. Die Funktoren $\mathscr{F}$ und $\mathscr{G}$ heißen dann auch Äquivalenzen. Sind $\mathscr{F}$ und $\mathscr{G}$ kontravariant, so heißen $\mathscr{C}$ und $\mathscr{D}$ auch dual zueinander.

Ist φ ein funktorieller Isomorphismus mit dem inversen funktoriellen Morphismus ψ, so ist ψ auch ein funktorieller Isomorphismus und durch φ eindeutig bestimmt. φ ist genau dann ein funktorieller Isomorphismus, wenn φ ein funktorieller Morphismus ist und wenn $\varphi(A)$ für alle $A \in \mathscr{C}$ ein Isomorphismus ist. Die Familie $\{(\varphi(A))^{-1}\}$ für alle $A \in \mathscr{C}$ ist dann nämlich wieder ein funktorieller Morphismus.

Wir müssen streng zwischen äquivalenten und isomorphen Kategorien unterscheiden. Sind $\mathscr{C}$ und $\mathscr{D}$ isomorph, so existiert eine eindeutige Zuordnung zwischen $\mathrm{Ob}\,\mathscr{C}$ und $\mathrm{Ob}\,\mathscr{D}$. Sind $\mathscr{C}$ und $\mathscr{D}$ nur äquivalent, so haben wir nur eine eindeutige Zuordnung zwischen den Isomorphieklassen von Objekten aus $\mathscr{C}$ bzw. $\mathscr{D}$. Es kann vorkommen, daß die Isomorphieklassen von Objekten in $\mathscr{C}$ sehr groß sind, eventuell sogar echte Klassen sind, während die Isomorphieklassen von Objekten in $\mathscr{D}$ nur aus einem Element bestehen. Es läßt sich sogar zu jeder Kategorie $\mathscr{C}$ eine äquivalente Kategorie $\mathscr{D}$ konstruieren, die diese Eigenschaft hat. Dazu verwenden wir das Auswahlaxiom in der im Anhang gegebenen Formulierung. Die Isomorphie ist eine Äquivalenzrelation auf der Klasse der Objekte von $\mathscr{C}$. Sei $\mathrm{Ob}\,\mathscr{D}$ ein vollständiges Repräsentatensystem zu dieser Äquivalenzrelation. Wir vervollständigen $\mathrm{Ob}\,\mathscr{D}$ zu einer Kategorie $\mathscr{D}$, indem wir $\mathrm{Mor}_{\mathscr{D}}(A,B) = \mathrm{Mor}_{\mathscr{C}}(A,B)$ definieren und dieselbe Verknüpfung von Morphismen wie in $\mathscr{C}$ wählen. Dann ist $\mathscr{D}$ offenbar eine Kategorie. $\mathscr{F}\colon \mathscr{C} \to \mathscr{D}$ ordne jedem $A \in \mathscr{C}$ den zugehörigen Repräsentanten $\mathscr{F}A$ der Isomorphieklasse von A zu. Sei $\mathfrak{A}$ die Isomorphieklasse von A und Φ die Klasse der Isomorphismen, die zwischen den Elementen von $\mathfrak{A}$ mit Ziel $\mathscr{F}A$ existieren. Zwei Isomorphismen seien äquivalent, wenn ihre Quelle übereinstimmt. Ein vollständiges Repräsentatensystem definiert also genau einen Isomorphismus zwischen jedem Element von $\mathfrak{A}$ und $\mathscr{F}A$. Das läßt sich simultan in alle Isomorphieklassen von Objekten von $\mathscr{C}$ durchführen. Sei jetzt $f\colon A \to B$ ein Morphismus in $\mathscr{C}$. Dann ordnen wir f den durch das Diagramm $\mathscr{F}A \cong A \xrightarrow{f} B \cong \mathscr{F}B$ definierten Morphismus $\mathscr{F}f\colon \mathscr{F}A \to \mathscr{F}B$ zu. Wegen der Kommutativität von

$$\begin{array}{ccccc}
A & \xrightarrow{\;f\;} & B & \xrightarrow{\;g\;} & C \\[4pt]
\wr\| & & \wr\| & & \wr\| \\[4pt]
\mathscr{F}A & \xrightarrow{\;\mathscr{F}f\;} & \mathscr{F}B & \xrightarrow{\;\mathscr{F}g\;} & \mathscr{F}C
\end{array}$$

ist $\mathscr{F}$ dann ein Funktor von $\mathscr{C}$ in $\mathscr{D}$. Da $\mathscr{D}$ eine Unterkategorie von $\mathscr{C}$ ist, definieren wir $\mathscr{G}\colon \mathscr{D} \to \mathscr{C}$ als Vergißfunktor. Trivialerweise ist $\mathscr{F}\mathscr{G} = \mathrm{Id}_{\mathscr{D}}$. Andererseits ist $\mathscr{F}\mathscr{G}A = \mathscr{F}A \cong A$ für alle $A \in \mathscr{C}$ und das Diagramm

$$\begin{array}{ccc}
\mathscr{F}\mathscr{G}A & \xrightarrow{\;\mathscr{F}\mathscr{G}f\;} & \mathscr{F}\mathscr{G}B \\[4pt]
\wr\| & & \wr\| \\[4pt]
A & \xrightarrow{\;f\;} & B
\end{array}$$

für alle Morphismen $f \in \mathscr{C}$ kommutativ. Also ist $\mathscr{C}$ äquivalent zu $\mathscr{D}$. Wir nennen die Kategorie $\mathscr{D}$ auch ein Skelett von $\mathscr{C}$.

Man beachte, daß nach unserer Definition die duale Kategorie $\mathscr{C}^{0}$ von $\mathscr{C}$ zwar dual zu $\mathscr{C}$ ist, daß aber umgekehrt aus der Bedingung, daß $\mathscr{D}$ dual zu $\mathscr{C}$ ist, nur folgt, daß $\mathscr{D}$ äquivalent zu $\mathscr{C}^0$ ist. In diesem Zusammenhang wollen wir noch darauf eingehen, wie kontravariante Funktoren durch kovariante Funktoren ersetzt werden können, so daß es genügen würde, nur Sätze über kovariante Funktoren zu beweisen. Wir haben gesehen, daß der Isomorphismus Op: $\mathscr{C} \to \mathscr{C}^0$ (man spricht hier wegen der Kontravarianz von Op auch von Antiiso morphismus) die Eigenschaft OpOp = Id hat. Ist $\mathscr{F}: \mathscr{C} \to \mathscr{D}$ ein kontravarianter Funktor, so sind $\mathscr{F}$Op: $\mathscr{C}^0 \to \mathscr{D}$ und Op$\mathscr{F}$: $\mathscr{C} \to \mathscr{D}^0$ kovariante Funktoren, die sich durch nochmaliges Verknüpfen mit Op wieder in $\mathscr{F}$ überführen lassen. Sind $\mathscr{F}$ und $\mathscr{G}$ kontravariante Funktoren von $\mathscr{C}$ in $\mathscr{D}$ und ist $\varphi: \mathscr{F} \to \mathscr{G}$ ein funktorieller Morphismus, so erhalten wir entsprechend funktorielle Morphismen φOp: $\mathscr{F}$Op $\to \mathscr{G}$Op und Opφ: Op$\mathscr{G} \to$ Op$\mathscr{F}$, wie man leicht verifiziert. Ist $\mathscr{C}$ eine kleine Kategorie und bezeichnen wir die Kategorie der kontravarianten Funktoren von $\mathscr{C}$ in $\mathscr{D}$ mit Funkt$^0(\mathscr{C},\mathscr{D})$, so erhalten wir durch die beschriebenen Zuordnungen von ko- und kontravarianten Funktoren Isomorphien von Kategorien:

$$\text{Funkt}^0(\mathscr{C},\mathscr{D}) \cong \text{Funkt}(\mathscr{C}^0,\mathscr{D}) \quad \text{und} \quad \text{Funkt}^0(\mathscr{C},\mathscr{D}) \cong \text{Funkt}(\mathscr{C},\mathscr{D}^0)^0 .$$

Die Verifizierung der einzelnen Eigenschaften sei dem Leser überlassen. Speziell ergibt sich Funkt$(\mathscr{C},\mathscr{D}) \cong$ Funkt$(\mathscr{C}^0,\mathscr{D}^0)^0$.

1.6 Unter- und Quotientenobjekte

Sei $\mathscr{C}$ eine Kategorie. Sei $\mathfrak{M}$ die Klasse der Monomorphismen von $\mathscr{C}$. Wir definieren auf $\mathfrak{M}$ eine Äquivalenzrelation durch folgende Bedingung. Zwei Monomorphismen $f: A \to B$ und $g: C \to D$ aus $\mathfrak{M}$ sollen äquivalent heißen, wenn $B = D$ ist und wenn zwei Morphismen $h: A \to C$ und $k: C \to A$ so existieren, daß die Diagramme

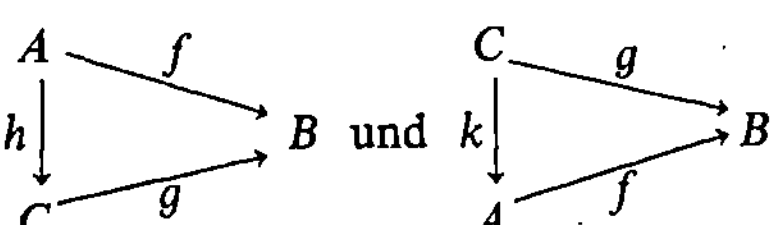

kommutativ sind. Das ist offenbar eine Äquivalenzrelation auf $\mathfrak{M}$. Sei $\mathfrak{U}$ ein vollständiges Repräsentantensystem zu dieser Äquivalenzrelation, das nach dem Auswahlaxiom existiert. Seien f und g äquivalent. Dann ist $f = gh$ und $g = fk$, also $f1_A = f = fkh$ und $g1_C = g = ghk$. Da f und g links kürzbar sind, ist $1_A = kh$ und $1_C = hk$. Damit ist $A \cong C$.
Sei $B \in \mathscr{C}$. Ein Unterobjekt von B ist ein Monomorphismus aus $\mathfrak{U}$ mit dem Ziel B. Ein Unterobjekt f von B heißt kleiner als ein Unterobjekt g von B, wenn es einen Morphismus $h \in \mathscr{C}$ so gibt, daß $f = gh$. Wegen 1.5 Lemma 2,a) und der Kürzbarkeit von g ist dann h ein eindeutig bestimmter Monomorphismus.

Lemma 1. *Die Unterobjekte eines Objekts $B \in \mathscr{C}$ bilden eine geordnete Klasse.*

Beweis: Seien $f \le g$ und $g \le h$ Unterobjekte von B. Dann ist $f = gk$ und $g = hk'$, also $f = hk'k$, d. h. $f \le h$. Weiter ist $f \le f$ wegen $f = f1_A$, wenn A die Quelle von f ist. Ist schließlich $f \le g$ und $g \le f$, so sind f und g äquivalent, also ist $f = g$.

Wir werden häufig statt des Monomorphismus, der ein Unterobjekt ist, nur seine Quelle angeben und sie als Unterobjekt bezeichnen. Dadurch kann man ein Unterobjekt wieder als Objekt in $\mathscr{C}$ auffassen, wobei stillschweigend angenommen wird, daß der zugehörige Monomorphismus bekannt ist. Man beachte, daß durch die Angabe von Quelle und Ziel eines Monomorphismus dieser nicht eindeutig bestimmt ist, daß ein Objekt also in verschiedener

Weise Unterobjekt eines anderen Objekts sein kann! So gibt es in **Me** zwei verschiedene Monomorphismen von einer einpunktigen Menge in eine zweipunktige Menge. Ist $f \le g$ für Unterobjekte $f\colon A \to C$ und $g\colon B \to C$, so schreiben wir häufig auch $A \subseteq B \subseteq C$.

Die geordnete Klasse der Unterobjekte eines Objekts $B \in \mathscr{C}$ nennen wir auch Potenzklasse von B. Ist die Potenzklasse jedes Objekts der Kategorie $\mathscr{C}$ eine Menge, so heißt $\mathscr{C}$ lokal kleine Kategorie. Die Potenzklassen heißen dann auch Potenzmengen.

Sei $\mathscr{C}$ eine lokal kleine Kategorie. Sei U eine Teilmenge der Potenzmenge der Unterobjekte von $B \in \mathscr{C}$. Ein Unterobjekt $A \in U$ heißt minimal in U, wenn aus $A' \in U$ und $A' \subseteq A$ immer folgt $A' = A$. Die Potenzmenge der Unterobjekte von $B \in \mathscr{C}$ heißt artinsch, wenn in jeder nicht leeren Teilmenge der Potenzmenge der Unterobjekte von B ein minimales Unterobjekt existiert. Ein Unterobjekt $A \in U$ heißt maximal in U, wenn aus $A' \in U$ und $A \subseteq A'$ immer folgt $A = A'$. Die Potenzmenge der Unterobjekte von $B \in \mathscr{C}$ heißt noethersch, wenn in jeder nicht leeren Teilmenge der Potenzmenge der Unterobjekte von B ein maximales Unterobjekt existiert. Ist die Potenzmenge von B artinsch bzw. noethersch, so nennen wir auch B ein artinsches bzw. noethersches Objekt. Sind alle Objekte von $\mathscr{C}$ artinsch bzw. noethersch, so heißt die Kategorie $\mathscr{C}$ artinsch bzw. noethersch. Eine Teilmenge K der Potenzmenge von B heißt eine Kette, wenn für je zwei Unterobjekte $A, A' \in K$ immer $A \subseteq A'$ oder $A' \subseteq A$ gilt. Wir sagen, daß $B \in \mathscr{C}$ die Minimalbedingung bzw. Maximalbedingung für Ketten erfüllt, wenn jede Kette aus der Potenzmenge von B ein minimales bzw. maximales Element enthält.

Lemma 2. *Ein Objekt $B \in \mathscr{C}$ erfüllt genau dann die Minimalbedingung (Maximalbedingung) für Ketten, wenn B artinsch (noethersch) ist.*

Beweis: Ist B artinsch, so erfüllt B speziell die Minimalbedingung für Ketten. Erfülle B die Minimalbedingung für Ketten und sei U eine Teilmenge der Potenzmenge von B, die kein minimales Unterobjekt von B besitzt. Dann existiert zu jedem Unterobjekt $A_i \in U$ ein Unterobjekt $A_{i+1} \in U$ mit $A_{i+1} \subseteq A_i$ und $A_{i+1} \ne A_i$, was wir auch als $A_{i+1} \subset A_i$ schreiben. Man erhält damit eine Kette K, die kein minimales Element enthält im Widerspruch zur Voraussetzung. Daher ist B artinsch. Die Äquivalenz der Maximalbedingung für Ketten mit der Bedingung, daß B noethersch ist, zeigt man analog.

Man zeigt leicht, daß in **Me** bzw. **Gr** bzw. **Ab** bzw. **Ri** die Teilmengen bzw. Untergruppen bzw. abelschen Untergruppen bzw. Unterringe mit demselben Einselement zusammen mit den natürlichen Inklusionen die Funktion der hier definierten Unterobjekte erfüllen. In **Top** sind die Untermengen eines topologischen Raumes, die mit einer Topologie so versehen sind, daß die Inklusion stetig ist, die Unterobjekte des topologischen Raumes. Die sogenannten Unterräume eines topologischen Raumes erfüllen noch zusätzliche Eigenschaften und werden in 1.9 besprochen werden.

Durch Dualisieren erhalten wir den Begriff des Quotientenobjekts, der Kopotenzklasse und der lokal kokleinen Kategorie. Die diskutierten Eigenschaften dualisieren sich entsprechend.

In **Me**, **Gr**, **Ab**, **Ri**, **Top**, **Me*** und **Top*** ist die Unterobjekt-Eigenschaft transitiv, d. h. ist A Unterobjekt von B und B Unterobjekt von C, so ist A Unterobjekt von C. Aber schon bei der Bildung von Quotientenobjekten etwa in **Ab** ist das nicht mehr der Fall, denn das Quotientenobjekt eines Quotientenobjekts hat Restklassen von Restklassen als Elemente, während ein Quotientenobjekt Restklassen (des Ausgangsobjekts) als Elemente hat. Diese Transitivität ist also in allgemeiner Form nicht zu erwarten und bei unserer Definition von Unter- bzw. Quotientenobjekten auch nicht gegeben.

1.7 Nullobjekte und -morphismen

Ein Objekt A in einer Kategorie $\mathscr{C}$ heißt Anfangsobjekt, wenn $\mathrm{Mor}_{\mathscr{C}}(A,B)$ für alle $B \in \mathscr{C}$ aus genau einem Element besteht. Der zum Anfangsobjekt duale Begriff ist Endobjekt. Ein Objekt heißt Nullobjekt, wenn es Anfangs- und Endobjekt ist.

Lemma 1. *Alle Anfangsobjekte sind untereinander isomorph.*

Beweis: Seien A und B Anfangsobjekte. Dann existiert je genau ein Morphismus $f\colon A \to B$ und $g\colon B \to A$. Die Verknüpfung fg bzw. gf ist der einzige Morphismus 1_B bzw. 1_A, der in $\mathrm{Mor}_{\mathscr{C}}(B,B)$ bzw. $\mathrm{Mor}_{\mathscr{C}}(A,A)$ existiert. Also sind f und g Isomorphismen.

Lemma 2. *Ein Nullobjekt 0 einer Kategorie $\mathscr{C}$ ist bis auf Isomorphie von Nullobjekten eindeutig Unterobjekt jedes Objekts $B \in \mathscr{C}$.*

Beweis: Weil für alle $C \in \mathscr{C}$ die Menge $\mathrm{Mor}_{\mathscr{C}}(C,0)$ aus genau einem Element besteht, ist für alle B der eindeutige Morphismus $f\colon 0 \to B$ ein Monomorphismus, denn $\mathrm{Mor}_{\mathscr{C}}(C,f)$: $\mathrm{Mor}_{\mathscr{C}}(C,0) \to \mathrm{Mor}_{\mathscr{C}}(C,B)$ ist immer injektiv. Das f repräsentierende Unterobjekt von B muß ein zu 0 isomorphes Nullobjekt als Quelle haben.

Ein Morphismus $f\colon A \to B$ in $\mathscr{C}$ heißt Links-Nullmorphismus wenn $fg = fh$ für alle $g, h \in \mathrm{Mor}_{\mathscr{C}}(C,A)$ und alle $C \in \mathscr{C}$. Dual definieren wir einen Rechts-Nullmorphismus. f heißt Nullmorphismus, wenn f ein Rechts- und Links-Nullmorphismus ist.

Lemma 3. a) *Ist f ein Rechts-Nullmorphismus und g ein Links-Nullmorphismus und ist fg definiert, so ist fg ein Nullmorphismus.*
b) *Sei A ein Anfangsobjekt. Dann ist $f\colon A \to B$ immer ein Rechts-Nullmorphismus.*
c) *Sei 0 ein Nullobjekt. Dann sind $f\colon 0 \to B$ und $g\colon C \to 0$ also auch $fg\colon C \to B$ Nullmorphismen.*

Beweis: Die Aussagen folgen direkt aus den Definitionen der einzelnen Begriffe.

Eine Kategorie $\mathscr{C}$ heißt Kategorie mit Nullmorphismen, wenn eine Familie $\{0_{(A,B)} \in \mathrm{Mor}_{\mathscr{C}}(A,B)$ für alle $A, B \in \mathscr{C}\}$ von Morphismen gegeben ist mit

$$f 0_{(A,B)} = 0_{(A,C)} \quad \text{und} \quad 0_{(B,C)} g = 0_{(A,C)}$$

für alle $A, B, C \in \mathscr{C}$ und alle $f \in \mathrm{Mor}_{\mathscr{C}}(B,C)$ und $g \in \mathrm{Mor}_{\mathscr{C}}(A,B)$. Die $0_{(A,B)}$ sind Nullmorphismen, denn es ist $f 0_{(A,B)} = 0_{(A,C)} = h 0_{(A,B)}$ und entsprechend für die andere Seite. Die Familie $\{0_{(A,B)}\}$ dieser Nullmorphismen ist eindeutig bestimmt. Ist nämlich $\{0'_{(A,B)}\}$ eine weitere Familie von Nullmorphismen, so ist

$$0_{(A,B)} = 0_{(A,B)} 0'_{(A,A)} = 0'_{(A,B)} \quad \text{für alle} \quad A, B \in \mathscr{C}.$$

Lemma 4. *Eine Kategorie mit einem Nullobjekt ist eine Kategorie mit Nullmorphismen.*

Beweis: Die Nullmorphismen $0_{(A,B)}$ konstruieren wir wie in Lemma 3,c). Die Kommutativität der Diagramme

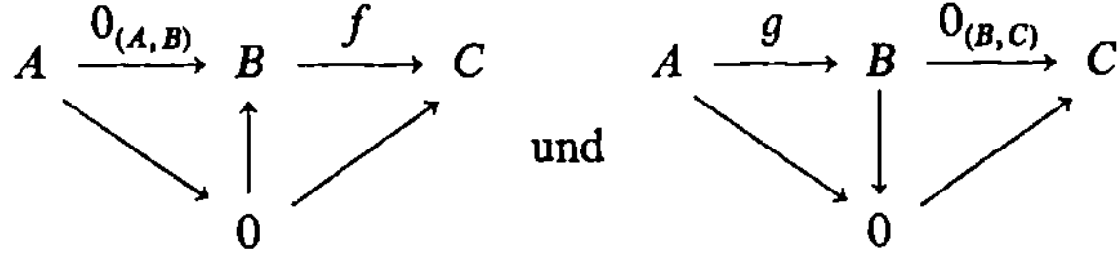

beweist den Rest der Behauptung.

Die Kategorie $\mathscr{C}$ ist genau dann eine Kategorie mit Nullmorphismen, wenn die Mengen $\mathrm{Mor}_{\mathscr{C}}(A,B)$ punktiert sind und die Abbildungen $\mathrm{Mor}_{\mathscr{C}}(f,-)$ bzw. $\mathrm{Mor}_{\mathscr{C}}(-,g)$ punktierte Abbildungen sind (im Sinne von 1.1 Beispiel 3). $\mathscr{C}$ heißt deshalb auch **punktierte Kategorie**. In ihr sind die ausgezeichneten Punkte der $\mathrm{Mor}_{\mathscr{C}}(A,B)$ eindeutig durch die Bedingung, daß die $\mathrm{Mor}_{\mathscr{C}}(f,-)$ bzw. $\mathrm{Mor}_{\mathscr{C}}(-,g)$ punktierte Abbildungen sind, festgelegt.

In der Kategorie **Me** ist $\emptyset$ ein Anfangsobjekt und $\{\emptyset\}$ ein Endobjekt. Nullobjekte existieren nicht. Die einzigen Nullmorphismen haben die Form $\emptyset \to A$. In der Kategorie **Me*** ist jede einpunktige Menge ein Nullobjekt. Deshalb existieren auch zwischen allen Objekten Nullmorphismen. Ebenso ist die einpunktige Menge mit der entsprechenden Struktur versehen ein Nullobjekt in den Kategorien **Gr, Ab, Top***. In **Top** ist $\emptyset$ ein Anfangsobjekt und $\{\emptyset\}$ ein Endobjekt. In **Ri** ist $\mathbf{Z}$ ein Anfangsobjekt und die einpunktige Menge mit der trivialen Ringstruktur, der sogenannte Nullring, ein Endobjekt. Der aus früheren Beispielen bekannte Mono- und Epimorphismus $\lambda\colon \mathbf{Z} \to \mathbb{P}$ ist ein Rechts-Nullmorphismus, aber kein Links-Nullmorphismus.

1.8 Diagramme

Wir wollen in diesem Abschnitt den schon in 1.2 eingeführten Begriff des Diagramms präzisieren. Wir definieren ein **Diagramm** in einer Kategorie $\mathscr{C}$ als einen Funktor $\mathscr{F}$ von einem Diagrammschema $\mathscr{D}$, d. h. von einer kleinen Kategorie $\mathscr{D}$ (s. 1.1), in die Kategorie $\mathscr{C}$. Ist das Diagrammschema endlich, so sagt man, daß das Diagramm endlich ist, und man veranschaulicht den Funktor durch sein Bild. Dabei werden die Objekte im Bild des Funktors $\mathscr{F}$ hingeschrieben und die Morphismen als Pfeile zwischen die Objekte geschrieben. Die Identitäten werden dabei fortgelassen, ebenso häufig Morphismen, die sich durch Verknüpfung anderer Morphismen ergeben. Die Kommutativität, die für alle Diagramme über dem Diagrammschema $\mathscr{D}$ gelten soll, drückt sich als Gleichheit von Morphismen in $\mathscr{D}$ aus. Für spezielle Diagramme können dann noch zusätzliche Teile kommutativ werden auf Grund der besonderen Eigenschaften der Bildobjekte und -morphismen von $\mathscr{F}$.

Man beachte, daß das Bild eines Funktors, d. h. das Bild der Objektabbildung und der Morphismenabbildungen, im allgemeinen keine Kategorie bildet. Es brauchen nämlich nicht alle möglichen Verknüpfungen von Morphismen des Bildes wieder im Bild zu liegen. Sei z. B. $\mathscr{F}\colon \mathscr{D} \to \mathscr{C}$ ein Funktor mit $\mathscr{F}A = \mathscr{F}B$ für zwei verschiedene Objekte $A,B \in \mathscr{D}$. Dann sind zwei Morphismen $f\colon C \to A$ und $g\colon B \to D$ in $\mathscr{D}$ nicht verknüpfbar, aber

$$\mathscr{F}C \xrightarrow{\mathscr{F}f} \mathscr{F}A = \mathscr{F}B \xrightarrow{\mathscr{F}g} \mathscr{F}D$$

und $\mathscr{F}g\,\mathscr{F}f$ ist nicht notwendig im Bild von $\mathscr{F}$ enthalten. Das Bild des Funktors $\mathscr{F}$ ist jedoch eine Kategorie, falls $\mathscr{F}$ auf der Klasse der Objekte eine injektive Abbildung ist.

Wie in 1.2 können wir die Kategorie $\mathrm{Funkt}(\mathscr{D},\mathscr{C})$ bilden. Die Objekte dieser Kategorie sind Diagramme. Also nennt man diese Kategorie **Diagrammkategorie**. Wir bemerken, daß hier nur die Auffassung eine andere ist als in 1.2. Die Kategorie ist eine Funktorkategorie. Es ist von Interesse zu wissen, wie man sich die Morphismen zwischen zwei Diagrammen veranschaulichen kann. Wir machen uns das an einem Beispiel klar.

Sei $\mathscr{D}$ eine Kategorie mit drei Objekten X,Y,Z und sechs Morphismen $1_X, 1_Y, 1_Z, x\colon X \to Y$, $y\colon Y \to Z$ und $z = yx\colon X \to Z$. Seien $\mathscr{F}$ und $\mathscr{G}$ zwei Diagramme und sei $\varphi\colon \mathscr{F} \to \mathscr{G}$ ein Morphismus von Diagrammen. Dann läßt sich das darstellen als

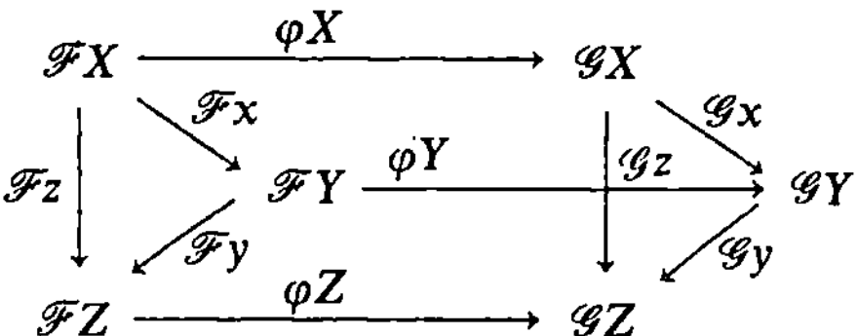

wobei alle Vierecke kommutativ sind, weil φ ein funktorieller Morphismus ist. Die hier konstruierte Kategorie nennen wir auch Kategorie der kommutativen Dreiecke in $\mathscr{C}$. Die Morphismen zwischen Diagrammen sind also Familien von Morphismen, für jedes Paar von sich entsprechenden Objekten in zwei Diagrammen je einen, die mit den Morphismen in den einzelnen Diagrammen kommutieren.

Haben wir nun ein festes Diagramm im Sinne von 1.2 vor uns, das aus einer Menge von Objekten und dazwischen definierten Morphismen (Pfeilen) besteht, so erhebt sich die Frage, ob sich dieses als Diagramm im oben definierten Sinne auffassen läßt. Dazu bilden wir die Unterkategorie $\mathscr{B}$ von $\mathscr{C}$, die dieselben Objekte wie das vorgegebene Diagramm enthält und alle Morphismen aus $\mathscr{C}$ zwischen ihnen. $\mathscr{B}$ ist eine kleine Kategorie. Sei jetzt $\{\mathscr{A}_i\}_{i \in I}$ eine Familie von kleinen Unterkategorien von $\mathscr{B}$. Dann ist $\bigcap_{i \in I} \mathscr{A}_i$, definiert als Durchschnitt der entsprechenden Objektmengen zusammen mit dem Durchschnitt der Morphismenmengen, eine kleine Unterkategorie von $\mathscr{B}$. Die Verknüpfung ist dabei die von $\mathscr{B}$ induzierte. Wählen wir für die $\mathscr{A}_i$ speziell nur solche, die alle Objekte und Morphismen des vorgegebenen Diagramms enthalten, so ist $\cap \mathscr{A}_i$ die kleinste Unterkategorie von $\mathscr{C}$, die alle Objekte und Morphismen des Diagramms enthält. Das gegebene Diagramm wird dabei durch zusätzliche Morphismen, die als Verknüpfungen der gegebenen Morphismen oder als Identitäten auftreten, vervollständigt. Die so gewonnene kleine Kategorie fassen wir als Diagrammschema zu unserem Diagramm auf.

Besteht das Diagrammschema $\mathscr{D}$ aus zwei Objekten X und Y und aus drei Morphismen 1_X, 1_Y und $x \colon X \to Y$, so nennen wir diese Kategorie **2**. Die Diagramme von $\mathrm{Funkt}(\mathbf{2}, \mathscr{C})$ stehen in eindeutiger Zuordnung zu den Morphismen von $\mathscr{C}$. Man nennt daher $\mathrm{Funkt}(\mathbf{2}, \mathscr{C})$ Morphismenkategorie von $\mathscr{C}$. Ein Morphismus in $\mathrm{Funkt}(\mathbf{2}, \mathscr{C})$ zwischen zwei Morphismen $f \colon A \to B$ und $g \colon C \to D$ ist ein kommutatives Diagramm

$$\begin{array}{ccc} A & \longrightarrow & C \\ f \downarrow & & \downarrow g \\ B & \longrightarrow & D \end{array} \; .$$

1.9 Differenzkerne und -kokerne

Wie in 1.5 wollen wir wieder einen Begriff aus **Me** auf beliebige Kategorien verallgemeinern. Seien dazu $f \colon A \to B$ und $g \colon A \to B$ zwei Abbildungen von Mengen in **Me**. Dann können wir zu f und g eine Menge C durch

$$C = \{c \mid c \in A \quad \text{und} \quad f(c) = g(c)\}$$

definieren. Für ein beliebiges Objekt $D \in \mathbf{Me}$ betrachten wir jetzt

$$\mathrm{Mor}(D,C) \xrightarrow{\mathrm{Mor}(D,i)} \mathrm{Mor}(D,A) \underset{\mathrm{Mor}(D,g)}{\overset{\mathrm{Mor}(D,f)}{\rightrightarrows}} \mathrm{Mor}(D,B),$$

wobei $i: C \to A$ die Inklusion ist. Wegen $fi = gi$ ist auch $\mathrm{Mor}(D,f)\,\mathrm{Mor}(D,i) = \mathrm{Mor}(D,g)\,\mathrm{Mor}(D,i)$. Ist umgekehrt $h \in \mathrm{Mor}(D,A)$ mit $\mathrm{Mor}(D,f)(h) = \mathrm{Mor}(D,g)(h)$, also $fh = gh$, so ist $f(h(d)) = g(h(d))$ für alle $d \in D$. Damit liegen alle Elemente der Form $h(d)$ schon in C, d. h. $h = (D \xrightarrow{h'} C \xrightarrow{i} A)$ oder $h = \mathrm{Mor}(D,i)(h')$. Da i injektiv ist und damit auch $\mathrm{Mor}(D,i)$, können wir $\mathrm{Mor}(D,C)$ vermöge $\mathrm{Mor}(D,i)$ mit der Menge der Morphismen aus $\mathrm{Mor}(D,A)$ identifizieren, die bei $\mathrm{Mor}(D,f)$ auf denselben Morphismus abgebildet werden, wie bei $\mathrm{Mor}(D,g)$. Daß diese Eigenschaft die Menge C und die Injektion i bis auf Isomorphie eindeutig bestimmt — was wir für die Verallgemeinerung vorausgesetzt hatten —, werden wir gleich in allgemeinerer Form beweisen. Wir wollen die für die Morphismenmengen gefundenen Bedingungen noch anders formulieren. Zu jedem Paar (f,g) von Morphismen von A in B haben wir einen Morphismus $i: C \to A$ konstruiert, der folgende Bedingung erfüllt: Ist $D \in \mathbf{Me}$ und $h \in \mathrm{Mor}(D,A)$ und ist $fh = gh$, so existiert genau ein Morphismus $h' \in \mathrm{Mor}(D,C)$, so daß $h = ih'$.

Sei $\mathscr{C}$ eine Kategorie. Seien $f: A \to B$ und $g: A \to B$ Morphismen in $\mathscr{C}$. Ein Morphismus $i: C \to A$ heißt **Differenzkern** des Paares (f,g), wenn $fi = gi$ ist und wenn zu jedem Objekt $D \in \mathscr{C}$ und zu jedem Morphismus $h: D \to A$ mit $fh = gh$ genau ein Morphismus $h': D \to C$ mit $h = ih'$ existiert. Die betrachteten Morphismen bilden folgendes Diagramm

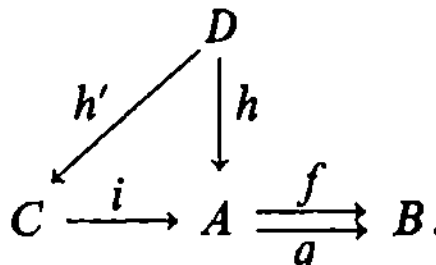

Lemma 1. *Jeder Differenzkern ist ein Monomorphismus.*

Beweis: Sei i Differenzkern von (f,g). Seien $h,k: D \to C$ mit $ih = ik$ gegeben. Dann ist $f(ih) = g(ih)$. Also existiert nach Definition genau ein Morphismus $h': D \to C$ mit $(ih) = ih'$. Aber sowohl h als auch k erfüllen diese Bedingung. Wegen der Eindeutigkeit ist damit $h = k$.

Lemma 2. *Sind $i: C \to A$ und $i': C' \to A$ Differenzkerne des Paares (f,g), so existiert ein eindeutig bestimmter Isomorphismus $k: C \to C'$, so daß $i = i'k$.*

Beweis: Wendet man die Tatsache, daß i ein Differenzkern ist, auf den Morphismus i' an, so erhält man genau ein $k': C' \to C$ mit $i' = ik'$. Entsprechend erhält man genau ein $k: C \to C'$ mit $i = i'k$. Damit ist die Eindeutigkeit von k schon bewiesen. Die beiden Aussagen zusammen ergeben außerdem $i = ik'k$ und $i' = i'kk'$. Da nach Lemma 1 i und i' Monomorphismen sind, ist $k'k = 1_C$ und $kk' = 1_{C'}$.

Mit diesem Lemma ist speziell für **Me** auch bewiesen, daß jeder Morphismus $i': C' \to A$, für den $fi' = gi'$ gilt und der die Bedingungen über das Diagramm der Mosphismenmengen erfüllt, durch Verknüpfen mit einem Isomorphismus den Morphismus i ergibt. Wir erhalten also durch die Verallgemeinerung des am Anfang gegebenen Begriffs nur isomorphe Mengen mit eindeutig bestimmten Isomorphismen dazu. Abgesehen davon wird der Begriff erhalten.

Wir begegnen hier zum ersten Male einem Beispiel für ein sogenanntes universelles Problem. In der Klasse der Morphismen h mit $fh = gh$ ist der Differenzkern i in dem Sinne universell, daß sich jedes h aus dieser Klasse durch i faktorisieren läßt: $h = ih'$.

Man sagt, daß eine Kategorie $\mathscr{C}$ Differenzkerne besitzt, wenn zu jedem Paar von Morphismen in $\mathscr{C}$ mit gleicher Quelle und gleichem Ziel ein Differenzkern existiert. Wir nennen $\mathscr{C}$ auch **Kategorie mit Differenzkernen**. Statt den Morphismus i als Differenzkern zu bezeichnen, nennen wir auch oft seine Quelle C Differenzkern, wobei wir voraussetzen, daß der zugehörige Morphismus bekannt ist. Ähnlich sind wir ja auch bei den Unterobjekten verfahren. Da ein Differenzkern Monomorphismus ist, gibt es einen zu ihm äquivalenten Monomorphismus, der ein Unterobjekt ist. Dieser ist auch ein Differenzkern desselben Morphismenpaares. Unterobjekte, die gleichzeitig Differenzkern eines Morphismenpaares sind, nennen wir Differenzunterobjekte.

Sei $\mathscr{C}$ eine Kategorie mit Nullmorphismen. Sei $f: A \to B$ ein Morphismus in $\mathscr{C}$. Ein Morphismus $g: C \to A$ heißt Kern von f, wenn $fg = 0_{(C,B)}$ und wenn zu jedem Morphismus $h: D \to A$ mit $fh = 0_{(D,B)}$ genau ein Morphismus $k: D \to C$ mit $h = gk$ existiert.

Lemma 3. *Sei g ein Kern von f. Dann ist g ein Differenzkern von $(f, 0_{(A,B)})$.*

Beweis: Wegen der Eigenschaften der Nullmorphismen in $\mathscr{C}$ ist mit $fh = 0_{(D,B)}$ auch $fh = f\,0_{(D,A)}$ und umgekehrt. Damit folgt die Behauptung aus den Definitionen.

Speziell sind Kerne bis auf Isomorphie eindeutig und bilden Differenzunterobjekte. Da die Begriffe Kern und Differenzkern im allgemeinen verschiedene Begriffe sind, erhalten die als Kerne auftretenden Unterobjekte den Namen normale Unterobjekte.

Dual zu den in diesem Paragraphen definierten Begriffen definieren wir Differenzkokerne, Kategorien mit Differenzkokernen, Differenzquotientenobjekte, Kokerne und normale Quotientenobjekte. Für sie gelten die zu den oben bewiesenen Sätzen dualen Sätze.

Wir bezeichnen den Differenzkern eines Morphismenpaares (f,g) mit $\mathrm{Ke}(f,g)$ und den Differenzkokern mit $\mathrm{Kok}(f,g)$. Den Kern bzw. Kokern eines Morphismus f bezeichnen wir mit $\mathrm{Ke}(f)$ bzw. $\mathrm{Kok}(f)$. In allen Fällen betrachten wir die angegebenen Bezeichnungen als Objekte der Kategorie und setzen die zugehörigen Morphismen als bekannt voraus.

Kategorien mit Differenzkernen und mit Differenzkokernen sind **Me**, **Me***, **Top**, **Top***, **Gr**, **Ab**, **Ri** und $_R$**Mod**. Wir geben hier die Bildung des Differenzkokerns in **Me** an. Seien zwei Abbildungen $f,g: A \to B$ gegeben. Man bilde die kleinste Äquivalenzrelation auf der Menge B, unter der $f(a)$ und $g(a)$ für alle $a \in A$ äquivalent sind. Die Äquivalenzklassen bei dieser Äquivalenzrelation bilden eine Menge C, auf die B in der offensichtlichen Weise abgebildet wird. Diese Abbildung ist ein Differenzkokern von (f,g), wie man leicht verifiziert. Für die Eigenschaften von **Top** vergleiche man Aufgabe 6. Die Eigenschaften von **Top*** ergeben sich analog aus den Eigenschaften von **Me***. **Me***, **Gr**, **Ab**, **Ri** und $_R$**Mod** werden ausführlich in Kapitel 3 behandelt werden.

1.10 Schnitte und Retraktionen

Ein Morphismus $f: A \to B$ in einer Kategorie $\mathscr{C}$ heißt ein Schnitt, wenn es einen Morphismus g in $\mathscr{C}$ so gibt, daß $gf = 1_A$. f heißt eine Retraktion, wenn es einen Morphismus g in $\mathscr{C}$ so gibt, daß $fg = 1_B$. Ist f ein Schnitt mit $gf = 1_A$, so ist nach Definition g eine Retraktion und umgekehrt. Im allgemeinen gehören so zu einem Schnitt mehrere Retraktionen und umgekehrt. Die Begriffe Schnitt und Retraktion sind dual zueinander.

Lemma 1. *Jeder Schnitt ist ein Differenzkern.*

Beweis: Sei $f: A \to B$ ein Schnitt und g eine zugehörige Retraktion. Wir zeigen, daß f Differenzkern von $(fg, 1_B)$ ist. Zunächst ist $fgf = f = 1_B f$. Sei $h: C \to B$ mit $fgh = 1_B h = h$

gegeben. Dann ist wegen $h = f(gh)$ der Morphismus h durch f faktorisierbar. Ist $h = fh'$, so ist $gh = gfh' = h'$, d. h. die Faktorisierung ist eindeutig.

Lemma 2. *Sei $\mathscr{F}\colon \mathscr{C} \to \mathscr{D}$ ein Funktor und f ein Schnitt in $\mathscr{C}$. Dann ist $\mathscr{F}f$ ein Schnitt in $\mathscr{D}$.*

Beweis: Sei g eine Retraktion zu f. Dann ist $gf = 1_B$, also auch $\mathscr{F}g\mathscr{F}f = 1_{\mathscr{F}B}$.

Lemma 3. *$f\colon A \to B$ ist genau dann ein Schnitt in der Kategorie $\mathscr{C}$, wenn $\mathrm{Mor}_{\mathscr{C}}(f,C)\colon \mathrm{Mor}_{\mathscr{C}}(B,C) \to \mathrm{Mor}_{\mathscr{C}}(A,C)$ für alle $C \in \mathscr{C}$ surjektiv ist.*

Beweis: Sei f ein Schnitt mit einer zugehörigen Retraktion g und sei $h \in \mathrm{Mor}(A,C)$. Dann ist $h = h(gf) = (hg)f = \mathrm{Mor}(f,C)(hg)$. Sei umgekehrt $\mathrm{Mor}(f,C)$ für alle $C \in \mathscr{C}$ surjektiv. Für $C = A$ existiert ein $g \in \mathrm{Mor}(B,A)$ mit $\mathrm{Mor}(f,A)(g) = 1_A$. Also ist $gf = 1_A$.

Die Aussage dieses Lemmas ist besonders in Hinblick auf die Definition des Monomorphismus bzw. Epimorphismus von Interesse. Man achte darauf, daß man beim Dualisieren von Sätzen über Kategorien nicht versehentlich auch die verwendeten Begriffe in **Me** mit dualisiert!

In **Me** sind alle injektiven Abbildungen Schnitte bis auf die Abbildungen $\emptyset \to A$ mit $A \neq \emptyset$. Alle surjektiven Abbildungen sind Retraktionen. In **Ab** ist $\mathbb{Z} \ni n \mapsto 2n \in \mathbb{Z}$ zwar ein Kern des Restklassenhomomorphismus $\mathbb{Z} \to \mathbb{Z}/2\mathbb{Z}$, aber kein Schnitt. Wäre nämlich $g\colon \mathbb{Z} \to \mathbb{Z}$ eine zugehörige Retraktion, so wäre $2g(1) = 1 \in \mathbb{Z}$. Ein solches Element $g(1)$ existiert nicht in $\mathbb{Z}$.

1.11 Produkte und Koprodukte

Ein weiterer wichtiger Begriff in der Kategorie der Mengen ist der des Produkts von zwei Mengen A und B. Das Produkt ist die Menge der Paare $A \times B = \{(a,b)\,|\,a \in A$ und $b \in B\}$. Außerdem existieren Abbildungen $p_A\colon A \times B \ni (a,b) \mapsto a \in A$ und $p_B\colon A \times B \ni (a,b) \mapsto b \in B$. Wir wollen untersuchen, ob sich dieser Begriff in der gewünschten Art wieder auf die Morphismenmengen überträgt. Zunächst erhält man für eine beliebige Menge C

$$\mathrm{Mor}_{\mathbf{Me}}(C, A \times B) \cong \mathrm{Mor}_{\mathbf{Me}}(C,A) \times \mathrm{Mor}_{\mathbf{Me}}(C,B),$$

wenn man die folgenden Zuordnungen verwendet. Einem $h\colon C \to A \times B$ ordnet man $(p_A h, p_B h) \in \mathrm{Mor}(C,A) \times \mathrm{Mor}(C,B)$ zu und einem Paar $(f,g) \in \mathrm{Mor}(C,A) \times \mathrm{Mor}(C,B)$ die Abbildung $C \ni c \mapsto (f(c),g(c)) \in A \times B$. Außerdem hat man Abbildungen $\mathrm{Mor}(C, A \times B) \ni h \mapsto p_A h \in \mathrm{Mor}(C,A)$ und $\mathrm{Mor}(C, A \times B) \ni h \mapsto p_B h \in \mathrm{Mor}(C,B)$, die bei der obigen Bijektion übergehen in die Abbildungen $\mathrm{Mor}(C,A) \times \mathrm{Mor}(C,B) \ni (f,g) \mapsto f \in \mathrm{Mor}(C,A)$ bzw. $\mathrm{Mor}(C,A) \times \mathrm{Mor}(C,B) \ni (f,g) \mapsto g \in \mathrm{Mor}(C,B)$. Damit werden das Produkt und die zugehörigen Abbildungen p_A bzw. p_B bis auf Isomorphie auf die Morphismenmengen übertragen. Daß durch diese Eigenschaft Produkte in **Me** charakterisiert werden können, wird sich allgemeiner ergeben.

Der oben gefundene Isomorphismus der Morphismenmengen läßt sich auch so ausdrücken: zu jedem Paar von Abbildungen $f\colon C \to A$ bzw. $g\colon C \to B$ existiert genau eine Abbildung $h\colon C \to A \times B$, so daß $f = p_A h$ und $g = p_B h$.

Sei $\mathscr{C}$ eine Kategorie und seien $A, B \in \mathscr{C}$ gegeben. Ein Tripel $(A \times B, p_A, p_B)$, in dem $A \times B$ ein Objekt von $\mathscr{C}$ und $p_A\colon A \times B \to A$ bzw. $p_B\colon A \times B \to B$ Morphismen von $\mathscr{C}$ sind, heißt **Produkt** von A und B in $\mathscr{C}$, wenn zu jedem Objekt $C \in \mathscr{C}$ und zu jedem Paar (f,g) von Morphismen mit $f\colon C \to A$ und $g\colon C \to B$ genau ein Morphismus $h\colon C \to A \times B$ so existiert, daß $f = p_A h$ und $g = p_B h$. Die Morphismen bilden dann das folgende kommutative Diagramm:

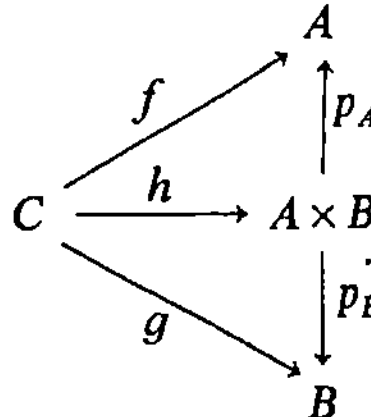

Die Morphismen p_A und p_B werden **Projektionen** genannt. Wir schreiben statt h auch häufig (f,g). Ist $C = A \times B$, so ist $(p_A, p_B) = 1_{A \times B}$ wegen der Eindeutigkeit von (p_A, p_B).

Wir verallgemeinern den Produktbegriff auf eine beliebige Familie $\{A_i\}_{i \in I}$ von Objekten aus $\mathscr{C}$, wobei I eine Menge ist. Ein Objekt $\prod_{i \in I} A_i$ zusammen mit einer Familie $\{p_i : \prod_{i \in I} A_i \to A_i\}_{i \in I}$ von Morphismen heißt **Produkt** der A_i, wenn zu jedem Objekt $C \in \mathscr{C}$ und zu jeder Familie $\{f_i : C \to A_i\}_{i \in I}$ von Morphismen genau ein Morphismus $h : C \to \prod_{i \in I} A_i$ so existiert, daß $f_i = p_i h$ für alle $i \in I$. Die Morphismen p_i heißen wieder Projektionen und statt h wird auch (f_i) geschrieben. Wie oben gilt $(p_i) = 1_{\prod A_i}$. Ist I eine endliche Menge, so schreiben wir auch $A_1 \times \ldots \times A_n$ statt $\prod_{i \in I} A_i$ und $(f_1, \ldots, f_n)$ statt (f_i). Ist $I = \emptyset$, so muß zu jedem Objekt $C \in \mathscr{C}$ genau ein Morphismus h von C in das leere Produkt E existieren. Die Bedingungen über die Morphismen f_i entfallen in diesem Fall. Die Forderung besagt aber, daß E ein Endobjekt sein muß. Umgekehrt ist auch jedes Endobjekt ein Produkt über einer leeren Menge von Objekten.

Lemma 1. *Seien $(A, \{p_i\})$ und $(B, \{q_i\})$ Produkte der Familie $\{A_i\}_{i \in I}$ in $\mathscr{C}$. Dann existiert ein eindeutig bestimmter Isomorphismus $k : A \to B$, so daß $p_i = q_i k$.*

Beweis: In dem kommutativen Diagramm (für alle $i \in I$)

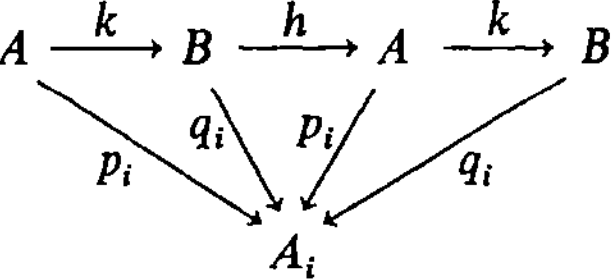

existiert k eindeutig, weil $(B, \{q_i\})$ ein Produkt ist, und h eindeutig, weil $(A, \{p_i\})$ ein Produkt ist. Statt hk macht auch 1_A die beiden linken Dreiecke kommutativ. Da $(A, \{p_i\})$ Produkt ist, muß dieser Morphismus eindeutig sein, also $hk = 1_A$. Entsprechend erhält man aus den beiden rechten Dreiecken $kh = 1_B$.

Dieses Lemma zeigt, daß das Produkt in Me durch die Bedingung über die Morphismenmengen schon bis auf Isomorphie eindeutig bestimmt ist. Wir haben hier ein weiteres universelles Problem vor uns. Das Produkt hat für alle Familien von Morphismen in die einzelnen Faktoren mit gemeinsamer Quelle die Eigenschaft, daß sich diese Familien über einen eindeutig bestimmten Morphismus durch das Produkt faktorisieren lassen. Wir bezeichnen oft nur das zum Produkt gehörige Objekt als Produkt und setzen die Projektionen als bekannt voraus. Besitzt jede (endliche, nichtleere) Familie von Objekten in $\mathscr{C}$ ein Produkt, so nennen wir $\mathscr{C}$ eine **Kategorie mit (endlichen, nichtleeren) Produkten.** Ist $(A, \{p_i\})$ Produkt einer Familie von Objekten $\{A_i\}_{i \in I}$ in $\mathscr{C}$ und ist $h : B \to A$ ein Isomorphismus, so ist $(B, \{p_i h\})$ ein weiteres Produkt für die A_i.

Lemma 2.   *Existiere in der Kategorie $\mathscr{C}$ für jedes Paar von Objekten ein Produkt. Dann ist $\mathscr{C}$ eine Kategorie mit endlichen, nichtleeren Produkten.*

Beweis: Sei $A_1,\ldots,A_n$ eine Familie von Objekten in $\mathscr{C}$. Wir zeigen, daß $(\ldots(A_1 \times A_2) \times \ldots) \times A_n$ Produkt der A_i ist. Für einen Induktionsbeweis genügt es zu zeigen, daß $(A_1 \times \ldots \times A_{n-1}) \times A_n$ ein Produkt der A_i ist. Seien $p_n\colon (A_1 \times \ldots \times A_{n-1}) \times A_n \to A_n$ und $q\colon (A_1 \times \ldots \times A_{n-1}) \times A_n \to A_1 \times \ldots \times A_{n-1}$ die Projektionen des außen gebildeten Produkts und $p_i (i = 1,\ldots,n-1)$ die Projektionen des inneren Produkts. Sei $\{f_i\}$ eine Familie von Morphismen mit gemeinsamer Quelle B und dem Ziel A_i. Dann existiert genau ein $h\colon B \to A_1 \times \ldots \times A_{n-1}$, durch das sich die $f_i (i = 1,\ldots,n-1)$ faktorisieren lassen. Zu h und f_n existiert genau ein $k\colon B \to (A_1 \times \ldots \times A_{n-1}) \times A_n$ mit $qk = h$ und $p_n k = f_n$. Dann ist $p_n k = f_n$ und $p_i q k = f_i$, $i = 1,\ldots,n-1$. Die $p_1 q,\ldots,p_{n-1}q,p_n$ spielen die Rolle der Projektionen. k ist durch die angegebenen Faktorisierungseigenschaften eindeutig bestimmt.

Ähnlich wie in dem eben geführten Beweis kann man auch unendliche Produkte aufspalten, speziell einen einzelnen Faktor abspalten durch $\prod_{i \in I} A_i \cong A_j \times \prod_{i \in J} A_i$ mit $J \cup \{j\} = I$ und $j \notin J$. Das Produkt ist also bis auf Isomorphie unabhängig von der Reihenfolge und assoziativ.

Lemma 3. *Sei $\{A_i\}_{i \in I}$ eine Familie von Objekten in einer Kategorie $\mathscr{C}$ und existiere ein Produkt $(A,\{p_i\})$ für diese Familie. p_j ist genau dann eine Retraktion, wenn $\mathrm{Mor}_{\mathscr{C}}(A_j,A_i) \neq \emptyset$ für alle $i \in I$ und $i \neq j$.*

Beweis: Sei $\mathrm{Mor}_{\mathscr{C}}(A_j,A_i) \neq \emptyset$ erfüllt. Dann existiert eine Familie von Morphismen $f_i\colon A_j \to A_i$ für alle $i \in I$ mit $f_j = 1_{A_j}$. Der zugehörige Morphismus $f\colon A_j \to A$ hat die Eigenschaft $p_j f = 1_{A_j}$. Sei umgekehrt p_j eine Retraktion mit einem Schnitt $f\colon A_j \to A$. Dann ist $p_i f \in \mathrm{Mor}_{\mathscr{C}}(A_j,A_i)$ für alle $i \in I$.

Das letzte Lemma zeigt speziell, daß in einer Kategorie mit Nullmorphismen die Projektionen eines Produkts immer Retraktionen sind. In **Me** ist das Produkt einer nichtleeren Menge A mit $\emptyset$ die leere Menge. Also kann $p_A\colon \emptyset \to A$ keine Retraktion sein. Man zeigt leicht, daß p_A nicht einmal ein Epimorphismus ist!

Sei $\{A_i\}_{i \in I}$ eine Familie von Objekten in der Kategorie $\mathscr{C}$ mit $A_i = A$ für alle $i \in I$. Sei B das Produkt der A_i mit den Projektionen p_i. Die Identitäten $1_A\colon A \to A_i$ induzieren einen Morphismus $\Delta\colon A \to B$, den wir **Diagonale** nennen. Das bekannteste Beispiel dafür ist die Abbildung $\mathbb{R} \ni x \mapsto (x,x) \in \mathbb{R} \times \mathbb{R}$ in **Me**.

Die zu den bisher eingeführten Begriffen dualen Begriffe sind **Koprodukt** mit den zugehörigen **Injektionen**, **Kategorie mit (endlichen, nichtleeren) Koprodukten** und **Kodiagonale**. Das Koprodukt einer Familie $\{A_i\}_{i \in I}$ bezeichnen wir mit $\coprod A_i$. Das Produkt war so definiert worden, daß gilt

$$\prod \mathrm{Mor}_{\mathscr{C}}(B,A_i) \cong \mathrm{Mor}_{\mathscr{C}}(B,\textstyle\prod A_i)$$

für alle $B \in \mathscr{C}$. Entsprechend gilt für Koprodukte

$$\prod \mathrm{Mor}_{\mathscr{C}}(A_i,B) \cong \mathrm{Mor}_{\mathscr{C}}(\textstyle\coprod A_i,B)$$

für alle $B \in \mathscr{C}$. Weitere Eigenschaften der Produkte und Koprodukte werden wir in allgemeinerem Zusammenhang in Kapitel 2 untersuchen.

Die Kategorien **Me**, **Me***, **Top**, **Top***, **Gr**, **Ab**, **Ri** und $_R$**Mod** sind Kategorien mit Produkten und Koprodukten. In allen aufgeführten Kategorien stimmen die Produkte mit den mengentheoretischen Produkten mit geeigneter Struktur überein. Das Koprodukt in **Me** und **Top** ist die punktfremde Vereinigung, in **Me*** und **Top*** die Vereinigung mit nachträglicher Identifizierung der ausgezeichneten Punkte. In **Ab** und $_R$**Mod** stimmen die endlichen Koprodukte mit den endlichen Produkten überein. (Das gilt natürlich nur für die entsprechenden Objekte. Die Injektionen sind selbstverständlich von den Projektionen verschieden.) In **Gr** heißen die Koprodukte auch „freie Produkte". Die Koprodukte in **Gr** und **Ri** werden in Kapitel 3 besprochen werden. Wir ziehen ein weiteres Beispiel aus Kapitel 3 vor, ohne jedoch hier auf die Definitionen einzugehen. Sei C ein kommutativer, assoziativer, unitärer Ring. Sei $_C$**Al** die Kategorie der kommutativen, assoziativen, unitären C-Algebren. In $_C$**Al** ist das Koprodukt das Tensorprodukt von Algebren.

1.12 Durchschnitte und Vereinigungen

Sei B ein Objekt einer Kategorie $\mathscr{C}$ und sei $\{f_i\colon A_i \to B\}$ eine Menge von Unterobjekten von B. Ein Unterobjekt $f\colon A \to B$, das kleiner ist als die Unterobjekte A_i, heißt D u r c h s c h n i t t der A_i, wenn für jedes $C \in \mathscr{C}$ und jeden Morphismus $g\colon C \to B$, der sich durch alle Unterobjekte A_i faktorisieren läßt ($g = f_i h_i$), ein Morphismus $h\colon C \to A$ mit $g = fh$ existiert. Weil f ein Monomorphismus ist, ist h eindeutig bestimmt. Wir schreiben für den Durchschnitt der A_i auch $\bigcap A_i$. Ein Unterobjekt $f'\colon A' \to B$, das größer ist als die Unterobjekte A_i, heißt V e r e i n i g u n g der A_i, wenn für jedes $C \in \mathscr{C}$, jeden Morphismus $g\colon B \to C$ und jedes Unterobjekt $k\colon C' \to C$, durch das sich alle A_i bei g faktorisieren lassen ($gf_i = kh_i$), sich auch A' bei g faktorisieren läßt ($gf' = kh$). Weil k ein Monomorphismus ist, ist h eindeutig bestimmt. Wir schreiben für die Vereinigung der A_i auch $\bigcup A_i$.

Wegen der Eindeutigkeit der Morphismen h bei Durchschnitt und Vereinigung sind Durchschnitt und Vereinigung der A_i eindeutig bestimmt. Das zeigt man wie bei der Eindeutigkeit der Produkte bis auf Isomorphie in 1.11 Lemma 1, indem man zwei die obigen Bedingungen erfüllende Unterobjekte nimmt und sie über die eindeutigen Faktorisierungen vergleicht. Als Unterobjekte sind sie dann nicht nur isomorph, sondern sogar gleich. Da die Unterobjekte eine geordnete Klasse bilden, zeigt man leicht, daß die Durchschnitte wie auch die Vereinigungen assoziativ sind, wenn man beachtet, daß der Durchschnitt einer Teilfamilie von Unterobjekten größer als der Durchschnitt der ganzen Familie ist, und daß die Vereinigung einer Teilfamilie kleiner als die Vereinigung der ganzen Familie ist. Man beachte bei der Definition, daß als Testobjekte alle Objekte der Kategorie $\mathscr{C}$ zugelassen sind und nicht nur die Unterobjekte von B. Es kann nämlich sein, daß B nicht genügend viele Unterobjekte besitzt, um zu testen, ob ein weiteres Unterobjekt ein Durchschnitt bzw. eine Vereinigung ist.

Existiert zu jeder (endlichen, nichtleeren) Familie von Unterobjekten jedes Objekts ein Durchschnitt bzw. eine Vereinigung, so nennen wir die Kategorie $\mathscr{C}$ eine K a t e g o r i e   m i t (endlichen, nichtleeren) D u r c h s c h n i t t e n bzw. Vereinigungen. Ist $\mathscr{C}$ eine kleine Kategorie mit endlichen Durchschnitten und Vereinigungen, so ist die Menge der Unterobjekte jedes Objekts in $\mathscr{C}$ ein Verband. Existieren in $\mathscr{C}$ sogar beliebige Durchschnitte und Vereinigungen, so handelt es sich bei den Unterobjekten eines Objekts um einen vollständigen Verband. Wir werden in Kapitel 2 noch Kriterien dafür angeben, ob in einer Kategorie Durchschnitte und Vereinigungen existieren. Daher geben wir hier keine Beispiele an.

Man beachte, daß Durchschnitt und Vereinigung keine zueinander dualen Begriffe sind. Die entsprechenden dualen Begriffe sind K o d u r c h s c h n i t t und K o v e r e i n i g u n g. Wir werden auf diese Begriffe aber weiter nicht eingehen.

1.13 Bilder, Urbilder und Kobilder

Sei $f: A \to B$ ein Morphismus in einer Kategorie $\mathscr{C}$. Das Bild von f ist das kleinste Unterobjekt $g: B' \to B$ von B, zu dem ein Morphismus $h: A \to B'$ mit $gh = f$ existiert. Da g ein Monomorphismus ist, ist h eindeutig bestimmt. Ist h ein Epimorphismus, so heißt h auch epimorphes Bild von f. Das Bild von f bezeichnen wir häufig mit $\mathrm{Bi}(f)$, wobei wir den Morphismus g als bekannt voraussetzen und $\mathrm{Bi}(f)$ als Objekt auffassen. Existieren für alle Morphismen in $\mathscr{C}$ (epimorphe) Bilder, so nennen wir $\mathscr{C}$ Kategorie mit (epimorphen) Bildern. Dual definieren wir (monomorphe) Kobilder und bezeichnen sie mit $\mathrm{Kobi}(f)$. Ist A' ein Unterobjekt von A, so bezeichnen wir das Bild des Morphismus $A' \to A \xrightarrow{f} B$ mit $f(A')$.

Lemma 1. *Ist $\mathscr{C}$ eine lokal kleine Kategorie mit Durchschnitten, so ist $\mathscr{C}$ eine Kategorie mit Bildern.*

Beweis: Man bilde den Durchschnitt aller Unterobjekte von B, durch die sich $f: A \to B$ faktorisieren läßt. Dieser Durchschnitt existiert und ist das kleinste Unterobjekt mit der Eigenschaft, daß sich f durch es faktorisieren läßt.

Lemma 2. *Ist $\mathscr{C}$ eine Kategorie mit Bildern und Differenzkernen, so sind alle Bilder in $\mathscr{C}$ epimorphe Bilder.*

Beweis: Sei $A \xrightarrow{h} \mathrm{Bi}(f) \xrightarrow{g} B$ die Faktorisierung von f durch sein Bild, und seien k,k': $\mathrm{Bi}(f) \to C$ mit $kh = k'h$ gegeben. Dann läßt sich h faktorisieren als $A \to \mathrm{Ke}(k,k') \to \mathrm{Bi}(f)$. Da $\mathrm{Ke}(k,k') \to \mathrm{Bi}(f) \to B$ ein Monomorphismus ist und $\mathrm{Bi}(f)$ minimal war, ist $\mathrm{Ke}(k,k') \cong \mathrm{Bi}(f)$, also $k = k'$ und h ein Epimorphismus.

Sei $f: A \to B$ ein Morphismus in $\mathscr{C}$ und $B' \xrightarrow{g} B$ ein Unterobjekt von B. Ein Unterobjekt $A' \to A$ von A heißt Urbild von B' bei f, wenn es einen Morphismus $f': A' \to B'$ gibt, so daß das Diagramm

$$
\begin{array}{ccc}
A' & \xrightarrow{f'} & B' \\
\downarrow & & \downarrow{\scriptstyle g} \\
A & \xrightarrow{f} & B
\end{array}
$$

kommutativ ist und wenn für jedes kommutative Diagramm

$$
\begin{array}{ccc}
C & \longrightarrow & B' \\
\downarrow & & \downarrow{\scriptstyle g} \\
A & \xrightarrow{f} & B
\end{array}
$$

genau ein Morphismus $h: C \to A'$ existiert, so daß das Diagramm

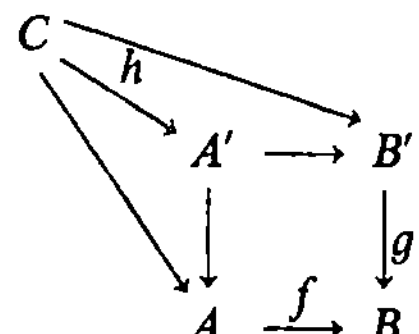

kommutativ ist.

kommutativ ist. Diese Bedingung verlangt mehr, als daß A' nur das größte Unterobjekt von A ist, das durch f in B' übergeführt wird, sie impliziert aber diese Aussage. Daher ist das Urbild auch eindeutig bestimmt. Wir schreiben für das Urbild von B' bei f auch $f^{-1}(B')$ unter Vernachlässigung des Monomorphismus $f^{-1}(B') \to A$.

Wir wollen jetzt untersuchen, welche für die Mengen gültigen Beziehungen für die Begriffe $f(A)$ und $f^{-1}(A)$ sich verallgemeinern lassen. Wir stellen die wichtigsten Beziehungen zusammen in einem

Satz. *Seien $f\colon A \to B$ und $g\colon B \to C$ Morphismen in $\mathscr{C}$. Seien $A_1 \subseteq A_2 \subseteq A$ bzw. $B_1 \subseteq B_2 \subseteq B$ Unterobjekte von A bzw. B. Dann gelten:*

a) $f(A_1) \subseteq f(A_2)$, *falls beide Seiten definiert sind.*

b) $f^{-1}(B_1) \subseteq f^{-1}(B_2)$, *falls beide Seiten definiert sind.*

c) $A_1 \subseteq f^{-1}f(A_1)$, *falls die rechte Seite definiert ist.*

d) $B_1 \subseteq ff^{-1}(B_1)$, *falls die rechte Seite definiert ist.*

e) $f^{-1}(B_1) = h(B_1)$, *falls f ein Isomorphismus mit dem inversen Morphismus h ist.*

f) $f^{-1}(g^{-1}(C_1)) = (gf)^{-1}(C_1)$, *falls beide Seiten definiert sind und $C_1 \subseteq C$.*

g) $g(f(A_1)) = (gf)(A_1)$, *falls beide Seiten definiert sind, $f(A_1)$ und $g(f(A_1))$ epimorphe Bilder sind und $\mathscr{C}$ ausgeglichen ist.*

h) $f(A_1) = ff^{-1}f(A_1)$, *falls $f^{-1}f(A_1)$ definiert ist.*

i) $f^{-1}(B_1) = f^{-1}ff^{-1}(B_1)$, *falls $ff^{-1}(B_1)$ definiert ist.*

k) *Für jede Familie $\{A_i\}_{i \in I}$ von Unterobjekten von A ist $\bigcup f(A_i) = f(\bigcup A_i)$, falls $\bigcup A_i$ definiert ist und $\mathscr{C}$ eine Kategorie mit Bildern und Kobildern ist.*

l) *Für jede Familie $\{B_i\}_{i \in I}$ von Unterobjekten von B ist $\bigcap f^{-1}(B_i) = f^{-1}(\bigcap B_i)$, falls die rechte Seite definiert ist.*

Beweis: Die Punkte a) bis e) ergeben sich sofort aus den entsprechenden Definitionen.

f) Wir gehen aus von dem kommutativen Diagramm

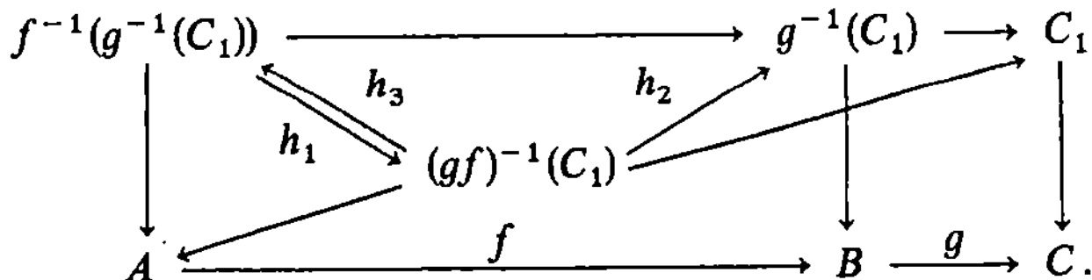

h_1 existiert, weil $(gf)^{-1}(C_1)$ Urbild ist. h_2 existiert, weil $g^{-1}(C_1)$ Urbild ist. h_3 existiert schließlich, weil $f^{-1}(g^{-1}(C_1))$ Urbild von $g^{-1}(C_1)$ ist. Die Monomorphismen von $(gf)^{-1}(C_1)$ und $f^{-1}(g^{-1}(C_1))$ in A sind äquivalent, also die zugehörigen Unterobjekte gleich.

g) Wir gehen aus von dem kommutativen Diagramm

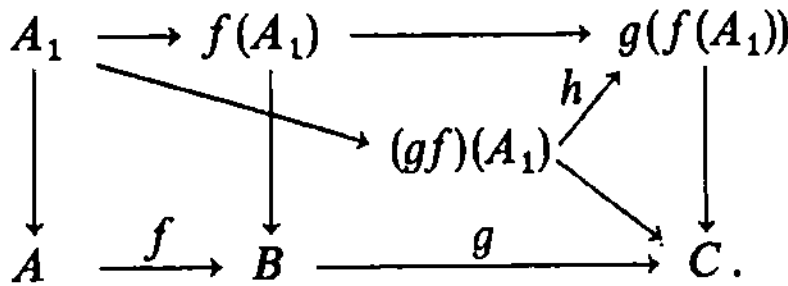

h ist ein Monomorphismus, weil $(gf)(A_1)$ und $g(f(A_1))$ Unterobjekte von C sind. Da $f(A_1)$ und $g(f(A_1))$ epimorphe Bilder sind, ist h ein Epimorphismus. Damit ist h ein Isomorphismus, denn $\mathscr{C}$ ist ausgeglichen.

h) Wir haben das kommutative Diagramm

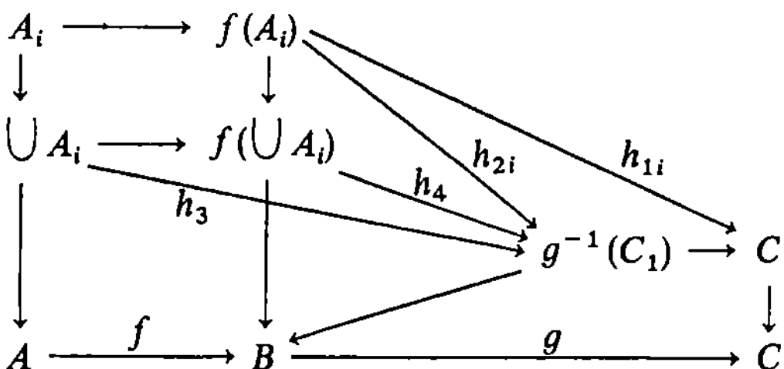

Da $f(A_1)$ die Eigenschaft eines Bildes für A_1 erfüllt, erfüllt es erst recht diese Eigenschaft für $f^{-1}f(A_1)$.

i) wird ähnlich wie h) bewiesen.

k) Wir gehen aus von dem kommutativen Diagramm

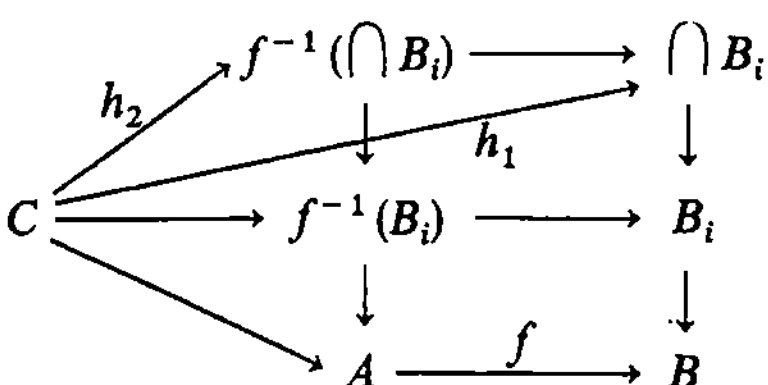

Wir wollen zeigen, daß $f(\bigcup A_i)$ die Vereinigung der $f(A_i)$ ist. Sei für jedes $i \in I$ ein Morphismus h_{1i} gegeben. Dann existiert wegen der Urbildeigenschaft von $g^{-1}(C_1)$ ein Morphismus h_{2i} für alle i. h_3 existiert dann, weil $\bigcup A_i$ eine Vereinigung ist. h_4 existiert, weil $f(\bigcup A_i)$ ein Bild ist. Damit haben wir einen Morphismus $f(\bigcup A_i) \to C_1$, der die Bedingungen für die Vereinigung erfüllt.

l) Wir gehen aus von dem kommutativen Diagramm

h_1 existiert eindeutig, weil $\bigcap B_i$ ein Durchschnitt ist. h_2 existiert eindeutig, so daß das Diagramm kommutativ wird, weil $f^{-1}(\bigcap B_i)$ ein Urbild ist. Damit ist $f^{-1}(\bigcap B_i)$ der Durchschnitt der $f^{-1}(B_i)$.

Zu diesem Satz geben wir einige Beispiele von Kategorien, die allen Bedingungen genügen. Wir werden allerdings diese Bedingungen nicht nachprüfen, da sie sich aus späteren Überlegungen leicht folgern lassen. Die Kategorien **Me**, **Me***, **Gr**, **Ab**, $_R$**Mod**, **Top**, **Top*** und **Ri** haben epimorphe Bilder, monomorphe Kobilder, Urbilder, Durchschnitte und Vereinigungen. Bis auf **Top**, **Top*** und **Ri** sind sie auch ausgeglichen.

Lemma 3. *Sei $\mathscr{C}$ eine Kategorie mit epimorphen Bildern. $\mathscr{C}$ ist genau dann ausgeglichen, wenn $\mathscr{C}$ monomorphe Kobilder besitzt und diese mit den Bildern der jeweiligen Morphismen bis auf Isomorphie übereinstimmen.*

Beweis: Sei $\mathscr{C}$ ausgeglichen. Sei $(A \xrightarrow{f} B) = (A \xrightarrow{g} \mathrm{Bi}(f) \xrightarrow{g'} B) = (A \xrightarrow{k} C \xrightarrow{h'} B)$ mit einem Epimorphismus h gegeben. Wir spalten h' auf in $(C \xrightarrow{k} \mathrm{Bi}(h') \xrightarrow{k'} B)$. Dann ist k' ein Monomorphismus, durch den sich f faktorisieren läßt. Also existiert ein Morphismus $f'\colon \mathrm{Bi}(f) \to \mathrm{Bi}(h')$ mit $g' = k'f'$. Da $f = g'g = k'f'g = k'kh$, ist auch $f'g = kh$, denn k' ist ein Monomorphismus. Da kh ein Epimorphismus ist, ist f' ein Epimorphismus. Außerdem ist f' ein Monomorphismus, weil g' ein Monomorphismus ist. Da $\mathscr{C}$ ausgeglichen ist, ist f' ein Isomorphismus mit dem inversen Morphismus f^*. Damit ist $g = f^*kh$, d. h. das zu $\mathrm{Bi}(f)$ äquivalente Quotientenobjekt von A ist Kobild von f und der zugehörige Morphismus in B ist ein Monomorphismus.

Sei umgekehrt $\mathscr{C}$ eine Kategorie mit monomorphen Kobildern, die bis auf Isomorphie mit den Bildern übereinstimmen und sei $f\colon A \to B$ ein Mono- und Epimorphismus. Dann ist A bis auf Isomorphie Bild von f und B bis auf Isomorphie Kobild von f. Daher ist f ein Isomorphismus.

1.14 Multi-Funktoren

Nachdem wir bisher im wesentlichen Eigenschaften von Objekten und Morphismen untersucht haben, müssen wir uns auch mit Funktoren und funktoriellen Morphismen befassen. Dazu geben wir zunächst drei Kategorien $\mathscr{A}$, $\mathscr{B}$ und $\mathscr{C}$ vor. Die **Produktkategorie** $\mathscr{A} \times \mathscr{B}$ ist definiert durch $\mathrm{Ob}(\mathscr{A} \times \mathscr{B}) = \mathrm{Ob}(\mathscr{A}) \times \mathrm{Ob}(\mathscr{B})$ und $\mathrm{Mor}_{\mathscr{A} \times \mathscr{B}}((A,B),(A',B')) = \mathrm{Mor}_{\mathscr{A}}(A,A') \times \mathrm{Mor}_{\mathscr{B}}(B,B')$ und die durch $\mathscr{A}$ und $\mathscr{B}$ induzierten Verknüpfungen. Entsprechend definieren wir das Produkt von n Kategorien. Man verifiziert leicht die Axiome für eine Kategorie. Ein Funktor von einer Produktkategorie von zwei (n) Kategorien in eine Kategorie $\mathscr{C}$ heißt **Bifunktor** (**Multi-Funktor**). Spezielle Bifunktoren $\mathscr{P}_{\mathscr{A}}\colon \mathscr{A} \times \mathscr{B} \to \mathscr{A}$ sind definiert durch $\mathscr{P}_{\mathscr{A}}(A,B) = A$ und $\mathscr{P}_{\mathscr{A}}(f,g) = f$ und entsprechend für $\mathscr{P}_{\mathscr{B}}$ und heißen **Projektionsfunktoren**. Für n-fache Produkte werden sie entsprechend definiert.

Lemma 1. *Seien $\mathscr{F}_B\colon \mathscr{A} \to \mathscr{C}$ und $\mathscr{G}_A\colon \mathscr{B} \to \mathscr{C}$ Funktoren für alle $A \in \mathscr{A}$ und $B \in \mathscr{B}$. Wenn für alle $A,A' \in \mathscr{A}$, $B,B' \in \mathscr{B}$ und alle Morphismen $f\colon A \to A'$, $g\colon B \to B'$ gilt*

$$\mathscr{F}_B(A) = \mathscr{G}_A(B) \quad und \quad \mathscr{F}_{B'}(f)\mathscr{G}_A(g) = \mathscr{G}_{A'}(g)\mathscr{F}_B(f),$$

dann existiert genau ein Bifunktor $\mathscr{H}\colon \mathscr{A} \times \mathscr{B} \to \mathscr{C}$ mit $\mathscr{H}(A,B) = \mathscr{G}_A(B)$ und $\mathscr{H}(f,g) = \mathscr{F}_B(f)\mathscr{G}_A(g)$.

Beweis: Wir definieren $\mathscr{H}$ durch die im Lemma angegebenen Bedingungen für $\mathscr{H}$. Dann rechnet man sofort nach, daß $\mathscr{H}(1_A,1_B) = 1_{\mathscr{H}(A,B)}$ und $\mathscr{H}(f'f,g'g) = \mathscr{H}(f',g')\mathscr{H}(f,g)$.
Ist ein Bifunktor $\mathscr{H}\colon \mathscr{A} \times \mathscr{B} \to \mathscr{C}$ gegeben, so ist $\mathscr{F}_B(A) = \mathscr{H}(A,B)$ und $\mathscr{F}_B(f) = \mathscr{H}(f,1_B)$ ein Funktor von $\mathscr{A}$ in $\mathscr{C}$, und entsprechend kann man einen Funktor $\mathscr{G}_A$ von $\mathscr{B}$ in $\mathscr{C}$ definieren. Für diese Funktoren sind dann die Gleichungen von Lemma 1 erfüllt.

Korollar. *Seien $\mathscr{H}$ und $\mathscr{H}'$ Bifunktoren von $\mathscr{A} \times \mathscr{B}$ in $\mathscr{C}$. Eine Familie von Morphismen*

$$\varphi(A,B)\colon \mathscr{H}(A,B) \to \mathscr{H}'(A,B), \qquad A \in \mathscr{A},\ B \in \mathscr{B}$$

ist genau dann ein funktorieller Morphismus, wenn sie in jeder Variablen ein funktorieller Morphismus ist, d. h. wenn $\varphi(-,B)$ und $\varphi(A,-)$ funktorielle Morphismen sind.

Beweis: Schreiben wir statt $\mathscr{H}(f,1_B)$ auch $\mathscr{H}(f,B)$, so erhalten wir folgendes kommutative Diagramm:

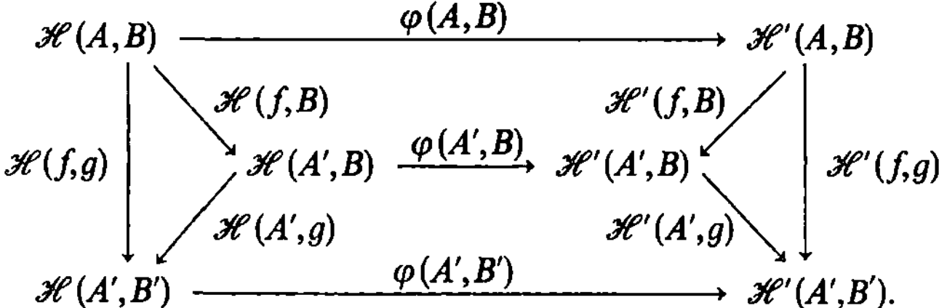

Lemma 2. *Für jede Kategorie ist* $\mathrm{Mor}_{\mathscr{C}}(-,-)\colon \mathscr{C}^0 \times \mathscr{C} \to$ **Me** *ein Bifunktor.*

Beweis: In 1.3 Lemma haben wir bewiesen, daß $\mathrm{Mor}_{\mathscr{C}}(A,-)\colon \mathscr{C} \to$ **Me** und $\mathrm{Mor}_{\mathscr{C}}(-,B)\colon$ $\mathscr{C}^0 \to$ **Me** kovariante Funktoren sind. Außerdem ist wegen der Assoziativität der Verknüpfung von Morphismen $\mathrm{Mor}_{\mathscr{C}}(f,B')\mathrm{Mor}_{\mathscr{C}}(A,g) = \mathrm{Mor}_{\mathscr{C}}(A',g)\mathrm{Mor}_{\mathscr{C}}(f,B) = : \mathrm{Mor}_{\mathscr{C}}(f,g)$. Speziell ist $\mathrm{Mor}_{\mathscr{C}}(f,g)(h) = ghf$, falls die rechte Seite definiert ist. Nach Lemma 1 ist daher $\mathrm{Mor}_{\mathscr{C}}(-,-)$ ein Bifunktor.

Gehen wir im ersten Argument von $\mathrm{Mor}_{\mathscr{C}}(-,-)$ nicht zur dualen Kategorie $\mathscr{C}^0$ über, so ist $\mathrm{Mor}_{\mathscr{C}}(-,-)$ im ersten Argument kontravariant und im zweiten Argument kovariant. Wir bezeichnen den darstellbaren Funktor $\mathrm{Mor}_{\mathscr{C}}(A,-)$ auch mit h^A und den darstellbaren Funktor $\mathrm{Mor}_{\mathscr{C}}(-,B)$ mit h_B. Wegen der Vertauschbarkeit $\mathrm{Mor}_{\mathscr{C}}(f,B')\mathrm{Mor}_{\mathscr{C}}(A,g) = \mathrm{Mor}_{\mathscr{C}}(A',g)$ $\mathrm{Mor}_{\mathscr{C}}(f,B)$ sind

$$\mathrm{Mor}_{\mathscr{C}}(f,-)\colon \mathrm{Mor}_{\mathscr{C}}(A,-) \to \mathrm{Mor}_{\mathscr{C}}(A',-)$$

und

$$\mathrm{Mor}_{\mathscr{C}}(-,g)\colon \mathrm{Mor}_{\mathscr{C}}(-,B) \to \mathrm{Mor}_{\mathscr{C}}(-,B')$$

funktorielle Morphismen. Wir bezeichnen $\mathrm{Mor}_{\mathscr{C}}(f,-)$ mit h^f und $\mathrm{Mor}_{\mathscr{C}}(-,g)$ mit h_g. Diese Überlegungen führen uns auf das

Lemma 3. *Seien $\mathscr{A}$, $\mathscr{B}$ kleine Kategorien und $\mathscr{C}$ eine beliebige Kategorie. Dann gilt*

$$\mathrm{Funkt}(\mathscr{A} \times \mathscr{B},\mathscr{C}) \cong \mathrm{Funkt}(\mathscr{A},\mathrm{Funkt}(\mathscr{B},\mathscr{C})) \cong \mathrm{Funkt}(\mathscr{B},\mathrm{Funkt}(\mathscr{A},\mathscr{C})).$$

Beweis: Da offenbar $\mathscr{A} \times \mathscr{B} \cong \mathscr{B} \times \mathscr{A}$, genügt es, den ersten Isomorphismus zu beweisen. Die Zuordnung der Funktoren wird durch Lemma 1 beschrieben, wenn man die obigen Überlegungen über funktorielle Morphismen auf den allgemeinen Fall eines Bifunktors überträgt. Die funktoriellen Morphismen übertragen sich gemäß dem Korollar. Von den so beschriebenen Zuordnungen verifiziert man leicht die Eigenschaften eines Funktors und die Umkehrbarkeit.

1.15 Das Yoneda-Lemma

In diesem Abschnitt wollen wir eine der wichtigsten Bemerkungen über Kategorien diskutieren. Dabei werden uns mehrfach mengentheoretische Schwierigkeiten begegnen von der Art, daß man echte Klassen zu einer Menge zusammenfassen möchte, was nach den Axiomen der Mengenlehre (s. Anhang) nicht statthaft ist. Da diese Klassen im allgemeinen nicht disjunkt sind, können wir uns auch nicht auf ein Repräsentantensystem zurückziehen. Das gilt besonders für die funktoriellen Morphismen zwischen zwei Funktoren $\mathscr{F}\colon \mathscr{C} \to \mathscr{D}$ und $\mathscr{G}\colon$ $\mathscr{C} \to \mathscr{D}$. Wir verabreden folgende abkürzende Schreibweise: für „$\varphi\colon \mathscr{F} \to \mathscr{G}$ ist ein funktorieller Morphismus" schreiben wir auch „$\varphi \in \mathrm{Mor}_f(\mathscr{F},\mathscr{G})$" oder „$\mathrm{Mor}_f(\mathscr{F},\mathscr{G}) \ni \varphi$". Wir fassen dabei $\mathrm{Mor}_f(\mathscr{F},\mathscr{G})$ nicht als Menge oder Klasse auf. Ist jedoch $\mathscr{C}$ eine kleine Kategorie, so bilden die funktoriellen Morphismen von $\mathscr{F}$ nach $\mathscr{G}$ nach den Überlegungen von 1.2 eine Menge, die wir mit $\mathrm{Mor}_f(\mathscr{F},\mathscr{G})$ bezeichnen, und die oben eingeführte Schreibweise hat in diesem Fall die weitergehende Bedeutung „φ ist Element der Menge $\mathrm{Mor}_f(\mathscr{F},\mathscr{G})$". Die Bedingung, daß $\mathscr{C}$ eine kleine Kategorie ist, verhindert diese mengentheoretischen Schwierigkeiten. Wir werden auch für weitere Konstruktionen die in diesem speziellen Falle übliche Schreibweise verallgemeinern, wobei dann jeweils zu erläutern ist, welche Bedeutung wir ihr zuschreiben. Die Schreibweise „$\tau\colon \mathrm{Mor}_f(\mathscr{F},\mathscr{G}) \ni \varphi \mapsto x \in X$" bedeute, daß vermöge einer Vorschrift, die explizit angegeben wird und mit τ bezeichnet wird, jedem funktoriellen Morphismus von $\mathscr{F}$ in $\mathscr{G}$ ein eindeutig bestimmtes Element aus X, einer Menge oder Klasse, zugeordnet wird. Eine entsprechende Bedeutung soll „$\sigma\colon X \ni x \mapsto \varphi \in \mathrm{Mor}_f(\mathscr{F},\mathscr{G})$" haben. Unter „$\mathrm{Mor}_f(\mathscr{F},\mathscr{G}) \cong X$" ist zu verstehen, daß die Zuordnung τ eine umkehrbar eindeutige Zuordnung ist. Mit diesen Konventionen können wir die folgenden Überlegungen so durchführen, wie wenn $\mathscr{C}$ eine kleine Kategorie wäre.

Satz (Yoneda-Lemma). *Sei $\mathscr{C}$ eine Kategorie. Seien ein kovarianter Funktor $\mathscr{F}\colon \mathscr{C} \to \mathbf{Me}$ und ein Objekt $A \in \mathscr{C}$ gegeben. Dann ist die Zuordnung*

$$\tau\colon \mathrm{Mor}_f(h^A,\mathscr{F}) \ni \varphi \mapsto \varphi(A)(1_A) \in \mathscr{F}(A)$$

umkehrbar eindeutig. Die Umkehrung dieser Zuordnung ist

$$\tau^{-1}\colon \mathscr{F}(A) \ni a \mapsto h^a \in \mathrm{Mor}_f(h^A,\mathscr{F}),$$

wobei $h^a(B)(f) = \mathscr{F}(f)(a)$ ist.

Beweis: Beachtet man, daß $\varphi(A)\colon h^A(A) = \mathrm{Mor}_\mathscr{C}(A,A) \to \mathscr{F}(A)$ ist, so ist τ eindeutig definiert. Für τ^{-1} müssen wir nachprüfen, daß h^a ein funktorieller Morphismus ist. Wir werden später den Zusammenhang mit dem für darstellbare Funktoren definierten Symbol h^f besprechen.

Sei $f\colon B \to C$ in $\mathscr{C}$ gegeben. Dann ist das Diagramm

$$\begin{array}{ccc}
\mathrm{Mor}_\mathscr{C}(A,B) & \xrightarrow{\ \mathrm{Mor}(A,f)\ } & \mathrm{Mor}_\mathscr{C}(A,C) \\
{\scriptstyle h^a(B)}\downarrow & & \downarrow{\scriptstyle h^a(C)} \\
\mathscr{F}(B) & \xrightarrow{\quad \mathscr{F}(f)\quad} & \mathscr{F}(C)
\end{array}$$

kommutativ, denn für $g \in \mathrm{Mor}_\mathscr{C}(A,B)$ ist $h^a(C)\mathrm{Mor}(A,f)(g) = h^a(C)(fg) = \mathscr{F}(fg)(a) = \mathscr{F}(f)\mathscr{F}(g)(a) = \mathscr{F}(f)h^a(B)(a)$. Damit ist τ^{-1} eindeutig definiert. Sei $\varphi = h^a$. Dann ist $h^a(A)(1_A) = \mathscr{F}(1_A)(a) = a$. Sei $a = \varphi(A)(1_A)$. Dann ist $h^a(B)(f) = \mathscr{F}(f)(a) = \mathscr{F}(f)(\varphi(A)(1_A)) = \varphi(B)\mathrm{Mor}(A,f)(1_A) = \varphi(B)(f)$, also $h^a = \varphi$. Damit ist der Satz bewiesen.

Sei $\mathscr{F} = h^C$ ein darstellbarer Funktor. Dann gilt für $f \in \mathscr{F}(A) = h^C(A) = \mathrm{Mor}(C,A)$ die Gleichung $h^f(B)(g) = \mathscr{F}(g)(f) = fg = \mathrm{Mor}(f,B)(g)$, d. h. die im Yoneda-Lemma gegebene Definition für h^f stimmt im Spezialfall eines darstellbaren Funktors $\mathscr{F}$ mit der Definition aus 1.14 überein.

Wir wollen jetzt untersuchen, wie sich die Zuordnung τ beim Wechsel des Funktors $\mathscr{F}$ bzw. des darstellbaren Funktors h^A verhält. Die im folgenden Lemma verwendeten kommutativen Diagramme sind so zu verstehen, daß die angegebenen Zuordnungen übereinstimmen.

Lemma 1. *Seien $\mathscr{F}$ und $\mathscr{G}$ Funktoren von $\mathscr{C}$ in $\mathbf{Me}$ und sei $\varphi\colon \mathscr{F} \to \mathscr{G}$ ein funktorieller Morphismus. Sei $f\colon A \to B$ ein Morphismus in $\mathscr{C}$. Dann sind die folgenden Diagramme kommutativ:*

$$\begin{array}{ccc}
\mathrm{Mor}_f(h^A,\mathscr{F}) & \xrightarrow{\;\tau\;} & \mathscr{F}(A) \\
{\scriptstyle\mathrm{Mor}_f(h^A,\varphi)}\big\downarrow & & \big\downarrow{\scriptstyle\varphi(A)} \\
\mathrm{Mor}_f(h^A,\mathscr{G}) & \xrightarrow{\;\tau\;} & \mathscr{G}(A)
\end{array}$$

$$\begin{array}{ccc}
\mathrm{Mor}_f(h^A,\mathscr{F}) & \xrightarrow{\;\tau\;} & \mathscr{F}(A) \\
{\scriptstyle\mathrm{Mor}_f(h^f,\mathscr{F})}\big\downarrow & & \big\downarrow{\scriptstyle\mathscr{F}(f)} \\
\mathrm{Mor}_f(h^B,\mathscr{F}) & \xrightarrow{\;\tau\;} & \mathscr{F}(B)
\end{array}$$

wobei $\mathrm{Mor}_f(h^A,\varphi)(\psi) = \varphi\psi$ *und* $\mathrm{Mor}_f(h^f,\mathscr{F})(\psi) = \psi h^f$.

Beweis: Sei $\psi: h^A \to \mathscr{F}$ gegeben. Dann ist $\tau\,\mathrm{Mor}_f(h^A,\varphi)(\psi) = \tau(\varphi\psi) = (\varphi\psi)(A)(1_A) = \varphi(A)\psi(A)(1_A) = \varphi(A)\tau(\psi)$. Außerdem ist $\tau\,\mathrm{Mor}_f(h^f,\mathscr{F})(\psi) = \tau(\psi h^f) = (\psi h^f)(B)(1_B) = \psi(B)(f) = \psi(B)\mathrm{Mor}(A,f)(1_A) = \mathscr{F}(f)\psi(A)(1_A) = \mathscr{F}(f)\tau(\psi)$.

Korollar 1. *Sei $\mathscr{C}$ eine kleine Kategorie. Dann sind*

$$\mathrm{Mor}_f(h^-,-): \mathscr{C} \times \mathrm{Funkt}(\mathscr{C},\mathbf{Me}) \to \mathbf{Me} \quad \textit{und} \quad \Phi: \mathscr{C} \times \mathrm{Funkt}(\mathscr{C},\mathbf{Me}) \to \mathbf{Me}$$

mit $\mathrm{Mor}_f(h^-,-)(A,\mathscr{F}) = \mathrm{Mor}_f(h^A,\mathscr{F})$, $\mathrm{Mor}_f(h^-,-)(f,\varphi) = \mathrm{Mor}_f(h^f,\varphi)$ *und* $\Phi(A,\mathscr{F}) = \mathscr{F}(A)$, $\Phi(f,\varphi) = \varphi(B)\mathscr{F}(f) = \mathscr{G}(f)\varphi(A)$ *Bifunktoren. Die Zuordnung τ ist ein funktorieller Isomorphismus dieser Bifunktoren.*

Beweis: Die Aussage ergibt sich aus dem vorhergehenden und aus 1.14.

Den in Korollar 1 mit Φ bezeichneten Funktor nennen wir auch Auswertungsfunktor. Wir wollen jetzt die gewonnenen Resultate auf darstellbare Funktoren anwenden.

Korollar 2. *Seien $A,B \in \mathscr{C}$. Dann gilt:*

a) $\mathrm{Mor}_{\mathscr{C}}(A,B) \ni f \mapsto h^f \in \mathrm{Mor}_f(h^B,h^A)$ *ist eine umkehrbar eindeutige Zuordnung.*

b) *Bei der umkehrbar eindeutigen Zuordnung a) entsprechen den Isomorphismen aus $\mathrm{Mor}_{\mathscr{C}}(A,B)$ genau die funktoriellen Isomorphismen aus $\mathrm{Mor}_f(h^B,h^A)$.*

c) *Für kontravariante Funktoren $\mathscr{F}: \mathscr{C} \to \mathbf{Me}$ ist $\mathrm{Mor}_f(h_A,\mathscr{F}) \cong \mathscr{F}(A)$.*

d) $\mathrm{Mor}_{\mathscr{C}}(A,B) \ni f \mapsto h_f \in \mathrm{Mor}_f(h_A,h_B)$ *ist eine umkehrbar eindeutige Zuordnung, bei der den Isomorphismen aus $\mathrm{Mor}_{\mathscr{C}}(A,B)$ genau die funktoriellen Isomorphismen aus $\mathrm{Mor}_f(h_A,h_B)$ entsprechen.*

Beweis: a) ist die Aussage des Yoneda-Lemmas für $\mathscr{F} = h^A$. c) und d) ergeben sich durch Dualisieren. b) Da $h^f h^g = h^{gf}$, gehen Isomorphismen in funktorielle Isomorphismen über. Seien umgekehrt $h^f: h^B \to h^A$ und $h^g: h^A \to h^B$ zueinander inverse funktorielle Isomorphismen. Dann ist $h^{gf} = \mathrm{id}_{h^A}$ und $h^{fg} = \mathrm{id}_{h^B}$. Es ist aber auch $h^{1_A} = \mathrm{id}_{h^A}$ und $h^{1_B} = \mathrm{id}_{h^B}$, also ist $gf = 1_A$ und $fg = 1_B$.

Die Eigenschaften für h, die wir im vorausgehenden Beweis verwendet haben, zeigen, daß für eine kleine Kategorie $\mathscr{C}$ die Zuordnung $A \mapsto h^A$, $f \mapsto h^f$ ein kontravarianter Funktor $h^-: \mathscr{C} \to \mathrm{Funkt}(\mathscr{C},\mathbf{Me})$ ist. Wir nennen h^- den kontravarianten Darstellungsfunktor. Entsprechend ist $h_-: \mathscr{C} \to \mathrm{Funkt}(\mathscr{C}^0,\mathbf{Me})$ der kovariante Darstellungsfunktor. Beide Funktoren haben die Eigenschaft, daß die dadurch induzierten Abbildungen auf den Morphismenmengen bijektiv sind. Wir nennen einen Funktor **voll**, wenn die auf den Morphismenmengen induzierten Abbildungen surjektiv sind. Wir nennen einen Funktor **treu**, wenn die auf den

Morphismenmengen induzierten Abbildungen injektiv sind. Ein voller und treuer Funktor heißt auch **voll treu**. Die Darstellungsfunktoren sind also voll treu.

Wir haben in 1.8 bemerkt, daß das Bild eines Funktors nicht notwendig eine Kategorie bilden muß. Das ist jedoch der Fall, wenn der Funktor $\mathscr{F}\colon \mathscr{C} \to \mathscr{D}$ voll treu ist. Es ist offenbar nur zu prüfen, ob für $f\colon A \to B$ und $g\colon C \to D$ in $\mathscr{C}$ mit $\mathscr{F}B = \mathscr{F}C$ der Morphismus $\mathscr{F}g\,\mathscr{F}f$ im Bild von $\mathscr{F}$ auftritt. Da $\mathrm{Mor}_{\mathscr{D}}(\mathscr{F}B,\mathscr{F}C) \cong \mathrm{Mor}_{\mathscr{C}}(B,C)$ und $\mathrm{Mor}_{\mathscr{D}}(\mathscr{F}C,\mathscr{F}B) \cong \mathrm{Mor}_{\mathscr{C}}(C,B)$ ist, existieren $h\colon B \to C$ und $k\colon C \to B$ mit $\mathscr{F}h = 1_{\mathscr{F}B}$ und $\mathscr{F}k = 1_{\mathscr{F}B}$. Da $\mathscr{F}(hk) = 1_{\mathscr{F}B} = \mathscr{F}1_C$ und $\mathscr{F}(kh) = 1_{\mathscr{F}B} = \mathscr{F}1_B$, ist $hk = 1_C$ und $kh = 1_B$. Damit ist aber $\mathscr{F}g\,\mathscr{F}f = \mathscr{F}(g)1_{\mathscr{F}B}\mathscr{F}(f) = \mathscr{F}(g)\mathscr{F}(h)\mathscr{F}(f) = \mathscr{F}(ghf)$.

Die voll treuen Funktoren spielen eine ganz besondere Rolle, wie wir am folgenden Beispiel zeigen wollen. Sei $\mathscr{F}\colon \mathscr{C} \to \mathscr{D}$ voll treu. Sei

$$
\begin{array}{ccc}
C_1 & \xrightarrow{\ f\ } & C_2 \\
{\scriptstyle g}\downarrow & & \\
C_3 & &
\end{array}
$$

ein Diagramm in $\mathscr{C}$, das durch $\mathscr{F}$ in das Diagramm

$$
\begin{array}{ccc}
\mathscr{F}C_1 & \xrightarrow{\ \mathscr{F}f\ } & \mathscr{F}C_2 \\
{\scriptstyle \mathscr{F}g}\downarrow & \swarrow{\scriptstyle h} & \\
\mathscr{F}C_3 & &
\end{array}
$$

ohne den Morphismus h übergeführt wird. Existiere ein Morphismus h in $\mathscr{D}$, der das Diagramm kommutativ macht. Die Frage ist, ob auch schon in $\mathscr{C}$ ein solcher Morphismus $h'\colon C_2 \to C_3$ existiert, der das Diagramm in $\mathscr{C}$ kommutativ macht. Da $\mathscr{F}$ voll treu ist, können wir für h' das Urbild von h nehmen. Die Frage nach der Existenz von Morphismen in $\mathscr{C}$ mit bestimmten Eigenschaften ist also in $\mathscr{D}$ entschieden worden.

Lemma 2. *Sei $\mathscr{F}\colon \mathscr{C} \to \mathscr{D}$ ein voller, treuer Funktor. Seien $\mathscr{A}$ und $\mathscr{B}$ Diagrammschemata und $\mathscr{D}\colon \mathscr{A} \to \mathscr{C}$ bzw. $\mathscr{D}'\colon \mathscr{B} \to \mathscr{D}$ Diagramme. Sei $\mathscr{E}\colon \mathscr{A} \to \mathscr{B}$ ein Funktor, der auf den Objekten bijektiv ist, so daß das Diagramm*

$$
\begin{array}{ccc}
\mathscr{A} & \xrightarrow{\ \mathscr{E}\ } & \mathscr{B} \\
{\scriptstyle \mathscr{D}}\downarrow & & \downarrow{\scriptstyle \mathscr{D}'} \\
\mathscr{C} & \xrightarrow{\ \mathscr{F}\ } & \mathscr{D}
\end{array}
$$

kommutativ ist. Dann existiert genau ein Diagramm $\mathscr{H}\colon \mathscr{B} \to \mathscr{C}$, so daß $\mathscr{F}\mathscr{H} = \mathscr{D}'$ und $\mathscr{H}\mathscr{E} = \mathscr{D}$ gelten.

Beweis: Wir definieren $\mathscr{H}$ auf den Objekten von $\mathscr{B}$ durch $\mathscr{D}$, da $\mathscr{E}$ bijektiv auf den Objekten ist. Auf den Morphismen von $\mathscr{B}$ definieren wir $\mathscr{H}$ über die durch $\mathscr{D}'$ und $\mathscr{F}^{-1}$ induzierten Abbildungen auf den Morphismenmengen. Dabei verwenden wir, daß $\mathscr{F}$ voll treu ist. Man verifiziert mit dieser Definition der Abbildung $\mathscr{H}$, daß $\mathscr{H}$ ein Funktor ist und die geforderten Kommutativitätsrelationen erfüllt.

Sei $\mathscr{C}$ eine kleine Kategorie. Sei $\mathscr{M}$ eine kleine volle Unterkategorie von **Me**, die die Bilder aller darstellbaren Funktoren von $\mathscr{C}$ in **Me** umfaßt. In diesem Fall können wir auch vom Darstellungsfunktor $h\colon \mathscr{C} \to \mathrm{Funkt}(\mathscr{C},\mathscr{M})$ sprechen. Entsprechend definieren wir einen Darstellungsfunktor H von Funkt$(\mathscr{C},\mathscr{M})$, die ja auch eine kleine Kategorie ist, in Funkt(Funkt$(\mathscr{C},\mathscr{M})$, Me). Beide Funktoren sind voll treu. Die Hintereinanderausführung von H und h ergibt einen Funktor, der isomorph ist zum Auswertungsfunktor

$$\Phi\colon \mathscr{C} \to \text{Funkt(Funkt}(\mathscr{C},\mathscr{M}),\text{Me}),$$

der entsprechend dem Auswertungsfunktor $\Phi\colon \mathscr{C} \times \text{Funkt}(\mathscr{C},\mathscr{M}) \to$ **Me** definiert wird. Das ergibt sich aus Korollar 1. Damit ist der Auswertungsfunktor $\Phi\colon \mathscr{C} \to \text{Funkt(Funkt}(\mathscr{C},\mathscr{M}),\text{Me})$ voll treu.

Wir wollen die Aussagen des Yoneda-Lemmas noch auf Funktoren erweitern. Dazu betrachten wir Funktoren $\mathscr{F},\mathscr{G}\colon \mathscr{C} \to \mathscr{D}$. Mit $\text{Mor}_{\mathscr{D}}(\mathscr{F}-,-)$ werde der zusammengesetzte Bifunktor von $\mathscr{C} \times \mathscr{D}$ in **Me** mit $\text{Mor}_{\mathscr{D}}(\mathscr{F}-,-)(C,D) = \text{Mor}_{\mathscr{D}}(\mathscr{F}C,D)$ und $\text{Mor}_{\mathscr{D}}(\mathscr{F}-,-)(f,g) = \text{Mor}_{\mathscr{D}}(\mathscr{F}f,g)$ verstanden. Für einen funktoriellen Morphismus $\varphi\colon \mathscr{F} \to \mathscr{G}$ bezeichne $\text{Mor}_{\mathscr{D}}(\varphi-,-)\colon \text{Mor}_{\mathscr{D}}(\mathscr{G}-,-) \to \text{Mor}_{\mathscr{D}}(\mathscr{F}-,-)$ den funktoriellen Morphismus, der durch $\text{Mor}_{\mathscr{D}}(\varphi C,D)(f) = f\,\varphi(C)$ definiert wird, wobei $f \in \text{Mor}_{\mathscr{D}}(\mathscr{G}C,D)$. Mit diesen Bezeichnungen gilt das

Lemma 3. *Die Zuordnung*

$$\text{Mor}_f(\mathscr{F},\mathscr{G}) \ni \varphi \mapsto \text{Mor}_{\mathscr{D}}(\varphi-,-) \in \text{Mor}_f(\text{Mor}_{\mathscr{D}}(\mathscr{G}-,-),\text{Mor}_{\mathscr{D}}(\mathscr{F}-,-))$$

ist umkehrbar eindeutig. Bei ihr entsprechen den funktoriellen Isomorphismen von $\mathscr{F}$ in $\mathscr{G}$ genau die funktoriellen Isomorphismen von $\text{Mor}_{\mathscr{D}}(\mathscr{G}-,-)$ in $\text{Mor}_{\mathscr{D}}(\mathscr{F}-,-)$.

Beweis: Ein funktorieller Morphismus $\psi\colon \text{Mor}_{\mathscr{D}}(\mathscr{G}-,-) \to \text{Mor}_{\mathscr{D}}(\mathscr{F}-,-)$ ist eine Familie von funktoriellen Morphismen $\psi(C)\colon \text{Mor}_{\mathscr{D}}(\mathscr{G}C,-) \to \text{Mor}_{\mathscr{D}}(\mathscr{F}C,-)$, die für jedes $D \in \mathscr{D}$ (eingesetzt in das zweite Argument) funktoriell in C sind (1.14 Korollar). Die funktoriellen Morphismen $\psi(C)$ lassen sich darstellen als $\text{Mor}_{\mathscr{D}}(\varphi C,-)$ mit Morphismen $\varphi C\colon \mathscr{F}C \to \mathscr{G}C$ nach dem Yoneda-Lemma. Es genügt also zu zeigen, daß φC genau dann funktoriell in C ist, wenn $\text{Mor}_{\mathscr{D}}(\varphi C,D)$ für jedes $D \in \mathscr{D}$ funktoriell in C ist. Die eine Richtung sieht man, wenn man für D speziell $\mathscr{G}C$ einsetzt in dem Diagramm

$$
\begin{array}{ccc}
\text{Mor}_{\mathscr{D}}(\mathscr{G}C,D) & \xrightarrow{\ \text{Mor}(\mathscr{G}f,D)\ } & \text{Mor}_{\mathscr{D}}(\mathscr{G}C',D) \\[2pt]
{\scriptstyle\text{Mor}(\varphi C,D)}\Big\downarrow & & \Big\downarrow{\scriptstyle\text{Mor}(\varphi C',D)} \\[2pt]
\text{Mor}_{\mathscr{D}}(\mathscr{F}C,D) & \xrightarrow{\ \text{Mor}(\mathscr{F}f,D)\ } & \text{Mor}_{\mathscr{D}}(\mathscr{F}C',D)
\end{array}
$$

und das Bild von $1_{\mathscr{G}C}$ berechnet. Die Umkehrung ist trivial. Die Aussage über die funktoriellen Isomorphismen ergeben sich aus den Überlegungen aus 1.5 — die Isomorphie braucht nur argumentweise getestet zu werden — und aus Korollar 2, b).

Da nach dem Yoneda-Lemma die Isomorphie von darstellbaren Funktoren keine stärkere Äquivalenzrelation für die darstellenden Objekte induziert, als die Isomorphierelation für Objekte, und da man in Kategorien nur die „äußeren" Eigenschaften der Objekte untersucht, die sich also auch auf isomorphe Objekte übertragen, ist es jetzt sinnvoll, den Begriff des darstellbaren Funktors noch zu erweitern. Ein Funktor $\mathscr{F}\colon \mathscr{C} \to$ **Me** heiße **darstellbar**, wenn es ein $C \in \mathscr{C}$ und einen funktoriellen Isomorphismus $\mathscr{F} \cong h^C$ gibt. Das **darstellende Objekt** C ist dabei bis auf Isomorphie eindeutig bestimmt. Mit diesem verallgemeinerten Begriff gilt dann

Lemma 4. *Sei $\mathscr{F}\colon \mathscr{C} \times \mathscr{D} \to$ **Me** ein Bifunktor, so daß für alle $C \in \mathscr{C}$ der Funktor $\mathscr{F}(C,-)\colon \mathscr{D} \to$ **Me** darstellbar ist. Dann existiert ein kontravarianter Funktor $\mathscr{G}\colon \mathscr{C} \to \mathscr{D}$, so daß $\mathscr{F} \cong \text{Mor}_{\mathscr{D}}(\mathscr{G}-,-)$ gilt.*

Beweis: Sei $\mathcal{D}'$ ein Skelett von $\mathcal{D}$. Zu jedem $C \in \mathcal{C}$ existiert dann genau ein $D \in \mathcal{D}'$ mit $\mathcal{F}(C,-) \cong \mathrm{Mor}_{\mathcal{D}}(D,-)$. Wir bezeichnen D mit $\mathcal{G}(C)$. Die funktoriellen Isomorphismen $\mathcal{F}(C,-) \cong \mathrm{Mor}_{\mathcal{D}}(D,-)$ stehen nach dem Yoneda-Lemma in umkehrbar eindeutiger Beziehung zu den Elementen einer Teilmenge $\mathcal{F}'(C,D)$ von $\mathcal{F}(C,D)$. Für jedes $C \in \mathcal{C}$ ist diese Teilmenge $\mathcal{F}'(C,D)$ eindeutig bestimmt. Nach dem Auswahlaxiom können wir annehmen, daß zu jedem $C \in \mathcal{C}$ genau ein Element $c \in \mathcal{F}'(C,D)$ gegeben ist. (Mit der von uns verwendeten Fassung des Auswahlaxioms bilde man eine disjunkte Vereinigung der Mengen $\mathcal{F}'(C,D)$ mit der Äquivalenzrelation $c \sim c' \Leftrightarrow \vee \, C$ mit $c,c' \in \mathcal{F}'(C,D)$.) Damit ist für jedes $C \in \mathcal{C}$ ein funktorieller Isomorphismus $h^c \colon \mathrm{Mor}_{\mathcal{D}}(D,-) \to \mathcal{F}(C,-)$ gegeben. Sei $f \colon C \to C'$ ein Morphismus in $\mathcal{C}$. Dann existiert nach dem Yoneda-Lemma genau ein Morphismus $\mathcal{G}f \colon \mathcal{G}(C') \to \mathcal{G}(C)$ in $\mathcal{D}$, der das Diagramm

$$
\begin{array}{ccc}
\mathrm{Mor}_{\mathcal{D}}(\mathcal{G}(C),-) & \xrightarrow{\; h^c \;} & \mathcal{F}(C,-) \\
{\scriptstyle \mathrm{Mor}_{\mathcal{D}}(\mathcal{G}f,-)} \Big\downarrow & & \Big\downarrow {\scriptstyle \mathcal{F}(f,-)} \\
\mathrm{Mor}_{\mathcal{D}}(\mathcal{G}(C'),-) & \xrightarrow{\; h^{c'} \;} & \mathcal{F}(C',-)
\end{array}
$$

kommutativ macht. Diese Eindeutigkeit und die Funktoreigenschaft von $\mathcal{F}$ bewirkt, daß $\mathcal{G}fg = \mathcal{G}g\mathcal{G}f$ und $\mathcal{G}1_C = 1_{\mathcal{G}(C)}$ gilt. Damit ist $\mathcal{G}$ ein kontravarianter Funktor von $\mathcal{C}$ und $\mathcal{D}$ mit den gewünschten Eigenschaften.

1.16 Kategorien als Klassen

Schon in 1.2 haben wir davon gesprochen, daß eine Kategorie als eine spezielle Klasse aufgefaßt werden kann. Das soll jetzt genauer ausgeführt werden. Zunächst beschäftigen wir uns mit einer Definition der Kategorie, die nur die Eigenschaften der Morphismen beschreibt, aber keine Objekte definiert. Diese Definition wird in geringfügigem Maße enger sein als die früher gegebene. Wir geben erst die Definition und werden dann den Zusammenhang mit der in 1.1 gegebenen Definition untersuchen.

Eine Kategorie ist eine Klasse $\mathcal{M}$ (von Morphismen) zusammen mit einer Teilklasse $\mathcal{V} \subseteq \mathcal{M} \times \mathcal{M}$ und einer Abbildung

$$
\mathcal{V} \ni (a,b) \; \mapsto \; ab \in \mathcal{M}\,,
$$

so daß gilt:

1) für alle $a,b,c \in \mathcal{M}$ sind äquivalent
i) $(a,b),\,(b,c) \in \mathcal{V}$
ii) $(a,b),\,(ab,c) \in \mathcal{V}$
iii) $(a,bc),\,(b,c) \in \mathcal{V}$
iv) $(a,b),\,(b,c),\,(a,bc),\,(ab,c) \in \mathcal{V}$ und $(ab)c = a(bc)$.

2) für jedes $a \in \mathcal{M}$ existieren $e_l,\,e_r \in \mathcal{M}$, so daß $(e_l,a),\,(a,e_r) \in \mathcal{V}$ und für alle $(e_l,b),\,(b',e_l)$, $(e_r,c),\,(c',e_r) \in \mathcal{V}$ gilt

$$
e_l b = b,\; b'e_l = b',\; e_r c = c,\; c'e_r = c'.
$$

e_l und e_r heißen dann auch Einheiten.

3) Seien $e,\,e'$ Einheiten. $\{a \mid (e,a),\,(a,e') \in \mathcal{V}\}$ ist eine Menge.

Man verifiziert sofort, daß die Morphismen einer Kategorie (im Sinne von 1.1) diese Definition erfüllen. Umgekehrt kann man aus der Klasse der Morphismen die Objekte einer Kategorie gewinnen, wenn man jeder Identität ein Element, genannt Objekt, zuordnet. Dadurch ist die Klasse der Objekte jedoch nicht eindeutig bestimmt. In diesem Sinne ist die hier gegebene Definition enger. Wir müssen jetzt noch beweisen, daß jede Klasse, die der soeben gegebenen Definition genügt, als Klasse von Morphismen in einer Kategorie (im alten Sinne) auftritt.

Erfülle $\mathscr{M}, \mathscr{V}$ die gegebene Definition. Wir bilden eine Kategorie $\mathscr{C}$ (im alten Sinne) mit den Einheiten $e \in \mathscr{M}$ als Objekten. Weiter definieren wir $\mathrm{Mor}_{\mathscr{C}}(e',e) := \{a \,|\, (e,a),(a,e') \in \mathscr{V}\}$. Diese Morphismenmengen sind disjunkt. Ist nämlich $a \in \mathrm{Mor}_{\mathscr{C}}(e',e) \cap \mathrm{Mor}_{\mathscr{C}}(e^{**},e^*)$, so sind (e,a), (e^*,a), (e,e^*a), $(e,e^*) \in \mathscr{V}$, also ist $e = ee^* = e^*$. Ebenso ist $e' = e^{**}$. Ist $a \in \mathrm{Mor}_{\mathscr{C}}(e',e)$, $b \in \mathrm{Mor}_{\mathscr{C}}(e^{**},e^*)$, so ist $(a,b) \in \mathscr{V}$ genau dann, wenn $(ae',e^*b),(a,e'),(e^*,b)$, $(e',e^*) \in \mathscr{V}$ genau dann, wenn $(e',e^*) \in \mathscr{V}$ genau dann, wenn $e' = e^*$. Weiter ist dann (e,ab), $(ab,e^{**}) \in \mathscr{V}$, also $ab \in \mathrm{Mor}_{\mathscr{C}}(e^{**},e)$. Das Assoziativgesetz und die Eigenschaften der Identitäten sind jetzt leicht zu verifizieren.

Um den Anschluß an die im Anhang besprochene Mengenlehre zu erhalten, definieren wir jetzt die Kategorie noch als eine spezielle Klasse. Eine Klasse $\mathscr{D}$ heißt Kategorie, wenn folgende Axiome gelten:

a) $\mathscr{D} \subseteq \mathfrak{U} \times \mathfrak{U} \times \mathfrak{U}$.

b) $\mathfrak{D}(\mathscr{D}) \subseteq \mathfrak{W}(\mathscr{D}) \times \mathfrak{W}(\mathscr{D})$.

c) $\mathscr{D}$ ist eine Abbildung.

d) Für $\mathscr{M} = \mathfrak{W}(\mathscr{D})$, $\mathscr{V} = \mathfrak{D}(\mathscr{D})$ und $\mathscr{D}: \mathscr{V} \to \mathscr{M}$ gelten die oben angegebenen Axiome 1), 2) und 3).

Offenbar ist diese Definition äquivalent zu der oben gegebenen Definition einer Kategorie.

Aufgaben zu Kapitel 1

1. Kovariante, darstellbare Funktoren von **Me** in **Me** erhalten surjektive Abbildungen.

2. Man prüfe nach, ob Monomorphismen bzw. Epimorphismen in **Ab** und **Top** injektive bzw. surjektive Abbildungen sind.

3. In **Hd** ist jeder Epimorphismus $f: A \to B$ eine dichte Abbildung. (Anleitung: Als Testobjekt verwende man das Kofaserprodukt von B mit sich selbst über A (s. 2.6).)

4. Man zeige: Ist $\mathscr{G}: \mathscr{C} \to \mathscr{D}$ eine Äquivalenz von Kategorien und $f \in \mathscr{C}$ ein Monomorphismus, so ist $\mathscr{G}f$ ein Monomorphismus.

5. Sei $f: A \to B$ ein Epimorphismus und Rechts-Nullmorphismus. Wieviele Elemente besitzt dann $\mathrm{Mor}_{\mathscr{C}}(B,C)$? Man gebe $\mathrm{Mor}_{\mathrm{Ri}}(\mathbb{P},\mathbb{P})$ an!

6. Sei A eine Untermenge eines topologischen Raumes $(B,\mathscr{O}_B)$. $\{X \,|\, X = A \cap Y; Y \in \mathscr{O}_B\}$ bildet eine Topologie auf A, die Spurtopologie. $A \subseteq B$ versehen mit der Spurtopologie heißt topologischer Unterraum von $(B,\mathscr{O}_B)$. Die topologischen Unterräume eines topologischen Raumes sind (bis auf Äquivalenz von Monomorphismen) genau die Differenzunterobjekte in **Top**. Man dualisiere diese Aussage. Dabei definiert man für eine surjektive Abbildung $f: B \to C$ eine Quotiententopologie auf C durch $\{Z \,|\, Z \subseteq C; f^{-1}(Z) \in \mathscr{O}_B\}$.

7. Eine Untergruppe H einer Gruppe G ist eine Teilmenge von G, die mit der Multiplikation von G eine Gruppe bildet. Eine Untergruppe H von G heißt Normalteiler, wenn $gHg^{-1} = H$ für alle $g \in G$ gilt. Man zeige: Die Untergruppen (Normalteiler) von G sind bis auf Äquivalenz von Monomorphismen genau die Differenzunterobjekte (normalen Unterobjekte) von G in **Gr**.

8. Ist f ein Isomorphismus, so ist f eine Retraktion. Die Verknüpfung von zwei Retraktionen ist eine Retraktion. Ist fg eine Retraktion, so ist f eine Retraktion.

9. Sei $\mathscr{C}$ eine Kategorie mit Nullmorphismen. Der Kern eines Monomorphismus in $\mathscr{C}$ ist ein Nullmorphismus.

10. Sei $\mathscr{C}$ eine Kategorie mit einem Nullobjekt 0. Sei $A \in \mathscr{C}$. Dann ist $(A, 1_A, 0_{(A,0)})$ ein Produkt von A und 0.

11. Die Diagonale ist ein Monomorphismus.

12. Es gilt

$$f(A) \subseteq g^{-1}((gf)(A)),$$

falls beide Seiten definiert sind.

13. Sei $\mathscr{P}$: **Me** $\to$ **Me** definiert durch $\mathscr{P}(A) = \{X \mid X \subseteq A\}$ und $\mathscr{P}(f)(X) = f^{-1}(X)$. Dann ist $\mathscr{P}$ ein darstellbarer, kontravarianter Funktor, der **kontravariante Potenzmengenfunktor**.

14. Sei $\mathscr{Q}$: **Me** $\to$ **Me** definiert durch $\mathscr{Q}(A) = \{X \mid X \subseteq A\}$ und $\mathscr{Q}(f)(X) = f(X)$. Dann ist $\mathscr{Q}$ ein kovarianter Funktor, der **kovariante Potenzmengenfunktor**. Ist $\mathscr{Q}$ darstellbar?

15. Ist $\mathscr{F}$: **Me** $\to$ **Me** ein kontravarianter Funktor und $f: \mathscr{F}(\{\emptyset\}) \to A$ eine beliebige Abbildung, so existiert genau ein funktorieller Morphismus $\varphi: \mathscr{F} \to \mathrm{Mor}_{\mathbf{Me}}(-, A)$ mit $\varphi(\{\emptyset\}) = f$. (Man beachte, daß $\mathrm{Mor}_{\mathbf{Me}}(B, \mathscr{F}(\{\emptyset\})) = (\mathscr{F}(\{\emptyset\}))^B$ ist.)

16. Sei $\mathscr{F}$: **Me** $\to$ **Me** ein treuer, kontravarianter Funktor. Dann existiert ein Element b in $\mathscr{F}(2)$, das bei den beiden Abbildungen $\mathscr{F}(2) \to \mathscr{F}(1)$ in zwei verschiedene Elemente von $\mathscr{F}(1)$ abgebildet wird. Dabei sei 1 eine Menge mit einem Element und 2 eine Menge mit zwei Elementen.

17. (Pultr) Sei $\mathscr{F}$: **Me** $\to$ **Me** ein treuer, kontravarianter Funktor. Dann existiert eine Retraktion $\rho: \mathscr{F} \to \mathscr{P}$, wobei $\mathscr{P}$ der kontravariante Potenzmengenfunktor ist. (Nach dem Yoneda-Lemma genügt es zu zeigen, daß $b \in \mathscr{F}(2)$ existiert, für das $\rho(2)(b)$ die Identität auf 2 ist. Man verwende Aufgabe 13, 15 und 16.)

18. In der Kategorie von 1.1 Beispiel 14 ist der größte gemeinsame Teiler zweier Zahlen das Produkt und das kleinste gemeinsame Vielfache zweier Zahlen das Koprodukt.

19. Welche der folgenden Beziehungen gelten allgemein, falls sie definiert sind:

$$f(\textstyle\bigcup A_i) \subseteq \bigcup f(A_i), \qquad\qquad f(\bigcap A_i) \supseteq \bigcap f(A_i),$$
$$f^{-1}(\textstyle\bigcup A_i) \subseteq \bigcup f^{-1}(A_i), \qquad\qquad f^{-1}(\bigcap A_i) \supseteq \bigcap f^{-1}(A_i).$$

2 Adjungierte Funktoren und Limites

Der Begriff des adjungierten Funktors ist einer der wichtigsten in der ganzen Theorie der Kategorien und Funktoren. Deswegen wird er auch von den verschiedensten Seiten beleuchtet: als universelles Problem, als Monade oder als reflexive oder koreflexive Unterkategorie. Die Limites und Kolimites und viele ihrer Eigenschaften werden aus den Sätzen abgeleitet, die über adjunktierte Funktoren bewiesen werden. Dieses Vorgehen geht auf D. N. Kan zurück. Der Abschnitt über Monaden kann als Vorbereitung für das dritte Kapitel angesehen werden. Auf diesem Gebiet sind sicher noch weitere Entwicklungen zu erwarten. Der interessierte Leser wird mit den hier angegebenen Hilfsmitteln leicht die kommenden Veröffentlichungen verfolgen können.

2.1 Adjungierte Funktoren

In 1.15 Lemma 3 haben wir die Frage untersucht, welche Bedeutung für zwei Funktoren $\mathscr{F}$ und $\mathscr{G}$ die Isomorphie $\operatorname{Mor}_{\mathscr{D}}(\mathscr{F}-,-) \cong \operatorname{Mor}_{\mathscr{D}}(\mathscr{G}-,-)$ hat. Wir wollen jetzt die Frage untersuchen, unter welchen Umständen ein funktorieller Isomorphismus $\operatorname{Mor}_{\mathscr{D}}(\mathscr{F}-,-) \cong \operatorname{Mor}_{\mathscr{C}}(-,\mathscr{G}-)$ existiert. Zunächst müssen dazu $\mathscr{F}: \mathscr{C} \to \mathscr{D}$ und $\mathscr{G}: \mathscr{D} \to \mathscr{C}$ Funktoren sein. Wir nennen zwei solche Funktoren ein **Paar adjungierter Funktoren** und $\mathscr{F}$ heißt **linksadjungiert** zu $\mathscr{G}$ und $\mathscr{G}$ heißt **rechtsadjungiert** zu $\mathscr{F}$, wenn ein funktorieller Isomorphismus der Bifunktoren $\operatorname{Mor}_{\mathscr{D}}(\mathscr{F}-,-) \cong \operatorname{Mor}_{\mathscr{C}}(-,\mathscr{G}-)$ von $\mathscr{C}^0 \times \mathscr{D}$ in **Me** existiert.

Satz 1. *Sei der Funktor* $\mathscr{F}: \mathscr{C} \to \mathscr{D}$ *linksadjungiert zu dem Funktor* $\mathscr{G}: \mathscr{D} \to \mathscr{C}$. *Dann ist* $\mathscr{F}$ *durch* $\mathscr{G}$ *bis auf funktorielle Isomorphie eindeutig bestimmt.*

Beweis: Seien $\mathscr{F}$ und $\mathscr{F}'$ linksadjungiert zu $\mathscr{G}$. Dann existiert ein funktorieller Isomorphismus $\operatorname{Mor}_{\mathscr{D}}(\mathscr{F}-,-) \cong \operatorname{Mor}_{\mathscr{D}}(\mathscr{F}'-,-)$. Nach 1.15 Lemma 3 ist daher $\mathscr{F} \cong \mathscr{F}'$.

Den bis auf Isomorphie eindeutig bestimmten linksadjungierten Funktor zu $\mathscr{G}$ bezeichnen wir auch mit $^*\mathscr{G}$, falls ein linksadjungierter Funktor zu $\mathscr{G}$ existiert. Gehen wir zu den dualen Kategorien $\mathscr{C}^0$ bzw. $\mathscr{D}^0$ über, so erhalten wir nach den Überlegungen von 1.4 Funktoren $\operatorname{Op}\mathscr{F}\operatorname{Op} = \mathscr{F}^0: \mathscr{C}^0 \to \mathscr{D}^0$ bzw. $\operatorname{Op}\mathscr{G}\operatorname{Op} = \mathscr{G}^0: \mathscr{D}^0 \to \mathscr{C}^0$, und es ist $\operatorname{Mor}_{\mathscr{C}^0}(\mathscr{G}^0-,-) \cong \operatorname{Mor}_{\mathscr{D}^0}(-,\mathscr{F}^0-)$. Daher ist $\mathscr{G}^0$ linksadjungiert zu $\mathscr{F}^0$ und ist durch $\mathscr{F}^0$ bis auf Isomorphie eindeutig bestimmt. Da $\mathscr{G} = \mathscr{G}^{00}$, ist auch $\mathscr{G}$ durch $\mathscr{F}$ bis auf Isomorphie eindeutig bestimmt. So übertragen sich durch Dualisieren die Eigenschaften von linksadjungierten Funktoren auf rechtsadjungierte Funktoren. Den bis auf Isomorphie eindeutig bestimmten rechtsadjungierten Funktor zu $\mathscr{F}$ bezeichnen wir auch mit $\mathscr{F}^*$, falls ein rechtsadjungierter Funktor zu $\mathscr{F}$ existiert.

Korollar 1. *Seien Funktoren* $\mathscr{F}_i: \mathscr{C} \to \mathscr{D}$ *linksadjungiert zu den Funktoren* $\mathscr{G}_i: \mathscr{D} \to \mathscr{C}$ *für* $i = 1,2$. *Sei* $\varphi: \mathscr{G}_1 \to \mathscr{G}_2$ *ein funktorieller Morphismus. Dann existiert genau ein funktorieller Morphismus* $^*\varphi: \mathscr{F}_2 \to \mathscr{F}_1$, *so daß das Diagramm*

$$
\begin{array}{ccc}
\operatorname{Mor}_{\mathscr{C}}(-,\mathscr{G}_1-) & \cong & \operatorname{Mor}_{\mathscr{D}}(\mathscr{F}_1-,-) \\
\operatorname{Mor}_{\mathscr{C}}(-,\varphi-) \downarrow & & \downarrow \operatorname{Mor}_{\mathscr{D}}(^*\varphi-,-) \\
\operatorname{Mor}_{\mathscr{C}}(-,\mathscr{G}_2-) & \cong & \operatorname{Mor}_{\mathscr{D}}(\mathscr{F}_2-,-)
\end{array}
$$

kommutativ ist. Ist $\varphi = \operatorname{id}_{\mathscr{G}_1}$, *so ist* $^*\varphi = \operatorname{id}_{\mathscr{F}_1}$. *Für die Verknüpfung von funktoriellen Morphismen gilt* $^*(\varphi\psi) = {}^*\psi\,{}^*\varphi$.

Beweis: Die erste Aussage folgt aus 1.15 Lemma 3. Die übrigen Aussagen folgen dann trivial.

Korollar 2. *Seien* $\mathscr{C}$ *und* $\mathscr{D}$ *kleine Kategorien. Die Kategorie* $\operatorname{Funkt}_R(\mathscr{C},\mathscr{D})$ *der Funktoren von* $\mathscr{C}$ *in* $\mathscr{D}$, *die rechtsadjungierte Funktoren besitzen, ist dual zur Kategorie* $\operatorname{Funkt}_L(\mathscr{D},\mathscr{C})$ *der Funktoren von* $\mathscr{D}$ *in* $\mathscr{C}$, *die linksadjungierte Funktoren besitzen.*

Satz 2. *Ein Funktor* $\mathscr{G}: \mathscr{D} \to \mathscr{C}$ *besitzt genau dann einen linksadjungierten Funktor, wenn alle Funktoren* $\operatorname{Mor}_{\mathscr{C}}(C,\mathscr{G}-)$ *darstellbar sind für alle* $C \in \mathscr{C}$.

Beweis: Folgt aus 1.15 Lemma 4.

Wir müssen uns noch genauer mit den für die Definition der adjungierten Funktoren verwendeten funktoriellen Isomorphismen $\varphi: \operatorname{Mor}_{\mathscr{D}}(\mathscr{F}-,-) \to \operatorname{Mor}_{\mathscr{C}}(-,\mathscr{G}-)$ befassen. Wir nehmen zunächst an, daß φ ein beliebiger funktorieller Morphismus ist. Seien Objekte $C \in \mathscr{C}$

und $D \in \mathcal{D}$ gegeben. Dann ist $\varphi(C,D)\colon \mathrm{Mor}_\mathcal{D}(\mathscr{F}C,D) \to \mathrm{Mor}_\mathscr{C}(C,\mathscr{G}D)$. Wählen wir speziell $D = \mathscr{F}C$, so erhalten wir einen Morphismus $\varphi(C,\mathscr{F}C)(1_{\mathscr{F}C})\colon C \to \mathscr{G}\mathscr{F}C$ für alle $C \in \mathscr{C}$. Diese Morphismen bilden einen funktoriellen Morphismus $\Phi\colon \mathrm{Id}_\mathscr{C} \to \mathscr{G}\mathscr{F}$. Ist nämlich $f\colon C \to C'$ ein Morphismus in $\mathscr{C}$, so ist das Diagramm

$$
\begin{array}{ccccc}
\mathrm{Mor}(\mathscr{F}C,\mathscr{F}C) & \xrightarrow{\mathrm{Mor}(\mathscr{F}C,\mathscr{F}f)} & \mathrm{Mor}(\mathscr{F}C,\mathscr{F}C') & \xleftarrow{\mathrm{Mor}(\mathscr{F}f,\mathscr{F}C')} & \mathrm{Mor}(\mathscr{F}C',\mathscr{F}C') \\
\varphi(C,\mathscr{F}C)\Big\downarrow & & \varphi(C,\mathscr{F}C')\Big\downarrow & & \varphi(C',\mathscr{F}C')\Big\downarrow \\
\mathrm{Mor}(C,\mathscr{G}\mathscr{F}C) & \xrightarrow{\mathrm{Mor}(C,\mathscr{G}\mathscr{F}f)} & \mathrm{Mor}(C,\mathscr{G}\mathscr{F}C') & \xleftarrow{\mathrm{Mor}(f,\mathscr{G}\mathscr{F}C')} & \mathrm{Mor}(C',\mathscr{G}\mathscr{F}C')
\end{array}
$$

kommutativ. Also ist

$$
\begin{aligned}
\Phi(C')f &= \mathrm{Mor}(f,\mathscr{G}\mathscr{F}C')\varphi(C',\mathscr{F}C')(1_{\mathscr{F}C'}) = \varphi(C,\mathscr{F}C')\mathrm{Mor}(\mathscr{F}f,\mathscr{F}C')(1_{\mathscr{F}C'}) \\
&= \varphi(C,\mathscr{F}C')(\mathscr{F}f) = \varphi(C,\mathscr{F}C')\mathrm{Mor}(\mathscr{F}C,\mathscr{F}f)(1_{\mathscr{F}C}) \\
&= \mathrm{Mor}(C,\mathscr{G}\mathscr{F}f)\varphi(C,\mathscr{F}C)(1_{\mathscr{F}C}) = \mathscr{G}\mathscr{F}f\,\Phi(C).
\end{aligned}
$$

Ist umgekehrt $\Phi\colon \mathrm{Id}_\mathscr{C} \to \mathscr{G}\mathscr{F}$ ein funktorieller Morphismus, so definieren wir eine Abbildung $\varphi\colon \mathrm{Mor}_\mathcal{D}(\mathscr{F}C,D) \ni f \mapsto \mathscr{G}f\,\Phi(C) \in \mathrm{Mor}_\mathscr{C}(C,\mathscr{G}D)$. Diese ist in C und D funktoriell, weil sie zusammengesetzt ist aus den Abbildungen $\mathrm{Mor}_\mathcal{D}(\mathscr{F}C,D) \xrightarrow{\mathscr{G}} \mathrm{Mor}_\mathscr{C}(\mathscr{G}\mathscr{F}C,\mathscr{G}D)$ und $\mathrm{Mor}_\mathscr{C}(\mathscr{G}\mathscr{F}C,\mathscr{G}D) \xrightarrow{\mathrm{Mor}(\Phi C,\mathscr{G}D)} \mathrm{Mor}_\mathscr{C}(C,\mathscr{G}D)$. Beide Abbildungen sind aber funktoriell in C und D.

Lemma. *Seien $\mathscr{F}\colon \mathscr{C} \to \mathcal{D}$ und $\mathscr{G}\colon \mathcal{D} \to \mathscr{C}$ Funktoren. Die Zuordnung*

$$
\mathrm{Mor}_f(\mathrm{Id}_\mathscr{C},\mathscr{G}\mathscr{F}) \ni \Phi \mapsto \mathscr{G}-\Phi- \in \mathrm{Mor}_f(\mathrm{Mor}_\mathcal{D}(\mathscr{F}-,-),\mathrm{Mor}_\mathscr{C}(-,\mathscr{G}-))
$$

ist umkehrbar eindeutig. Die Umkehrung dieser Zuordnung ist

$$
\mathrm{Mor}_f(\mathrm{Mor}_\mathcal{D}(\mathscr{F}-,-),\mathrm{Mor}_\mathscr{C}(-,\mathscr{G}-)) \ni \varphi \mapsto \varphi(-,\mathscr{F}-)(1_{\mathscr{F}-}) \in \mathrm{Mor}_f(\mathrm{Id}_\mathscr{C},\mathscr{G}\mathscr{F}).
$$

Beweis: Ist Φ gegeben, so ist $\mathscr{G}(1_{\mathscr{F}C})\Phi(C) = \mathscr{G}\mathscr{F}(1_C)\Phi(C) = \Phi(C)$. Ist φ gegeben, so ist

$$
\begin{aligned}
\mathscr{G}f(\varphi(C,\mathscr{F}C)(1_{\mathscr{F}C})) &= \mathrm{Mor}_\mathscr{C}(C,\mathscr{G}f)\varphi(C,\mathscr{F}C)(1_{\mathscr{F}C}) = \varphi(C,D)\mathrm{Mor}_\mathcal{D}(\mathscr{F}C,f)(1_{\mathscr{F}C}) \\
&= \varphi(C,D)(f).
\end{aligned}
$$

Dual zum Lemma beweist man $\mathrm{Mor}_f(\mathscr{F}\mathscr{G},\mathrm{Id}_\mathcal{D}) \cong \mathrm{Mor}_f(\mathrm{Mor}_\mathscr{C}(-,\mathscr{G}-),\mathrm{Mor}_\mathcal{D}(\mathscr{F}-,-))$. Mit denselben Bezeichnungen wie vorher gilt der

Satz 3. *Seien $\varphi\colon \mathrm{Mor}_\mathcal{D}(\mathscr{F}-,-) \to \mathrm{Mor}_\mathscr{C}(-,\mathscr{G}-)$ und $\psi\colon \mathrm{Mor}_\mathscr{C}(-,\mathscr{G}-) \to \mathrm{Mor}_\mathcal{D}(\mathscr{F}-,-)$ funktorielle Morphismen und $\Phi\colon \mathrm{Id}_\mathscr{C} \to \mathscr{G}\mathscr{F}$ und $\Psi\colon \mathscr{F}\mathscr{G} \to \mathrm{Id}_\mathcal{D}$ die nach dem Lemma aus φ und ψ konstruierten funktoriellen Morphismen. Es ist $\varphi\psi = \mathrm{id}_{\mathrm{Mor}(-,\mathscr{G}-)}$ dann und nur dann, wenn $(\mathscr{G} \xrightarrow{\Phi\mathscr{G}} \mathscr{G}\mathscr{F}\mathscr{G} \xrightarrow{\mathscr{G}\Psi} \mathscr{G}) = \mathrm{id}_\mathscr{G}$ ist. Es ist $\psi\varphi = \mathrm{id}_{\mathrm{Mor}(\mathscr{F}-,-)}$ dann und nur dann, wenn $(\mathscr{F} \xrightarrow{\mathscr{F}\Phi} \mathscr{F}\mathscr{G}\mathscr{F} \xrightarrow{\Psi\mathscr{F}} \mathscr{F}) = \mathrm{id}_\mathscr{F}$ ist.*

Beweis: Es ist

$$
\begin{aligned}
\mathscr{G}\Psi(D)\Phi\mathscr{G}(D) &= \mathscr{G}\Psi(D)\varphi(\mathscr{G}D,\mathscr{F}\mathscr{G}D)(1_{\mathscr{F}\mathscr{G}D}) \\
&= \mathrm{Mor}_\mathscr{C}(\mathscr{G}D,\mathscr{G}\Psi(D))\varphi(\mathscr{G}D,\mathscr{F}\mathscr{G}D)(1_{\mathscr{F}\mathscr{G}D}) \\
&= \varphi(\mathscr{G}D,D)\mathrm{Mor}_\mathcal{D}(\mathscr{F}\mathscr{G}D,\Psi(D))(1_{\mathscr{F}\mathscr{G}D}) \\
&= \varphi(\mathscr{G}D,D)(\Psi(D)) \\
&= \varphi(\mathscr{G}D,D)\psi(\mathscr{G}D,D)(1_{\mathscr{G}D}) \\
&= \varphi\psi(\mathscr{G}D,D)(1_{\mathscr{G}D}).
\end{aligned}
$$

Entsprechend erhält man

$$
\begin{aligned}
\varphi\psi(C,D)(f) &= \varphi(C,D)\psi(C,D)(f) = \mathscr{G}(\Psi(D)\mathscr{F}(f))\Phi(C) = \mathscr{G}\Psi(D)\mathscr{G}\mathscr{F}(f)\Phi(C) \\
&= \mathscr{G}\Psi(D)\Phi\mathscr{G}(D)f.
\end{aligned}
$$

Damit ist die Behauptung bewiesen.

Korollar 3. *Der Funktor $\mathscr{F}\colon \mathscr{C} \to \mathscr{D}$ ist genau dann linksadjungiert zu $\mathscr{G}\colon \mathscr{D} \to \mathscr{C}$, wenn es funktorielle Morphismen $\Phi\colon \mathrm{Id}_{\mathscr{C}} \to \mathscr{G}\mathscr{F}$ und $\Psi\colon \mathscr{F}\mathscr{G} \to \mathrm{Id}_{\mathscr{D}}$ mit $(\mathscr{G}\Psi)(\Phi\mathscr{G}) = \mathrm{id}_{\mathscr{G}}$ und $(\Psi\mathscr{F})(\mathscr{F}\Phi) = \mathrm{id}_{\mathscr{F}}$ gibt.*

Korollar 4. *Sei $\mathscr{F}$ linksadjungiert zu $\mathscr{G}$. Dann sind die Abbildungen $\mathscr{G}\colon \mathrm{Mor}_{\mathscr{D}}(\mathscr{F}C, D) \to \mathrm{Mor}_{\mathscr{C}}(\mathscr{G}\mathscr{F}C, \mathscr{G}D)$ für alle $C \in \mathscr{C}$ und $D \in \mathscr{D}$ injektiv.*

B e w e i s : Nach den Betrachtungen vor dem Lemma ist der Isomorphismus $\mathrm{Mor}_{\mathscr{D}}(\mathscr{F}-,-) \cong \mathrm{Mor}_{\mathscr{C}}(-,\mathscr{G}-)$ zusammengesetzt aus den Morphismen $\mathrm{Mor}_{\mathscr{D}}(\mathscr{F}-,-) \xrightarrow{\mathscr{G}} \mathrm{Mor}_{\mathscr{C}}(\mathscr{G}\mathscr{F}-,\mathscr{G}-)$ und $\mathrm{Mor}_{\mathscr{C}}(\mathscr{G}\mathscr{F}-,\mathscr{G}-) \to \mathrm{Mor}_{\mathscr{C}}(-,\mathscr{G}-)$.

Korollar 5. *Seien die Kategorien $\mathscr{C}$ und $\mathscr{D}$ äquivalent durch $\mathscr{F}\colon \mathscr{C} \to \mathscr{D}$ und $\mathscr{G}\colon \mathscr{D} \to \mathscr{C}$, $\Phi\colon \mathrm{Id}_{\mathscr{C}} \cong \mathscr{G}\mathscr{F}$ und $\Psi\colon \mathscr{F}\mathscr{G} \cong \mathrm{Id}_{\mathscr{D}}$. Dann ist $\mathscr{F}$ links- und rechtsadjungiert zu $\mathscr{G}$.*

B e w e i s : Es sind $\Phi\mathscr{G}$ und $\mathscr{G}\Psi$ Isomorphismen. Also sind $(\mathscr{G}\Psi)(\Phi\mathscr{G})$ und ebenso $(\Psi\mathscr{F})(\mathscr{F}\Phi)$ Isomorphismen. Damit sind $\psi\varphi$ und $\varphi\psi$ Isomorphismen, also auch φ und ψ.

Satz 4. *Ein Funktor $\mathscr{F}\colon \mathscr{C} \to \mathscr{D}$ ist genau dann eine Äquivalenz, wenn $\mathscr{F}$ voll treu ist und wenn zu jedem $D \in \mathscr{D}$ ein $C \in \mathscr{C}$ existiert, so daß $\mathscr{F}C \cong D$ ist.*

B e w e i s : Ist $\mathscr{F}$ eine Äquivalenz, so sind die Bedingungen leicht zu verifizieren. Sei $\mathscr{F}$ voll treu, und existiere zu jedem $D \in \mathscr{D}$ ein $C \in \mathscr{C}$ mit $\mathscr{F}C \cong D$. Wir betrachten die Funktoren $\mathscr{H}\colon \mathscr{C}' \to \mathscr{C}$ und $\mathscr{G}\colon \mathscr{D} \to \mathscr{D}'$, die Äquivalenzen zwischen $\mathscr{C}$ bzw. $\mathscr{D}$ und zugehörigen Skeletten $\mathscr{C}'$ bzw. $\mathscr{D}'$ seien. Offenbar ist $\mathscr{F}$ genau dann eine Äquivalenz, wenn $\mathscr{G}\mathscr{F}\mathscr{H}\colon \mathscr{C}' \to \mathscr{D}'$ eine Äquivalenz ist. $\mathscr{G}\mathscr{F}\mathscr{H}$ ist voll treu und alle Objekte von $\mathscr{D}'$ kommen im Bild von $\mathscr{G}\mathscr{F}\mathscr{H}$ vor, weil zwei isomorphe Objekte in $\mathscr{D}'$ schon gleich sind. Nach den Überlegungen über das Bild eines voll treuen Funktors in 1.15 werden verschiedene Objekte aus $\mathscr{C}'$ durch $\mathscr{G}\mathscr{F}\mathscr{H}$ auch in verschiedene Objekte abgebildet. $\mathscr{G}\mathscr{F}\mathscr{H}$ ist daher bijektiv auf der Klasse der Objekte und auf den Morphismenmengen. Die Umkehrabbildung ist daher ein Funktor und $\mathscr{G}\mathscr{F}\mathscr{H}$ ist ein Isomorphismus zwischen $\mathscr{C}'$ und $\mathscr{D}'$.

Wir haben in Korollar 3 ein erstes Kriterium für adjungierte Funktoren entwickelt. Ehe wir weitere Kriterien entwickeln und die Eigenschaften adjungierter Funktoren genauer untersuchen, wollen wir einige Beispiele für adjungierte Funktoren angeben.

Beispiele. 1. Sei $A \in \mathbf{Me}$. Die Bildung des Produkts mit A ist ein Funktor $A \times - \colon \mathbf{Me} \to \mathbf{Me}$. Es gibt einen in $B, C \in \mathbf{Me}$ funktoriellen Isomorphismus

$$\mathrm{Mor}_{\mathbf{Me}}(A \times B, C) \cong \mathrm{Mor}_{\mathbf{Me}}(B, \mathrm{Mor}_{\mathbf{Me}}(A, C)).$$

2. Sei **Mo** die Kategorie der Monoide, d. h. der Mengen H mit einer Multiplikation $H \times H \to H$, so daß $(h_1 h_2)h_3 = h_1(h_2 h_3)$ gilt und ein neutrales Element $e \in H$ mit $eh = h = he$ für alle $h \in H$ existiert, zusammen mit den Abbildungen f, für die $f(h_1 h_2) = f(h_1)f(h_2)$ und $f(e) = e$ gilt. Für ein Monoid H definieren wir einen unitären, assoziativen Ring

$$\mathbf{Z}(H) = \{f \mid f \in \mathrm{Mor}_{\mathbf{Me}}(H, \mathbf{Z}) \quad \text{und für fast alle} \quad h \in H \quad \text{ist} \quad f(h) = 0\}.$$

Wir definieren $(f + f')(h) = f(h) + f'(h)$. Damit wird $\mathbf{Z}(H)$ eine abelsche Gruppe. Das Produkt definieren wir durch $(ff')(h) = \sum f(h')f'(h'')$, wobei die Summe über diejenigen Paare $h', h'' \in H$ zu erstrecken ist, für die $h'h'' = h$ ist. Da H ein Monoid ist, ist damit $\mathbf{Z}(H)$ ein unitärer, assoziativer Ring. Weiter ist $\mathbf{Z}(-)\colon \mathbf{Mo} \to \mathbf{Ri}$ ein kovarianter Funktor. Ist jetzt $R \in \mathbf{Ri}$ und bezeichnet R' das Monoid, das R bei der Multiplikation bildet, so ist $-'\colon \mathbf{Ri} \to \mathbf{Mo}$ auch ein kovarianter Funktor. Es existiert nun ein funktorieller Isomorphismus

$$\mathrm{Mor}_{\mathbf{Ri}}(\mathbf{Z}(-), -) \cong \mathrm{Mor}_{\mathbf{Mo}}(-, -'),$$

d. h. die konstruierten Funktoren sind adjungiert zueinander. Dieses und andere algebraische Beispiele werden wir noch in Kapitel 3 ausführlich untersuchen.

3. Eines der bekanntesten Beispiele, das zur Entwicklung der Theorie der adjungierten Funktoren Anlaß gab, ist das folgende. Seien R und S unitäre, assoziative Ringe. Sei A ein $R-S$-Bimodul, d. h. ein R-Linksmodul und S-Rechtsmodul, so daß gilt $r(as) = (ra)s$ für alle $r \in R, s \in S$ und $a \in A$. Die Menge $\mathrm{Mor}_R(A,C)$ für einen R-Modul C bildet einen S-Linksmodul, wenn man $(sf)(a) = f(as)$ definiert. $\mathrm{Mor}_R(A,-)\colon {}_R\mathbf{Mod} \to {}_S\mathbf{Mod}$ ist sogar ein Funktor. Zu diesem Funktor existiert ein linksadjungierter Funktor $A\otimes_S -\colon {}_S\mathbf{Mod} \to {}_R\mathbf{Mod}$, der Tensorprodukt genannt wird. Es gilt also

$$\mathrm{Mor}_R(A \otimes_S B, C) \cong \mathrm{Mor}_S(B, \mathrm{Mor}_R(A,C))$$

funktoriell in B und C. Wir bemerken hier, daß dieser Isomorphismus sogar funktoriell in A ist.

2.2 Universelle Probleme

Wir betrachten noch einmal 2.1 Beispiel 2. Der funktorielle Morphismus $\mathrm{Id}_{\mathbf{Mo}} \to (\mathbb{Z}(-))'$ induziert für jedes Monoid H einen Monoid-Homomorphismus $H \xrightarrow{\rho} (\mathbb{Z}(H))'$, der jedem $h \in H$ die Abbildung $f\colon H \to \mathbb{Z}$ mit $f(h') = 1$ für $h = h'$ und $f(h') = 0$ für $h \neq h'$ zuordnet. Wir bezeichnen diese Abbildung auch mit f_h. Ist jetzt $g\colon H \to R$ eine Abbildung mit $g(h_1 h_2) = g(h_1)g(h_2)$ und $g(e) = 1 \in R$, so existiert genau ein unitärer Ringhomomorphismus $g^*\colon \mathbb{Z}(H) \to R$, so daß das Diagramm

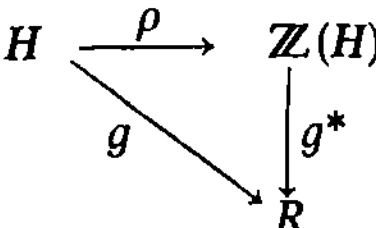

kommutativ ist. In diesem Diagramm stehen Morphismen aus zwei verschiedenen Kategorien. ρ und g sind nämlich aus **Mo** und g^* ist aus **Ri**. Entsprechend sind $\mathbb{Z}(H)$ bzw. R einmal Objekt von **Mo** und dann auch Objekt von **Ri**. Außerdem haben wir einen Ringhomomorphismus g^* mit einem Monoidhomomorphismus ρ zu einem Monoidhomomorphismus g verknüpft. Wir wollen eine Struktur angeben, in der diese Konstruktionen möglich sind.

Seien $\mathscr{C}$ und $\mathscr{D}$ Kategorien. Sei eine Familie von Mengen $\{\mathrm{Mor}_{\mathscr{V}}(A,B) \mid A \in \mathscr{C}, B \in \mathscr{D}\}$ gegeben zusammen mit zwei Familien von Abbildungen

$$\mathrm{Mor}_{\mathscr{C}}(A,A') \times \mathrm{Mor}_{\mathscr{V}}(A',B) \to \mathrm{Mor}_{\mathscr{V}}(A,B), \qquad A,A' \in \mathscr{C}, B \in \mathscr{D},$$

$$\mathrm{Mor}_{\mathscr{V}}(A,B') \times \mathrm{Mor}_{\mathscr{D}}(B',B) \to \mathrm{Mor}_{\mathscr{V}}(A,B), \qquad A \in \mathscr{C}, B',B \in \mathscr{D}.$$

Wir schreiben diese Abbildungen wie üblich als Verknüpfungen, d. h. sind $f \in \mathrm{Mor}_{\mathscr{C}}(A,A')$, $v \in \mathrm{Mor}_{\mathscr{V}}(A',B)$, $v' \in \mathrm{Mor}_{\mathscr{V}}(A,B')$ und $g \in \mathrm{Mor}_{\mathscr{D}}(B',B)$, so seien die Bilder von (f,v) bzw. (v',g) bezeichnet mit vf bzw. gv'.

Lemma 1. *Die disjunkte Vereinigung der Objektklassen von $\mathscr{C}$ und $\mathscr{D}$ zusammen mit der Familie*

$$\{\mathrm{Mor}_{\mathscr{C}}(A,A'),\ \mathrm{Mor}_{\mathscr{V}}(A,B),\ \mathrm{Mor}_{\mathscr{D}}(B,B') \mid \textit{für alle}\quad A,A' \in \mathscr{C},\ B,B' \in \mathscr{D}\},$$

von Mengen, die wir als disjunkt ansehen können, und mit Verknüpfungen von $\mathscr{C}$ und von $\mathscr{D}$ und den oben angegebenen Verknüpfungen bildet genau dann eine Kategorie $\mathscr{V}(\mathscr{C},\mathscr{D})$, wenn für alle $A,A',A'' \in \mathscr{C}$ und alle $B,B',B'' \in \mathscr{D}$ und für alle $f \in \mathrm{Mor}_{\mathscr{C}}(A',A)$, $f' \in \mathrm{Mor}_{\mathscr{C}}(A'',A')$, $v \in \mathrm{Mor}_{\mathscr{V}}(A,B)$, $g \in \mathrm{Mor}_{\mathscr{D}}(B,B')$ und $g' \in \mathrm{Mor}_{\mathscr{D}}(B',B'')$ gelten

1)
$$(vf)\,f' = v(ff')\,,$$

2)
$$(g'g)\,v = g'(gv)\,,$$

3)
$$(gv)\,f = g(vf)\,,$$

4)
$$1_B v = v = v\,1_A\,.$$

Beweis: Die beiden Axiome für Kategorien sind trivial zu verifizieren, falls wir $\mathrm{Mor}_{\mathscr{V}(\mathscr{C},\mathscr{D})}(B,A) = \emptyset$ setzen.

Ist das Lemma 1 erfüllt, so nennen wir die Kategorie $\mathscr{V}(\mathscr{C},\mathscr{D})$ eine **direkt verbundene Kategorie**. Die Familie der Mengen $\mathrm{Mor}_{\mathscr{V}}(A,B)$ heißt dann auch **Verbindung** von $\mathscr{C}$ und $\mathscr{D}$.

Wollen wir unser Beispiel in dieser Struktur ausdrücken, so müssen wir zunächst eine Verbindung von **Mo** und **Ri** angeben. Für $H \in \mathbf{Mo}$ und $R \in \mathbf{Ri}$ werde definiert $\mathrm{Mor}_{\mathscr{V}}(H,R) = \mathrm{Mor}_{\mathbf{Mo}}(H,R')$, wobei R' das multiplikative Monoid R sei. Durch Indizieren kann man erreichen, daß $\mathrm{Mor}_{\mathscr{V}}(H,R)$ zu allen Morphismenmengen aus **Mo** disjunkt ist. Die Verknüpfungen seien durch die Hintereinanderausführung der Abbildungen definiert. Damit erhalten wir eine direkt verbundene Kategorie $\mathscr{V}(\mathbf{Mo},\mathbf{Ri})$. Zu jedem $H \in \mathbf{Mo}$ existiert jetzt ein Morphismus $\rho\colon H \to \mathbb{Z}(H)$, so daß zu jedem Morphismus $g\colon H \to R$ für alle $R \in \mathbf{Ri}$ genau ein Morphismus $g^*\colon \mathbb{Z}(H) \to R$ existiert, der das Diagramm

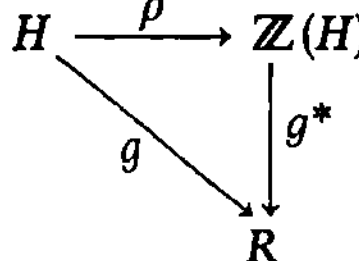

kommutativ macht.

Allgemein gibt eine direkt verbundene Kategorie $\mathscr{V}(\mathscr{C},\mathscr{D})$ Anlaß zu folgendem **universellen Problem**. Sei $A \in \mathscr{C}$. Existiert ein Objekt $U(A) \in \mathscr{D}$ und ein Morphismus $\rho_A\colon A \to U(A)$, so daß zu jedem Morphismus $g\colon A \to B$ für alle $B \in \mathscr{D}$ genau ein Morphismus $g^*\colon U(A) \to B$ existiert, der das Diagramm

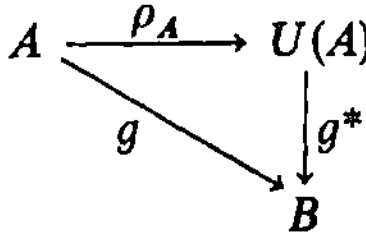

kommutativ macht? Ein solches Paar $(U(A),\rho_A)$, das die obige Bedingung erfüllt, heißt **universelle Lösung** des universellen Problems.

Lemma 2. *Sei $\mathscr{V}(\mathscr{C},\mathscr{D})$ eine direkt verbundene Kategorie. Das durch $A \in \mathscr{C}$ definierte universelle Problem hat genau dann eine universelle Lösung, wenn der Funktor $\mathrm{Mor}_{\mathscr{V}}(A,-)\colon \mathscr{D} \to \mathbf{Me}$ darstellbar ist.*

Beweis: Nach Definition ist $\mathrm{Mor}(\rho_A,B)\colon \mathrm{Mor}_{\mathscr{D}}(U(A),B) \cong \mathrm{Mor}_{\mathscr{V}}(A,B)$, falls $(U(A),\rho_A)$ eine universelle Lösung ist. Außerdem ist nach dem Yoneda-Lemma

$$\mathrm{Mor}(\rho_A,-)\colon \mathrm{Mor}_{\mathscr{V}(\mathscr{C},\mathscr{D})}(U(A),-) \to \mathrm{Mor}_{\mathscr{V}(\mathscr{C},\mathscr{D})}(A,-)$$

ein funktorieller Morphismus. Ist umgekehrt $\Phi\colon \mathrm{Mor}_{\mathscr{D}}(U(A),-) \cong \mathrm{Mor}_{\mathscr{V}}(A,-)$, so ist wieder nach dem Yoneda-Lemma — weil $U(A) \in \mathscr{D}$ — $\Phi = \mathrm{Mor}(\Phi(U(A))(1_{U(A)}),-)$. Das heißt aber, daß beim funktoriellen Isomorphismus $\mathrm{Mor}_{\mathscr{D}}(U(A),-) \cong \mathrm{Mor}_{\mathscr{V}}(A,-)$ die Morphismen aus $\mathrm{Mor}_{\mathcal{D}}(U(A),B)$ durch Verknüpfen mit $\Phi(U(A))(1_{U(A)})$ in $\mathrm{Mor}_{\mathcal{V}}(A,B)$ übergeführt werden. Damit ist $(U(A),\Phi(U(A))(1_{U(A)}))$ eine universelle Lösung des Problems.

Aus diesem Lemma folgt sofort, daß eine universelle Lösung eines universellen Problems bis auf Isomorphie eindeutig bestimmt ist. Eine direkt verbundene Kategorie $\mathcal{V}(\mathcal{C},\mathcal{D})$ heißt **universell direkt verbunden**, wenn das zugehörige universelle Problem für alle $A \in \mathcal{C}$ eine universelle Lösung besitzt.

Häufig wird die Verbindung für eine direkt verbundene Kategorie durch einen Funktor $\mathcal{G}: \mathcal{D} \to \mathcal{C}$ gegeben durch

$$\mathrm{Mor}_{\mathcal{V}}(A,B): = \mathrm{Mor}_{\mathcal{C}}(A,\mathcal{G}B).$$

Wir schreiben dann auch $\mathcal{V}_{\mathcal{G}}(\mathcal{C},\mathcal{D})$. Wegen der Funktoreigenschaft von $\mathcal{G}$ erhält man so für jeden kovarianten Funktor $\mathcal{G}$ eine Verbindung. Ebenso definiert jeder Funktor $\mathcal{F}: \mathcal{C} \to \mathcal{D}$ eine Verbindung durch

$$\mathrm{Mor}_{\mathcal{V}}(A,B): = \mathrm{Mor}_{\mathcal{D}}(\mathcal{F}A,B).$$

Lemma 3. *Die direkt verbundene Kategorie $\mathcal{V}(\mathcal{C},\mathcal{D})$ ist genau dann universell direkt verbunden, wenn es einen Funktor $\mathcal{F}: \mathcal{C} \to \mathcal{D}$ so gibt, daß ein funktorieller Isomorphismus $\mathrm{Mor}_{\mathcal{V}}(-,-) \cong \mathrm{Mor}_{\mathcal{D}}(\mathcal{F}-,-)$ existiert.*

Beweis: folgt aus Lemma 2 und 1.15 Lemma 4.

Satz 1. *Sei $\mathcal{G}: \mathcal{D} \to \mathcal{C}$ ein kovarianter Funktor. Dann sind äquivalent:*
1) Es existiert ein linksadjungierter Funktor $\mathcal{F}: \mathcal{C} \to \mathcal{D}$ zu $\mathcal{G}$.
2) Die direkt verbundene Kategorie $\mathcal{V}_{\mathcal{G}}(\mathcal{C},\mathcal{D})$ ist universell direkt verbunden.

Wir wollen in diesem Spezialfall nochmals das universelle Problem unter Verwendung der Definition der Verbindung formulieren. Sei $\mathcal{G}: \mathcal{D} \to \mathcal{C}$ ein Funktor. Sei $A \in \mathcal{C}$. Wir suchen ein Objekt $\mathcal{F}A \in \mathcal{D}$ und einen Morphismus $\rho_A: A \to \mathcal{G}\mathcal{F}A$, so daß zu jedem Morphismus $g: A \to \mathcal{G}B$ für jedes $B \in \mathcal{D}$ genau ein Morphismus $g^*: \mathcal{F}A \to B$ existiert, für den das Diagramm

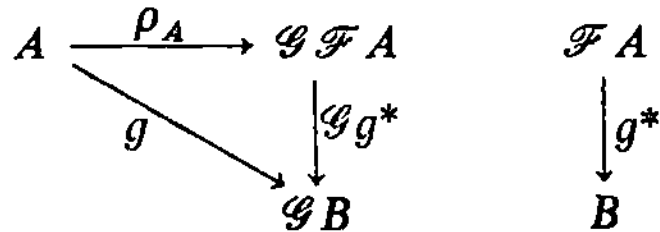

kommutativ ist. Hier wird klar, daß nicht g^* mit ρ_A verknüpft wird, sondern $\mathcal{G}g^*$. Das Beispiel, von dem wir zu Anfang dieses Paragraphen ausgegangen sind, hat gerade diese Form.

Seien zwei Kategorien $\mathcal{C}$ und $\mathcal{D}$ gegeben. Sei eine Verbindung $\{\mathrm{Mor}_{\mathcal{V}}(B,A)|B \in \mathcal{D}, A \in \mathcal{C}\}$ gegeben, so daß $\mathcal{V}(\mathcal{D},\mathcal{C})$ eine direkt verbundene Kategorie ist. Wir bezeichnen diese Kategorie auch mit $\mathcal{V}'(\mathcal{C},\mathcal{D})$ und nennen sie dann **invers verbundene Kategorie**. Man beachte, daß jetzt $\mathrm{Mor}_{\mathcal{V}'(\mathcal{C},\mathcal{D})}(B,A)$ im allgemeinen nicht leer ist, jedoch $\mathrm{Mor}_{\mathcal{V}'(\mathcal{C},\mathcal{D})}(A,B) = \emptyset$ gilt.

Sei $\mathcal{V}'(\mathcal{C},\mathcal{D})$ eine invers verbundene Kategorie. Wir definieren auch hier ein **universelles Problem**. Sei $A \in \mathcal{C}$. Existiert ein Objekt $U(A) \in \mathcal{D}$ und ein Morphismus $\rho_A: U(A) \to A(!)$, so daß zu jedem Morphismus $g: B \to A$ für alle $B \in \mathcal{D}$ genau ein Morphismus $g^*: B \to U(A)(!)$ existiert, der das Diagramm kommutativ macht? Ein solches Paar $(U(A), \rho_A)$, das die obige Bedingung erfüllt, heißt **universelle Lösung** des universellen Problems. Besitzt das universelle Problem in $\mathscr{V}'(\mathscr{C}, \mathscr{D})$ für alle $A \in \mathscr{C}$ eine universelle Lösung, so heißt $\mathscr{V}'(\mathscr{C}, \mathscr{D})$ universell invers verbunden. Wir erhalten jetzt eine neue Kennzeichnung für Paare adjungierter Funktoren $\mathscr{F}: \mathscr{C} \to \mathscr{D}$ und $\mathscr{G}: \mathscr{D} \to \mathscr{C}$.

Satz 2. *Seien Kategorien $\mathscr{C}$ und $\mathscr{D}$ und eine Verbindung so gegeben, daß $\mathscr{V}(\mathscr{C}, \mathscr{D})$ direkt verbunden und $\mathscr{V}'(\mathscr{D}, \mathscr{C})$ invers verbunden mit der gegebenen Verbindung sind. Dann sind äquivalent:*
1) $\mathscr{V}(\mathscr{C}, \mathscr{D})$ ist universell direkt verbunden und $\mathscr{V}'(\mathscr{D}, \mathscr{C})$ ist universell invers verbunden.
2) Die Morphismenmengen der Verbindung werden von einem Paar adjungierter Funktoren $\mathscr{F}$ und $\mathscr{G}$ induziert durch

$$\mathrm{Mor}_{\mathscr{V}}(-, -) \cong \mathrm{Mor}_{\mathscr{D}}(\mathscr{F}-, -) \cong \mathrm{Mor}_{\mathscr{C}}(-, \mathscr{G}-).$$

Beweis: Die Aussage folgt aus Lemma 3 und dem Dualen von Satz 1.

2.3 Monaden

Seien $\mathscr{A}$, $\mathscr{B}$, $\mathscr{C}$ und $\mathscr{D}$ Kategorien, $\mathscr{F}, \mathscr{F}': \mathscr{A} \to \mathscr{B}$, $\mathscr{G}, \mathscr{G}', \mathscr{G}'': \mathscr{B} \to \mathscr{C}$ und $\mathscr{H}, \mathscr{H}': \mathscr{C} \to \mathscr{D}$ Funktoren und $\varphi: \mathscr{F} \to \mathscr{F}'$, $\psi: \mathscr{G} \to \mathscr{G}'$, $\psi': \mathscr{G}' \to \mathscr{G}''$ und $\rho: \mathscr{H} \to \mathscr{H}'$ funktorielle Morphismen. Schon in 2.1 haben wir gesehen, daß dann auch $\psi\mathscr{F}: \mathscr{G}\mathscr{F} \to \mathscr{G}'\mathscr{F}$ und $\mathscr{H}\psi: \mathscr{H}\mathscr{G} \to \mathscr{H}\mathscr{G}'$ mit $(\psi\mathscr{F})(A) = \psi(\mathscr{F}(A))$ und $(\mathscr{H}\psi)(B) = \mathscr{H}(\psi(B))$ funktorielle Morphismen sind. Auf Grund der Definition verifiziert man leicht die folgenden Gleichungen

$$\begin{aligned}
&1) & (\mathscr{H}\mathscr{G})\varphi &= \mathscr{H}(\mathscr{G}\varphi), \\
&2) & \rho(\mathscr{G}\mathscr{F}) &= (\rho\mathscr{G})\mathscr{F}, \\
&3) & (\mathscr{H}\psi)\mathscr{F} &= \mathscr{H}(\psi\mathscr{F}), \\
&4) & \mathscr{H}(\psi'\psi)\mathscr{F} &= (\mathscr{H}\psi'\mathscr{F})(\mathscr{H}\psi\mathscr{F}), \\
&5) & (\psi\mathscr{F}')(\mathscr{G}\varphi) &= (\mathscr{G}'\varphi)(\psi\mathscr{F}),
\end{aligned}$$

wobei die letzte Gleichung aus der Tatsache folgt, daß ψ ein funktorieller Morphismus ist. Seien jetzt $\mathscr{F}: \mathscr{C} \to \mathscr{D}$ und $\mathscr{G}: \mathscr{D} \to \mathscr{C}$ ein Paar adjungierter Funktoren mit den funktoriellen Morphismen $\Phi: \mathrm{Id}_{\mathscr{C}} \to \mathscr{G}\mathscr{F}$ und $\Psi: \mathscr{F}\mathscr{G} \to \mathrm{Id}_{\mathscr{D}}$, die den Bedingungen von 2.1 Satz 3 genügen. Wir kürzen den Funktor $\mathscr{G}\mathscr{F}$ mit $\mathscr{H} = \mathscr{G}\mathscr{F}$ ab. Dann haben wir funktorielle Morphismen $\varepsilon = \Phi: \mathrm{Id}_{\mathscr{C}} \to \mathscr{H}$ und $\mu = \mathscr{G}\Psi\mathscr{F}: \mathscr{H}\mathscr{H} \to \mathscr{H}$. Mit diesen Bezeichnungen gilt das

Lemma 1. *Die folgenden Diagramme sind kommutativ:*

$$
\begin{array}{ccc}
\mathscr{H} & \xrightarrow{\;\varepsilon\mathscr{H}\;} & \mathscr{H}\mathscr{H} \\
{\scriptstyle \mathscr{H}\varepsilon}\downarrow & \searrow{\scriptstyle \mathrm{id}_{\mathscr{H}}} \quad \downarrow{\scriptstyle \mu} & \\
\mathscr{H}\mathscr{H} & \xrightarrow{\;\mu\;} & \mathscr{H}
\end{array}
\qquad
\begin{array}{ccc}
\mathscr{H}\mathscr{H}\mathscr{H} & \xrightarrow{\;\mathscr{H}\mu\;} & \mathscr{H}\mathscr{H} \\
{\scriptstyle \mu\mathscr{H}}\downarrow & & \downarrow{\scriptstyle \mu} \\
\mathscr{H}\mathscr{H} & \xrightarrow{\;\mu\;} & \mathscr{H}.
\end{array}
$$

Beweis: Wir verwenden 2.1 Satz 3 und erhalten aus den Definitionen

$$\begin{aligned}
\mu(\varepsilon\mathscr{H}) &= (\mathscr{G}\Psi\mathscr{F})(\Phi\mathscr{G}\mathscr{F}) = ((\mathscr{G}\Psi)\mathscr{F})((\Phi\mathscr{G})\mathscr{F}) = ((\mathscr{G}\Psi)(\Phi\mathscr{G}))\mathscr{F} = \mathrm{id}_{\mathscr{G}}\mathscr{F} = \mathrm{id}_{\mathscr{H}}, \\
\mu(\mathscr{H}\varepsilon) &= (\mathscr{G}\Psi\mathscr{F})(\mathscr{G}\mathscr{F}\Phi) = (\mathscr{G}(\Psi\mathscr{F}))(\mathscr{G}(\mathscr{F}\Phi)) = \mathscr{G}((\Psi\mathscr{F})(\mathscr{F}\Phi)) = \mathscr{G}\mathrm{id}_{\mathscr{F}} = \mathrm{id}_{\mathscr{H}}, \\
\mu(\mu\mathscr{H}) &= (\mathscr{G}\Psi\mathscr{F})(\mathscr{G}\Psi\mathscr{F}\mathscr{G}\mathscr{F}) = \mathscr{G}(\Psi(\Psi\mathscr{F}\mathscr{G}))\mathscr{F} = \mathscr{G}(\Psi(\mathscr{F}\mathscr{G}\Psi))\mathscr{F} \\
&= (\mathscr{G}\Psi\mathscr{F})(\mathscr{G}\mathscr{F}\mathscr{G}\Psi\mathscr{F}) = \mu(\mathscr{H}\mu).
\end{aligned}$$

Wir nennen einen Funktor $\mathscr{H}: \mathscr{C} \to \mathscr{C}$, dessen Quell- und Zielkategorie übereinstimmen, auch einen **Endofunktor**. Ein Endofunktor $\mathscr{H}$ zusammen mit funktoriellen Morphismen

$\varepsilon\colon \mathrm{Id}_{\mathscr{C}} \to \mathscr{H}$ und $\mu\colon \mathscr{H}\mathscr{H} \to \mathscr{H}$, die die Diagramme von Lemma 1 kommutativ machen, heißt eine **Monade**. Andere Bezeichnungen sind auch **Tripel** und **duale Standardkonstruktion**. Die dualen Begriffe sind **Komonade** oder auch **Kotripel** bzw. **Standardkonstruktion**.

Zur Erklärung des Namens überlegt man sich, daß ein Monoid eine Menge H zusammen mit zwei Abbildungen $e\colon \{\varnothing\} \to H$ und $m\colon H \times H \to H$ ist, so daß die Diagramme

$$
\begin{array}{ccc}
H \xrightarrow{\ e \times H\ } H \times H & \qquad & H \times H \times H \xrightarrow{\ m \times H\ } H \times H \\[2pt]
{\scriptstyle H \times e}\Big\downarrow \ \ \searrow{\scriptstyle 1_H}\ \Big\downarrow{\scriptstyle m} & & {\scriptstyle H \times m}\Big\downarrow \qquad\qquad \Big\downarrow{\scriptstyle m} \\[2pt]
H \times H \xrightarrow{\ \ m\ \ } H & & H \times H \xrightarrow{\ \ \ \ m\ \ \ \ } H
\end{array}
$$

kommutativ sind, wobei wir $\{\varnothing\} \times H$ mit H identifiziert haben. Man beachte jedoch, daß es sich bei einer Monade nicht um das Produkt der Endofunktoren handelt, sondern um eine Hintereinanderausführung. Die Bezeichnung Monade wurde wegen dieser Ähnlichkeit von S. Eilenberg vorgeschlagen.

Wir wollen uns jetzt mit dem Problem beschäftigen, ob alle Monaden von Paaren adjungierter Funktoren in der Weise erzeugt werden, wie wir es in Lemma 1 bewiesen haben. Wir werden sehen, daß das der Fall ist, daß aber die erzeugenden Paare adjungierter Funktoren durch die Monaden nicht eindeutig bestimmt werden. Es gibt jedoch zwei wesentlich verschiedene Paare von adjungierten Funktoren, die diese Bedingung erfüllen und zusätzlich noch gewisse universelle Eigenschaften besitzen. Diese Paare wurden von Eilenberg-Moore und Kleisli angegeben. Mit geringen Abweichungen werden wir beide Konstruktionen angeben.

Satz 1. *Sei $(\mathscr{H},\varepsilon,\mu)$ eine Monade über der Kategorie $\mathscr{C}$. Es existieren Paare adjungierter Funktoren $\mathscr{S}_{\mathscr{H}}\colon \mathscr{C} \to \mathscr{C}_{\mathscr{H}}$ und $\mathscr{T}_{\mathscr{H}}\colon \mathscr{C}_{\mathscr{H}} \to \mathscr{C}$ bzw. $\mathscr{S}^{\mathscr{H}}\colon \mathscr{C} \to \mathscr{C}^{\mathscr{H}}$ und $\mathscr{T}^{\mathscr{H}}\colon \mathscr{C}^{\mathscr{H}} \to \mathscr{C}$, die die gegebene Monade erzeugen. Ist $\mathscr{F}\colon \mathscr{C} \to \mathscr{D}$ und $\mathscr{G}\colon \mathscr{D} \to \mathscr{C}$ ein weiteres Paar adjungierter Funktoren, das die gegebene Monade erzeugt, so existieren eindeutig bestimmte Funktoren $\mathscr{K}$ und $\mathscr{L}$, die das Diagramm*

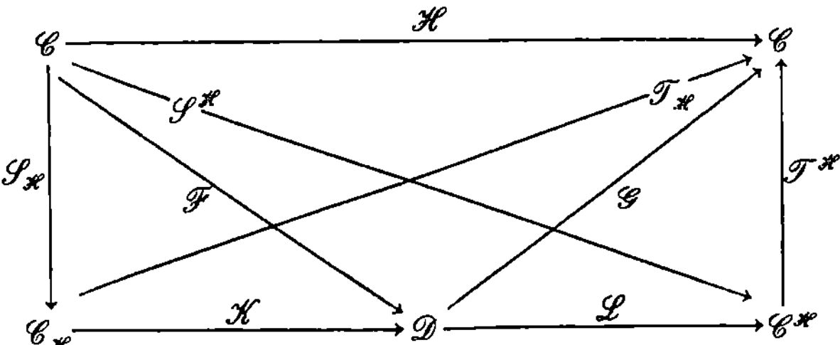

kommutativ machen.

Beweis: Wir geben zunächst die Konstruktion von $\mathscr{S}_{\mathscr{H}}$, $\mathscr{T}_{\mathscr{H}}$ und $\mathscr{C}_{\mathscr{H}}$ an. Die Objekte von $\mathscr{C}_{\mathscr{H}}$ sind dieselben wie die von $\mathscr{C}$. Seien $A,B \in \mathscr{C}$. Die Morphismen von A in B in $\mathscr{C}_{\mathscr{H}}$ sind die Morphismen $f\colon \mathscr{H}A \to \mathscr{H}B$, für die das Diagramm

$$
\begin{array}{ccc}
\mathscr{H}\mathscr{H}A & \xrightarrow{\ \mathscr{H}f\ } & \mathscr{H}\mathscr{H}B \\[2pt]
{\scriptstyle \mu A}\Big\downarrow & & \Big\downarrow{\scriptstyle \mu B} \\[2pt]
\mathscr{H}A & \xrightarrow{\ \ f\ \ } & \mathscr{H}B
\end{array}
$$

kommutativ ist. Durch Indizieren erreicht man, daß die Morphismenmengen in $\mathscr{C}_{\mathscr{H}}$ disjunkt sind. Die Verknüpfungen seien wie in $\mathscr{C}$ definiert. Da $\mathscr{H}$ ein Funktor ist, ist $\mathscr{C}_{\mathscr{H}}$ eine Kategorie.

Die Funktoren $\mathscr{S}_{\mathscr{H}}$ und $\mathscr{T}_{\mathscr{H}}$ definieren wir durch $\mathscr{S}_{\mathscr{H}}A = A$, $\mathscr{S}_{\mathscr{H}}f = \mathscr{H}f$ und $\mathscr{T}_{\mathscr{H}}A = \mathscr{H}A$, $\mathscr{T}_{\mathscr{H}}f = f$. $\mathscr{T}_{\mathscr{H}}$ ist trivialerweise ein Funktor, während die Funktoreigenschaften von $\mathscr{S}_{\mathscr{H}}$ aus der Tatsache folgt, daß μ ein funktorieller Morphismus ist. Außerdem ist $\mathscr{H} = \mathscr{T}_{\mathscr{H}}\mathscr{S}_{\mathscr{H}}$.

Um zu zeigen, daß $\mathscr{S}_{\mathscr{H}}$ linksadjungiert zu $\mathscr{T}_{\mathscr{H}}$ ist, verwenden wir 2.1 Korollar 3. Es sei $\Phi = \varepsilon\colon \mathrm{Id}_{\mathscr{C}} \to \mathscr{H}$, und $\Psi\colon \mathscr{S}_{\mathscr{H}}\mathscr{T}_{\mathscr{H}} \to \mathrm{Id}_{\mathscr{C}_{\mathscr{H}}}$ werde definiert durch $\Psi A = \mu A\colon \mathscr{H}\mathscr{H}A \to \mathscr{H}A$ aufgefaßt als Morphismus von $\mathscr{H}A$ in A in $\mathscr{C}_{\mathscr{H}}$. Wegen $\mu(\mathscr{H}\mu) = \mu(\mu\mathscr{H})$ ist ΨA ein Morphismus in $\mathscr{C}_{\mathscr{H}}$. Wegen der Voraussetzungen über die Morphismen in $\mathscr{C}_{\mathscr{H}}$ ist Ψ ein funktorieller Morphismus.

Für Objekte $A \in \mathscr{C}$ bzw. $A \in \mathscr{C}_{\mathscr{H}}$ ist dann

$$(\Psi\mathscr{S}_{\mathscr{H}})(\mathscr{S}_{\mathscr{H}}\Phi)(A) = (\Psi\mathscr{S}_{\mathscr{H}}(A))(\mathscr{S}_{\mathscr{H}}\Phi(A)) = \mu(A)\mathscr{H}\varepsilon(A) = 1_{\mathscr{H}A} = 1_{\mathscr{S}_{\mathscr{H}}A}$$

und $\quad (\mathscr{T}_{\mathscr{H}}\Psi)(\Phi\mathscr{T}_{\mathscr{H}})(A) = (\mathscr{T}_{\mathscr{H}}\Psi(A))(\Phi\mathscr{T}_{\mathscr{H}}(A)) = \mu(A)\varepsilon\mathscr{H}(A) = 1_{\mathscr{H}A} = 1_{\mathscr{T}_{\mathscr{H}}A}$.

Dann ist $\mu = \mathscr{T}_{\mathscr{H}}\Psi\mathscr{S}_{\mathscr{H}}$, also wird die Monade $(\mathscr{H},\varepsilon,\mu)$ von dem Paar adjungierter Funktoren $\mathscr{S}_{\mathscr{H}}$ und $\mathscr{T}_{\mathscr{H}}$ erzeugt. Da alle Objekte von $\mathscr{C}_{\mathscr{H}}$ als Bild von Objekten aus $\mathscr{C}$ bei $\mathscr{S}_{\mathscr{H}}$ vorkommen, ist $\mathscr{T}_{\mathscr{H}}$ treu nach 2.1 Korollar 4, was auch direkt aus der Definition folgt.

Wir geben jetzt $\mathscr{C}^{\mathscr{H}}$, $\mathscr{S}^{\mathscr{H}}$ und $\mathscr{T}^{\mathscr{H}}$ an. Die Objekte von $\mathscr{C}^{\mathscr{H}}$ sind Paare (A,α), wobei A ein Objekt aus $\mathscr{C}$ und $\alpha\colon \mathscr{H}A \to A$ ein Morphismus aus $\mathscr{C}$ sind, so daß die Diagramme

$$
\begin{array}{ccc}
A & & \\
{\scriptstyle \varepsilon A}\downarrow & \searrow{\scriptstyle 1_A} & \\
\mathscr{H}A & \xrightarrow{\ \alpha\ } & A
\end{array}
\qquad\qquad
\begin{array}{ccc}
\mathscr{H}\mathscr{H}A & \xrightarrow{\ \mathscr{H}\alpha\ } & \mathscr{H}A \\
{\scriptstyle \mu A}\downarrow & & \downarrow{\scriptstyle \alpha} \\
\mathscr{H}A & \xrightarrow{\ \alpha\ } & A
\end{array}
$$

kommutativ sind. Die Morphismen von (A,α) in (B,β) sind Morphismen $f\colon A \to B$ in $\mathscr{C}$, für die das Diagramm

$$
\begin{array}{ccc}
\mathscr{H}A & \xrightarrow{\ \mathscr{H}f\ } & \mathscr{H}B \\
{\scriptstyle \alpha}\downarrow & & \downarrow{\scriptstyle \beta} \\
A & \xrightarrow{\ f\ } & B
\end{array}
$$

kommutativ ist. Die Verknüpfungen seien wie in $\mathscr{C}$ definiert. Dann ist $\mathscr{C}^{\mathscr{H}}$ eine Kategorie. Die Funktoren $\mathscr{S}^{\mathscr{H}}$ und $\mathscr{T}^{\mathscr{H}}$ definieren wir durch $\mathscr{S}^{\mathscr{H}}A = (\mathscr{H}A,\mu A)$, $\mathscr{S}^{\mathscr{H}}f = \mathscr{H}f$ und $\mathscr{T}^{\mathscr{H}}(A,\alpha) = A$, $\mathscr{T}^{\mathscr{H}}f = f$. $\mathscr{T}^{\mathscr{H}}$ ist trivialerweise ein Funktor. $(\mathscr{H}A,\mu A)$ ist ein Objekt von $\mathscr{C}^{\mathscr{H}}$, weil $(\mathscr{H},\varepsilon,\mu)$ eine Monade ist. $\mathscr{H}f$ ist ein Morphismus in $\mathscr{C}^{\mathscr{H}}$, weil μ ein funktorieller Morphismus ist. Außerdem ist $\mathscr{H} = \mathscr{T}^{\mathscr{H}}\mathscr{S}^{\mathscr{H}}$.

Um zu zeigen, daß $\mathscr{S}^{\mathscr{H}}$ linksadjungiert zu $\mathscr{T}^{\mathscr{H}}$ ist, verwenden wir wieder 2.1 Korollar 3. Es sei $\Phi = \varepsilon\colon \mathrm{Id}_{\mathscr{C}} \to \mathscr{H}$. Für jedes Objekt (A,α) in $\mathscr{C}^{\mathscr{H}}$ definieren wir einen Morphismus $\Psi(A,\alpha)\colon \mathscr{S}^{\mathscr{H}}\mathscr{T}^{\mathscr{H}}(A,\alpha) \to (A,\alpha)$ durch $\alpha\colon \mathscr{H}A \to A$. Wegen der zweiten Bedingung für Objekte in $\mathscr{C}^{\mathscr{H}}$ ist $\Psi(A,\alpha)$ ein Morphismus in $\mathscr{C}^{\mathscr{H}}$, denn es ist $\mathscr{S}^{\mathscr{H}}\mathscr{T}^{\mathscr{H}}(A,\alpha) = (\mathscr{H}A,\mu A)$. Ψ ist ein funktorieller Morphismus. Wir erhalten nämlich ein kommutatives Diagramm

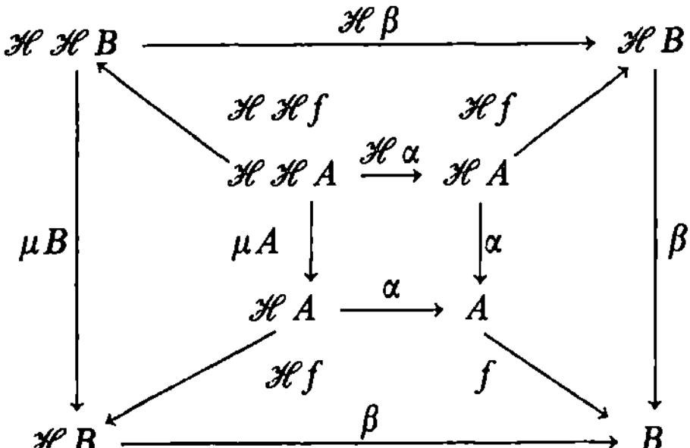

wenn f ein Morphismus von (A,α) in (B,β) ist. Für Objekte $A \in \mathscr{C}$ und $(A,\alpha) \in \mathscr{C}^{\mathscr{H}}$ ist dann

$$(\Psi \mathscr{S}^{\mathscr{H}})(\mathscr{S}^{\mathscr{H}} \Phi)(A) = (\Psi \mathscr{S}^{\mathscr{H}}(A))(\mathscr{S}^{\mathscr{H}} \Phi(A)) = \mu(A)\mathscr{H}\varepsilon(A) = 1_{\mathscr{H}A} = 1_{\mathscr{S}^{\mathscr{H}}A}$$

und $\quad (\mathscr{T}^{\mathscr{H}} \Psi)(\Phi \mathscr{T}^{\mathscr{H}})(A,\alpha) = (\mathscr{T}^{\mathscr{H}} \Psi(A,\alpha))(\Phi \mathscr{T}^{\mathscr{H}}(A,\alpha)) = \alpha\varepsilon(A) = 1_A = 1_{\mathscr{T}^{\mathscr{H}}(A,\alpha)}$

Dann ist $\mathscr{T}^{\mathscr{H}} \Psi \mathscr{S}^{\mathscr{H}}(A) = \mathscr{T}^{\mathscr{H}} \Psi(\mathscr{H}A,\mu A) = \mathscr{T}^{\mathscr{H}}(\mu A) = \mu(A)$, also wird die Monade $(\mathscr{H},\varepsilon,\mu)$ von dem Paar adjungierter Funktoren $\mathscr{S}^{\mathscr{H}}$ und $\mathscr{T}^{\mathscr{H}}$ erzeugt. Nach Definition ist $\mathscr{T}^{\mathscr{H}}$ treu.

Sei jetzt $\mathscr{F}\colon \mathscr{C} \to \mathscr{D}$ linksadjungiert zu $\mathscr{G}\colon \mathscr{D} \to \mathscr{C}$ mit den nach 2.1 Satz 3 konstruierten funktoriellen Morphismen $\Phi'\colon \mathrm{Id}_{\mathscr{C}} \to \mathscr{G}\mathscr{F}$ und $\Psi'\colon \mathscr{F}\mathscr{G} \to \mathrm{Id}_{\mathscr{D}}$. Sei $\mathscr{H} = \mathscr{G}\mathscr{F}$, $\varepsilon = \Phi'$ und $\mu = \mathscr{G}\Psi'\mathscr{F}$, also die Monade $(\mathscr{H},\varepsilon,\mu)$ von dem Paar $\mathscr{F}$ und $\mathscr{G}$ erzeugt. Wir definieren den Funktor $\mathscr{K}\colon \mathscr{C}_{\mathscr{H}} \to \mathscr{D}$ durch $\mathscr{K}A = \mathscr{F}A$. Sei $f\colon \mathscr{H}A \to \mathscr{H}B$ ein Morphismus von Objekten A und B in $\mathscr{C}_{\mathscr{H}}$. Dann setzen wir $\mathscr{K}f = (\Psi'\mathscr{F}B)(\mathscr{F}f)(\mathscr{F}\Phi'A)$, was mit $\mathscr{H} = \mathscr{G}\mathscr{F}$ leicht als Morphismus von $\mathscr{F}A$ in $\mathscr{F}B$ zu verifizieren ist. Wegen $(\Psi'\mathscr{F})(\mathscr{F}\Phi') = \mathrm{id}_{\mathscr{F}}$ ist $\mathscr{K}$ ein Funktor. Für $A \in \mathscr{C}$ ist $\mathscr{K}\mathscr{S}_{\mathscr{H}}(A) = \mathscr{F}(A)$. Für $f \in \mathscr{C}$ ist

$$\mathscr{K}\mathscr{S}_{\mathscr{H}}(f) = \mathscr{K}(\mathscr{H}f) = (\Psi'\mathscr{F}B)(\mathscr{F}\mathscr{G}\mathscr{F}f)(\mathscr{F}\Phi'A) = (\Psi'\mathscr{F}B)(\mathscr{F}\Phi'B)(\mathscr{F}f) = \mathscr{F}f,$$

also ist $\mathscr{K}\mathscr{S}_{\mathscr{H}} = \mathscr{F}$. Weiter ist $\mathscr{G}\mathscr{K}A = \mathscr{G}\mathscr{F}A = \mathscr{H}A = \mathscr{T}_{\mathscr{H}}A$ und

$$\mathscr{G}\mathscr{K}f = (\mathscr{G}\Psi'\mathscr{F}B)(\mathscr{H}f)(\mathscr{H}\Phi'A) = (\mu B)(\mathscr{H}f)(\mathscr{H}\varepsilon A) = f(\mu A)(\mathscr{H}\varepsilon A) = f = \mathscr{T}_{\mathscr{H}}f,$$

also $\mathscr{G}\mathscr{K} = \mathscr{T}_{\mathscr{H}}$.

Zum Beweis der Eindeutigkeit von $\mathscr{K}$ nehmen wir an, daß ein weiterer Funktor $\mathscr{K}'\colon \mathscr{C}_{\mathscr{H}} \to \mathscr{D}$ dieselben Faktorisierungseigenschaften hat. Dann ist $\mathscr{K}'A = \mathscr{F}A = \mathscr{K}A$, weil $\mathscr{S}_{\mathscr{H}}$ auf den Objekten die Identität ist. Sei $f\colon \mathscr{H}A \to \mathscr{H}B$ ein Morphismus von Objekten A und B in $\mathscr{C}_{\mathscr{H}}$. Dann ist $\mathscr{G}\mathscr{K}f = \mathscr{T}_{\mathscr{H}}f = \mathscr{G}\mathscr{K}'f$. Speziell ist $\mathscr{F}\mathscr{G}\mathscr{K}f = \mathscr{F}\mathscr{G}\mathscr{K}'f$. Wir erhalten also ein kommutatives Diagramm

$$
\begin{array}{ccc}
\mathscr{F}\mathscr{G}\mathscr{F}A & \xrightarrow{\ \mathscr{F}\mathscr{G}\mathscr{K}f\ } & \mathscr{F}\mathscr{G}\mathscr{F}B \\
{\scriptstyle \Psi'\mathscr{F}A}\Big\downarrow & & \Big\downarrow{\scriptstyle \Psi'\mathscr{F}B} \\
\mathscr{F}A & \xrightarrow{\quad g \quad} & \mathscr{F}B
\end{array}
$$

sowohl für $g = \mathscr{K}f$ als auch für $g = \mathscr{K}'f$. Da $\Psi'\mathscr{F}A$ eine Retraktion ist, ist $\mathscr{K}f = \mathscr{K}'f$, also $\mathscr{K} = \mathscr{K}'$.

Zur Konstruktion von $\mathscr{L}$ sei zunächst $D \in \mathscr{D}$ gegeben. Damit haben wir einen Morphismus $\mathscr{G}\Psi'D\colon \mathscr{G}\mathscr{F}\mathscr{G}D \to \mathscr{G}D$. Nun ist $(\mathscr{G}D, \mathscr{G}\Psi'D)$ ein Objekt in $\mathscr{C}^{\mathscr{H}}$, es sind nämlich

$$\begin{array}{ccc}
 & \mathscr{G}D & \\
\varepsilon\mathscr{G}D\downarrow & \searrow & \\
\mathscr{H}\mathscr{G}D & \xrightarrow{\ \mathscr{G}\Psi'D\ } & \mathscr{G}D
\end{array}
\qquad\text{und}\qquad
\begin{array}{ccc}
\mathscr{H}\mathscr{H}\mathscr{G}D & \xrightarrow{\ \mathscr{H}\mathscr{G}\Psi'D\ } & \mathscr{H}\mathscr{G}D \\
\mu\mathscr{G}D\downarrow & & \downarrow\mathscr{G}\Psi'D \\
\mathscr{H}\mathscr{G}D & \xrightarrow{\ \mathscr{G}\Psi'D\ } & \mathscr{G}D
\end{array}$$

kommutativ, das erste Diagramm, weil $\varepsilon = \Phi'$ ist, das zweite Diagramm, weil $\mathscr{H} = \mathscr{G}\mathscr{F}$ und $\Psi'(\Psi'\mathscr{F}\mathscr{G}) = \Psi'(\mathscr{F}\mathscr{G}\Psi')$ ist. Wir definieren also $\mathscr{L}D = (\mathscr{G}D,\mathscr{G}\Psi'D)$. Sei $f\colon D \to D'$ ein Morphismus in $\mathscr{D}$. Dann ist das Diagramm

$$\begin{array}{ccc}
\mathscr{G}\mathscr{F}\mathscr{G}D & \xrightarrow{\ \mathscr{G}\mathscr{F}\mathscr{G}f\ } & \mathscr{G}\mathscr{F}\mathscr{G}D' \\
\mathscr{G}\Psi'D\downarrow & & \downarrow\mathscr{G}\Psi'D' \\
\mathscr{G}D & \xrightarrow{\ \mathscr{G}f\ } & \mathscr{G}D'
\end{array}$$

kommutativ, also ist $\mathscr{G}f$ ein Morphismus in $\mathscr{C}^{*}$. Wir definieren $\mathscr{L}f = \mathscr{G}f$. Dann ist $\mathscr{L}$ ein Funktor, und es ist $\mathscr{L}\mathscr{F}A = (\mathscr{H}A,\mu A)$ und $\mathscr{L}\mathscr{F}f = \mathscr{H}f$. Außerdem ist

$$\mathscr{T}^{*}\mathscr{L}D = \mathscr{T}^{*}(\mathscr{G}D,\mathscr{G}\Psi'D) = \mathscr{G}D \quad\text{und}\quad \mathscr{T}^{*}\mathscr{L}f = \mathscr{G}f.$$

Also ist $\mathscr{L}\mathscr{F} = \mathscr{S}^{*}$ und $\mathscr{T}^{*}\mathscr{L} = \mathscr{G}$.

Wir bemerken noch, daß wegen

$$\begin{aligned}
\mathscr{H}\Psi A &= \mathscr{H}\mu A = (\Psi'\mathscr{F}A)(\mathscr{F}\mathscr{G}\Psi'\mathscr{F}A)(\mathscr{F}\Phi'\mathscr{G}\mathscr{F}A) = (\Psi'\mathscr{F}A)(\mathscr{F}(\mathscr{G}\Psi')(\Phi'\mathscr{G})\mathscr{F}A) \\
&= \Psi'\mathscr{F}A = \Psi'\mathscr{H}A
\end{aligned}$$

und
$$\Psi\mathscr{L}D = \Psi(\mathscr{G}D,\mathscr{G}\Psi'D) = \mathscr{G}\Psi'D = \mathscr{L}\Psi'D$$

gilt $\mathscr{H}\Psi = \Psi'\mathscr{H}$ und $\Psi\mathscr{L} = \mathscr{L}\Psi'$, wobei Ψ jeweils der Morphismus von $\mathscr{S}_{\mathscr{H}}\mathscr{T}_{\mathscr{H}}$ in $\mathrm{Id}_{\mathscr{C}^{*}}$ bzw. von $\mathscr{S}^{*}\mathscr{T}^{*}$ in $\mathrm{Id}_{\mathscr{C}^{*}}$ ist.

Zum Beweis der Eindeutigkeit von $\mathscr{L}$ sei $\mathscr{L}'\colon \mathscr{D} \to \mathscr{C}^{*}$ ein weiterer Funktor mit den geforderten Faktorisierungseigenschaften. Zum Beweis, daß $\mathscr{L}$ und $\mathscr{L}'$ auf den Objekten übereinstimmen, zeigen wir zunächst noch $\Psi\mathscr{L}' = \mathscr{L}'\Psi'$, was ja jedenfalls für $\mathscr{L}$ gilt. Dazu betrachten wir die beiden kommutativen Diagramme

$$\begin{array}{ccc}
\mathscr{L}'\mathscr{F}\mathscr{G}\mathscr{F}\mathscr{G}D & \xrightarrow{\ \mathscr{L}'\Psi'\mathscr{F}\mathscr{G}D\ } & \mathscr{L}'\mathscr{F}\mathscr{G}D \\
\mathscr{L}'\mathscr{F}\mathscr{G}\Psi'D\downarrow & & \downarrow\mathscr{L}'\Psi'D \\
\mathscr{L}'\mathscr{F}\mathscr{G}D & \xrightarrow{\ \mathscr{L}'\Psi'D\ } & \mathscr{L}'D
\end{array}$$

und
$$\begin{array}{ccc}
\mathscr{S}^{*}\mathscr{T}^{*}\mathscr{L}'\mathscr{F}\mathscr{G}D & \xrightarrow{\ \Psi\mathscr{L}'\mathscr{F}\mathscr{G}D\ } & \mathscr{L}'\mathscr{F}\mathscr{G}D \\
\mathscr{S}^{*}\mathscr{T}^{*}\mathscr{L}'\Psi'D\downarrow & & \downarrow\mathscr{L}'\Psi'D \\
\mathscr{S}^{*}\mathscr{T}^{*}\mathscr{L}'D & \xrightarrow{\ \Psi\mathscr{L}'D\ } & \mathscr{L}'D.
\end{array}$$

Wegen $\mathscr{L}'\mathscr{F}\mathscr{G} = \mathscr{S}^{*}\mathscr{G} = \mathscr{S}^{*}\mathscr{T}^{*}\mathscr{L}'$ sind die Objekte und die senkrechten Morphismen dieselben in den beiden Diagrammen. Weiter ist $\mathscr{T}^{*}\Psi\mathscr{S}^{*} = \mu = \mathscr{G}\Psi'\mathscr{F} = \mathscr{T}^{*}\mathscr{L}'\Psi'\mathscr{F}$. Da $\mathscr{T}^{*}$ treu ist, ist auch $\Psi\mathscr{L}'\mathscr{F} = \Psi\mathscr{S}^{*} = \mathscr{L}'\Psi'\mathscr{F}$ und $\Psi\mathscr{L}'\mathscr{F}\mathscr{G}D = \mathscr{L}'\Psi'\mathscr{F}\mathscr{G}D$, d. h. die oberen waagerechten Morphismen in den beiden Diagrammen sind ebenfalls gleich. Da aber $\mathscr{G}\Psi'D$ eine Retraktion ist und Retraktionen von Funktoren erhalten werden, ist auch $\mathscr{L}'\Psi'D = \Psi\mathscr{L}'D$, also $\mathscr{L}'\Psi' = \Psi\mathscr{L}'$.

Sei $D \in \mathscr{D}$ und $\mathscr{L}'D = (A,\alpha)$. Dann ist $A = \mathscr{T}^{\mathscr{H}}(A,\alpha) = \mathscr{T}^{\mathscr{H}}\mathscr{L}'D = \mathscr{G}D$ und $\alpha = \mathscr{T}^{\mathscr{H}}\alpha = \mathscr{T}^{\mathscr{H}}\Psi(A,\alpha) = \mathscr{T}^{\mathscr{H}}\Psi\mathscr{L}'D = \mathscr{T}^{\mathscr{H}}\mathscr{L}'\Psi'D = \mathscr{G}\Psi'D$, also ist $\mathscr{L}'D = \mathscr{L}D$. Ist $f: D \to D'$ in $\mathscr{D}$ gegeben, so ist $\mathscr{T}^{\mathscr{H}}\mathscr{L}f = \mathscr{G}f = \mathscr{T}^{\mathscr{H}}\mathscr{L}'f$. Da $\mathscr{T}^{\mathscr{H}}$ treu ist, ist $\mathscr{L}f = \mathscr{L}'f$, also $\mathscr{L} = \mathscr{L}'$. Damit ist der Satz bewiesen.

Die Objekte der Kategorie $\mathscr{C}^{\mathscr{H}}$ heißen $\mathscr{H}$-Algebren und die Objekte der Form $\mathscr{S}^{\mathscr{H}}(A)$ freie $\mathscr{H}$-Algebren.

Korollar. *Im Diagramm von* Satz 1 *sind die Funktoren $\mathscr{T}_{\mathscr{H}}$, $\mathscr{T}^{\mathscr{H}}$ und $\mathscr{K}$ treu. Ist einer der Funktoren $\mathscr{H}$, $\mathscr{S}_{\mathscr{H}}$, $\mathscr{S}^{\mathscr{H}}$ und $\mathscr{F}$ treu, so sind alle diese Funktoren treu.*

Beweis: Aus den Konstruktionen des Beweises für Satz 1 folgt, daß $\mathscr{T}_{\mathscr{H}}$ und $\mathscr{T}^{\mathscr{H}}$ treu sind. Wegen $\mathscr{T}_{\mathscr{H}} = \mathscr{G}\mathscr{K}$ ist auch $\mathscr{K}$ treu. Ist $\mathscr{H}$ treu, so ist $\mathscr{F}$ wegen $\mathscr{H} = \mathscr{G}\mathscr{F}$ treu. Sei jetzt $\mathscr{F}$ treu. Wegen 2.1 Korollar 4 ist dann auch $\mathscr{H} = \mathscr{G}\mathscr{F}$ treu. Da bei diesen Schlüssen $\mathscr{F}$ speziell durch $\mathscr{S}_{\mathscr{H}}$ bzw. $\mathscr{S}^{\mathscr{H}}$ ersetzt werden kann, ist der Beweis geführt.

Lemma 2. *Sei $(\mathscr{H},\varepsilon,\mu)$ eine Monade über der Kategorie $\mathscr{C}$, und sei (A,α) eine $\mathscr{H}$-Algebra. Dann existiert eine freie $\mathscr{H}$-Algebra (B,β) und eine Retraktion $f: B \to A$ in $\mathscr{C}$, die ein Morphismus von $\mathscr{H}$-Algebren ist.*

Beweis: Wegen

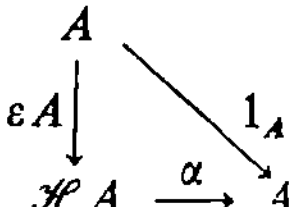

ist $\alpha: \mathscr{H}A \to A$ eine Retraktion. Weiter ist $\mu: \mathscr{H}\mathscr{H}A \to \mathscr{H}A$ eine freie $\mathscr{H}$-Algebra. Wegen

$$\begin{array}{ccc}
\mathscr{H}\mathscr{H}A & \xrightarrow{\mathscr{H}\alpha} & \mathscr{H}A \\
\mu A \downarrow & & \downarrow \alpha \\
\mathscr{H}A & \xrightarrow{\quad\alpha\quad} & A
\end{array}$$

ist α ein Morphismus von $\mathscr{H}$-Algebren.

Von besonderem Interesse ist die Frage, unter welchen Umständen der in Satz 1 gewonnene Funktor $\mathscr{L}: \mathscr{D} \to \mathscr{C}^{\mathscr{H}}$ ein Isomorphismus von Kategorien ist. Dann kann man nämlich $\mathscr{D}$ als Kategorie der $\mathscr{H}$-Algebren auffassen. Wir nennen einen Funktor $\mathscr{G}: \mathscr{D} \to \mathscr{C}$ monadisch, wenn $\mathscr{G}$ einen linksadjungierten Funktor $\mathscr{F}$ besitzt, so daß der durch die Monade $\mathscr{G}\mathscr{F} = \mathscr{H}$ definierte Funktor $\mathscr{L}: \mathscr{D} \to \mathscr{C}^{\mathscr{H}}$ ein Isomorphismus von Kategorien ist.

Bevor wir diese Frage genauer untersuchen können, benötigen wir einige weitere Begriffe. Wir wollen zunächst eine Aussage darüber machen, wie sich Funktoren in bezug auf Diagramme verhalten. Sei $\mathscr{G}: \mathscr{C} \to \mathscr{D}$ ein kovarianter Funktor. Sei $\mathfrak{E}$ eine kategorietheoretische Eigenschaft von Diagrammen (z. B. $f: A \to B$ ist Monomorphismus, D ist ein kommutatives Diagramm, $B \to D$ ist Produkt des Diagramms D). Besitzt mit jedem Diagramm D in $\mathscr{C}$ mit der Eigenschaft $\mathfrak{E}$ auch das Diagramm $\mathscr{G}(D)$ in $\mathscr{D}$ die Eigenschaft $\mathfrak{E}$, so sagt man, daß $\mathscr{G}$ die Eigenschaft $\mathfrak{E}$ erhält. Besitzt jedes Diagramm D in $\mathscr{C}$, für das das Diagramm $\mathscr{G}(D)$ in $\mathscr{D}$ die Eigenschaft $\mathfrak{E}$ besitzt, die Eigenschaft $\mathfrak{E}$, so sagt man, daß $\mathscr{G}$ die Eigenschaft $\mathfrak{E}$ reflektiert. Existiert zu jedem Diagramm D in $\mathscr{C}$ mit der Eigenschaft $\mathfrak{E}$, zu dem eine Diagrammerweiterung $\mathscr{G}(D) \subseteq D''$ in $\mathscr{D}$ mit der Eigenschaft $\mathfrak{E}^*$ existiert, genau eine Diagrammerweiterung $D \subseteq D'$ in $\mathscr{C}$ mit $\mathscr{G}(D') = D''$, und besitzt dann D' die Eigenschaft $\mathfrak{E}^*$, so sagt man, daß $\mathscr{G}$ die Eigenschaft $\mathfrak{E}^*$ erzeugt.

Ein einfaches Beispiel für die letzte Definition ist die Aussage, daß der Funktor $\mathscr{G}$ Isomorphismen erzeugt. Diese Aussage bedeutet, daß zu jedem Objekt $C \in \mathscr{C}$ und zu jedem Isomorphismus $f'': \mathscr{G}(C) \to C''$ in $\mathscr{D}$ genau ein Morphismus $f': C \to C'$ in $\mathscr{C}$ mit $\mathscr{G}(f') = f''$ und $\mathscr{G}(C') = C''$ existiert und daß f' ein Isomorphismus ist. Die Eigenschaft $\mathfrak{E}$ besagt nur, daß es sich bei dem Diagramm D um ein Diagramm mit nur einem Objekt und einem Morphismus handelt. Die Eigenschaft $\mathfrak{E}^*$ besagt, daß der einzige nichtidentische Morphismus des Diagramms mit zwei Objekten ein Isomorphismus ist. Der Funktor $\mathscr{E}$ von 2.4 Satz 3 ist ein Beispiel für einen Funktor, der Isomorphismen erzeugt. In diesem einfachen Fall läßt man also die Spezifizierung der Eigenschaft $\mathfrak{E}$ fort.

Ein Paar von Morphismen $f_0, f_1 : A \to B$ heißt zusammenziehbar, wenn ein Morphismus $g: B \to A$ existiert, so daß $f_0 g = 1_B$ und $f_1 g f_0 = f_1 g f_1$ gelten.

Sei $h: B \to C$ ein Differenzkokern eines zusammenziehbaren Paares $f_0, f_1 : A \to B$, so existiert genau ein Morphismus $k: C \to B$ mit $hk = 1_C$ und $kh = f_1 g$. Für $f_1 g: B \to B$ gilt nämlich $(f_1 g) f_0 = (f_1 g) f_1$. Da h ein Differenzkokern von (f_0, f_1) ist, existiert genau ein $k: C \to B$ mit $kh = f_1 g$. Außerdem gilt $hkh = hf_1 g = hf_0 g = h1_B = 1_C h$, also ist $hk = 1_C$, weil h ein Epimorphismus ist.

Ist umgekehrt $f_0, f_1 : A \to B$ ein zusammenziehbares Paar mit dem Morphismus $g: B \to A$. Sind $h: B \to C$ und $k: C \to B$ Morphismen mit $hf_0 = hf_1$, $hk = 1_C$ und $kh = f_1 g$, so ist h ein Differenzkokern von (f_0, f_1). Ist nämlich $x: B \to X$ ein Morphismus mit $xf_0 = xf_1$, so ist $x = xf_0 g = xf_1 g = xkh$. Ist $x = yh$, so ist $xk = y$. Ein Differenzkokern eines zusammenziehbaren Paares ist also ein kommutatives Diagramm

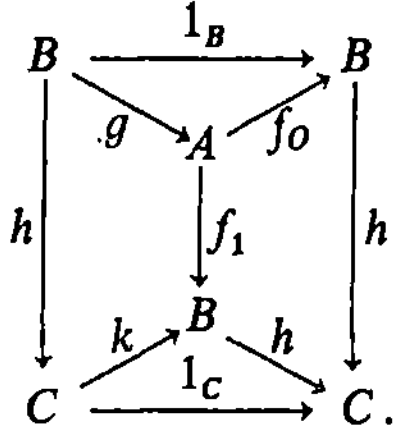

Daraus folgt:

Lemma 3. *Jeder Funktor erhält Differenzkokerne von zusammenziehbaren Paaren.*

Erinnern wir uns an die Definition einer $\mathscr{H}$-Algebra für eine Monade $(\mathscr{H}, \varepsilon, \mu)$, so sieht man sofort, daß (A, α) genau dann eine $\mathscr{H}$-Algebra ist, wenn das Diagramm

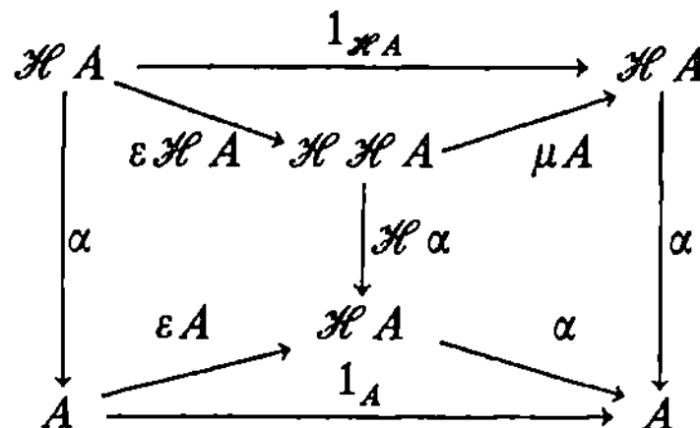

kommutativ ist, d. h. wenn α Differenzkokern des zusammenziehbaren Paares $(\mu A, \mathscr{H}\alpha)$ ist.

Sei $\mathscr{G}: \mathscr{D} \to \mathscr{C}$ ein Funktor. Ein Paar von Morphismen $f_0, f_1 : A \to B$ in $\mathscr{D}$ heißt $\mathscr{G}$-zusammenziehbar, wenn $(\mathscr{G}f_0, \mathscr{G}f_1)$ zusammenziehbar in $\mathscr{C}$ ist. $\mathscr{G}$ erzeugt Differenzkokerne von $\mathscr{G}$-zusammenziehbaren Paaren, wenn zu jedem $\mathscr{G}$-zusammenziehbaren Paar $f_0, f_1\colon A \to B$ in $\mathscr{D}$, für das $(\mathscr{G}f_0, \mathscr{G}f_1)$ in $\mathscr{C}$ einen Differenzkokern $h'\colon \mathscr{G}B \to C'$ besitzt, genau ein Morphismus $h\colon B \to C$ in $\mathscr{D}$ mit $\mathscr{G}h = h'$ existiert und wenn h ein Differenzkokern von (f_0, f_1) ist.

Lemma 4. *Sei $\mathscr{G}\colon \mathscr{D} \to \mathscr{C}$ ein monadischer Funktor. Dann erzeugt $\mathscr{G}$ Differenzkokerne von $\mathscr{G}$-zusammenziehbaren Paaren.*

Beweis: Wir können $\mathscr{D} = \mathscr{C}^{\mathscr{H}}$ und $\mathscr{G} = \mathscr{T}^{\mathscr{H}}$ für eine Monade $(\mathscr{H}, \varepsilon, \mu)$ annehmen. Sei $f_0, f_1\colon (A,\alpha) \to (B,\beta)$ ein $\mathscr{T}^{\mathscr{H}}$-zusammenziehbares Paar und sei $g\colon B \to A$ der zugehörige Morphismus. Existiere ein Differenzkokern $h\colon B \to C$ von $f_0, f_1\colon A \to B (f_i = \mathscr{T}^{\mathscr{H}}f_i)$. Dann ist auch $\mathscr{H}h$ Differenzkokern von $(\mathscr{H}f_0, \mathscr{H}f_1)$. Wir erhalten also ein kommutatives Diagramm

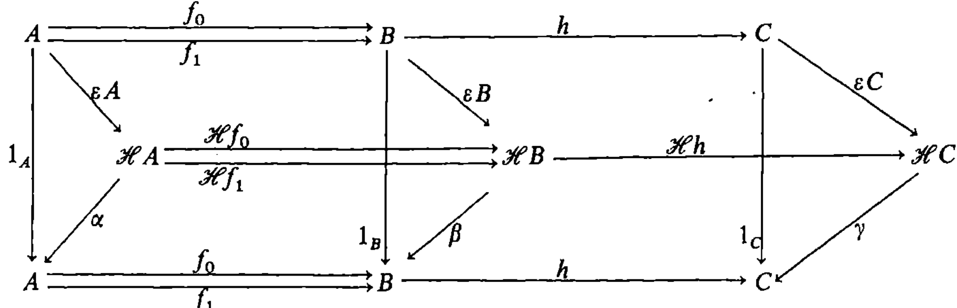

wobei $\gamma\colon \mathscr{H}C \to C$ durch die Faktorisierungseigenschaft des Differenzkokerns bestimmt ist. (C,γ) erfüllt daher die erste Bedingung für eine $\mathscr{H}$-Algebra.

Da $\mu\colon \mathscr{H}\mathscr{H} \to \mathscr{H}$ ein funktorieller Morphismus ist, ist $\mu C\colon \mathscr{H}\mathscr{H}C \to \mathscr{H}C$ eindeutig durch $\mu A\colon \mathscr{H}\mathscr{H}A \to \mathscr{H}A$ und $\mu B\colon \mathscr{H}\mathscr{H}B \to \mathscr{H}B$ als Morphismus zwischen Differenzkokernen definiert. Die kommutativen Diagramme

$$
\begin{array}{ccc}
\mathscr{H}\mathscr{H}A & \xrightarrow{\ \mathscr{H}\alpha\ } & \mathscr{H}A \\
{\scriptstyle \mu A}\downarrow & & \downarrow{\scriptstyle \alpha} \\
\mathscr{H}A & \xrightarrow{\ \alpha\ } & A
\end{array}
\qquad \text{und} \qquad
\begin{array}{ccc}
\mathscr{H}\mathscr{H}B & \xrightarrow{\ \mathscr{H}\beta\ } & \mathscr{H}B \\
{\scriptstyle \mu B}\downarrow & & \downarrow{\scriptstyle \beta} \\
\mathscr{H}B & \xrightarrow{\ \beta\ } & B
\end{array}
$$

erzeugen über f_0, f_1 mit den üblichen Schlüssen über Differenzkokerne ein kommutatives Diagramm

$$
\begin{array}{ccc}
\mathscr{H}\mathscr{H}C & \xrightarrow{\ \mathscr{H}\gamma\ } & \mathscr{H}C \\
{\scriptstyle \mu C}\downarrow & & \downarrow{\scriptstyle \gamma} \\
\mathscr{H}C & \xrightarrow{\ \gamma\ } & C \; .
\end{array}
$$

Damit ist (C,γ) eine $\mathscr{H}$-Algebra.

Da $\mathscr{T}^{\mathscr{H}}$ treu ist, ist der Morphismus h in $\mathscr{C}^{\mathscr{H}}$ eindeutig durch den Morphismus h in $\mathscr{C}$ bestimmt. Weiter ist h ein Morphismus von $\mathscr{H}$-Algebren mit $hf_0 = hf_1$. Ist jetzt $k\colon (B,\beta) \to (D,\delta)$ ein weiterer Morphismus von $\mathscr{H}$-Algebren mit $kf_0 = kf_1$, so existiert genau ein Morphismus $x\colon C \to D$ in $\mathscr{C}$ mit $k = xh$. Also ist $\mathscr{H}k = \mathscr{H}x\mathscr{H}h$. Da aber $\mathscr{H}h$ Differenzkokern von $\mathscr{H}f_0$ und $\mathscr{H}f_1$ ist, erhält man wieder mit den üblichen Schlüssen über Differenzkokerne, daß $\delta\mathscr{H}x = x\gamma$ ist. Daher ist x ein Morphismus von $\mathscr{H}$-Algebren. Damit ist gezeigt, daß $h\colon (B,\beta) \to (C,\gamma)$ ein Differenzkokern in $\mathscr{C}^{\mathscr{H}}$ ist.

Satz 2 (Beck). *Ein Funktor $\mathscr{G}\colon \mathscr{D} \to \mathscr{C}$ ist genau dann monadisch, wenn $\mathscr{G}$ einen linksadjungierten Funktor $\mathscr{F}$ besitzt und wenn $\mathscr{G}$ Differenzkokerne von $\mathscr{G}$-zusammenziehbaren Paaren erzeugt.*

Beweis: Wegen Lemma 4 genügt es zu zeigen, daß ein Funktor $\mathscr{G}$, der einen linksadjungierten Funktor $\mathscr{F}$ besitzt und der Differenzkokerne von $\mathscr{G}$-zusammenziehbaren Paaren erzeugt, monadisch ist. Dazu genügt es wiederum einen inversen Funktor zum Funktor $\mathscr{L}$ aus Satz 1 zu konstruieren. Sei (A,α) eine $\mathscr{H}$-Algebra mit $\mathscr{H} = \mathscr{G}\mathscr{F}$. Dann ist $\mu A, \mathscr{H}\alpha\colon \mathscr{H}\mathscr{H}A \to \mathscr{H}A$ ein zusammenziehbares Paar mit dem Differenzkokern $\alpha\colon \mathscr{H}A \to A$. Da $\mathscr{G}(\Psi'\mathscr{F}A) = \mu A$ und $\mathscr{G}(\mathscr{F}\alpha) = \mathscr{H}\alpha$, ist $\Psi'\mathscr{F}A, \mathscr{F}\alpha\colon \mathscr{F}\mathscr{H}A \to \mathscr{F}A$ ein $\mathscr{G}$-zusammenziehbares Paar, das in $\mathscr{C}$ einen Differenzkokern besitzt. Nach Voraussetzung existiert genau ein Differenzkokern $a\colon \mathscr{F}A \to C$ in $\mathscr{D}$ mit $\mathscr{G}a = \alpha$ und $\mathscr{G}C = A$. Wir definieren $\mathscr{L}'(A,\alpha) = C$.

Ist $f\colon (A,\alpha) \to (B,\beta)$ ein Morphismus von $\mathscr{H}$-Algebren und sind $\mathscr{L}'(B,\beta) = D$ und $b\colon \mathscr{F}B \to D$ der Differenzkokern von $(\Psi'\mathscr{F}B, \mathscr{F}\beta)$, so folgt aus dem kommutativen Diagramm

$$
\begin{array}{ccccc}
\mathscr{F}\mathscr{G}\mathscr{F}A & \overset{\Psi'\mathscr{F}A}{\underset{\mathscr{F}\alpha}{\rightrightarrows}} & \mathscr{F}A & \overset{a}{\to} & C \\
\Big\downarrow{\scriptstyle \mathscr{F}\mathscr{G}\mathscr{F}f} & & \Big\downarrow{\scriptstyle \mathscr{F}f} & & \Big\downarrow{\scriptstyle g} \\
\mathscr{F}\mathscr{G}\mathscr{F}B & \overset{\Psi'\mathscr{F}B}{\underset{\mathscr{F}\beta}{\rightrightarrows}} & \mathscr{F}B & \overset{b}{\to} & D
\end{array}
$$

die Existenz und Eindeutigkeit des Morphismus g mit $\mathscr{G}(g) = f$. Sei $\mathscr{L}'(f) = g$. Da g als Morphismus zwischen Differenzkokernen definiert ist, ist $\mathscr{L}'$ ein Funktor.

Wir verifizieren jetzt, daß $\mathscr{L}\mathscr{L}' = \mathrm{Id}_{\mathscr{C}^{\mathscr{H}}}$ und $\mathscr{L}'\mathscr{L} = \mathrm{Id}_{\mathscr{D}}$ gelten. Es ist $\mathscr{L}\mathscr{L}'(A,\alpha) = (\mathscr{G}C, \mathscr{G}\Psi'C) = (A, \mathscr{G}\Psi'C)$. Da Ψ' ein funktorieller Morphismus ist, ist

$$
\begin{array}{ccc}
\mathscr{H}\mathscr{H}A & \overset{\mathscr{H}\alpha}{\to} & \mathscr{H}A \\
\Big\downarrow{\scriptstyle \mathscr{G}\Psi'\mathscr{F}A} & & \Big\downarrow{\scriptstyle \mathscr{G}\Psi'C} \\
\mathscr{H}A & \overset{\alpha}{\to} & A
\end{array}
$$

mit $\alpha = \mathscr{G}a$ und $A = \mathscr{G}C$ kommutativ. Da $\mathscr{G}\Psi'\mathscr{F}A = \mu A$ und $(\mathscr{G}\Psi'C)(\mathscr{H}\alpha) = \alpha(\mu A) = \alpha(\mathscr{H}\alpha)$ ist, und da $\mathscr{H}\alpha$ als Differenzkokern ein Epimorphismus ist, folgt $\alpha = \mathscr{G}\Psi'C$. Außerdem ist $\mathscr{L}\mathscr{L}'(f) = \mathscr{L}(g) = \mathscr{G}(g) = f$, wobei g wie oben gewählt ist. Es ist $\mathscr{L}'\mathscr{L}(C) = \mathscr{L}'(\mathscr{G}C, \mathscr{G}\Psi'C)$. Da $\mathscr{G}\Psi'C$ Differenzkokern des zusammenziehbaren Paares

$$\mathscr{G}\Psi'\mathscr{F}\mathscr{G}C, \mathscr{G}\mathscr{F}\mathscr{G}\Psi'C\colon \mathscr{G}\mathscr{F}\mathscr{H}\mathscr{G}C \to \mathscr{G}\mathscr{F}\mathscr{G}C$$

ist (der zugehörige Morphismus ist $\Phi'\mathscr{H}\mathscr{G}C$), ist nach Voraussetzung über $\mathscr{G}$ der Morphismus $\Psi'C\colon \mathscr{F}\mathscr{G}C \to C$ Differenzkokern von $(\Psi'\mathscr{F}\mathscr{G}C, \mathscr{F}\mathscr{G}\Psi'C)$. Also ist $\mathscr{L}'\mathscr{L}C = C$. Weiter ist $\mathscr{L}'\mathscr{L}f = \mathscr{L}'\mathscr{G}f$. Da das Quadrat

$$
\begin{array}{ccc}
\mathscr{F}\mathscr{G}C & \overset{\Psi'C}{\to} & C \\
\Big\downarrow{\scriptstyle \mathscr{F}\mathscr{G}f} & & \Big\downarrow{\scriptstyle f} \\
\mathscr{F}\mathscr{G}D & \overset{\Psi'D}{\to} & D
\end{array}
$$

kommutativ ist und f ein Morphismus zwischen Differenzkokernen ist, ist $\mathscr{L}'\mathscr{G}f = f$.

Lemma 5. *Sei $\mathscr{G}\colon \mathscr{D} \to \mathscr{C}$ ein Funktor, der Differenzkokerne von $\mathscr{G}$-zusammenziehbaren Paaren erzeugt. Dann erzeugt $\mathscr{G}$ Isomorphismen.*

Beweis: Sei $g\colon C \to D$ in $\mathscr{C}$ ein Isomorphismus und sei $C = \mathscr{G}A$ mit $A \in \mathscr{D}$. Es ist $1_A, 1_A\colon A \to A$ ein $\mathscr{G}$-zusammenziehbares Paar mit dem Differenzkokern $g\colon C \to D$ in $\mathscr{C}$. Also existiert genau ein $f\colon A \to B$ mit $\mathscr{G}f = g$. Außerdem ist f Differenzkokern von $1_A, 1_A\colon A \to A$. Da aber auch $1_A\colon A \to A$ Differenzkokern dieses Paares ist, ist f ein Isomorphismus in $\mathscr{D}$.

2.4 Reflexive Unterkategorien

Seien $\mathscr{D}$ eine Kategorie und $\mathscr{C}$ eine Unterkategorie von $\mathscr{D}$. Sei $\mathscr{E}\colon \mathscr{C} \to \mathscr{D}$ der durch die Unterkategorie definierte Einbettungsfunktor. Existiert zu $\mathscr{E}$ ein linksadjungierter Funktor $\mathscr{R}\colon \mathscr{D} \to \mathscr{C}$, so heißt $\mathscr{C}$ eine **reflexive Unterkategorie** von $\mathscr{D}$. Der Funktor $\mathscr{R}$ heißt dann **Reflektor** und das einem Objekt $D \in \mathscr{D}$ zugeordnete Objekt $\mathscr{R}D \in \mathscr{C}$ **Reflexion** von D.

Da $\mathscr{C}$ eine Unterkategorie von $\mathscr{D}$ ist, läßt sich das zu einer reflexiven Unterkategorie gehörige universelle Problem besonders einfach darstellen. Seien $C \in \mathscr{C}$ und $D \in \mathscr{D}$. Zunächst existiert ein Morphismus $f\colon D \to \mathscr{R}D$ in $\mathscr{D}$, der durch den funktoriellen Morphismus $\mathrm{Id}_{\mathscr{D}} \to \mathscr{E}\mathscr{R}$ induziert wird. Ist $g\colon D \to C$ ein weiterer Morphismus in $\mathscr{D}$, so existiert genau ein Morphismus h in der Unterkategorie $\mathscr{C}$, der das Diagramm

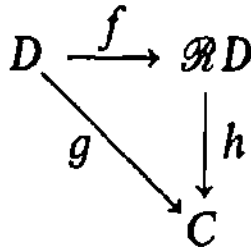

kommutativ macht.

Dual zu den oben definierten Begriffen heißt eine Unterkategorie $\mathscr{E}\colon \mathscr{C} \to \mathscr{D}$ eine **koreflexive Unterkategorie**, wenn $\mathscr{E}$ einen rechtsadjungierten Funktor $\mathscr{R}\colon \mathscr{D} \to \mathscr{C}$ besitzt. Entsprechend heißt dann $\mathscr{R}$ der **Koreflektor** und $\mathscr{R}D$ die **Koreflexion** des Objektes $D \in \mathscr{D}$.

Wir geben einige Beispiele an, von denen der mit den entsprechenden Gebieten vertraute Leser leicht verifizieren wird, daß sie reflexive bzw. koreflexive Unterkategorien definieren. Einige dieser Beispiele werden später noch ausführlicher behandelt werden. Reflexive Unterkategorien sind 1) die volle Unterkategorie der topologischen T_i-Räume ($i = 0, 1, 2, 3$) in **Top**, 2) die volle Unterkategorie der regulären Räume in **Top**, 3) die volle Unterkategorie der total unzusammenhängenden Räume in **Top**, 4) die volle Unterkategorie der kompakten hausdorffschen Räume in der vollen Unterkategorie der normalen hausdorffschen Räume von **Top**, 5) die volle Unterkategorie der torsionsfreien Gruppen in **Ab**, 6) **Ab** in **Gr** und 7) die volle Unterkategorie der kommutativen, assoziativen, unitären Ringe in **Ri**. Die volle Unterkategorie der Torsionsgruppen in **Ab** bildet ein Beispiel einer koreflexiven Unterkategorie. Andere Beispiele für koreflexive Unterkategorien sind die volle Unterkategorie der lokal zusammenhängenden Räume in **Top** bzw. die der lokal bogenweise zusammenhängenden Räume in **Top**.

Lemma. *Sei $\mathscr{C}$ eine volle, reflexive Unterkategorie der Kategorie $\mathscr{D}$ mit dem Reflektor $\mathscr{R}$. Dann ist die Einschränkung von $\mathscr{R}$ auf die Unterkategorie $\mathscr{C}$ isomorph zu $\mathrm{Id}_{\mathscr{C}}$.*

Beweis: Da $\mathscr{C}$ eine volle Unterkategorie ist, ist für jedes $C \in \mathscr{C}$ der Morphismus $1_C \colon C \to C$ eine universelle Lösung des durch $\mathscr{E} \colon \mathscr{C} \to \mathscr{D}$ definierten universellen Problems. Wegen der Eindeutigkeit der universellen Lösung ist $\mathscr{R}C \cong C$ funktoriell in C für alle $C \in \mathscr{C}$.

Wegen der einfachen Darstellung des durch adjungierte Funktoren definierten universellen Problems im Falle einer reflexiven Unterkategorie ist es von Interesse, wenn ein Paar adjungierter Funktoren eine reflexive Unterkategorie erzeugt. Eine hinreichende Bedingung dafür gibt der

Satz 1. *Sei der Funktor $\mathscr{F} \colon \mathscr{C} \to \mathscr{D}$ linksadjungiert zu dem Funktor $\mathscr{G} \colon \mathscr{D} \to \mathscr{C}$ und sei $\mathscr{G}$ injektiv auf den Objekten. Dann ist $\mathscr{G}(\mathscr{D})$ eine reflexive Unterkategorie von $\mathscr{C}$ mit dem Reflektor $\mathscr{G}\mathscr{F}$.*

Beweis: Nach einer Bemerkung zu Beginn von 1.8 ist das Bild von $\mathscr{G}$ eine Unterkategorie von $\mathscr{C}$. Wir definieren Faktorisierungen der Funktoren durch das folgende kommutative Diagramm von Kategorien

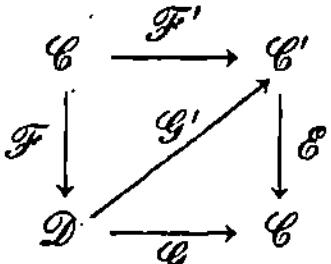

wobei $\mathscr{C}' = \mathscr{G}(\mathscr{D})$ sei. Nach 2.1 Korollar 4 ist $\mathscr{G} \colon \mathrm{Mor}_{\mathscr{D}}(\mathscr{F}-,-) \to \mathrm{Mor}_{\mathscr{C}}(\mathscr{G}\mathscr{F}-,\mathscr{G}-)$ injektiv. Daher ist $\mathscr{G}' \colon \mathrm{Mor}_{\mathscr{D}}(\mathscr{F}-,-) \to \mathrm{Mor}_{\mathscr{C}'}(\mathscr{G}'\mathscr{F}-,\mathscr{G}'-)$ nach Definition von $\mathscr{C}'$ ein funktorieller Isomorphismus. Wir erhalten

$$\mathrm{Mor}_{\mathscr{C}'}(\mathscr{G}'\mathscr{F}-,\mathscr{G}'-) \cong \mathrm{Mor}_{\mathscr{D}}(\mathscr{F}-,-) \cong \mathrm{Mor}_{\mathscr{C}}(-,\mathscr{G}-) \cong \mathrm{Mor}_{\mathscr{C}}(-,\mathscr{E}\mathscr{G}'-).$$

Da sich jedes Objekt aus $\mathscr{C}'$ eindeutig als $\mathscr{G}'D$ darstellen läßt und da $\mathscr{G}'$ voll ist, ist $\mathrm{Mor}_{\mathscr{C}'}(\mathscr{F}'-,-) \cong \mathrm{Mor}_{\mathscr{C}}(-,\mathscr{E}-)$. Abgesehen von der Einbettung von $\mathscr{C}'$ in $\mathscr{C}$ stimmen $\mathscr{F}'$ und $\mathscr{G}\mathscr{F}$ überein.

Satz 2. *Sei $\mathscr{C}'$ eine reflexive Unterkategorie von $\mathscr{C}$ mit dem Reflektor $\mathscr{R}$. Für alle $A \in \mathscr{C}'$ ist der durch das zugehörige universelle Problem definierte Morphismus $f \colon A \to \mathscr{R}A$ ein Schnitt in $\mathscr{C}$.*

Beweis: Sei $\mathscr{E} \colon \mathscr{C}' \to \mathscr{C}$ der Einbettungsfunktor. Nach 2.1 Satz 3 ist $(\mathscr{E} \overset{\eta\mathscr{E}}{\to} \mathscr{E}\mathscr{R}\mathscr{E} \overset{\mathscr{E}\Psi}{\to} \mathscr{E}) = \mathrm{id}_{\mathscr{E}}$, also ist $(A \overset{f}{\to} \mathscr{R}A \overset{\mathscr{E}\Psi A}{\to} A) = 1_A$ für alle $A \in \mathscr{C}'$. Man beachte dabei, daß f ein Morphismus in $\mathscr{C}$ ist, während $\mathscr{E}\Psi A$ sogar in $\mathscr{C}'$ liegt.

Satz 3. *Sei $\mathscr{E} \colon \mathscr{C} \to \mathscr{D}$ eine volle, reflexive Unterkategorie. Ist mit jedem $C \in \mathscr{C}$ auch jedes $D \in \mathscr{D}$ mit $C \cong D$ in $\mathscr{D}$ ein Objekt aus $\mathscr{C}$, so ist $\mathscr{E}$ ein monadischer Funktor.*

Beweis: Sei $\mathscr{H} = \mathscr{E}\mathscr{R}$ und $\mathscr{R}$ der Reflektor zu $\mathscr{E}$. Es ist $\varepsilon(D) \colon D \to \mathscr{E}\mathscr{R}D$ die universelle Lösung des durch $\mathscr{E}$ definierten universellen Problems. Sei $\delta \colon \mathscr{H}D \to D$ ein $\mathscr{D}$-Morphismus, so daß

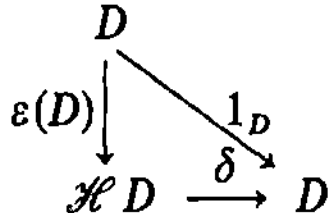

kommutativ ist. Dann ist $\varepsilon(D)\delta\varepsilon(D) = \varepsilon(D)$. Da $\mathscr{E}$ voll ist, ist $\varepsilon(D)\delta = \mathscr{E}(f)$ mit $f \colon \mathscr{R}D \to \mathscr{R}D$. Wegen der universellen Eigenschaft von $\varepsilon(D)$ und der Kommutativität von

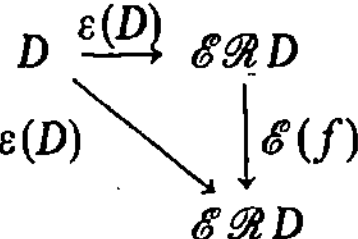

ist $f = 1_{\mathscr{R}D}$, also $\varepsilon(D)\delta = 1_{\mathscr{H}D}$. Damit ist $\varepsilon(D)\colon D \to \mathscr{H}D$ ein Isomorphismus und $D \in \mathscr{C}$. Weiter ist wegen $(\Psi \mathscr{R} D)(\mathscr{R}\varepsilon(D)) = 1_{\mathscr{R}D} = (\mathscr{R}\delta)(\mathscr{R}\varepsilon(D))$ auch $\Psi \mathscr{R}D = \mathscr{R}\delta$, also $\mu(D) = \mathscr{H}\delta$. Damit ist

$$
\begin{array}{ccc}
\mathscr{H}\mathscr{H}D & \xrightarrow{\;\mathscr{H}\delta\;} & \mathscr{H}D \\
{\scriptstyle \mu(D)}\big\downarrow & & \big\downarrow{\scriptstyle \delta} \\
\mathscr{H}D & \xrightarrow{\;\delta\;} & D
\end{array}
$$

kommutativ und (D,δ) eine $\mathscr{H}$-Algebra.

Ist $D \in \mathscr{C}$, so existiert genau ein $\delta\colon \mathscr{H}D \to D$ mit $\delta\varepsilon(D) = 1_D$, weil $\varepsilon(D)$ eine universelle Lösung ist.

Sei $f\colon D \to D'$ ein Morphismus und $D, D' \in \mathscr{C}$. Seien (D,δ) und (D',δ') die zugehörigen $\mathscr{H}$-Algebren. Dann ist

$$
\begin{array}{ccccc}
D & \xrightarrow{\;\varepsilon(D)\;} & \mathscr{H}D & \xrightarrow{\;\delta\;} & D \\
{\scriptstyle f}\big\downarrow & & {\scriptstyle \mathscr{H}f}\big\downarrow & & \big\downarrow{\scriptstyle f} \\
D' & \xrightarrow{\;\varepsilon(D')\;} & \mathscr{H}D' & \xrightarrow{\;\delta'\;} & D'
\end{array}
$$

kommutativ, also ist f ein Morphismus von $\mathscr{H}$-Algebren. Damit ist $\mathscr{L}\colon \mathscr{C} \to \mathscr{D}^{\mathscr{H}}$ ein Isomorphismus von Kategorien.

2.5 Limites und Kolimites

Seien $\mathscr{A}$ ein Diagrammschema, $\mathscr{C}$ eine Kategorie und $\mathrm{Funkt}(\mathscr{A},\mathscr{C})$ die in 1.8 eingeführte Diagrammkategorie. Wir definieren einen Funktor $\mathscr{K}\colon \mathscr{C} \to \mathrm{Funkt}(\mathscr{A},\mathscr{C})$ durch $\mathscr{K}(C)(A) = C$, $\mathscr{K}(C)(f) = 1_C$ und $\mathscr{K}(g)(A) = g$ für alle $C \in \mathscr{C}$, $A \in \mathscr{A}$, $f \in \mathscr{A}$ und $g \in \mathscr{C}$ und nennen $\mathscr{K}$ den Konstantenfunktor. Durch den Funktor $\mathscr{K}$ wird in der invers verbundenen Kategorie $\mathscr{V}_{\mathscr{K}}(\mathrm{Funkt}(\mathscr{A},\mathscr{C}),\mathscr{C})$ mit der Verbindung $\mathrm{Mor}_{\mathscr{V}}(C,\mathscr{F}) = \mathrm{Mor}_f(\mathscr{K}C,\mathscr{F})$ ein universelles Problem für jedes Diagramm $\mathscr{F} \in \mathrm{Funkt}(\mathscr{A},\mathscr{C})$ definiert. Gesucht wird ein Objekt $U(\mathscr{F})$ aus $\mathscr{C}$ und ein Morphismus $\rho_{\mathscr{F}}\colon U(\mathscr{F}) \to \mathscr{F}$, so daß zu jedem Morphismus $\varphi\colon C \to \mathscr{F}$ genau ein Morphismus $\varphi^*\colon C \to U(\mathscr{F})$ existiert mit $\rho_{\mathscr{F}}\varphi^* = \varphi$.

Ist $\mathscr{A}$ die leere Kategorie, so besteht $\mathrm{Funkt}(\mathscr{A},\mathscr{C})$ aus einem Objekt und einem Morphismus. Bei $\mathscr{K}$ werden alle Objekte aus $\mathscr{C}$ auf das Objekt von $\mathrm{Funkt}(\mathscr{A},\mathscr{C})$ und alle Morphismen auf den Morphismus von $\mathrm{Funkt}(\mathscr{A},\mathscr{C})$ abgebildet. Da $\mathrm{Mor}_f(\mathscr{K}C,\mathscr{F})$ aus einem Element besteht, muß das Objekt $U(\mathscr{F})$ die Bedingung erfüllen, daß von jedem $C \in \mathscr{C}$ genau ein Morphismus in $U(\mathscr{F})$ führt. $U(\mathscr{F})$ ist also ein Endobjekt.

Wir formulieren das universelle Problem ausführlicher. Zunächst ist ein Morphismus $\varphi \in \mathrm{Mor}_{\mathscr{V}}(C,\mathscr{F}) = \mathrm{Mor}_f(\mathscr{K}C,\mathscr{F})$ eine Familie von Morphismen $\varphi(A)\colon C \to \mathscr{F}A$, so daß für jeden Morphismus $f\colon A \to A'$ in $\mathscr{A}$ das Diagramm

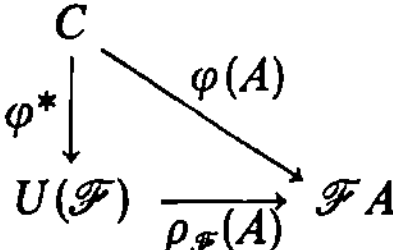

kommutativ ist. Speziell ist dann $\rho_{\mathscr{F}}$ eine solche Familie von Morphismen $\rho_{\mathscr{F}}(A)\colon U(\mathscr{F}) \to \mathscr{F}A$, die entsprechende Diagramme kommutativ machen. Diese Familie von Morphismen soll die Eigenschaft haben, daß zu jeder Familie $\varphi \in \mathrm{Mor}_f(\mathscr{K}C,\mathscr{F})$ genau ein Morphismus $\varphi^*\colon C \to U(\mathscr{F})$ existiert, so daß für alle $A \in \mathscr{A}$ das Diagramm

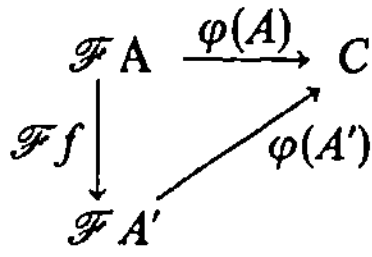

kommutativ wird.

Existiert zu dem durch $\mathscr{F}$ definierten universellen Problem eine universelle Lösung, so heißt diese Limes des Diagramms $\mathscr{F}$ und wird mit $\varprojlim \mathscr{F}$ bezeichnet. Die Morphismen $\rho_{\mathscr{F}}(A)\colon \varprojlim \mathscr{F} \to \mathscr{F}A$ nennen wir Projektionen und bezeichnen sie mit $p_A = \rho_{\mathscr{F}}(A)$. Ist das Diagramm $\mathscr{F}$ als Menge von Objekten C_i und Morphismen in $\mathscr{C}$ gegeben, so schreiben wir häufig statt $\varprojlim \mathscr{F}$ auch $\varprojlim C_i$.

Wegen der Wichtigkeit der hier eingeführten Begriffe definieren wir auch den dualen Begriff explizit. Der Konstantenfunktor $\mathscr{K}$ definiert eine direkt verbundene Kategorie $\mathscr{V}_{\mathscr{K}}(\mathrm{Funkt}(\mathscr{A},\mathscr{C}),\mathscr{C})$ mit der Verbindung $\mathrm{Mor}_{\mathscr{V}}(\mathscr{F},C) = \mathrm{Mor}_f(\mathscr{F},\mathscr{K}C)$. Das zu einem Diagramm $\mathscr{F}$ gehörige universelle Problem drückt sich explizit folgendermaßen aus. Jeder Morphismus $\varphi \in \mathrm{Mor}_{\mathscr{V}}(\mathscr{F},C) = \mathrm{Mor}_f(\mathscr{F},\mathscr{K}C)$ ist eine Familie von Morphismen $\varphi(A)\colon \mathscr{F}A \to C$, so daß für jeden Morphismus $f\colon A \to A'$ in $\mathscr{A}$ das Diagramm

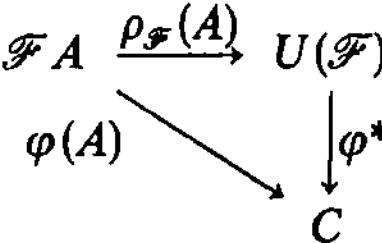

kommutativ ist. Speziell ist dann $\rho_{\mathscr{F}}$ eine solche Familie von Morphismen $\rho_{\mathscr{F}}(A)\colon \mathscr{F}A \to U(\mathscr{F})$, die entsprechende Diagramme kommutativ machen. Diese Familie von Morphismen soll die Eigenschaft haben, daß zu jeder Familie $\varphi \in \mathrm{Mor}_f(\mathscr{F},\mathscr{K}C)$ genau ein Morphismus $\varphi^*\colon U(\mathscr{F}) \to C$ existiert, so daß für alle $A \in \mathscr{A}$ das Diagramm

kommutativ wird.

Existiert zu dem durch $\mathscr{F}$ definierten universellen Problem eine universelle Lösung, so heißt diese Kolimes des Diagramms $\mathscr{F}$ und wird mit $\varinjlim \mathscr{F}$ bezeichnet. Die Morphismen $\rho_{\mathscr{F}}(A)\colon \mathscr{F}A \to \varinjlim \mathscr{F}$ heißen Injektionen. Ist das Diagramm $\mathscr{F}$ als Menge von Objekten C_i und Morphismen in $\mathscr{C}$ gegeben, so schreiben wir häufig $\varinjlim C_i$ statt $\varinjlim \mathscr{F}$.

Existiert in $\mathscr{C}$ für jedes $\mathscr{F} \in$ Funkt$(\mathscr{A},\mathscr{C})$ ein Limes bzw. Kolimes, so heißt $\mathscr{C}$ **Kategorie mit $\mathscr{A}$-Limites bzw. $\mathscr{A}$-Kolimites**. Existieren in $\mathscr{C}$ Limites bzw. Kolimites für alle Diagramme $\mathscr{F}$ über allen Diagrammschemata $\mathscr{A}$, so heißt $\mathscr{C}$ **vollständig bzw. kovollständig**. Entsprechend definiert man eine **endlich vollständige** bzw. **kovollständige** Kategorie, falls in $\mathscr{C}$ Limites bzw. Kolimites für alle Diagramme über endlichen Diagrammschemata (endlich viele Objekte und Morphismen) $\mathscr{A}$ existieren.

Lemma 1. *Sei $\mathscr{F}: \mathscr{A} \to \mathscr{C}$ ein Diagramm. Der Limes bzw. Kolimes von $\mathscr{F}$ ist, falls er existiert, bis auf die Isomorphie eindeutig bestimmt.*

Beweis: Limes und Kolimes sind als universelle Lösung bis auf Isomorphie eindeutig.

Lemma 2. *Eine Kategorie $\mathscr{C}$ ist genau dann eine Kategorie mit $\mathscr{A}$-Limites ($\mathscr{A}$-Kolimites), wenn der Konstantenfunktor $\mathscr{K}: \mathscr{C} \to$ Funkt$(\mathscr{A},\mathscr{C})$ einen rechtsadjungierten (linksadjungierten) Funktor besitzt.*

Beweis: Da die Limites universelle Lösungen sind, folgt das Lemma aus 2.2 Satz 1.

Die explizite Formulierung des universellen Problems, durch das ein Limes definiert wird, gestattet es uns auch, für Funktoren $\mathscr{F}: \mathscr{B} \to \mathscr{C}$ mit beliebigen Kategorien $\mathscr{B}$ eines Limes zu definieren. Selbst wenn $\mathscr{C}$ vollständig ist, werden allerdings nicht immer Limites von solchen „großen" Diagrammen existieren. Man vergleiche dazu die Beispiele am Schluß dieses Abschnitts.

Wir wollen jetzt alle Diagramme über einer Kategorie $\mathscr{C}$ (nicht nur die über einem festen Diagrammschema) zu einer Kategorie zusammenfassen. Dazu gibt es zwei interessierende Möglichkeiten. Die zu konstruierende Kategorie nennen wir **große Diagrammkategorie** und bezeichnen sie mit $\mathfrak{Dg}(\mathscr{C})$. Die Objekte von $\mathfrak{Dg}(\mathscr{C})$ sind Paare $(\mathscr{A},\mathscr{F})$, wobei $\mathscr{A}$ ein Diagrammschema und $\mathscr{F}: \mathscr{A} \to \mathscr{C}$ ein Diagramm sind. Die Morphismen zwischen zwei Objekten $(\mathscr{A},\mathscr{F})$ und $(\mathscr{A}',\mathscr{F}')$ sind Paare $(\mathscr{G},\varphi)$, wobei $\mathscr{G}: \mathscr{A} \to \mathscr{A}'$ ein Funktor und $\varphi: \mathscr{F} \to \mathscr{F}'\mathscr{G}$ ein funktorieller Morphismus sind. Sind jetzt Morphismen $(\mathscr{G},\varphi): (\mathscr{A},\mathscr{F}) \to (\mathscr{A}',\mathscr{F}')$ und $(\mathscr{G}',\varphi'): (\mathscr{A}',\mathscr{F}') \to (\mathscr{A}'',\mathscr{F}'')$ gegeben, so sei die Verknüpfung dieser beiden Morphismen $(\mathscr{G}'\mathscr{G},(\varphi'\mathscr{G})\varphi)$. Mit dieser Definition bildet $\mathfrak{Dg}(\mathscr{C})$ eine Kategorie.

Wir konstruieren noch eine weitere große Diagrammkategorie $\mathfrak{Dg}'(\mathscr{C})$, die dieselben Objekte $(\mathscr{A},\mathscr{F})$ wie $\mathfrak{Dg}(\mathscr{C})$ hat, in der ein Morphismus von $(\mathscr{A},\mathscr{F})$ in $(\mathscr{A}',\mathscr{F}')$ jedoch ein Paar $(\mathscr{G},\varphi)$ mit einem Funktor $\mathscr{G}: \mathscr{A} \to \mathscr{A}'$ und einem funktoriellen Morphismus $\varphi: \mathscr{F}'\mathscr{G} \to \mathscr{F}$ ist. Die Verknüpfung in $\mathfrak{Dg}'(\mathscr{C})$ ist $(\mathscr{G}',\varphi')(\mathscr{G},\varphi) = (\mathscr{G}'\mathscr{G},\varphi(\varphi'\mathscr{G}))$.

Für jedes Diagrammschema $\mathscr{A}$ ist Funkt$(\mathscr{A},\mathscr{C})$ eine Unterkategorie von $\mathfrak{Dg}(\mathscr{C})$ bei der Zuordnung $\mathscr{F} \mapsto (\mathscr{A},\mathscr{F})$ und $\varphi \mapsto (\mathrm{Id}_{\mathscr{A}},\varphi)$. Ebenso ist Funkt$(\mathscr{A},\mathscr{C})^0$ eine Unterkategorie von $\mathfrak{Dg}'(\mathscr{C})$. Beide Unterkategorien sind nicht voll, weil außer $\mathrm{Id}_{\mathscr{A}}$ auch noch andere Endofunktoren von $\mathscr{A}$ existieren können.

Sei $\mathscr{O}$ eine diskrete Kategorie mit nur einem Objekt. Die Verknüpfung des Konstantenfunktors $\mathscr{K}: \mathscr{C} \to$ Funkt$(\mathscr{O},\mathscr{C})$ mit dem Einbettungsfunktor Funkt$(\mathscr{O},\mathscr{C}) \to \mathfrak{Dg}(\mathscr{C})$ nennen wir auch **Konstantenfunktor** und bezeichnen sie mit $\mathfrak{K}: \mathscr{C} \to \mathfrak{Dg}(\mathscr{C})$. Ebenso erhalten wir einen Konstantenfunktor $\mathfrak{K}: \mathscr{C}^0 \to \mathfrak{Dg}'(\mathscr{C})$.

Satz 1. *Die Kategorie $\mathscr{C}$ ist genau dann kovollständig, wenn der Konstantenfunktor $\mathfrak{K}: \mathscr{C} \to \mathfrak{Dg}(\mathscr{C})$ einen linksadjungierten Funktor besitzt.*

Beweis: Bezeichnen wir $\mathrm{Mor}_{\mathfrak{Dg}(\mathscr{C})}((\mathscr{A},\mathscr{F}),\mathfrak{K}C)$ mit $\mathrm{Mor}((\mathscr{A},\mathscr{F}),\mathfrak{K}C)$, so hat $\mathfrak{K}$ genau dann einen linksadjungierten Funktor, wenn $\mathrm{Mor}((\mathscr{A},\mathscr{F}),\mathfrak{K}-)$ für alle $(\mathscr{A},\mathscr{F})$ darstellbar ist

(1.15 Lemma 4). Sei $(\mathscr{G},\varphi) \in \mathrm{Mor}((\mathscr{A},\mathscr{F}),\Re C)$. Dann ist $\mathscr{G}:\mathscr{A} \to \mathscr{O}$ eindeutig bestimmt und $\varphi:\mathscr{F} \to \mathscr{K}_{\mathscr{A}}C$, wobei $\mathscr{K}_{\mathscr{A}}:\mathscr{C} \to \mathrm{Funkt}(\mathscr{A},\mathscr{C})$ der Konstantenfunktor ist. Der zu $\Re C$ gehörende Funktor verknüpft mit $\mathscr{G}$ ordnet nämlich jedem Objekt aus $\mathscr{A}$ das Objekt $C \in \mathscr{C}$ und jedem Morphismus aus $\mathscr{A}$ den Morphismus $1_C \in \mathscr{C}$ zu. Also ist $\mathrm{Mor}((\mathscr{A},\mathscr{F}),\Re C) \cong \mathrm{Mor}_f(\mathscr{F},\mathscr{K}_{\mathscr{A}}C)$. Man verifiziert sofort, daß dieser Isomorphismus funktoriell in C ist: $\mathrm{Mor}((\mathscr{A},\mathscr{F}),\Re -) \cong \mathrm{Mor}_f(\mathscr{F},\mathscr{K}_{\mathscr{A}}-)$. Der Funktor $\mathrm{Mor}_f(\mathscr{F},\mathscr{K}_{\mathscr{A}}-)$ ist genau dann für alle $(\mathscr{A},\mathscr{F})$ darstellbar, wenn $\mathscr{C}$ kovollständig ist (Lemma 2).

Satz 2. *Die Kategorie $\mathscr{C}$ ist genau dann vollständig, wenn der Konstantenfunktor $\Re:\mathscr{C}^0 \to \mathfrak{Dg}'(\mathscr{C})$ einen linksadjungierten Funktor besitzt.*

Beweis: Dieser Satz folgt aus Satz 1, wenn man $\mathscr{C}$ durch $\mathscr{C}^0$ ersetzt. Es ist nämlich $\mathfrak{Dg}(\mathscr{C}^0) \cong \mathfrak{Dg}'(\mathscr{C})$.

Speziell haben jetzt folgende Bildungen einen Sinn. Seien $\mathscr{F}:\mathscr{A} \to \mathscr{C}$ und $\mathscr{G}:\mathscr{A} \to \mathscr{C}$ Funktoren und sei $\varphi:\mathscr{F} \to \mathscr{G}$ ein funktorieller Morphismus. Dann sei $\varinjlim \varphi = \varinjlim(\mathrm{Id}_{\mathscr{A}},\varphi)$ und $\varprojlim \varphi = \varprojlim(\mathrm{Id}_{\mathscr{A}},\varphi)$, wobei $\varinjlim$ bzw. $\varprojlim$ den linksadjungierten Funktor zu $\Re$ aus Satz 1 bzw. Satz 2 bedeuten mit Werten in $\mathscr{C}$ (auch im Falle von Satz 2). Wir schreiben auch $\varinjlim \varphi$: $\varinjlim \mathscr{F} \to \varinjlim \mathscr{G}$ und $\varprojlim \varphi:\varprojlim \mathscr{F} \to \varprojlim \mathscr{G}$. Seien $\mathscr{F}:\mathscr{A} \to \mathscr{C}$, $\mathscr{G}:\mathscr{B} \to \mathscr{C}$ und $\mathscr{H}:\mathscr{A} \to \mathscr{B}$ Funktoren, so daß das Diagramm

$$\begin{array}{ccc} \mathscr{A} & \xrightarrow{\ \mathscr{H}\ } & \mathscr{B} \\ & {}_{\mathscr{F}}\searrow \ \swarrow{}_{\mathscr{G}} & \\ & \mathscr{C} & \end{array}$$

kommutativ ist. $\mathscr{B}$ sei dabei wie $\mathscr{A}$ eine kleine Kategorie. Dann definieren wir $\varinjlim \mathscr{H}$: $\varinjlim \mathscr{F} \to \varinjlim \mathscr{G}$ bzw. $\varprojlim \mathscr{H}:\varprojlim \mathscr{F} \to \varprojlim \mathscr{G}$ durch $\varinjlim \mathscr{H} = \varinjlim(\mathscr{H},\mathrm{id}_{\mathscr{F}})$ bzw. $\varprojlim \mathscr{H} = \varprojlim(\mathscr{H},\mathrm{id}_{\mathscr{F}})$.

Wir wollen noch untersuchen, wann eine kleine Kategorie $\mathscr{A}$ vollständig ist. Sei $\mathrm{Mor}_{\mathscr{A}}(A,B)$ eine Morphismenmenge mit mehr als einem Element. Sei I eine Menge, die eine größere Mächtigkeit hat als die Menge der Morphismen von $\mathscr{A}$. Sei schließlich $\prod_{i \in I} B_i = C$ mit $B_i = B$ für alle $i \in I$. Dann ist die Mächtigkeit von $\mathrm{Mor}_{\mathscr{A}}(A,C)$ größer als die Mächtigkeit der Menge aller Morphismen von $\mathscr{A}$. Daher kann jede Morphismenmenge $\mathrm{Mor}_{\mathscr{A}}(A,B)$ höchstens ein Element besitzen. Gleiches gilt für eine kovollständige kleine Kategorie. Definieren wir $A \le B$ genau dann, wenn $\mathrm{Mor}_{\mathscr{A}}(A,B) \neq \emptyset$ ist, so ist das eine reflexive und transitive Relation auf der Menge der Objekte von $\mathscr{A}$. Eine solche Menge heißt auch prägeordnete Menge.

Es sei bemerkt, daß man einen Limes auch häufig inversen Limes, projektiven Limes, Infimum oder Linkswurzel nennt. Entsprechend heißt der Kolimes auch oft direkter Limes, induktiver Limes, Supremum oder Rechtswurzel. Diese Bezeichnungen werden wir jedoch zum Teil in anderer Bedeutung verwenden.

2.6 Spezielle Limites und Kolimites

In diesem Abschnitt werden wir spezielle Diagrammschemata $\mathscr{A}$ und die dadurch definierten Limites und Kolimites untersuchen. Einige von ihnen sind schon aus Kapitel 1 bekannt. Ist $\mathscr{A}$ die Kategorie

$$\cdot \rightrightarrows \cdot$$

also eine Kategorie mit zwei Objekten A und B und vier Morphismen $1_A, 1_B, f\colon A \to B$ und $g\colon A \to B$, und ist $\mathscr{F}\colon \mathscr{A} \to \mathscr{C}$ ein kovarianter Funktor, so ist $\varprojlim \mathscr{F} = \mathrm{Ke}(\mathscr{F}f, \mathscr{F}g)$. Erinnern wir uns nämlich an die explizite Definition des Limes. Ein funktorieller Morphismus $\varphi\colon \mathscr{K}C \to \mathscr{F}$ ist ein Paar von Morphismen $\varphi(A)\colon C \to \mathscr{F}A$ und $\varphi(B)\colon C \to \mathscr{F}B$, so daß $\mathscr{F}(f)\varphi(A) = \varphi(B) = \mathscr{F}(g)\varphi(A)$. Gleichbedeutend damit ist die Angabe eines Morphismus $h\colon C \to \mathscr{F}A$ mit der Eigenschaft $\mathscr{F}(f)h = \mathscr{F}(g)h$. Der Differenzkern von $(\mathscr{F}f, \mathscr{F}g)$ ist ein Morphismus $i\colon \mathrm{Ke}(\mathscr{F}f, \mathscr{F}g) \to \mathscr{F}A$ mit dieser Eigenschaft, so daß zu jedem Morphismus $h\colon C \to \mathscr{F}A$ mit dieser Eigenschaft genau ein Morphismus $h'\colon C \to \mathrm{Ke}(\mathscr{F}f, \mathscr{F}g)$ mit $h = ih'$ existiert. Das ist genau die Definition des Limes von $\mathscr{F}$. i ist dabei die Projektion. Dual ist $\varinjlim \mathscr{F} = \mathrm{Kok}(\mathscr{F}f, \mathscr{F}g)$.

Sei $\mathscr{A}$ eine diskrete Kategorie, die wir nach 1.1 als eine Menge I auffassen können. Ein Diagramm $\mathscr{F}$ über $\mathscr{A}$ ist dann eine Familie von Objekten $\{C_i\}_{i \in I}$ in $\mathscr{C}$. Die Bedingungen für den Limes $\varprojlim \mathscr{F}$ von $\mathscr{F}$ stimmen überein mit den Bedingungen für das Produkt $\prod_{i \in I} C_i$ der Objekte C_i. Die Projektionen des Produkts in die einzelnen Faktoren stimmen mit den Projektionen des Limes in die Objekte $\mathscr{F}(i) = C_i$ überein. Entsprechend ist der Kolimes von $\mathscr{F}$ das Koprodukt der C_i.

Ein weiteres wichtiges Beispiel für einen speziellen Limes erhalten wir für das Diagrammschema

d. h. für eine kleine Kategorie $\mathscr{A}$ mit drei Objekten A, B, C und fünf Morphismen 1_A, 1_B, 1_C, $f\colon A \to C$ und $g\colon B \to C$. Ein funktorieller Morphismus $\varphi\colon \mathscr{K}D \to \mathscr{F}$ für ein Objekt $D \in \mathscr{C}$ und ein Diagramm $\mathscr{F}$ ist vollständig beschrieben durch die Angabe zweier Morphismen $h\colon D \to \mathscr{F}A$ und $k\colon D \to \mathscr{F}B$ mit $\mathscr{F}(f)h = \mathscr{F}(g)k$. Der Limes von $\mathscr{F}$ besteht aus einem Objekt $\mathscr{F}A \underset{\mathscr{F}C}{\times} \mathscr{F}B$ und zwei Morphismen $p_A\colon \mathscr{F}A \underset{\mathscr{F}C}{\times} \mathscr{F}B \to \mathscr{F}A$ und $p_B\colon \mathscr{F}A \underset{\mathscr{F}C}{\times} \mathscr{F}B \to \mathscr{F}B$ mit $\mathscr{F}(f)p_A = \mathscr{F}(g)p_B$, so daß zu jedem Tripel (D, h, k) mit $\mathscr{F}(f)h = \mathscr{F}(g)k$ genau ein Morphismus $l\colon D \to \mathscr{F}A \underset{\mathscr{F}C}{\times} \mathscr{F}B$ existiert, der das Diagramm

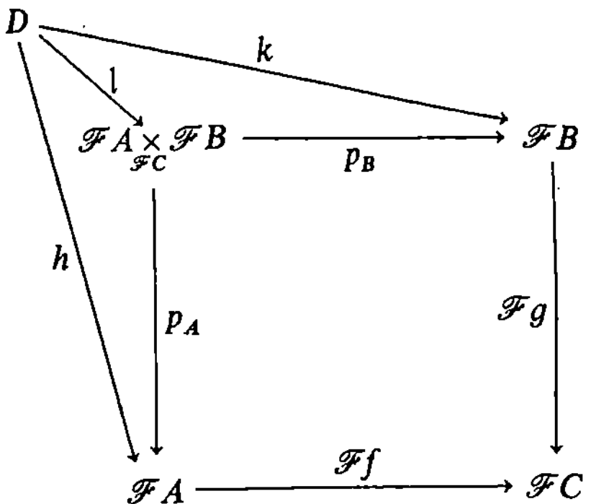

kommutativ macht. Wir nennen diesen Limes **Faserprodukt** von $\mathscr{F}A$ und $\mathscr{F}B$ über $\mathscr{F}C$. Andere Bezeichnungen sind **kartesisches Quadrat** und **Pullback**.

Sei $\mathscr{A}$ dual zu dem für die Definition des Faserprodukts verwendeten Diagrammschema, also von der Form

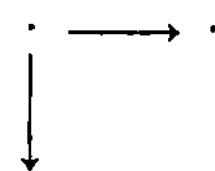

Sei $\mathscr{F}$ ein Diagramm über $\mathscr{A}$ in $\mathscr{C}$. Den Kolimes $\varinjlim \mathscr{F}$ nennen wir dann **Kofaserprodukt**. Andere Bezeichnungen sind kokartesisches Quadrat, Pushout, Fasersumme und amalgamierte Summe.

Satz 1. *Sei $\mathscr{C}$ eine Kategorie mit endlichen Produkten. $\mathscr{C}$ besitzt genau dann Differenzkerne, wenn $\mathscr{C}$ Faserprodukte besitzt.*

Beweis: Besitze $\mathscr{C}$ Differenzkerne. In dem Diagramm

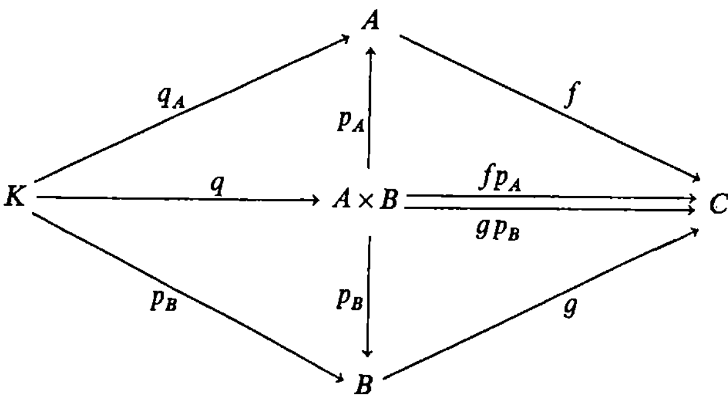

sei $(A \times B, p_A, p_B)$ ein Produkt von A und B und (K,q) ein Differenzkern von $(fp_A, g\,p_B)$. Weiter sei $q_A = p_A q$ und $q_B = p_B q$. Damit ist das Diagramm bis auf das Morphismenpaar $(fp_A, g\,p_B)$ kommutativ. Wir behaupten, daß (K, q_A, q_B) ein Faserprodukt von A und B über C ist. Es gilt nämlich $fq_A = gq_B$. Ist $h: D \to A$ und $k: D \to B$ ein Morphismenpaar aus $\mathscr{C}$ mit $fh = gk$, so existiert genau ein Morphismus $(h,k): D \to A \times B$ mit $h = p_A(h,k)$ und $k = p_B(h,k)$. Also ist $fp_A(h,k) = gp_B(h,k)$. Damit existiert genau ein Morphismus $l: D \to K$ mit $ql = (h,k)$, und es ist $q_A l = h$ und $q_B l = k$. Da das Einfügen von $l: D \to K$ das um $h: D \to A$ und $k: D \to B$ erweiterte Diagramm kommutativ macht (bis auf $(fp_A, g\,p_B)$), ist l eindeutig bestimmt.

Besitze $\mathscr{C}$ Faserprodukte. In dem kommutativen Diagramm

$$
\begin{array}{ccc}
K & \xrightarrow{\ p_A\ } & A \\
\ \downarrow{\scriptstyle p_B} & & \ \downarrow{\scriptstyle (f,g)} \\
B & \xrightarrow{\ \varDelta_B\ } & B \times B
\end{array}
$$

sei $B \times B$ das Produkt von B mit sich selbst, $\varDelta_B$ die Diagonale, (f,g) der durch zwei Morphismen $f: A \to B$ und $g: A \to B$ eindeutig bestimmte Morphismus und (K, p_A, p_B) ein Faserprodukt. Wir behaupten, daß (K, p_A) ein Differenzkern des Morphismenpaares (f,g) ist. (Man unterscheide das Morphismenpaar (f,g) von dem Morphismus (f,g)!) Seien dazu $q_1: B \times B \to B$ und $q_2: B \times B \to B$ die Projektionen des Produkts. Dann ist $(f,g)p_A = \varDelta_B p_B$, also $fp_A = q_1(f,g)p_A = q_1 \varDelta_B p_B = 1_B p_B = q_2 \varDelta_B p_B = q_2(f,g)p_A = gp_A$. Sei $h: D \to A$ mit

$fh = gh$ gegeben. Dann ist $fh: D \to B$ und $q_1 \Delta_B fh = 1_B fh = q_1(f,g)h$ und $q_2 \Delta_B fh = 1_B fh = 1_B gh = q_2(f,g)h$, also $\Delta_B fh = (f,g)h$. Daher existiert eindeutig ein Morphismus $k: D \to K$ mit $p_A k = h$ und $p_B k = fh (= gh)$. Das ist aber die Bedingung für einen Differenzkern.

Differenzkerne lassen sich auch noch in anderer Form als Faserprodukte darstellen, wie das folgende Korollar zeigt.

Korollar 1. *Seien $f, g: A \to B$ Morphismen in $\mathscr{C}$. Das kommutative Diagramm*

$$
\begin{array}{ccc}
K & \xrightarrow{\ p\ } & A \\
{\scriptstyle p}\downarrow & & \downarrow{\scriptstyle (1_A, f)} \\
A & \xrightarrow{(1_A, g)} & A \times B
\end{array}
$$

stellt genau dann ein Faserprodukt dar, wenn (K, p) ein Differenzkern des Paares (f, g) ist.

Beweis: Die Voraussetzung, daß die beiden Projektionen $K \to A$ des Faserprodukts übereinstimmen, ist keine Einschränkung, denn sind $h, k: C \to A$ zwei Morphismen mit $(1_A, f)h = (1_A, g)k$, so erhält man durch Verknüpfen mit der Projektion $A \times B \to A$ die Gleichung $h = k$ und $fh = gh$. Damit folgt aber die Behauptung direkt aus den Definitionen des Faserprodukts bzw. des Differenzkerns.

Lemma 1. *Besitze $\mathscr{C}$ Faserprodukte und ein Endobjekt. Dann ist $\mathscr{C}$ eine Kategorie mit endlichen Produkten.*

Beweis: Sei E ein Endobjekt in $\mathscr{C}$. Seien A und B Objekte in $\mathscr{C}$. Dann existiert je genau ein Morphismus $A \to E$ und $B \to E$. Sei das kommutative Diagramm

$$
\begin{array}{ccc}
K & \longrightarrow & A \\
\downarrow & & \downarrow \\
B & \longrightarrow & E
\end{array}
$$

ein Faserprodukt. Dann ist K ein Produkt von A und B. Die Forderung der Kommutativität des Quadrats ist nämlich leer, weil von jedem Objekt nur ein Morphismus in E geht.

Satz 2. *Sei $\mathscr{C}$ eine Kategorie mit (endlichen) Produkten und Differenzkernen. Dann ist $\mathscr{C}$ (endlich) vollständig.*

Beweis: Seien $\mathscr{A}$ ein Diagrammschema und $\mathscr{F}: \mathscr{A} \to \mathscr{C}$ ein Diagramm. Sei $P = \prod\limits_{A \in \mathscr{A}} \mathscr{F}A$. Sei $Q = \prod\limits_{f \in \mathscr{A}} \mathscr{F}Z(f)$, wobei $Z(f)$ das Ziel von f sei. Wir erhalten für jedes Objekt $\mathscr{F}Z(f)$ zwei Morphismen von P in $\mathscr{F}Z(f)$, nämlich für $f: A \to A'$ die Projektion $p_{A'}: P \to \mathscr{F}A'$ und den Morphismus $\mathscr{F}(f)p_A: P \to \mathscr{F}A \to \mathscr{F}A'$. Das definiert zwei Morphismen $p: P \to Q$ und $q: P \to Q$. Sei $K = \mathrm{Ke}(p, q)$. Sei ein funktorieller Morphismus $\varphi: \mathscr{K}C \to \mathscr{F}$ gegeben. Dann sind für alle $A \in \mathscr{A}$ Morphismen $\varphi(A): C \to \mathscr{F}A$ mit der Eigenschaft definiert, daß

$$
\begin{array}{ccc}
C & \xrightarrow{\varphi(A)} & \mathscr{F}A \\
& {\scriptstyle \varphi(A')}\searrow & \downarrow{\scriptstyle \mathscr{F}f} \\
& & \mathscr{F}A'
\end{array}
$$

für alle $f \in \mathscr{A}$ kommutativ ist. Also sind die Verknüpfungen

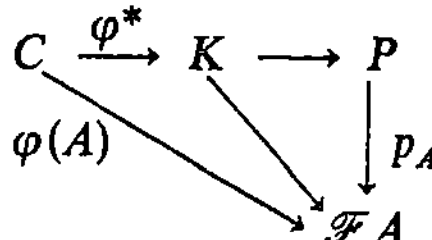

gleich, d. h. es existiert genau ein Morphismus $\varphi^*: C \to K$, so daß

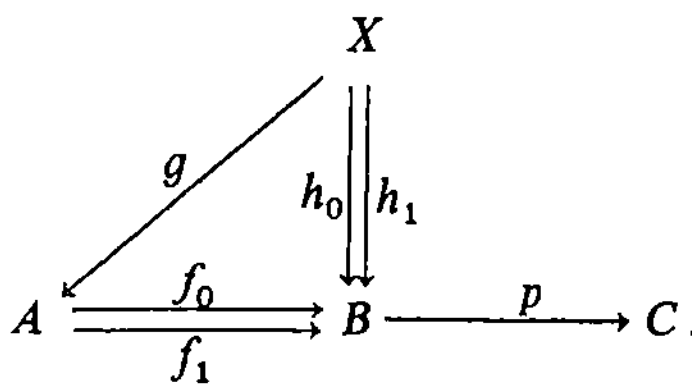

kommutativ ist. K ist also ein Limes von $\mathscr{F}$.

Korollar 2. *Die Kategorien* **Me** *und* **Top** *sind vollständig und kovollständig.*

Beweis: Nach 1.9 und 1.11 besitzen beide Kategorien Differenzkerne und -kokerne, Produkte und Koprodukte. Satz 2 und das Duale von Satz 2 liefern das Ergebnis.

Korollar 3. *Eine Kategorie mit Faserprodukten und Endobjekt ist endlich vollständig.*

Beweis: Folgt aus Satz 1, Lemma 1 und Satz 2.

Korollar 4. *Sei* $\mathscr{C}$ *eine vollständige Kategorie, und sei* $\mathscr{G}: \mathscr{C} \to \mathscr{D}$ *ein Funktor, der Differenzkerne und Produkte erhält, so erhält* $\mathscr{G}$ *Limites.*

Beweis: Nach Satz 2 ist ein Limes aus zwei Produkten und einem Differenzkern zusammengesetzt. Diese Produkte bzw. Differenzkerne in $\mathscr{C}$ gehen bei $\mathscr{G}$ in entsprechende Produkte bzw. Differenzkerne in $\mathscr{D}$ über. Sie bilden daher auch in $\mathscr{D}$ einen Limes des durch $\mathscr{G}$ in $\mathscr{D}$ übertragenen Diagramms.

Ein Funktor, der Limites bzw. Kolimites erhält, heißt **stetig** bzw. **kostetig**. Speziell erhält ein solcher Funktor Anfangs- und Endobjekte als Limites bzw. Kolimites von leeren Diagrammen.

Ein spezielles Faserprodukt ist das Kernpaar eines Morphismus. Sei $p: B \to C$ ein Morphismus. Ein geordnetes Paar $(f_0: A \to B, f_1: A \to B)$ von Morphismen heißt **Kernpaar** von p, wenn 1) $pf_0 = pf_1$ und 2) für jedes geordnete Paar $(h_0: X \to B, h_1: X \to B)$ mit $ph_0 = ph_1$ genau ein Morphismus $g: X \to A$ mit $h_0 = f_0 g$ und $h_1 = f_1 g$ existiert:

(f_0, f_1) ist genau dann ein Kernpaar von p, wenn A ein Faserprodukt von B über C mit sich selbst ist:

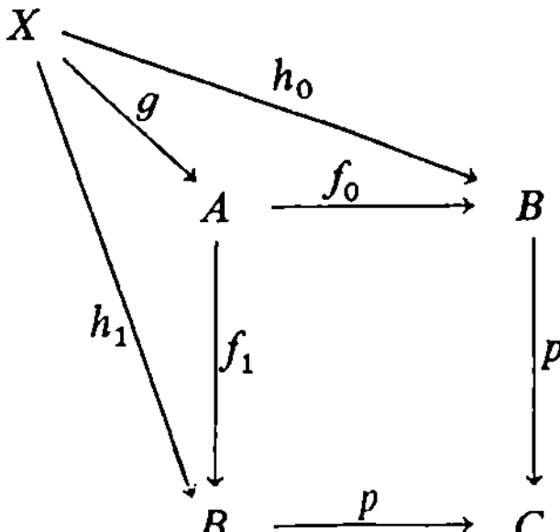

Existieren Faserprodukte in $\mathscr{C}$, so existieren auch Kernpaare zu beliebigen Morphismen in $\mathscr{C}$.

Lemma 2. $g: A \to B$ *ist genau dann ein Monomorphismus, wenn* $(1_A, 1_A)$ *ein Kernpaar von* g *ist.*

Beweis: Sei $h_0, h_1: X \to A$ mit $g h_0 = g h_1$ gegeben. g ist genau dann ein Monomorphismus, wenn in einem solchen Fall immer $h_0 = h_1$ gilt. Genau dann existiert ein Morphismus $f: X \to A$ mit $1_A f = h_0$ und $1_A f = h_1$.

Korollar 5. *Erhält ein Funktor Kernpaare, so erhält er Monomorphismen.*

Lemma 3. *In dem kommutativen Diagramm*

$$\begin{array}{ccccc}
A & \xrightarrow{f} & B & \xrightarrow{g} & C \\
{\scriptstyle a}\downarrow & & {\scriptstyle b}\downarrow & & {\scriptstyle c}\downarrow \\
A' & \xrightarrow{f'} & B' & \xrightarrow{g'} & C'
\end{array}$$

sei das rechte Quadrat ein Faserprodukt. (A, f, a) *ist genau dann ein Faserprodukt von B und A' über B', wenn* (A, gf, a) *ein Faserprodukt von C und A' über C' ist.*

Beweis: Sei (A, gf, a) ein Faserprodukt. Seien $h: D \to B$ und $k: D \to A'$ Morphismen mit $bh = f'k$. Dann gilt für $gh: D \to C$ und $k: D \to A'$ die Gleichung $cgh = g'bh = g'f'k$. Es existiert daher genau ein $x: D \to A$ mit $gfx = gh$ und $ax = k$. Wir zeigen $fx = h$. Dann ist nämlich (A, f, a) ein Faserprodukt von B und A' über B'. Es gilt $gfx = gh$ und $bh = f'k$. Außerdem gilt $gfx = gh$ und $bfx = f'ax = f'k$. Da das Quadrat ein Faserprodukt ist, folgt aus der Eindeutigkeit der Faktorisierung $fx = h$.

Sei (A, f, a) ein Faserprodukt. Seien $h: D \to C$ und $k: D \to A'$ Morphismen mit $ch = g'f'k$. Wegen $ch = g'(f'k)$ existiert genau ein $x: D \to B$ mit $bx = f'k$ und $gx = h$. Wegen $bx = f'k$ existiert genau ein $y: D \to A$ mit $fy = x$ und $ay = k$. Die Eindeutigkeit von y für $gfy = h$ und $ay = k$ folgt dann trivial.

Eine kleine Kategorie $\mathscr{A}$ heißt **filtrierend**, wenn
1) zu je zwei Objekten $A, B \in \mathscr{A}$ stets ein Objekt $C \in \mathscr{A}$ mit Morphismen $A \to C$ und $B \to C$ existiert, und wenn
2) zu je zwei Morphismen $f, g: A \to B$ stets ein Morphismus $h: B \to C$ mit $hf = hg$ existiert.

Eine kleine Kategorie $\mathscr{A}$ heißt **gerichtet**, wenn sie filtrierend ist und wenn jede Morphismenmenge $\mathrm{Mor}_{\mathscr{A}}(A, B)$ höchstens ein Element enthält. Sei $\mathscr{F}: \mathscr{A} \to \mathscr{C}$ ein kovarianter Funktor. Ist $\mathscr{A}$ filtrierend, so heißt $\varinjlim \mathscr{F}$ **filtrierender Kolimes**. Ist $\mathscr{A}$ gerichtet, so heißt

$\varinjlim \mathscr{F}$ **direkter Limes.** Sei $\mathscr{F}\colon \mathscr{A}^0 \to \mathscr{C}$ ein kovarianter Funktor. Ist $\mathscr{A}$ (!) filtrierend, so heißt $\varinjlim \mathscr{F}$ **filtrierender Limes.** Ist $\mathscr{A}$ gerichtet, so heißt $\varprojlim \mathscr{F}$ **inverser Limes.** Diese speziellen Limites und Kolimites werden in abelschen Kategorien noch eine besondere Rolle spielen.

Wir geben jetzt noch einige Beispiele für endlich vollständige Kategorien, ohne diese Eigenschaft im einzelnen nachzuprüfen: Kategorie der endlichen Mengen, der endlichen Gruppen und der unitären, noetherschen Moduln über einem unitären, assoziativen Ring. Weiter bemerken wir, daß in **Me, Gr, Ab** und $_R$**Mod** jedes Unterobjekt als Differenzkern auftritt. In **Hd** treten genau die abgeschlossenen Unterräume, in **Top** alle Unterräume als Differenzkerne auf. Das beweist man leicht mit dem Dualen des folgenden Lemmas.

Lemma 4. *Sei $\mathscr{C}$ eine Kategorie mit Kernpaaren und Differenzkokernen.*

a) f ist genau dann ein Differenzkokern, wenn f Differenzkokern seines Kernpaares ist.

b) $h_0,h_1\colon A \to B$ ist genau dann ein Kernpaar, wenn es Kernpaar seines Differenzkokerns ist.

Beweis: Wir verwenden ein Diagramm

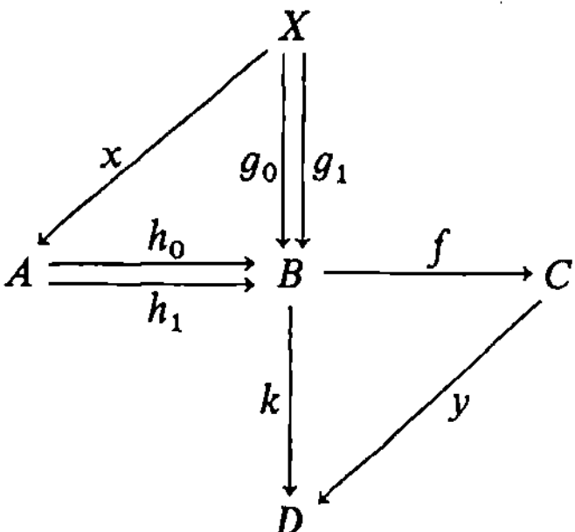

a) Sei f ein Differenzkokern von (g_0,g_1) und sei (h_0,h_1) ein Kernpaar von f. Ist dann $kh_0 = kh_1$, so ist $kg_0 = kg_1$, also existiert genau ein y mit $yf = k$.

b) Sei (h_0,h_1) ein Kernpaar von k und sei f ein Differenzkokern von (h_0,h_1). Dann existiert ein y mit $k = yf$. Sind g_0,g_1 mit $fg_0 = fg_1$ gegeben, so ist $kg_0 = kg_1$, also existiert genau ein x mit $h_i x = g_i$, $i = 0,1$.

2.7 Diagrammkategorien

In diesem Abschnitt sollen im wesentlichen Erhaltungseigenschaften von adjungierten Funktoren und Limites bzw. Kolimites diskutiert werden. Dazu benötigen wir Aussagen über das Verhalten von Limites und Kolimites in Diagrammkategorien.

Satz 1. *Seien $\mathscr{A}$ ein Diagrammschema und $\mathscr{C}$ eine (endlich) vollständige Kategorie. Dann ist* Funkt$(\mathscr{A},\mathscr{C})$ *(endlich) vollständig, und die Limites von Funktoren in* Funkt$(\mathscr{A},\mathscr{C})$ *werden argumentweise gebildet.*

Beweis: Sei $\mathscr{B}$ ein weiteres Diagrammschema. Seien $\mathscr{K}\colon \mathscr{C} \to$ Funkt$(\mathscr{B},\mathscr{C})$ und $\mathscr{K}'\colon$ Funkt$(\mathscr{A},\mathscr{C}) \to$ Funkt$(\mathscr{B},$Funkt$(\mathscr{A},\mathscr{C}))$ Konstantenfunktoren. Seien $\mathscr{H} \in$ Funkt$(\mathscr{A},\mathscr{C})$ und $\mathscr{G} \in$ Funkt$(\mathscr{A},$Funkt$(\mathscr{B},\mathscr{C}))$. Sei $\mathscr{K}\mathscr{H}$ die Hintereinanderausführung von Funktoren. Sei $\varphi\colon \mathscr{K}\mathscr{H} \to \mathscr{G}$ ein funktorieller Morphismus. Dann gehört zu jedem $\varphi(A) \in$ Mor$(\mathscr{K}\mathscr{H}(A),\mathscr{G}(A))$

ein $\varphi'(A) \in \mathrm{Mor}(\mathscr{H}(A), \varprojlim(\mathscr{G}(A)))$, so daß das folgende Diagramm kommutativ ist:

$$
\begin{array}{ccc}
\mathrm{Mor}(\mathscr{K}\mathscr{H}(A),\mathscr{G}(A)) & \cong & \mathrm{Mor}(\mathscr{H}(A),\varprojlim(\mathscr{G}(A))) \\
\downarrow{\scriptstyle \mathrm{Mor}(\mathscr{K}\mathscr{H}(A),\mathscr{G}(f))} & & \downarrow{\scriptstyle \mathrm{Mor}(\mathscr{H}(A),\varprojlim(\mathscr{G}(f)))} \\
\mathrm{Mor}(\mathscr{K}\mathscr{H}(A),\mathscr{G}(A')) & \cong & \mathrm{Mor}(\mathscr{H}(A),\varprojlim(\mathscr{G}(A'))) \\
\uparrow{\scriptstyle \mathrm{Mor}(\mathscr{K}\mathscr{H}(f),\mathscr{G}(A'))} & & \uparrow{\scriptstyle \mathrm{Mor}(\mathscr{H}(f),\varprojlim(\mathscr{G}(A')))} \\
\mathrm{Mor}(\mathscr{K}\mathscr{H}(A'),\mathscr{G}(A')) & \cong & \mathrm{Mor}(\mathscr{H}(A'),\varprojlim(\mathscr{G}(A'))),
\end{array}
$$

wobei $f\colon A \to A'$ ist. Wegen $\varphi(A')\mathscr{K}\mathscr{H}(f) = \mathscr{G}(f)\varphi(A)$ ist $\varphi'(A')\mathscr{H}(f) = \varprojlim(\mathscr{G}(f))\varphi'(A)$, d. h. $\varphi'\colon \mathscr{H} \to \varprojlim(\mathscr{G}(-))$ ist ein funktorieller Morphismus, und es ist $\mathrm{Mor}_f(\mathscr{K}\mathscr{H},\mathscr{G}) \cong \mathrm{Mor}_f(\mathscr{H},\varprojlim\mathscr{G})$. Definieren wir $\mathrm{Funkt}(\mathscr{A},\mathscr{K})\colon \mathrm{Funkt}(\mathscr{A},\mathscr{C}) \to \mathrm{Funkt}(\mathscr{A},\mathrm{Funkt}(\mathscr{B},\mathscr{C}))$ durch $\mathrm{Funkt}(\mathscr{A},\mathscr{K})(\mathscr{H}) = \mathscr{K}\mathscr{H}$ und $\mathrm{Funkt}(\mathscr{A},\mathscr{K})(\rho) = \mathscr{K}\rho$ und analog

$$\mathrm{Funkt}(\mathscr{A},\varprojlim)\colon \mathrm{Funkt}(\mathscr{A},\mathrm{Funkt}(\mathscr{B},\mathscr{C})) \to \mathrm{Funkt}(\mathscr{A},\mathscr{C}),$$

so ist $\mathrm{Funkt}(\mathscr{A},\mathscr{K})$ linksadjungiert zu $\mathrm{Funkt}(\mathscr{A},\varprojlim)$. Verknüpft mit dem Isomorphismus $\mathrm{Funkt}(\mathscr{A},\mathrm{Funkt}(\mathscr{B},\mathscr{C})) \cong \mathrm{Funkt}(\mathscr{B},\mathrm{Funkt}(\mathscr{A},\mathscr{C}))$ ergibt $\mathrm{Funkt}(\mathscr{A},\mathscr{K})$ den Funktor $\mathscr{K}'$, der einen rechtsadjungierten Funktor

$$\varprojlim{}'\colon \mathrm{Funkt}(\mathscr{B},\mathrm{Funkt}(\mathscr{A},\mathscr{C})) \to \mathrm{Funkt}(\mathscr{A},\mathscr{C})$$

besitzt. Es gilt dabei $\varprojlim{}'(\mathscr{G})(A) = \varprojlim(\mathscr{G}(A))$, was gerade heißt, daß der Limes argumentweise gebildet wird. Dabei haben wir $\mathscr{G} \in \mathrm{Funkt}(\mathscr{A},\mathrm{Funkt}(\mathscr{B},\mathscr{C}))$ mit dem entsprechenden Funktor aus $\mathrm{Funkt}(\mathscr{B},\mathrm{Funkt}(\mathscr{A},\mathscr{C}))$ identifiziert.

Durch Dualisieren von $\mathscr{A}$ und $\mathscr{C}$ erhält man die duale Aussage, daß mit $\mathscr{C}$ auch $\mathrm{Funkt}(\mathscr{A},\mathscr{C})$ (endlich) kovollständig ist und die Kolimites argumentweise gebildet werden. Dabei verwende man $\mathrm{Funkt}(\mathscr{A},\mathscr{C}) \cong \mathrm{Funkt}(\mathscr{A}^0,\mathscr{C}^0)^0$ aus 1.5.

Satz 2. *Sei $\mathscr{A}$ ein Diagrammschema, $\mathscr{F}\colon \mathscr{A} \to \mathscr{C}$ ein Diagramm in $\mathscr{C}$ und $C \in \mathscr{C}$. Existieren $\varprojlim\mathscr{F}$ bzw. $\varinjlim\mathscr{F}$, so existieren in $\mathscr{F}$ und C funktorielle Isomorphismen:*

$$\varprojlim \mathrm{Mor}(C,\mathscr{F}) \cong \mathrm{Mor}(C,\varprojlim\mathscr{F}),$$
$$\varprojlim \mathrm{Mor}(\mathscr{F},C) \cong \mathrm{Mor}(\varinjlim\mathscr{F},C).$$

Beweis: Seien $\mathfrak{F}_1 = \mathrm{Funkt}(\mathscr{A},\mathscr{C})$, $\mathfrak{F}_2 = \mathrm{Funkt}(\mathscr{A},\mathbf{Me})$, $\mathscr{F} \in \mathfrak{F}_1$, $C \in \mathscr{C}$ und $X \in \mathbf{Me}$. Dann ist

$$\mathrm{Mor}_{\mathfrak{F}_2}(\mathscr{K}X,\mathrm{Mor}_{\mathscr{C}}(\mathscr{F}-,C)) \cong \mathrm{Mor}_{\mathbf{Me}}(X,\mathrm{Mor}_{\mathfrak{F}_1}(\mathscr{F},\mathscr{K}C))$$

funktoriell in $\mathscr{F}$, C und X. Sei nämlich $f \in \mathrm{Mor}_{\mathfrak{F}_2}(\mathscr{K}X,\mathrm{Mor}_{\mathscr{C}}(\mathscr{F}-,C))$, so ist f durch $f(A)(x)\colon \mathscr{F}A \to C$ für alle $x \in X$ und funktoriell in $A \in \mathscr{A}$ eindeutig bestimmt. Diesem f ordnen wir $g(x)(A) = f(A)(x)\colon \mathscr{F}A \to C$ zu. Dann ist $g \in \mathrm{Mor}_{\mathbf{Me}}(X,\mathrm{Mor}_{\mathfrak{F}_1}(\mathscr{F},\mathscr{K}C))$. Diese Zuordnung ist umkehrbar eindeutig und funktoriell in $\mathscr{F}, C$ und X. Wir erhalten daher durch Übergang zum adjungierten Funktor zu $\mathscr{K}$:

$$\mathrm{Mor}_{\mathbf{Me}}(X,\varprojlim\mathrm{Mor}_{\mathscr{C}}(\mathscr{F},C)) \cong \mathrm{Mor}_{\mathbf{Me}}(X,\mathrm{Mor}_{\mathscr{C}}(\varinjlim\mathscr{F},C)),$$

also $\varprojlim\mathrm{Mor}_{\mathscr{C}}(\mathscr{F},C) \cong \mathrm{Mor}_{\mathscr{C}}(\varinjlim\mathscr{F},C)$. Dual erhält man die andere Aussage.

Hier gelten wieder die Betrachtungen, die wir 1.5 vorangestellt haben, über die Verallgemeinerung von Begriffen aus $\mathbf{Me}$ auf beliebige Kategorien vermöge der darstellbaren Funktoren. Speziell wird mit diesem Satz die Bemerkung am Schluß von 1.11 verallgemeinert.

Korollar 1. *Sei $\mathscr{F}: \mathscr{A} \to \mathscr{C}$ ein Diagramm. Sei $C \in \mathscr{C}$. Dann ist der Limes des Diagramms $h^C \mathscr{F}: \mathscr{A} \to$ **Me** die Menge* $\mathrm{Mor}_f(\mathscr{K}\,C, \mathscr{F})$.

Beweis: Im Beweis von Satz 2 existiert ein Isomorphismus $\mathrm{Mor}_{\mathbf{Me}}(X, \varprojlim \mathrm{Mor}_{\mathscr{C}}(\mathscr{F}, C)) \cong \mathrm{Mor}_{\mathbf{Me}}(X, \mathrm{Mor}_f(\mathscr{F}, \mathscr{K}\,C))$, woraus $\varprojlim \mathrm{Mor}_{\mathscr{C}}(\mathscr{F}, C) \cong \mathrm{Mor}_f(\mathscr{F}, \mathscr{K}\,C)$ folgt. Die Aussage des Korollars ist dual dazu. Man beachte, daß man zum Beweis nicht die Existenz von $\varinjlim \mathscr{F}$ benötigt.

Satz 3. *Linksadjungierte Funktoren erhalten Kolimites, rechtsjungierte Funktoren erhalten Limites.*

Beweis: Sei $\mathscr{F}: \mathscr{C} \to \mathscr{D}$ linksadjungiert zu $\mathscr{G}: \mathscr{D} \to \mathscr{C}$. Dann ist für ein Diagramm $\mathscr{H}: \mathscr{A} \to \mathscr{D}$ und für ein Objekt $C \in \mathscr{C}$

$$\mathrm{Mor}(C, \mathscr{G} \varprojlim \mathscr{H}) \cong \mathrm{Mor}(\mathscr{F}C, \varprojlim \mathscr{H}) \cong \varprojlim \mathrm{Mor}(\mathscr{F}C, \mathscr{H}) \cong \varprojlim \mathrm{Mor}(C, \mathscr{G}\mathscr{H})$$
$$\cong \mathrm{Mor}(C, \varprojlim \mathscr{G}\mathscr{H}).$$

Daraus folgt $\mathscr{G} \varprojlim \mathscr{H} \cong \varprojlim \mathscr{G}\mathscr{H}$. Dual erhält man die zweite Aussage.

Lemma 1. *Sei $\mathscr{F}: \mathscr{A} \times \mathscr{B} \to \mathscr{C}$ ein Diagramm über dem Diagrammschema $\mathscr{A} \times \mathscr{B}$. Existiere für alle $A \in \mathscr{A}$ ein Limes von $\mathscr{F}(A, -): \mathscr{B} \to \mathscr{C}$. Es existiert genau dann ein Limes von $\mathscr{F}: \mathscr{A} \times \mathscr{B} \to \mathscr{C}$, wenn ein Limes von $\mathscr{F}': \mathscr{A} \to \mathrm{Funkt}(\mathscr{B}, \mathscr{C})$ existiert. Falls diese Limites existieren, ist $\varprojlim_{\mathscr{A}} \varprojlim_{\mathscr{B}} \mathscr{F} = \varprojlim_{\mathscr{A} \times \mathscr{B}} \mathscr{F}$.*

Beweis: Zur Klärung, über welchem Diagramm der Limes zu bilden ist, haben wir die entsprechenden Diagrammschemata unter den Limes geschrieben. Entsprechende Funktoren aus $\mathrm{Funkt}(\mathscr{A} \times \mathscr{B}, \mathscr{C})$ bzw. $\mathrm{Funkt}(\mathscr{A}, \mathrm{Funkt}(\mathscr{B}, \mathscr{C}))$ bzw. $\mathrm{Funkt}(\mathscr{B}, \mathrm{Funkt}(\mathscr{A}, \mathscr{C}))$ bezeichnen wir mit keinem Strich bzw. einem Strich bzw. zwei Strichen. Da $\varprojlim_{\mathscr{B}} (\mathscr{F}(A, -))$ für alle $A \in \mathscr{A}$ existiert, existiert $\varprojlim_{\mathscr{B}} (\mathscr{F}'')$. Dann gilt funktoriell in $C \in \mathscr{C}$:

$$\mathrm{Mor}_{\mathscr{C}}(C, \varprojlim_{\mathscr{A} \times \mathscr{B}} (\mathscr{F})) \cong \mathrm{Mor}_f(\mathscr{K}_{\mathscr{A} \times \mathscr{B}} C, \mathscr{F}) \cong \mathrm{Mor}_f((\mathscr{K}_{\mathscr{B}} \mathscr{K}_{\mathscr{A}}\, C)'', \mathscr{F}'') \cong \mathrm{Mor}_f(\mathscr{K}_{\mathscr{A}}\, C, \varprojlim_{\mathscr{B}} \mathscr{F}'')$$
$$= \mathrm{Mor}_{\mathscr{C}}(C, \varprojlim_{\mathscr{A}} \varprojlim_{\mathscr{B}} \mathscr{F}'').$$

Dabei sind $\mathscr{K}_{\mathscr{A} \times \mathscr{B}}: \mathscr{C} \to \mathrm{Funkt}(\mathscr{A} \times \mathscr{B}, \mathscr{C})$, $\mathscr{K}_{\mathscr{A}}: \mathscr{C} \to \mathrm{Funkt}(\mathscr{A}, \mathscr{C})$ und $\mathscr{K}_{\mathscr{B}}: \mathrm{Funkt}(\mathscr{A}, \mathscr{C}) \to \mathrm{Funkt}(\mathscr{B}, \mathrm{Funkt}(\mathscr{A}, \mathscr{C}))$ Konstantenfunktoren.

Korollar 2. *Limites sind mit Limites und Kolimites mit Kolimites vertauschbar.*

Beweis: Offenbar ist $\varprojlim_{\mathscr{A} \times \mathscr{B}} \mathscr{F} \cong \varprojlim_{\mathscr{B} \times \mathscr{A}} \mathscr{F}$. Damit ist $\varprojlim_{\mathscr{A}} \varprojlim_{\mathscr{B}} \mathscr{F} \cong \varprojlim_{\mathscr{B}} \varprojlim_{\mathscr{A}} \mathscr{F}$.

Korollar 3. *Der Konstantenfunktor $\mathscr{K}: \mathscr{C} \to \mathrm{Funkt}(\mathscr{A}, \mathscr{C})$ erhält Limites und Kolimites.*

Beweis: Es ist

$$\mathrm{Mor}(\mathscr{F}, \mathscr{K} \varprojlim_{\mathscr{B}} \mathscr{G}) \cong \varprojlim_{\mathscr{A}} \mathrm{Mor}(\mathscr{F}, \varprojlim_{\mathscr{B}} \mathscr{G}) \cong \varprojlim_{\mathscr{B}} \varprojlim_{\mathscr{A}} \mathrm{Mor}(\mathscr{F}, \mathscr{G}) \cong \mathrm{Mor}(\mathscr{F}, \varprojlim_{\mathscr{B}} \mathscr{K} \mathscr{G}),$$

wobei $\mathscr{F}: \mathscr{A} \to \mathscr{C}$ und $\mathscr{G}: \mathscr{B} \to \mathscr{C}$ sind.

Lemma 2. *Seien $\mathscr{A}$ eine kleine Kategorie, $\mathscr{C}$ eine beliebige Kategorie, $\mathscr{F}, \mathscr{G}: \mathscr{A} \to \mathscr{C}$ Funktoren und $\varphi: \mathscr{F} \to \mathscr{G}$ ein funktorieller Morphismus. Ist φA für alle $A \in \mathscr{A}$ ein Monomorphismus, so ist φ in $\mathrm{Funkt}(\mathscr{A}, \mathscr{C})$ ein Monomorphismus. Ist $\mathscr{C}$ endlich vollständig und φ ein Monomorphismus, so sind die φA Monomorphismen.*

Beweis: Zwei funktorielle Morphismen ψ und ρ stimmen genau dann überein, wenn sie punktweise ($\psi A = \rho A$) übereinstimmen. Damit ist die erste Behauptung klar. Für die zweite Behauptung betrachten wir das kommutative Diagramm in Funkt($\mathscr{A},\mathscr{C}$)

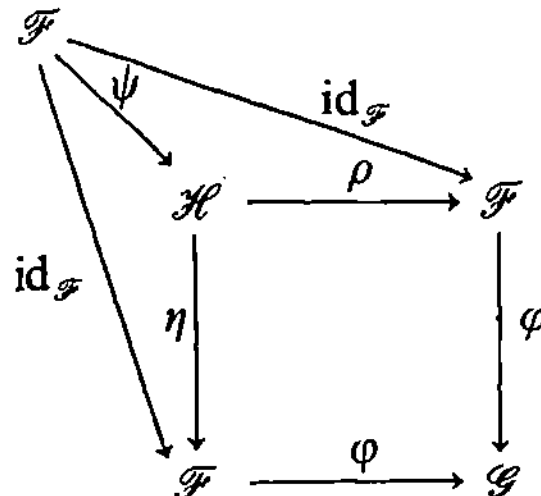

in dem ($\mathscr{H},\rho,\eta$) ein Faserprodukt von $\mathscr{F}$ und $\mathscr{F}$ über $\mathscr{G}$ sei. ψ ist genau dann ein Isomorphismus, wenn ψA für alle $A \in \mathscr{A}$ Isomorphismus ist. Mit 2.6 Lemma 2 ergibt sich dann die Behauptung, denn Faserprodukte werden in Funkt($\mathscr{A},\mathscr{C}$) argumentweise gebildet.

Korollar 4. *Sei $\mathscr{A}$ ein Diagrammschema und $\mathscr{C}$ eine endlich vollständige, lokal kleine Kategorie. Dann ist* Funkt($\mathscr{A}, \mathscr{C}$) *lokal klein.*

Beweis: Nach Lemma 2 werden die Monomorphismen in Funkt($\mathscr{A},\mathscr{C}$) argumentweise gebildet. Ebenso gilt die Äquivalenz von Monomorphismen argumentweise. Daher ist ein Monomorphismus in Funkt($\mathscr{A},\mathscr{C}$) nur dann ein Unterobjekt, wenn er argumentweise ein Unterobjekt ist. Da aber $\mathscr{A}$ eine kleine Kategorie ist und da $\mathscr{C}$ lokal klein ist, kann es zu einem Objekt in Funkt($\mathscr{A},\mathscr{C}$) nur eine Menge von Unterobjekten geben.

Korollar 5. *Sei*

$$\begin{array}{ccc} P & \xrightarrow{p_1} & A \\ {\scriptstyle p_2}\downarrow & & \downarrow{\scriptstyle f} \\ B & \xrightarrow{g} & C \end{array}$$

ein Faserprodukt und f ein Monomorphismus. Dann ist auch p_2 ein Monomorphismus.

Beweis: Das kommutative Diagramm

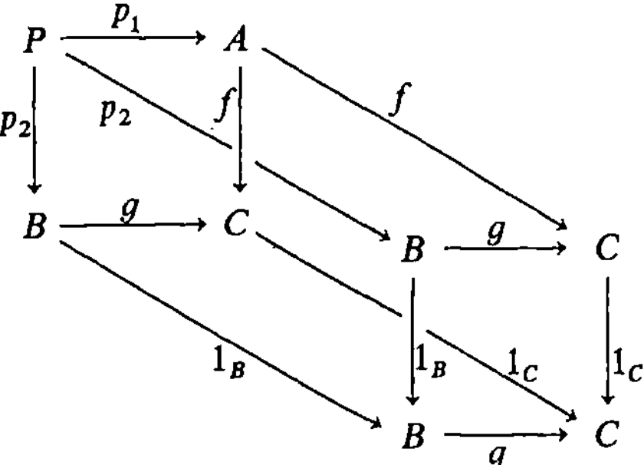

ist ein Morphismus zwischen zwei Faserprodukten. Da f, 1_C und 1_B Monomorphismen sind, ist der zugehörige funktorielle Morphismus ein Monomorphismus, also nach Korollar 2 und 2.6 Korollar 5 auch der Morphismus p_2.

Lemma 3. a) *Rechtsadjungierte Funktoren erhalten Monomorphismen. Linksadjungierte Funktoren erhalten Epimorphismen.*

b) *Seien $\mathscr{F},\mathscr{G}\colon \mathscr{A} \to \mathscr{C}$ Diagramme in $\mathscr{C}$ und sei $\varphi\colon \mathscr{F} \to \mathscr{G}$ ein Morphismus von Diagrammen mit Monomorphismen $\varphi A\colon \mathscr{F}A \to \mathscr{G}A$. Existiert $\varprojlim \varphi\colon \varprojlim \mathscr{F} \to \varprojlim \mathscr{G}$, so ist $\varprojlim \varphi$ ein Monomorphismus.*

Beweis: a) folgt aus Satz 3 und 2.6 Korollar 5.
b) folgt aus Lemma 2, Korollar 2 und 2.6 Lemma 2.

Satz 4. (Kan) *Seien $\mathscr{A}$ und $\mathscr{B}$ kleine Kategorien und $\mathscr{C}$ eine kovollständige Kategorie. Sei $\mathscr{F}\colon \mathscr{B} \to \mathscr{A}$ ein Funktor. Dann besitzt $\mathrm{Funkt}(\mathscr{F},\mathscr{C})\colon \mathrm{Funkt}(\mathscr{A},\mathscr{C}) \to \mathrm{Funkt}(\mathscr{B},\mathscr{C})$ einen linksadjungierten Funktor.*

Beweis: Wir führen zunächst die folgende kleine Kategorie ein. Sei $A \in \mathscr{A}$. Dann sei $[\mathscr{F},A]$ definiert durch die Objekte (B,f) mit $B \in \mathscr{B}$ und $f\colon \mathscr{F}B \to A$ in $\mathscr{A}$. Ein Morphismus sei ein Tripel $(f,f',u)\colon (B,f) \to (B',f')$ mit $u\colon B \to B'$ und $f'\mathscr{F}u = f$. Ein Funktor $\mathscr{V}(A)\colon [\mathscr{F},A] \to \mathscr{B}$ sei definiert durch $\mathscr{V}(A)(B,f) = B$ und $\mathscr{V}(A)(f,f',u) = u$.

Sei $g\colon A \to A'$. Wir definieren einen Funktor $[\mathscr{F},g]\colon [\mathscr{F},A] \to [\mathscr{F},A']$ durch $[\mathscr{F},g](B,f) = (B,gf)$ und $[\mathscr{F},g](f,f',u) = (gf,gf',u)$. Speziell ist daher $\mathscr{V}(A) = \mathscr{V}(A')[\mathscr{F},g]$.

Ein Funktor $\mathscr{G}\colon \mathrm{Funkt}(\mathscr{B},\mathscr{C}) \to \mathrm{Funkt}(\mathscr{A},\mathscr{C})$ sei definiert durch $\mathscr{G}(\mathscr{H})(A) = \varinjlim \mathscr{H}\mathscr{V}(A)$, $\mathscr{G}(\mathscr{H})(g) = \varinjlim [\mathscr{F},g]\colon \varinjlim \mathscr{H}\mathscr{V}(A) \to \varinjlim \mathscr{H}\mathscr{V}(A')$ und $\mathscr{G}(\sigma)(A) = \varinjlim(\sigma\mathscr{V}(A))$. Wir wollen zeigen, daß $\mathscr{G}$ linksadjungiert zu $\mathrm{Funkt}(\mathscr{F},\mathscr{C})$ ist. Seien dazu $\mathscr{H} \in \mathrm{Funkt}(\mathscr{B},\mathscr{C})$ und $\mathscr{L} \in \mathrm{Funkt}(\mathscr{A},\mathscr{C})$ gegeben. Wir zeigen

$$\mathrm{Mor}_f(\mathscr{G}(\mathscr{H}),\mathscr{L}) \cong \mathrm{Mor}_f(\mathscr{H},\mathscr{L}\mathscr{F}).$$

Sei $\varphi\colon \mathscr{G}(\mathscr{H}) \to \mathscr{L}$ ein funktorieller Morphismus, so ist $\varphi(\mathscr{F}B)\colon \varinjlim \mathscr{H}\mathscr{V}(\mathscr{F}B) \to \mathscr{L}\mathscr{F}B$. Da $(B,1_{\mathscr{F}B}) \in [\mathscr{F},\mathscr{F}B]$, existiert eine Injektion $i\colon \mathscr{H}B \to \varinjlim \mathscr{H}\mathscr{V}(\mathscr{F}B)$. Wir setzen $\psi(B) = \varphi(\mathscr{F}B)i$. Dadurch ist eine Familie von Morphismen $\psi(B)\colon \mathscr{H}B \to \mathscr{L}\mathscr{F}B$ definiert. Sei $h\colon B \to B'$ ein Morphismus in $\mathscr{B}$. Dann erhalten wir $[\mathscr{F},\mathscr{F}h]\colon [\mathscr{F},\mathscr{F}B] \to [\mathscr{F},\mathscr{F}B']$, also $\varinjlim [\mathscr{F},\mathscr{F}h]\colon \varinjlim \mathscr{H}\mathscr{V}(\mathscr{F}B) \to \varinjlim \mathscr{H}\mathscr{V}(\mathscr{F}B')$. Da φ ein funktorieller Morphismus ist und wegen der Eigenschaften des Kolimes, ist das Diagramm

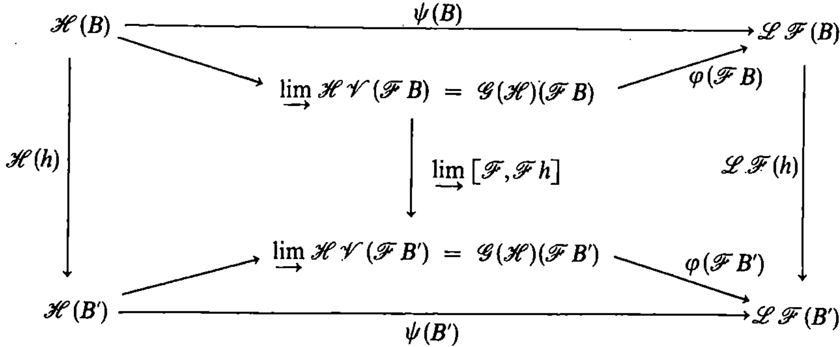

kommutativ, also ist ψ ein funktorieller Morphismus.

Sei $\psi\colon \mathscr{H} \to \mathscr{L}\mathscr{F}$ gegeben. Sei $A \in \mathscr{A}$. Zu jedem Paar $(B,f) \in [\mathscr{F},A]$ erhalten wir einen Morphismus

$$\mathscr{H}(B) \xrightarrow{\ \psi(B)\ } \mathscr{L}\mathscr{F}(B) \xrightarrow{\ \mathscr{L}(f)\ } \mathscr{L}(A).$$

Ist $(f, f', u) \in [\mathscr{F}, A]$, so ist

$$\mathscr{H}(B) \xrightarrow{\ \mathscr{H}(u)\ } \mathscr{H}(B') \\ \searrow \quad \nearrow \\ \mathscr{L}(A)$$

kommutativ, also existiert genau ein Morphismus $\varphi(A)$: $\varinjlim \mathscr{H}\mathscr{V}(A) \to \mathscr{L}(A)$, so daß das Diagramm

$$\mathscr{H}(B) \xrightarrow{\ \psi(B)\ } \mathscr{L}\mathscr{F}(B) \\ i \downarrow \qquad\qquad \downarrow \mathscr{L}(f) \\ \varinjlim \mathscr{H}\mathscr{V}(A) \xrightarrow{\ \varphi(A)\ } \mathscr{L}(A)$$

kommutativ ist. Wegen der Eigenschaften des Kolimes ist auch für $g\colon A \to A'$ das Diagramm

$$\mathscr{H}(B) \xrightarrow{\ \psi(B)\ } \mathscr{L}\mathscr{F}(B) \\ i \downarrow \qquad\qquad \downarrow \mathscr{L}(f) \\ \varinjlim \mathscr{H}\mathscr{V}(A) \xrightarrow{\ \varphi(A)\ } \mathscr{L}(A) \\ \varinjlim [\mathscr{F}, g] \downarrow \qquad\qquad \downarrow \mathscr{L}(g) \\ \varinjlim \mathscr{H}\mathscr{V}(A') \xrightarrow{\ \varphi(A')\ } \mathscr{L}(A')$$

kommutativ. Also ist φ ein funktorieller Morphismus. Wegen der Eindeutigkeit von φ ist die Zuordnung $\varphi \mapsto \psi \mapsto \varphi$ die Identität. Außerdem rechnet man sofort nach, daß $\psi \mapsto \varphi \mapsto \psi$ die Identität ist. Also ist $\mathrm{Mor}(\mathscr{G}(\mathscr{H}), \mathscr{L}) \cong \mathrm{Mor}(\mathscr{H}, \mathscr{L}\mathscr{F})$.

Aus den angegebenen Zuordnungen folgt sofort, daß dieser Isomorphismus funktoriell in $\mathscr{H}$ und $\mathscr{L}$ ist. Damit ist der Satz bewiesen.

Korollar 6. *Sei $\mathscr{C}$ kovollständig und $\mathscr{F}\colon \mathscr{B} \to \mathscr{A}$ ein Funktor von kleinen Kategorien. Dann erhält* Funkt$(\mathscr{F}, \mathscr{C})$: Funkt$(\mathscr{A}, \mathscr{C}) \to$ Funkt$(\mathscr{B}, \mathscr{C})$ *Limites und Kolimites.*

Beweis: Da Funkt$(\mathscr{F}, \mathscr{C})$ rechtsadjungierter Funktor ist, erhält er Limites. Da in Funkt$(\mathscr{A}, \mathscr{C})$ bzw. Funkt$(\mathscr{B}, \mathscr{C})$ Kolimites existieren und argumentweise gebildet werden (Satz 2), gilt für ein Diagramm $\mathscr{H}\colon \mathscr{D} \to$ Funkt$(\mathscr{A}, \mathscr{C})$

$$\varinjlim \text{Funkt}\,(\mathscr{F}, \mathscr{C})\,\mathscr{H}(B) = \varinjlim \mathscr{H}\mathscr{F}(B) = \text{Funkt}\,(\mathscr{F}, \mathscr{C})\varinjlim \mathscr{H}(B)\,.$$

Korollar 7. *Seien $\mathscr{A}$ und $\mathscr{B}$ kleine Kategorien und $\mathscr{C}$ eine vollständige Kategorie. Sei $\mathscr{F}\colon \mathscr{B} \to \mathscr{A}$ ein Funktor. Dann besitzt* Funkt$(\mathscr{F}, \mathscr{C})$: Funkt$(\mathscr{A}, \mathscr{C}) \to$ Funkt$(\mathscr{B}, \mathscr{C})$ *einen rechtsadjungierten Funktor.*

Beweis: Durch Dualisieren von $\mathscr{A}$, $\mathscr{B}$ und $\mathscr{C}$.

Satz 5. *Seien $\mathscr{A}$ und $\mathscr{B}$ kleine Kategorien und $\mathscr{C}$ eine beliebige Kategorie. Sei $\mathscr{F}\colon \mathscr{B} \to \mathscr{A}$ ein Funktor, der einen rechtsadjungierten Funktor besitzt. Dann besitzt* Funkt$(\mathscr{F}, \mathscr{C})$: Funkt$(\mathscr{A}, \mathscr{C}) \to$ Funkt$(\mathscr{B}, \mathscr{C})$ *einen linksadjungierten Funktor.*

Beweis: Sei $\mathscr{G}\colon \mathscr{A} \to \mathscr{B}$ rechtsadjungiert zu $\mathscr{F}$ und seien $\Phi\colon \mathrm{Id}_{\mathscr{A}} \to \mathscr{G}\mathscr{F}$ und $\Psi\colon \mathscr{F}\mathscr{G} \to \mathrm{Id}_{\mathscr{A}}$ mit $(\mathscr{G}\Psi)(\Phi\mathscr{G}) = \mathrm{id}_{\mathscr{G}}$ und $(\Psi\mathscr{F})(\mathscr{F}\Phi) = \mathrm{id}_{\mathscr{F}}$ gegeben. Dann ist Funkt$(\Phi, \mathscr{C})$:Funkt$(\mathrm{Id}_{\mathscr{B}}, \mathscr{C}) \to$ Funkt$(\mathscr{G}\mathscr{F}, \mathscr{C})$ und Funkt$(\Psi, \mathscr{C})$: Funkt$(\mathscr{F}\mathscr{G}, \mathscr{C}) \to$ Funkt$(\mathrm{Id}_{\mathscr{A}}, \mathscr{C})$ mit

$$(\text{Funkt}(\Psi, \mathscr{C})\,\text{Funkt}(\mathscr{G}, \mathscr{C}))(\text{Funkt}(\mathscr{G}, \mathscr{C})\,\text{Funkt}(\Phi, \mathscr{C})) = \mathrm{id}_{\text{Funkt}(\mathscr{G}, \mathscr{C})}\ ,$$

$$(\text{Funkt}(\mathscr{F}, \mathscr{C})\,\text{Funkt}(\Psi, \mathscr{C}))(\text{Funkt}(\Phi, \mathscr{C})\,\text{Funkt}(\mathscr{F}, \mathscr{C})) = \mathrm{id}_{\text{Funkt}(\mathscr{F}, \mathscr{C})}\ .$$

2.8 Konstruktionen mit Limites

Wir wollen die in Kapitel 1 eingeführten Begriffe Durchschnitt und Urbild auf ihr Verhalten in bezug auf Limites untersuchen.

Satz 1. *Sei $\mathscr{C}$ eine Kategorie mit Faserprodukten. Dann ist $\mathscr{C}$ eine Kategorie mit endlichen Durchschnitten. Ist $\mathscr{C}$ eine Kategorie mit endlichen Durchschnitten und endlichen Produkten, so ist $\mathscr{C}$ endlich vollständig.*

Beweis: Seien $f\colon A \to C$ und $g\colon B \to C$ Unterobjekte von C. Wir bilden das Faserprodukt

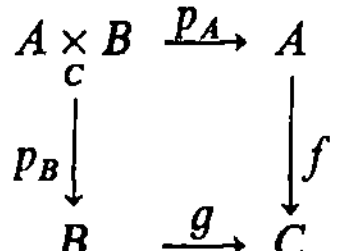

In dem Diagramm

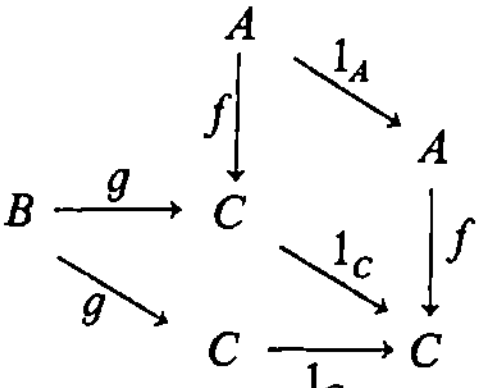

sind g, 1_C und 1_A Monomorphismen. Da

$$A \xrightarrow{\;1_A\;} A$$
$$f\downarrow \qquad \downarrow f$$
$$C \xrightarrow{\;1_C\;} C$$

auch ein Faserprodukt ist, ist nach 2.7 Lemma 3,b) $p_A\colon A \underset{c}{\times} B \to A$ ein Monomorphismus, das bedeutet, daß $fp_A\colon A \underset{c}{\times} B \to C$ äquivalent zu einem Unterobjekt von C ist, also bis auf Äquivalenz der Durchschnitt von A und B ist.

Seien zwei Morphismen $f,g\colon A \to B$ gegeben. Wie in 2.6 Korollar 1 ist der Differenzkern von f und g das Faserprodukt von $(1_A, f)\colon A \to A \times B$ und $(1_A, g)\colon A \to A \times B$. Da beide Morphismen Schnitte mit der Retraktion p_A sind, sind sie Monomorphismen; das bedeutet, daß wir das Faserprodukt durch den Durchschnitt der entsprechenden Unterobjekte ersetzen können. Damit existieren in $\mathscr{C}$ Differenzkerne. Nach 2.6 Satz 2 ist $\mathscr{C}$ endlich vollständig.

Satz 2. *Sei $\mathscr{C}$ eine Kategorie mit Faserprodukten. Dann existieren Urbilder in $\mathscr{C}$.*

Beweis: Sei $f\colon A \to C$ ein Morphismus und $g\colon B \to C$ ein Unterobjekt von C. Dann ist das Faserprodukt von A und B über C Urbild von B bei f (bis auf Äquivalenz von Monomorphismen), denn wie im letzten Satz ist $p_A\colon A \underset{c}{\times} B \to A$ ein Monomorphismus.

Weil man Urbilder und Durchschnitte jetzt als Limites deuten kann, erhalten wir nochmals die Vertauschbarkeit von Urbildern mit Durchschnitten wie in 1.13 Satz, 1). Beliebige Durchschnitte sind nämlich genau der Limes über alle auftretenden Monomorphismen.

Lemma 1. *Sei $\mathscr{C}$ eine Kategorie mit Differenzkernen und Durchschnitten. Seien $f, g, h\colon A \to B$.
Dann ist* $\mathrm{Ke}(f, g) \cap \mathrm{Ke}(g, h) \subseteq \mathrm{Ke}(f, h)$.

Beweis: Wir betrachten das kommutative Diagramm

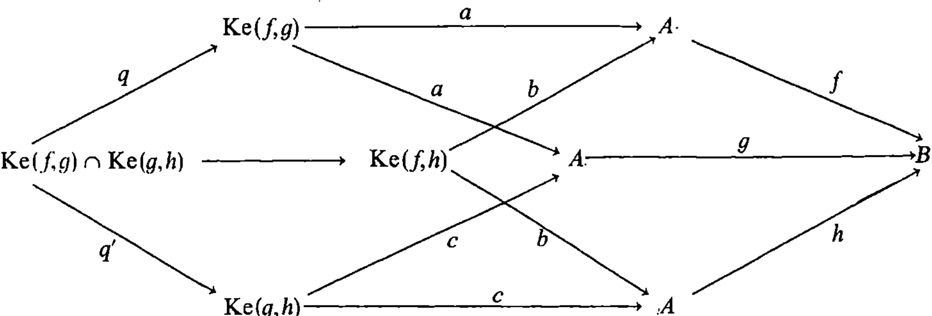

Da $aq = cq'$ ist, ist $faq = gaq = gcq' = hcq' = haq$. Also läßt sich aq eindeutig durch
$\mathrm{Ke}(f, h)$ faktorisieren. Da aq ein Monomorphismus ist, ist $\mathrm{Ke}(f, g) \cap \mathrm{Ke}(g, h) \subseteq \mathrm{Ke}(f, h)$.

Lemma 2. *Sei $\mathscr{C}$ eine Kategorie mit Faserprodukten und Bildern. Seien $C \subseteq A$, $D \subseteq B$ und
$f\colon A \to B$ gegeben. Sei $g\colon C \to f(C)$ der von f induzierte Morphismus. Dann ist* $g^{-1}(f(C) \cap D) =
C \cap f^{-1}(D)$.

Beweis: In dem Diagramm

$$C \cap f^{-1}(f(C) \cap D) \to f^{-1}(f(C) \cap D) \longrightarrow f(C) \cap D$$
$$\downarrow \qquad\qquad\qquad \downarrow \qquad\qquad\qquad \downarrow$$
$$C \longrightarrow A \xrightarrow{\quad f \quad} B$$

ist das äußere Rechteck ein Faserprodukt, weil die beiden inneren es sind. Also ist

$$C \cap f^{-1}(f(C) \cap D) \to f(C) \cap D$$
$$\downarrow \qquad\qquad\qquad\quad \downarrow$$
$$C \xrightarrow{\quad g \quad} f(C)$$

ein Faserprodukt. Damit ist $C \cap f^{-1}(D) = C \cap f^{-1}f(C) \cap f^{-1}(D) = C \cap f^{-1}(f(C) \cap D) =
g^{-1}(f(C) \cap D)$.

Diese beiden Lemmata werden wir später in Kapitel 4 noch benötigen.

In **Me** ist der Differenzkokern $g\colon B \to C$ von zwei Morphismen $h_0, h_1\colon X \to B$ eine Menge
von Äquivalenzklassen in B. Im zugehörigen Kernpaar $f_0, f_1\colon A \to B$ besteht A aus den
Paaren von Elementen aus B, die äquivalent sind, genauer aus dem Graphen R der Äquivalenzrelation in $B \times B$. f_0 und f_1 sind die Projektionen

$$R \ni (a, b) \mapsto a \in B \quad \text{bzw.} \quad R \ni (a, b) \mapsto b \in B.$$

Allgemein definieren wir eine Äquivalenzrelation in einer Kategorie $\mathscr{C}$ als ein Paar
von Morphismen $f_0, f_1\colon A \to B$, so daß für alle $X \in \mathscr{C}$ das Bild der Abbildung

$$(\mathrm{Mor}_{\mathscr{C}}(X, f_0), \mathrm{Mor}_{\mathscr{C}}(X, f_1))\colon \mathrm{Mor}_{\mathscr{C}}(X, A) \to \mathrm{Mor}_{\mathscr{C}}(X, B) \times \mathrm{Mor}_{\mathscr{C}}(X, B)$$

eine Äquivalenzrelation für die Menge $\mathrm{Mor}_{\mathscr{C}}(X, B)$ ist. Ist $(\mathrm{Mor}_{\mathscr{C}}(X, f_0), \mathrm{Mor}_{\mathscr{C}}(X, f_1))$ injektiv
für alle $X \in \mathscr{C}$, so heißt die Äquivalenzrelation **monomorphe Äquivalenzrelation**.

Wenn $\mathscr{C}$ Produkte besitzt, kann statt des Paares $f_0, f_1: A \to B$ von Morphismen auch ein Morphismus $(f_0, f_1): A \to B \times B$ verwendet werden, da

$$\mathrm{Mor}_{\mathscr{C}}(X, B) \times \mathrm{Mor}_{\mathscr{C}}(X, B) \cong \mathrm{Mor}_{\mathscr{C}}(X, B \times B).$$

Das Paar $f_0, f_1: A \to B$ ist genau dann eine monomorphe Äquivalenzrelation, wenn es eine Äquivalenzrelation ist und der Morphismus (f_0, f_1) ein Monomorphismus ist.

Sei $f_0, f_1: A \to B$ ein Kernpaar eines Morphismus $p: B \to C$. Sei

(1)
$$\begin{array}{ccc} D & \xrightarrow{p_1} & A \\ p_0 \downarrow & & \downarrow f_0 \\ A & \xrightarrow{f_1} & B \end{array}$$

ein Faserprodukt. Dann erhält man ein kommutatives Diagramm

(2)

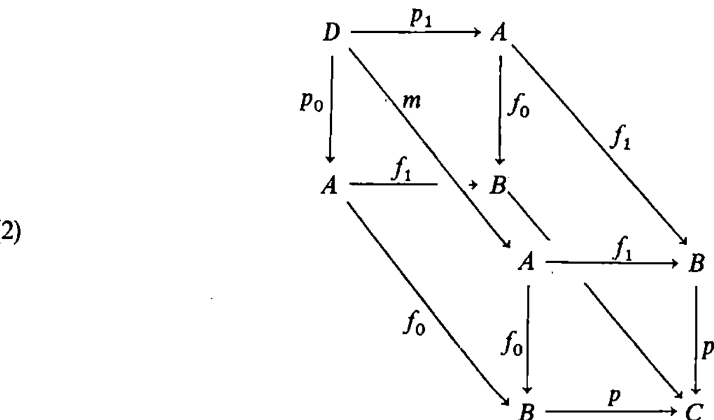

in dem m durch die Vorgabe von $f_0 p_0: D \to B$ und $f_1 p_1: D \to B$ mit $p f_0 p_0 = p f_1 p_0 = p f_0 p_1 = p f_1 p_1$ eindeutig bestimmt ist. Es ist also

(3)
$$f_0 m = f_0 p_0; \qquad f_1 m = f_1 p_1.$$

Darüber hinaus sind wegen 2.6 Lemma 3 alle Vierecke des Diagramms Faserprodukte. Speziell sind

$$D \underset{p_0}{\overset{m}{\rightrightarrows}} A \xrightarrow{f_0} B$$

und

$$D \underset{p_1}{\overset{m}{\rightrightarrows}} A \xrightarrow{f_1} B$$

Kernpaare. Aus den kommutativen Diagrammen

und

erhält man eindeutig bestimmte Morphismen $e\colon B \to A$ und $s\colon A \to A$ mit

(4) $$f_0 e = f_1 e = 1_B$$

und mit

(5) $$f_0 s = f_1,\ f_1 s = f_0 \quad \text{und} \quad s^2 = 1_A.$$

Das folgt aus $f_0 s^2 = f_0$ und $f_1 s^2 = f_1$, weil die unteren Quadrate Faserprodukte sind. Wir haben also ein Diagramm

$$D \xrightarrow[\substack{p_1 \\ \\ }]{\substack{p_0 \\ m \\ }} A \xleftarrow[\substack{f_1 \\ s}]{\substack{f_0 \\ e}} B$$

mit den Eigenschaften (1), (3), (4) und (5) erhalten. Ein solches Diagramm heißt auch **G r u p- p o i d** oder **P r ä ä q u i v a l e n z r e l a t i o n**.

Dieselbe Konstruktion läßt sich auch durchführen, wenn $f_0, f_1\colon A \to B$ kein Kernpaar, sondern eine monomorphe Äquivalenzrelation ist. In dem Fall führe man die Konstruktion in **Me** für

$$\mathrm{Mor}_{\mathscr{C}}(X, f_0),\ \mathrm{Mor}_{\mathscr{C}}(X, f_1)\colon \mathrm{Mor}_{\mathscr{C}}(X, A) \to \mathrm{Mor}_{\mathscr{C}}(X, B)$$

für alle $X \in \mathscr{C}$ durch. In **Me** existiert nämlich zu jeder Äquivalenzrelation ein Differenzkokern, die Menge der Äquivalenzklassen. Da wir eine monomorphe Äquivalenzrelation betrachten, ist $\mathrm{Mor}_{\mathscr{C}}(X, f_0), \mathrm{Mor}_{\mathscr{C}}(X, f_1)$ ein Kernpaar für den Differenzkokern. Man verifiziert dann leicht, daß m_X, e_X, s_X funktoriell von X abhängen mitsamt den Bedingungen (2), (3) und (4), so daß nach dem **Y o n e d a**-Lemma damit wieder ein Gruppoid definiert ist. Damit erhalten wir Teil a) von

Lemma 3. a) *Jedes Kernpaar und jede monomorphe Äquivalenzrelation ist eine Prääquivalenzrelation.*

b) *Jede Prääquivalenzrelation mit einem Monomorphismus* $(f_0, f_1)\colon A \to B \times B$ *ist eine Äquivalenzrelation.*

B e w e i s : b) Wir können $\mathrm{Mor}(X, A)$ mit dem Bild von $(\mathrm{Mor}(X, f_0), \mathrm{Mor}(X, f_1))$ in $\mathrm{Mor}(X, B \times B) \cong \mathrm{Mor}(X, B) \times \mathrm{Mor}(X, B)$ identifizieren. Zu jedem $b \in \mathrm{Mor}(X, B)$ liegt (b, b) in $\mathrm{Mor}\,(X, A)$, denn ist $eb = (b', b'')$, so ist $f_0(b', b'') = f_0 eb = b$ und $f_1(b', b'') = f_1 eb = b$, also ist $eb = (b, b)$. Ist $(b, b') \in \mathrm{Mor}(X, A)$, so liegt (b', b) in $\mathrm{Mor}(X, A)$. Es ist nämlich $f_0 s(b, b') = f_1(b, b') = b'$ und $f_1 s(b, b') = f_0(b, b') = b$, also ist $s(b, b') = (b', b)$. Schließlich ist mit (b, b') und (b', b'') auch (b, b'') aus $\mathrm{Mor}(X, A)$. Es ist nämlich

$$((b, b'), (b', b'')) \in \mathrm{Mor}(X, D) \cong \underset{\mathrm{Mor}(X, D)}{\mathrm{Mor}(X, A) \times \mathrm{Mor}(X, A)},$$

weil $f_0 p_1((b, b'), (b', b'')) = f_0(b', b'') = b'$ und $f_1 p_0((b, b'), (b', b'')) = f_1(b, b') = b'$. Dann ist aber $f_0 m((b, b'), (b', b'')) = f_0 p_0((b, b'), (b', b'')) = f_0(b, b') = b$ und $f_1 m((b, b'), (b', b'')) = f_1 p_1((b, b'), (b', b'')) = f_1(b', b'') = b''$, also ist $m((b, b'), (b', b'')) = (b, b'') \in \mathrm{Mor}(X, A)$.

Lemma 4. *Sei* $f_0, f_1\colon A \to B$ *eine monomorphe Äquivalenzrelation. Für das zugehörige Gruppoid sind folgende Diagramme kommutativ:*

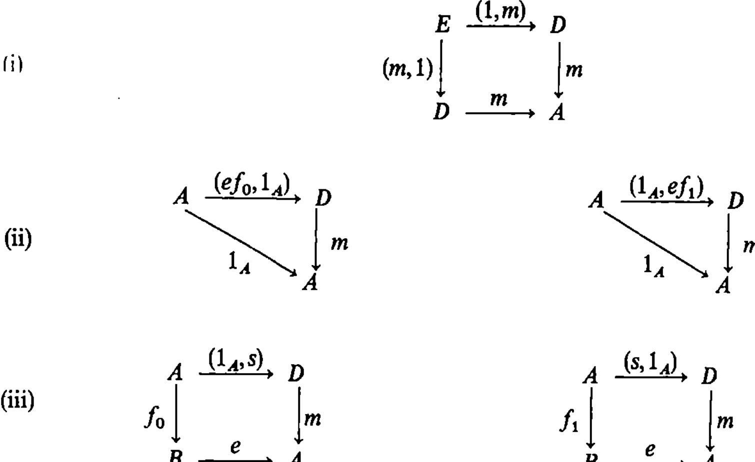

Beweis: Wir definieren zunächst E, $(1,m)$ und $(m,1)$. Es seien alle Quadrate des kommutativen Diagramms

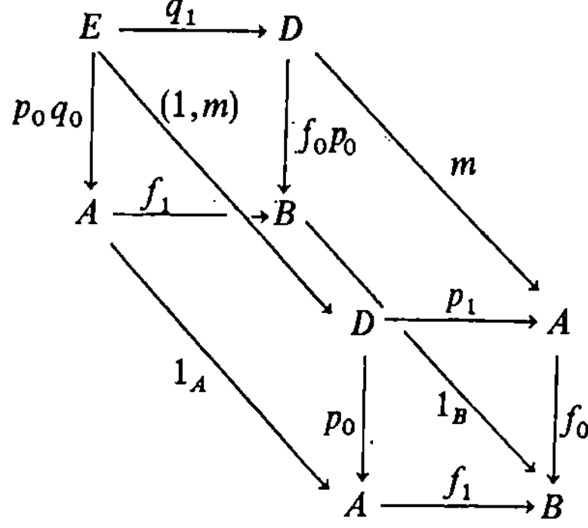

Faserprodukte. Dann ist auch jedes Rechteck ein Faserprodukt. $(1,m)$ werde durch das kommutative Diagramm

definiert. Entsprechend werde $(m,1)$ durch

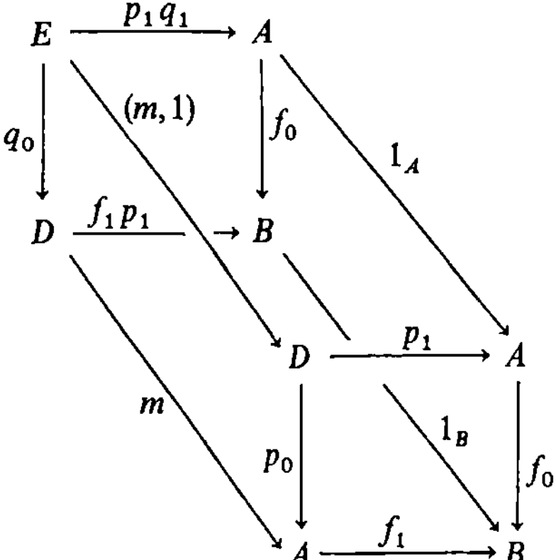

definiert. Dann ist mit (2)

$$f_0 m(1,m) = f_0 p_0 (1,m) = f_0 p_0 q_0 = f_0 m q_0 = f_0 p_0 (m,1) = f_0 m(m,1)$$

und

$$f_1 m(1,m) = f_1 p_1 (1,m) = f_1 m q_1 = f_1 p_1 q_1 = f_1 p_1 (m,1) = f_1 m(m,1).$$

Also ist $(f_0, f_1) m(1,m) = (f_0, f_1) m(m,1)$. Da (f_0, f_1) ein Monomorphismus ist, ist das erste Diagramm in Lemma 4 kommutativ. Wir verwenden für (ii) die kommutativen Diagramme

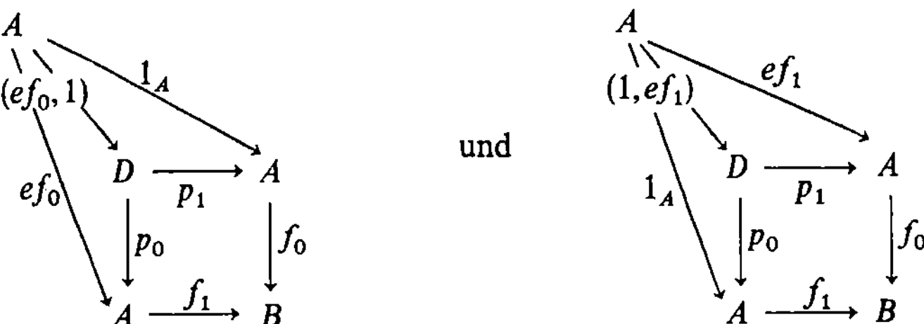

und

Dann ist $f_0 m(ef_0, 1) = f_0 p_0 (ef_0, 1) = f_0 ef_0 = f_0$ und $f_1 m(ef_0, 1) = f_1 p_1 (ef_0 1) = f_1$, also folgt aus $(f_0, f_1) m(ef_0, 1) = (f_0, f_1)$ wieder $m(ef_0, 1) = 1_A$. Entsprechend zeigt man $m(1, ef_1) = 1_A$. Für (iii) verwenden wir die kommutativen Diagramme

Dann ist $f_0 m(1,s) = f_0 p_0 (1,s) = f_0 = f_0 ef_0$ und $f_1 m(1,s) = f_1 p_1 (1,s) = f_1 s = f_0 = f_1 ef_0$. Also ist wegen $(f_0, f_1) m(1,s) = (f_0, f_1) ef_0$ auch $m(1,s) = ef_0$. Entsprechend zeigt man wieder $m(s,1) = ef_1$.

Wir haben damit bei einer monomorphen Äquivalenzrelation eine teilweise definierte Verknüpfung (auf $D \subseteq A \times A$) auf A, die assoziativ (i) mit neutralen Elementen (ii) und invertierbar (iii) ist. Das ist eine Verallgemeinerung von 1.1 Beispiel 16 auf beliebige Kategorien. Verknüpfungen, d. h. Morphismen von einem Produkt $A \times A$ in ein Objekt A, die solche und ähnliche Eigenschaften besitzen, werden wir noch ausführlich in Kapitel 3 untersuchen. Wegen der Eigenschaften, die in Lemma 4 bewiesen wurden, wurde auch der Name Gruppoid gewählt.

2.9 Der Hauptsatz für adjungierte Funktoren

Satz 1. *Sei $\mathscr{A}$ eine kleine Kategorie. Jeder Funktor $\mathscr{F} \in$ Funkt$(\mathscr{A},$Me$)$ ist Kolimes der darstellbaren Funktoren über $\mathscr{F}$.*

Beweis: Wir betrachten die folgende Kategorie. Objekte sind die darstellbaren Funktoren über $\mathscr{F}$, d. h. Paare (h^A, φ) mit einem funktoriellen Morphismus $\varphi\colon h^A \to \mathscr{F}$. Morphismen sind kommutative Diagramme

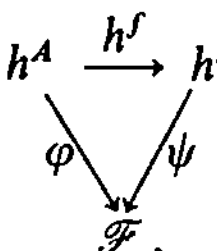

wobei $f\colon B \to A$. Wir haben einen Vergißfunktor $(h^A, \varphi) \mapsto h^A$, $(h^f, \varphi, \psi) \mapsto h^f$ von dieser Kategorie in Funkt$(\mathscr{A},$Me$)$, der ein Diagramm darstellt. Zu diesem Diagramm existiert ein Kolimes nach 2.7 Satz 1, der argumentweise gebildet wird, und den wir mit $\varinjlim h^A$ bezeichnen. Außerdem läßt sich jedes $\varphi\colon h^A \to \mathscr{F}$ durch $\varinjlim h^A$ faktorisieren: $h^A \to \varinjlim h^A \xrightarrow{\tau} \mathscr{F}$. Wir zeigen, daß für jedes $B \in \mathscr{A}$ der Morphismus $\tau(B)\colon \varinjlim h^A(B) \to \mathscr{F}(B)$ bijektiv ist.

Sei $x \in \mathscr{F}(B)$. Dann existiert $h^x\colon h^B \to \mathscr{F}$ mit $h^x(1_B) = x$ nach dem Yoneda-Lemma. Damit ist $\tau(B)$ surjektiv.

Seien $u, v \in \varinjlim h^A(B)$ mit $\tau(B)(u) = \tau(B)(v)$. Dann existieren $C, D \in \mathscr{A}$ und $y \in h^C(B)$ und $z \in h^D(B)$ mit $y \mapsto u$ bei $h^C(B) \xrightarrow{} \varinjlim h^A(B)$ und $z \mapsto v$ bei $h^D(B) \xrightarrow{} \varinjlim h^A(B)$ nach Konstruktion des Kolimes in Me. Seien $\varphi\colon h^C \to \mathscr{F}$ und $\psi\colon h^D \to \mathscr{F}$ die entsprechenden Morphismen in $\mathscr{F}$. Dann ist $\varphi(B)(y) = \psi(B)(z)$. Nach dem Yoneda-Lemma ist daher $\varphi h^y = \psi h^z\colon h^B \to \mathscr{F}$, d. h. h^B steht mit diesem Morphismus über $\mathscr{F}$, und es ist $f h^y(B)(1_B) = u$ und $g h^z(B)(1_B) = v$. Damit ist $u = v$, also $\tau(B)$ injektiv.

Existieren keine funktoriellen Morphismen $\varphi\colon h^A \to \mathscr{F}$, so ist $\mathscr{F}(A) = \emptyset$ für alle $A \in \mathscr{C}$. Es ist aber auch $\varinjlim h^A(B) = \emptyset$ als Kolimes über ein leeres Diagramm. Also ist auch in diesem Falle $\mathscr{F} \cong \varinjlim h^A$.

Korollar 1. *Sei $\mathscr{A}$ eine kleine, endlich vollständige, artinsche Kategorie. Sei $\mathscr{F}\colon \mathscr{A} \to$ Me ein kovarianter Funktor, der endliche Limites erhält. Dann ist $\mathscr{F}$ ein direkter Limes von darstellbaren Unterfunktoren.*

Beweis: Wir zeigen, daß sich $\varphi\colon h^A \to \mathscr{F}$ durch einen darstellbaren Unterfunktor von $\mathscr{F}$ faktorisieren läßt. Sei $f\colon B \to A$ minimal in der Menge der Unterobjekte von A, so daß ein kommutatives Diagramm

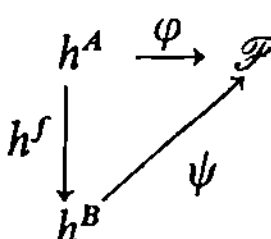

existiert. Dann ist ψ ein funktorieller Monomorphismus. Dazu genügt es zu zeigen, daß $\psi(C)\colon h^B(C) \to \mathscr{F}(C)$ für alle $C \in \mathscr{A}$ injektiv ist. Seien $x,y \in h^B(C)$ mit $\psi(C)(x) = \psi(C)(y)$. Sei D ein Differenzkern von (x,y). Da $\mathscr{F}$ Differenzkerne erhält, existiert nach dem Yoneda-Lemma ein kommutatives Diagramm

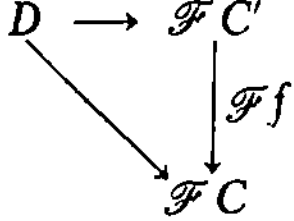

Da D bis auf Äquivalenz von Monomorphismen Unterobjekt von A ist und wegen der Minimalität von B folgt $D \cong B$, also $x = y$. Damit ist $\psi\colon h^B \to \mathscr{F}$ ein Unterfunktor, und das $\varphi\colon h^A \to \mathscr{F}$ entsprechende Element in $\mathscr{F}(A)$ liegt im Bild von $\psi(A)$. Folglich ist $\varinjlim h^B = \mathscr{F}$, wenn man für die h^B nur darstellbare Unterfunktoren von $\mathscr{F}$ zuläßt und falls der Kolimes gerichtet ist.

Um zu zeigen, daß der gebildete Kolimes gerichtet ist, seien (h^A,φ) und (h^B,ψ) darstellbare Unterfunktoren von $\mathscr{F}$. Da $\mathscr{F}(A \times B) \cong \mathscr{F}(A) \times \mathscr{F}(B)$ ist, ist

$$\mathrm{Mor}_f(h^{A \times B}, \mathscr{F}) \cong \mathrm{Mor}_f(h^A, \mathscr{F}) \times \mathrm{Mor}_f(h^B, \mathscr{F}).$$

Also existiert genau ein $\rho\colon h^{A \times B} \to \mathscr{F}$, so daß

kommutativ ist. ρ läßt sich durch einen darstellbaren Unterfunktor h^C von $\mathscr{F}$ faktorisieren.

Sei $\mathscr{F}\colon \mathscr{C} \to \mathscr{D}$ ein Funktor. Sei $D \in \mathscr{D}$. Eine Menge $\mathfrak{L}_D$ von Objekten in $\mathscr{C}$ heißt Lösungsmenge von D bezüglich $\mathscr{F}$, wenn zu jedem $C \in \mathscr{C}$ und zu jedem Morphismus $D \to \mathscr{F}C$ ein Objekt $C' \in \mathfrak{L}_D$ und Morphismen $f\colon C' \to C$ und $D \to \mathscr{F}C'$ existieren, so daß das Diagramm

kommutativ ist. Wenn zu jedem $D \in \mathscr{D}$ eine Lösungsmenge existiert, so sagen wir, daß $\mathscr{F}$ Lösungsmengen besitzt.

Korollar 2. *Seien $\mathscr{C}$ eine endlich vollständige Kategorie. Sei $\mathscr{F}\colon \mathscr{C} \to \mathbf{Me}$ ein Funktor, der endliche Limites erhält. Existiere eine Lösungsmenge zur einpunktigen Menge $\{\emptyset\} = E$ bezüglich $\mathscr{F}$. Dann ist $\mathscr{F}$ ein Kolimes von darstellbaren Funktoren.*

Beweis: Sei $\mathfrak{L} = \mathfrak{L}_E$ die Lösungsmenge von E. Sei $\mathscr{L}$ die volle Unterkategorie von $\mathscr{C}$ mit der Objektmenge $\mathfrak{L}$. Nach Satz 1 ist die Einschränkung von $\mathscr{F}$ auf $\mathscr{L}$ ein Kolimes von darstellbaren Funktoren auf $\mathscr{L}$, d. h. $\varinjlim h^A(B) = \mathscr{F}(B)$ für $A, B \in \mathscr{L}$. Wir wollen zeigen, daß diese Gleichung für alle $B \in \mathscr{C}$ gilt, wobei die linke Seite argumentweise ein Kolimes sei. Zunächst formulieren wir die Bedingung über die Lösungsmenge um. Zu jedem $C \in \mathscr{C}$ und zu jedem $x \in \mathscr{F}(C)$ existiert ein $A \in \mathscr{L}$ und ein $f\colon A \to C$ und ein $y \in \mathscr{F}A$ mit $\mathscr{F}f(y) = x$, oder noch anders ausgedrückt: zu jedem $C \in \mathscr{C}$ und zu jedem $h^x\colon h^C \to \mathscr{F}$ existiert ein $A \in \mathscr{L}$ und ein $f\colon A \to C$ und ein $h^y\colon h^A \to \mathscr{F}$ mit $h^x = h^y h^f$. Das ist eine Folge des Yoneda-Lemmas.

Da die h^A alle über $\mathscr{F}$ stehen und da $\varinjlim h^A(-)$ ein Funktor ist, erhält man einen funktoriellen Morphismus $\tau : \varinjlim h^A(-) \to \mathscr{F}$ durch den sich die funktoriellen Morphismen $h^A \to \mathscr{F}$ faktorisieren. Außerdem ist $\tau(B)$ für alle $B \in \mathscr{L}$ ein Isomorphismus. Das wollen wir für alle $B \in \mathscr{C}$ beweisen. Sei $x \in \mathscr{F}B$. Dann existiert ein $A' \in \mathscr{L}$, ein Morphismus $A' \to B$ und ein $y \in \mathscr{F}A'$, das bei $\mathscr{F}A' \to \mathscr{F}B$ in x abgebildet wird. Da das Diagramm

$$
\begin{array}{ccc}
\varinjlim h^A(A') & \longrightarrow & \varinjlim h^A(B) \\
\downarrow & & \downarrow \\
\mathscr{F}A' & \longrightarrow & \mathscr{F}B
\end{array}
$$

kommutativ ist und $\varinjlim h^A(A') \cong \mathscr{F}A'$ ist, ist $\varinjlim h^A(B) \to \mathscr{F}B$ ein Epimorphismus.
Seien $x, y \in \varinjlim h^A(B)$, die in $\mathscr{F}B$ dasselbe Bild haben. Dann gibt es $A', A'' \in \mathscr{L}$ mit $h^{A'}(B) \ni u \mapsto x \in \varinjlim h^A(B)$ und $h^{A''}(B) \ni v \mapsto y \in \varinjlim h^A(B)$, und die Bilder von u und v in $\mathscr{F}B$ stimmen überein. Also ist

$$
\begin{array}{ccc}
h^B & \xrightarrow{\ h^u\ } & h^{A'} \\
{\scriptstyle h^v}\downarrow & & \downarrow \\
h^{A''} & \longrightarrow & \mathscr{F}
\end{array}
$$

kommutativ. Sei C ein Faserprodukt von $u\!: A' \to B$ und $v\!: A'' \to B$. Dann ist $\mathscr{F}C$ ein Faserprodukt von $\mathscr{F}u$ und $\mathscr{F}v$. Also läßt sich das Diagramm in zwei Schritten vervollständigen zu dem kommutativen Diagramm

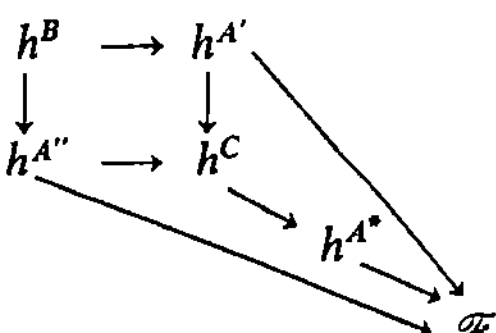

wobei $h^{A^*} \to \mathscr{F}$ die nach der Lösungsbedingung existierende Faktorisierung von $h^C \to \mathscr{F}$ ist mit $A^* \in \mathscr{L}$. Damit ist aber das Bild von u und v schon in $h^{A^*}(B)$ gleich, also auch in $\varinjlim h^A(B)$. Also ist $\tau(B)$ ein Isomorphismus.
Wir bemerken noch, daß $\mathscr{F}C = \emptyset$ für alle $C \in \mathscr{C}$ genau dann gilt, wenn die Lösungsmenge zu E leer ist. Der Kolimes über ein leeres Diagramm ist nämlich ein Anfangsobjekt. Ist $\mathscr{C}$ leer, so ist die Aussage des Korollars trivial, denn dann ist $\mathscr{F}$ Kolimes über ein leeres Diagramm von darstellbaren Funktoren, d. h. ein Anfangsobjekt aus Funkt $(\mathscr{C}, \mathbf{Me})$.

Satz 2 (Hauptsatz für darstellbare Funktoren). *Sei $\mathscr{C}$ eine vollständige, nichtleere Kategorie. Ein Funktor $\mathscr{F}: \mathscr{C} \to \mathbf{Me}$ ist genau dann darstellbar, wenn*
1) $\mathscr{F}$ Limites erhält,
2) zu $\{\emptyset\} = E$ eine Lösungsmenge bezüglich $\mathscr{F}$ existiert.

Beweis: Da $\mathscr{F}$ leere Limites erhält, erhält $\mathscr{F}$ Endobjekte. Also existiert ein $C \in \mathscr{C}$ mit $\mathscr{F}C \neq \emptyset$.

Nach dem vorhergehenden Korollar wissen wir, daß $\mathscr{F}$ Kolimes der darstellbaren Funktoren über $\mathscr{F}$ ist, deren darstellende Objekte aus der Lösungsmenge $\mathfrak{L}$ stammen. Sei $\mathscr{V}: \mathscr{A} \to \mathscr{C}$ der Funktor, der das Diagramm der darstellenden Objekte definiert. Sei $B = \varprojlim \mathscr{V}$ und $\sigma: \mathscr{K}B \to \mathscr{V}$ der funktorielle Morphismus der Projektionen. Nach dem Yoneda-Lemma ist ein Diagramm

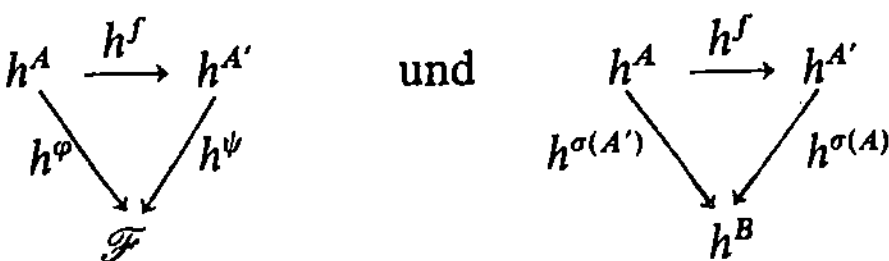

genau dann kommutativ, wenn $\mathscr{F} f(\psi) = \varphi$ ist.

Sei $f\colon A' \to A$ ein Morphismus in dem durch $\mathscr{V}$ definierten Diagramm und seien $\sigma(A)\colon B \to A$ bzw. $\sigma(A')\colon B \to A'$ die zugehörigen Projektionsmorphismen. Dann erhalten wir zwei kommutative Diagramme

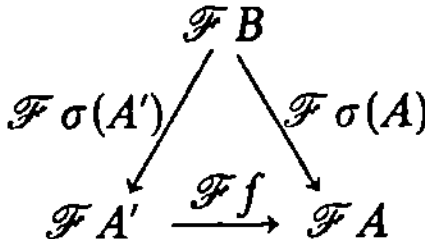

Da $\mathscr{F}$ (argumentweise) Kolimes dieser darstellbaren Funktoren ist, existiert genau ein Morphismus $\eta\colon \mathscr{F} \to h^B$ mit $\eta h^\varphi = h^{\sigma(A)}$. Wir wollen zeigen, daß auch genau ein funktorieller Morphismus $h^\rho\colon h^B \to \mathscr{F}$ mit $h^\rho h^{\sigma(A)} = h^\varphi$ existiert. Da $\mathscr{F}$ Limites erhält, ist $\mathscr{F}B$ in dem kommutativen Diagramm

$$\mathscr{F}B$$
$$\mathscr{F}\sigma(A') \swarrow \qquad \searrow \mathscr{F}\sigma(A)$$
$$\mathscr{F}A' \xrightarrow{\ \mathscr{F}f\ } \mathscr{F}A$$

ein Limes. Für die oben benutzten Elemente $\varphi \in \mathscr{F}A$ und $\psi \in \mathscr{F}A'$ gilt $\mathscr{F}f(\psi) = \varphi$. Also existiert genau ein $\rho \in \mathscr{F}B$ mit $\mathscr{F}\sigma(A)(\rho) = \varphi$. Daher existiert auch genau ein $h^\rho\colon h^B \to \mathscr{F}$ mit $h^\rho h^\sigma(A) = h^\varphi$. Wir haben nur benutzt, daß $\mathscr{F}$ Limites erhält, was auch für h^B gilt. Daher sind h^ρ und η invers zueinander und $\mathscr{F}$ ist darstellbar. Ist umgekehrt $\mathscr{F} = h^B$, so wird 2) durch B erfüllt. 1) gilt wegen 2.7 Satz 2.

Satz 3 (Hauptsatz für adjungierte Funktoren): *Sei $\mathscr{C}$ eine vollständige, nichtleere Kategorie. Sei $\mathscr{F}\colon\mathscr{C} \to \mathscr{D}$ ein kovarianter Funktor. Es existiert genau dann ein linksadjungierter Funktor zu $\mathscr{F}$, wenn*
1) $\mathscr{F}$ Limites erhält,
2) $\mathscr{F}$ Lösungsmengen besitzt.

Beweis: Nach 2.1 Satz 2 besitzt $\mathscr{F}$ genau dann einen linksadjungierten Funktor, wenn $\mathrm{Mor}_{\mathscr{D}}(C,\mathscr{F}\,-)$ für alle $D \in \mathscr{D}$ darstellbar ist. Für ein festes $D \in \mathscr{D}$ gehen aber die Bedingungen 1) und 2) in die Bedingungen 1) und 2) von Satz 2 über, wobei wir auf die Umformulierung der Lösungsmenge von E in Korollar 2 hinweisen. Damit folgt dieser Satz aus Satz 2.

2.10 Generatoren und Kogeneratoren

Für die weiteren Anwendungen des Hauptsatzes für adjungierte Funktoren wollen wir spezielle Objekte in den betrachteten Kategorien einführen. Eine Familie $\{G_i\}_{i \in I}$ mit einer Menge I von Objekten in einer Kategorie $\mathscr{C}$ heißt **Menge von Generatoren**, wenn für jedes Paar verschiedener Morphismen $f, g\colon A \to B$ in $\mathscr{C}$ ein G_i und ein Morphismus $h\colon G_i \to A$ mit $fh \neq gh$ existieren. Sind die Mengen $\mathrm{Mor}_{\mathscr{C}}(G_i, A)$ für alle $i \in I$ und alle $A \in \mathscr{C}$ nicht leer, so ist dazu äquivalent, daß der Funktor

$$\prod_{i \in I} \mathrm{Mor}_{\mathscr{C}}(G_i, -) \colon \mathscr{C} \to \mathbf{Me}$$

treu ist. Besteht die Menge der Generatoren nur aus einem Element G, so heißt G G e n e r a t o r. G ist genau dann ein Generator, wenn $\mathrm{Mor}_{\mathscr{C}}(G, -)$ ein treuer Funktor ist. Ist $\mathscr{C}$ kovollständige Kategorie mit einer Menge von Generatoren $\{G_i\}$ und sind die Mengen $\mathrm{Mor}_{\mathscr{C}}(G_i, A)$ alle nicht leer, so ist wegen $\prod \mathrm{Mor}_{\mathscr{C}}(G_i, -) \cong \mathrm{Mor}_{\mathscr{C}}(\coprod G_i, -)$ das Koprodukt der G_i ein Generator.

Lemma 1. *Sei $\mathscr{C}$ eine Kategorie mit einem Generator. Dann bilden die Differenzunterobjekte jedes Objekts eine Menge.*

Beweis: Seien B, B' zwei echte Differenzunterobjekte von A. Im Diagramm

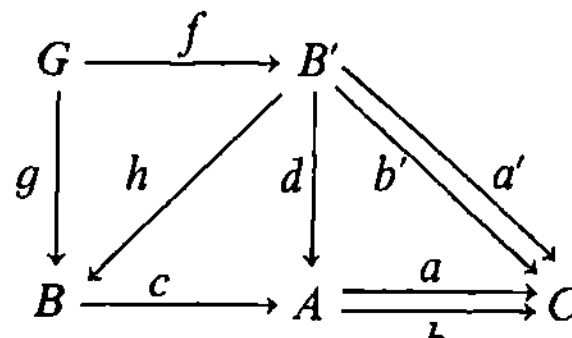

sei (B, c) ein Differenzkern von (a, b). Sei $a' = ad$ und $b' = bd$. Sei jetzt $d \cdot \mathrm{Mor}_{\mathscr{C}}(G, B') = c \cdot \mathrm{Mor}_{\mathscr{C}}(G, B)$ als Teilmengen von $\mathrm{Mor}_{\mathscr{C}}(G, A)$. Für jedes $f \colon G \to B'$ existiert $g \colon G \to B$ mit $cg = df$, also ist $a'f = adf = acg = bcg = bdf = b'f$. Das gilt für jede Wahl von $f \in \mathrm{Mor}_{\mathscr{C}}(G, B')$, also ist $a' = b'$. Damit existiert genau ein $h \colon B' \to B$ mit $ch = d$. Analog zeigt man die eindeutige Existenz eines Morphismus $k \colon B \to B'$ mit $dk = c$. Damit sind c und d äquivalente Monomorphismen, die dasselbe Differenzunterobjekt definieren. Damit hat die Menge der Differenzunterobjekte eine kleinere Mächtigkeit als die Potenzmenge von $\mathrm{Mor}_{\mathscr{C}}(G, A)$, denn verschiedene Differenzunterobjekte (B, c) und (B', d) müssen zu verschiedenen Mengen $d \cdot \mathrm{Mor}_{\mathscr{C}}(G, B') \neq c \cdot \mathrm{Mor}_{\mathscr{C}}(G, B)$ führen.

Lemma 2. *Sei $\mathscr{C}$ eine Kategorie mit Koprodukten. Ein Objekt G aus $\mathscr{C}$ ist genau dann ein Generator, wenn zu jedem Objekt A aus $\mathscr{C}$ ein Epimorphismus $f \colon \coprod G \to A$ existiert.*

Beweis: Wir wollen hier auch das Koprodukt mit einer leeren Indexmenge zulassen, das ein Anfangsobjekt ist. Sei $\mathrm{Mor}_{\mathscr{C}}(G, A) = I$. Wir bilden das Koprodukt von G mit sich selbst über der Indexmenge I. $f \colon \coprod G \to A$ definieren wir als den Morphismus, dessen i-te Komponente $i \in \mathrm{Mor}_{\mathscr{C}}(G, A)$ ist. Dann ist f ein Epimorphismus, falls G ein Generator ist. Ist umgekehrt für jedes A ein Epimorphismus f gegeben, so bleiben verschiedene Morphismen $g, h \colon A \to B$ bei der Verknüpfung mit f verschieden. Dann müssen aber auch für irgendeine Injektion $G \to \coprod G$ die zusammengesetzten Morphismen verschieden bleiben. Speziell kann in dieser Situation $\coprod G$ kein Anfangsobjekt sein.

Lemma 3. *Sei $\mathscr{C}$ eine ausgeglichene Kategorie mit endlichen Durchschnitten und einer Menge von Generatoren. Dann ist $\mathscr{C}$ lokal klein.*

Beweis: Wie in Lemma 1 werden wir zeigen, daß verschiedene Unterobjekte B, B' von A verschiedene Untermengen von $\mathrm{Mor}_{\mathscr{C}}(G_i, A)$ für ein i definieren, wobei G_i eine Menge von Generatoren ist. Seien also B und B' verschieden. Da $\mathscr{C}$ ausgeglichen ist, können nicht beide Morphismen $B \cap B' \to B$ und $B \cap B' \to B'$ Epimorphismen sein, weil sie sonst beide Isomorphismen wären, die mit den Morphismen in A verträglich sind, also $B = B'$ als Unterobjekt wäre. Sei $B \cap B' \to B$ kein Epimorphismus, dann existieren zwei verschiedene Morphismen $f, g \colon B \to C$, so daß $B \cap B' \to B \xrightarrow{f} C = B \cap B' \to B \xrightarrow{g} C$ ist. Sei $h \colon G_i \to B$ mit

$fh \neq gh$ gegeben. Dann läßt sich h nicht durch $B \cap B'$ faktorisieren. Da $B \cap B'$ ein Faserprodukt ist, kann also auch kein Morphismus $G_i \to B'$ mit $G_i \to B' \to A = G_i \xrightarrow{h} B \to A$ existieren. Damit werden $\text{Mor}_{\mathscr{C}}(G_i, B')$ und $\text{Mor}_{\mathscr{C}}(G_i, B)$ bei den durch $B' \to A$ bzw. $B \to A$ definierten Abbildungen in $\text{Mor}_{\mathscr{C}}(G_i, A)$ in verschiedene Untermengen abgebildet.

Lemma 4. *Sei $\mathscr{A}$ eine kleine Kategorie. Dann besitzt* $\text{Funkt}(\mathscr{A}, \mathbf{Me})$ *eine Menge von Generatoren.*

Beweis: Wir zeigen, daß $\{h^A \mid A \in \mathscr{A}\}$ eine Menge von Generatoren ist. Seien $\varphi, \psi \colon \mathscr{F} \to \mathscr{G}$ zwei verschiedenen Morphismen in $\text{Funkt}(\mathscr{A}, \mathbf{Me})$. Dann existiert mindestens ein $A \in \mathscr{A}$ mit $\varphi(A) \neq \psi(A)$. Nach dem Yoneda-Lemma ist daher $\text{Mor}_f(h^A, \varphi) \neq \text{Mor}_f(h^A, \psi)$, also existiert ein $\rho \in \text{Mor}_f(h^A, \mathscr{F})$ mit $\varphi \rho \neq \psi \rho$.

Der duale Begriff ist der des Kogenerators. In **Me** ist jede nichtleere Menge ein Generator und jede Menge mit mindestens zwei Elementen ein Kogenerator. In **Top** ist jeder diskrete, nichtleere topologische Raum ein Generator und jeder topologische Raum X mit mindestens zwei Elementen und $\{\emptyset, X\}$ als Menge der offenen Mengen ein Kogenerator. Man sagt auch, daß X die gröbste Topologie trägt. In **Me*** ist jede Menge mit mindestens zwei Elementen ein Generator und ein Kogenerator. In **Top*** ist jeder diskrete topologische Raum mit mindestens zwei Elementen ein Generator und jeder topologische Raum mit der gröbsten Topologie und mindestens zwei Elementen ein Kogenerator. Über die Kategorien **Ab**, $_R$**Mod**, **Gr** und **Ri** werden wir weiteres in Kapitel 3 und 4 zeigen.

2.11 Spezialfälle des Hauptsatzes für adjungierte Funktoren

Lemma. *Sei $\mathscr{C}$ eine vollständige, lokal kleine Kategorie und erhalte der Funktor $\mathscr{F} \colon \mathscr{C} \to$ **Me** Limites. Zu einem Element $x \in \mathscr{F}C$ existiert ein minimales Unterobjekt $C' \subseteq C$ mit einem Element $y \in \mathscr{F}C'$, das bei dem induzierten Morphismus $\mathscr{F}C' \to \mathscr{F}C$ in x abgebildet wird.*

Beweis: Da $\mathscr{F}$ Limites erhält, sind die induzierten Morphismen $\mathscr{F}C' \to \mathscr{F}C$ Monomorphismen nach 2.6 Korollar 5. Daher ist das $y \in \mathscr{F}C'$ eindeutig bestimmt. Wir betrachten die Kategorie der Unterobjekte von C, zu denen ein (eindeutig bestimmtes) $y \in \mathscr{F}B$ existiert, das bei $\mathscr{F}B \to \mathscr{F}C$ in x abgebildet wird. Der Limes (Durchschnitt) C' über diese Unterobjekte hat dieselbe Eigenschaft, denn $\mathscr{F}$ erhält Limites und die Existenz von $y \in \mathscr{F}C'$ mit dieser Eigenschaft ist gleichbedeutend mit der Eigenschaft, daß eine Abbildung $\{\emptyset\} \to \mathscr{F}C'$ existiert die zusammen mit der Abbildung $\mathscr{F}C' \to \mathscr{F}C$ das Element x zum Bild hat. Das gilt aber für die B im betrachteten Diagramm.

Satz 1. *Sei $\mathscr{C}$ eine vollständige, lokal kleine Kategorie mit einem Kogenerator G. Ein Funktor $\mathscr{F} \colon \mathscr{C} \to$ **Me** ist genau dann darstellbar, wenn $\mathscr{F}$ Limites erhält.*

Beweis: Um 2.9 Satz 2 anzuwenden, müssen wir zu E eine Lösungsmenge angeben. Sei $x \in \mathscr{F}C$ und sei $C' = C$ im Sinne des Lemmas. Sei $y \in \mathscr{F}G$. Existiert ein $f \colon C \to G$ mit $\mathscr{F}f(x) = y$, so ist f eindeutig bestimmt. Sind nämlich zwei Morphismen mit dieser Eigenschaft gegeben, so sei $D \to C$ der Differenzkern dieser beiden Morphismen. Da $\mathscr{F}$ Differenzkerne erhält, existiert ein $x' \in \mathscr{F}D$, das bei $\mathscr{F}D \to \mathscr{F}G$ in y abgebildet wird. Da C minimal war, ist $D = C$, d. h. die beiden Morphismen stimmen überein. Damit ist $\text{Mor}_{\mathscr{C}}(C, G)$ als Teilmenge von $\mathscr{F}G$ aufzufassen. Nach dem Dualen von 2.10 Lemma 2 ist $C \to \prod G$ ein Monomorphismus, wobei das Produkt über die Indexmenge $\text{Mor}_{\mathscr{C}}(C, G)$ gebildet wird und die Komponenten dieses Monomorphismus alle Morphismen aus $\text{Mor}_{\mathscr{C}}(C, G)$ sind. Dann ist auch $C \to \prod G$ ein Monomorphismus, wobei das Produkt über die Indexmenge $\mathscr{F}G$ gebildet wird und für die zusätzlichen Faktoren des Produktes beliebige Morphismen aus $\text{Mor}_{\mathscr{C}}(C, G)$

als zusätzliche Komponenten verwendet werden. Bis auf Äquivalenz ist also C ein Unterobjekt von $\prod_{\mathscr{F}G} G = D$ und das gilt für alle solchen minimalen C. Da $\mathscr{C}$ lokal klein ist, bilden diese Objekte eine Menge, eine Lösungsmenge von E bezüglich $\mathscr{F}$.

Satz 2. *Sei $\mathscr{C}$ eine vollständige, lokal kleine Kategorie mit einem Kogenerator. Sei $\mathscr{F}: \mathscr{C} \to \mathscr{D}$ ein kovarianter Funktor. Es existiert genau dann ein linksadjungierter Funktor zu $\mathscr{F}$, wenn $\mathscr{F}$ Limites erhält.*

Beweis: Folgt ebenso wie 2.9 Satz 3 aus 2.9 Satz 2.

Korollar. *Sei $\mathscr{C}$ eine vollständige, lokal kleine Kategorie mit einem Kogenerator. Dann ist $\mathscr{C}$ kovollständig.*

Beweis: Sei $\mathscr{A}$ ein Diagrammschema. Der Konstantenfunktor $\mathscr{K}: \mathscr{C} \to \mathrm{Funkt}(\mathscr{A}, \mathscr{C})$ erhält Limites. Nach Satz 2 besitzt $\mathscr{K}$ einen linksadjungierten Funktor $\varinjlim$. Das gilt für alle Diagrammschemata $\mathscr{A}$.

Für den Satz 2 wollen wir hier ein Beispiel diskutieren, wobei wir für die einzelnen Begriffe und die verwendeten Sätze auf die Lehrbücher über Topologie verweisen müssen. Die volle Unterkategorie der kompakten hausdorffschen Räume in **Top** ist eine reflexive Unterkategorie der vollen Unterkategorie der normalen hausdorffschen Räume in **Top**. Das Lemma von Urysohn garantiert, daß das Intervall $[0,1]$ Kogenerator ist. Die abgeschlossenen Unterräume von kompakten hausdorffschen Räumen sind wieder kompakt und stellen die Differenzunterobjekte dar. Nach dem Satz von Tychonoff sind auch die Produkte wieder kompakt. Also existiert zum Einbettungsfunktor ein linksadjungierter Funktor. Dieser heißt auch Stone-Čech-Kompaktifizierung.

Satz 3. *Sei $\mathscr{C}$ eine volle reflexive Unterkategorie einer kovollständigen Kategorie $\mathscr{D}$. Dann ist $\mathscr{C}$ kovollständig.*

Beweis: Sei $\mathscr{E}: \mathscr{C} \to \mathscr{D}$ der Einbettungsfunktor. Sei $\mathscr{A}$ ein Diagrammschema und $\mathscr{F}: \mathscr{A} \to \mathscr{C}$ ein Diagramm. Sei $\mathscr{R}: \mathscr{D} \to \mathscr{C}$ der Reflektor zu $\mathscr{E}$. Da $\mathscr{E}$ voll treu ist, ist $\mathrm{Mor}_f(\mathscr{F}, \mathscr{F}') \cong \mathrm{Mor}_f(\mathscr{E}\mathscr{F}, \mathscr{E}\mathscr{F}')$ für $\mathscr{F}, \mathscr{F}' \in \mathrm{Funkt}(\mathscr{A}, \mathscr{C})$ funktoriell in $\mathscr{F}$ und $\mathscr{F}'$. Das zeigt man ebenso wie in 2.7 Satz 1 den Isomorphismus $\mathrm{Mor}_f(\mathscr{K}\mathscr{H}, \mathscr{G}) \cong \mathrm{Mor}_f(\mathscr{H}, \varprojlim \mathscr{G})$. Dann ist aber

$$\mathrm{Mor}_f(\mathscr{F}, \mathscr{K}C) \cong \mathrm{Mor}_f(\mathscr{E}\mathscr{F}, \mathscr{E}\mathscr{K}C) \cong \mathrm{Mor}_f(\mathscr{E}\mathscr{F}, \mathscr{K}\mathscr{E}C) \cong \mathrm{Mor}_{\mathscr{D}}(\varinjlim \mathscr{E}\mathscr{F}, \mathscr{E}C)$$
$$\cong \mathrm{Mor}_{\mathscr{C}}(\mathscr{R} \varinjlim \mathscr{E}\mathscr{F}, C)$$

funktoriell in $\mathscr{F}$ und C. Also besitzt $\mathscr{C}$ Kolimites.

Satz 4. *Sei $\mathscr{C}$ ein volle Unterkategorie einer vollständigen, lokal kleinen und lokal kokleinen Kategorie $\mathscr{D}$. Sei $\mathscr{C}$ abgeschlossen bezüglich der Bildung von Produkten und Unterobjekten in $\mathscr{D}$. Dann ist $\mathscr{C}$ eine reflexive Unterkategorie von $\mathscr{D}$.*

Beweis: Da $\mathscr{C}$ abgeschlossen ist bezüglich der Bildung von Produkten und Unterobjekten, also speziell von Differenzunterobjekten, ist $\mathscr{C}$ bezüglich der Bildung von Limites abgeschlossen. Damit ist $\mathscr{C}$ vollstängig, und der Einbettungsfunktor erhält Limites. Es ist nur eine Lösungsmenge anzugeben. Da der Einbettungsfunktor Limites erhält, erhält er Unterobjekte, und $\mathscr{C}$ ist lokal klein. Sei ein Morphismus $D \to C$ gegeben. Da der Funktor $\mathrm{Mor}_{\mathscr{D}}(D, -): \mathscr{C} \to \mathbf{Me}$ Limites erhält, existiert nach Lemma 1 ein minimales Unterobjekt C' von C, durch das sich $D \to C$ faktorisieren läßt. Seien $f, g: C' \to D'$ in $\mathscr{D}$ so gegeben, daß $fh = gh$, wobei $h: D \to C'$ der Faktorisierungsmorphismus ist. Dann ist h durch den Differenzkern von (f, g) faktorisierbar. Da C' minimal war, ist $f = g$, also h ein Epimorphismus. Die Menge der Quotientenobjekte von D ist damit eine Lösungsmenge.

Wir bemerken, daß wir im Beweis nur verwendet haben, daß $\mathscr{C}$ abgeschlossen ist bezüglich der Bildung von Differenzunterobjekten, statt bezüglich der Bildung von Unterobjekten. Diese Bedingung ist aber in den Anwendungsfällen schwieriger nachzuprüfen.

Als Beispiele erhalten wir, daß die volle Unterkategorie der kommutativen Ringe in **Ri** reflexiv ist. Ebenso ist die volle Unterkategorie der hausdorffschen Räume in **Top** eine reflexive Unterkategorie. Wir bemerken noch, daß die volle Unterkategorie der Integritätsbereiche nicht reflexiv in **Ri** ist, weil sie sonst gegenüber der Produktbildung in **Ri** abgeschlossen sein müßte. Das Produkt von $\mathbb{Z}$ mit sich selbst ist aber kein Integritätsbereich mehr.

2.12 Volle und treue Funktoren

Lemma 1. *Sei $\mathscr{F}: \mathscr{C} \to \mathscr{D}$ ein treuer Funktor. Dann reflektiert $\mathscr{F}$ Mono- und Epimorphismen.*

Beweis: Seien $f, g, h \in \mathscr{C}$ mit $fg = fh$ gegeben. Dann ist $\mathscr{F}f\,\mathscr{F}g = \mathscr{F}f\,\mathscr{F}h$. Ist $\mathscr{F}f$ ein Monomorphismus, so ist $\mathscr{F}g = \mathscr{F}h$. Da $\mathscr{F}$ treu ist, ist $g = h$. Die Aussage über Epimorphismen erhält man durch Dualisieren.

Satz 1. *Sei $\mathscr{F}: \mathscr{C} \to \mathscr{D}$ ein voll treuer Funktor. Dann reflektiert $\mathscr{F}$ Limites und Kolimites.*

Beweis: Sei $\mathscr{G}: \mathscr{A} \to \mathscr{C}$. Es existiert genau dann ein Limes zu $\mathscr{G}$, wenn der Funktor $\mathrm{Mor}_f(\mathscr{K}-,\mathscr{G}): \mathscr{C}^0 \to \mathbf{Me}$ darstellbar ist. Sei $C \in \mathscr{C}$ mit $\mathrm{Mor}_f(\mathscr{K}-,\mathscr{F}\mathscr{G}) \cong \mathrm{Mor}_{\mathscr{D}}(-,\mathscr{F}C)$ gegeben. Dann ist $\mathrm{Mor}_f(\mathscr{F}\mathscr{K}-,\mathscr{F}\mathscr{G}) \cong \mathrm{Mor}_{\mathscr{D}}(\mathscr{F}-,\mathscr{F}C)$ als Funktoren von $\mathscr{C}^0$ in $\mathbf{Me}$. Da $\mathscr{F}$ voll treu ist, ist $\mathrm{Mor}_f(\mathscr{K}-,\mathscr{G}) \cong \mathrm{Mor}_{\mathscr{C}}(-,C)$. Dual zeigt man, daß Kolimes reflektiert werden.

Satz 2. *Sei $\mathscr{A}$ eine kleine Kategorie. Der kovariante Darstellungsfunktor $h: \mathscr{A} \to$ Funkt$(\mathscr{A}^0,\mathbf{Me})$ reflektiert Limites und Kolimites und erhält Limites.*

Beweis: Aus 1.15 wissen wir, daß h voll treu ist. Also gilt Satz 1. Die letzte Aussage folgt aus 2.7 Satz 2.

Wir bemerken, daß h nicht notwendig Kolimites erhält. Sei nämlich $\mathscr{A}$ ein Skelett der vollen Unterkategorie der endlich erzeugten abelschen Gruppen von **Ab**. Dann ist $\mathscr{A}$ klein. Wir können annehmen, daß $\mathbb{Z}$ und $\mathbb{Z}/n\mathbb{Z}$ in $\mathscr{A}$ liegen für ein $n > 1$. Dann ist $\mathbb{Z}/n\mathbb{Z}$ ein Kokern von $n: \mathbb{Z} \to \mathbb{Z}$, der Multiplikation mit n. Aber $\mathrm{Mor}_{\mathscr{A}}(-,\mathbb{Z}/n\mathbb{Z})$ ist kein Kokern von $\mathrm{Mor}_{\mathscr{A}}(-,n): \mathrm{Mor}_{\mathscr{A}}(-,\mathbb{Z}) \to \mathrm{Mor}_{\mathscr{A}}(-,\mathbb{Z})$, denn das müßte argumentweise gelten. Das ist aber nicht der Fall für das Argument $\mathbb{Z}/n\mathbb{Z}$.

Satz 3. *Sei $\mathscr{F}: \mathscr{C} \to \mathscr{D}$ linksadjungiert zu $\mathscr{G}: \mathscr{D} \to \mathscr{C}$. Sei $\psi: \mathrm{Mor}_{\mathscr{C}}(-,\mathscr{G}-) \cong \mathrm{Mor}_{\mathscr{D}}(\mathscr{F}-,-)$ der zugehörige funktorielle Isomorphismus und $\Psi: \mathscr{F}\mathscr{G} \to \mathrm{Id}_{\mathscr{D}}$ der in 2.1 konstruierte funktorielle Morphismus. Dann sind äquivalent:*
1) *$\mathscr{G}$ ist treu.*
2) *$\mathscr{G}$ reflektiert Epimorphismen.*
3) *Ist $g: C \to \mathscr{G}D$ ein Epimorphismus, so ist auch $\psi(g)$ ein Epimorphismus.*
4) *$\Psi D: \mathscr{F}\mathscr{G}D \to D$ ist für alle $D \in \mathscr{D}$ ein Epimorphismus.*

Beweis: 1) $\Rightarrow$ 2) folgt aus dem Lemma. 2) $\Rightarrow$ 3): Nach der Bemerkung nach 2.2 Satz 1 ist mit g auch $\mathscr{G}g^* = \mathscr{G}(\psi(g))$ ein Epimorphismus. Wegen 2) ist dann $\psi(g)$ ein Epimorphismus. 3) $\Rightarrow$ 4) folgt, wenn man für g die Identität $1_{\mathscr{G}D}$ einsetzt. 4) $\Rightarrow$ 1): Die Abbildung $\mathscr{G}: \mathrm{Mor}_{\mathscr{D}}(D,D') \to \mathrm{Mor}_{\mathscr{C}}(\mathscr{G}D,\mathscr{G}D')$ ist nach Definition von $\Psi: \mathscr{F}\mathscr{G} \to \mathrm{Id}_{\mathscr{D}}$ zusammengesetzt aus $\mathrm{Mor}_{\mathscr{D}}(D,D') \to \mathrm{Mor}_{\mathscr{D}}(\mathscr{F}\mathscr{G}D,D') \cong \mathrm{Mor}_{\mathscr{C}}(\mathscr{G}D,\mathscr{G}D')$. Ist ΨD ein Epimorphismus, so ist diese Abbildung injektiv.

Lemma 2. *Seien die Bezeichnungen wie in Satz 3. $\mathcal{G}$ ist dann und nur dann voll, wenn die Morphismen $\Psi D: \mathcal{F}\mathcal{G}D \to D$ Schnitte sind.*

Beweis: Wir verwenden 1.10 Lemma 3 und die Tatsache, daß die Abbildung $\mathcal{G}$: $\mathrm{Mor}_{\mathcal{D}}(D,D') \to \mathrm{Mor}_{\mathcal{C}}(\mathcal{G}D,\mathcal{G}D')$ zusammengesetzt ist aus $\mathrm{Mor}_{\mathcal{D}}(D,D') \to \mathrm{Mor}_{\mathcal{D}}(\mathcal{F}\mathcal{G}D,D') \cong \mathrm{Mor}_{\mathcal{C}}(\mathcal{G}D,\mathcal{G}D')$.

Korollar. *Seien die Bezeichnungen wie in Satz 3. $\mathcal{G}$ ist dann und nur dann voll treu, wenn die Morphismen $\Psi D: \mathcal{F}\mathcal{G}D \to D$ Isomorphismen sind.*

Beweis: Folgt aus Satz 3 und Lemma 2, weil aus der Isomorphie von $\mathrm{Mor}_{\mathcal{D}}(D,D')$ und $\mathrm{Mor}_{\mathcal{D}}(\mathcal{F}\mathcal{G}D,D')$ für alle D' (funktoriell) die Isomorphie von D und $\mathcal{F}\mathcal{G}D$ folgt.

Satz 4. *Seien die Bezeichnungen wie in Satz 3 und sei $\mathcal{G}$ voll treu. Sei $\mathcal{H}: A \to \mathcal{D}$ ein Diagramm. Sei C ein Limes bzw. Kolimes von $\mathcal{G}\mathcal{H}$. Dann ist $\mathcal{F}C$ ein Limes bzw. Kolimes von $\mathcal{H}$. Ist $\mathcal{C}$ (endlich) vollständig bzw. kovollständig, so ist auch $\mathcal{D}$ (endlich) vollständig bzw. kovollständig.*

Beweis: Da $\mathrm{Mor}_{\mathcal{C}}(C,-) \cong \mathrm{Mor}_{f}(\mathcal{G}\mathcal{H},\mathcal{H}\,-)$ im Falle des Kolimes ist, ist $\mathrm{Mor}_{\mathcal{D}}(\mathcal{F}C,-) \cong \mathrm{Mor}_{\mathcal{C}}(C,\mathcal{G}-) \cong \mathrm{Mor}_{f}(\mathcal{G}\mathcal{H},\mathcal{G}\mathcal{H}\,-) \cong \mathrm{Mor}_{f}(\mathcal{H},\mathcal{H}\,-)$.

Die zweite Aussage beweisen wir in der invers verbundenen Kategorie $\mathcal{V}_{\mathcal{H}}(\mathrm{Funkt}(\mathcal{A},\mathcal{C}),\mathcal{C})$, in der wir ein kommutatives Diagramm

$$
\begin{array}{ccccc}
C & \xrightarrow{\ \Phi C\ } & \mathcal{G}\mathcal{F}C & \xrightarrow{\ \rho\ } & C \\
\downarrow & & \downarrow & & \downarrow \\
\mathcal{G}\mathcal{H} & \xrightarrow{\ \Phi\mathcal{G}\mathcal{H}\ } & \mathcal{G}\mathcal{F}\mathcal{G}\mathcal{H} & \xrightarrow{\ \mathcal{G}\Psi\mathcal{H}\ } & \mathcal{G}\mathcal{H}
\end{array}
$$

erhalten. Der Morphismus $(\mathcal{G}\Psi\mathcal{H})(\Phi\mathcal{G}\mathcal{H})$ ist die Identität. Da C ein Limes ist, existiert ein eindeutig bestimmter Morphismus ρ und $\rho(\Phi C)$ ist ebenfalls die Identität. Damit ist ρ eine Retraktion. Da $\Phi: \mathrm{Id}_{\mathcal{C}} \to \mathcal{G}\mathcal{F}$ ein funktorieller Morphismus ist und da $\mathcal{G}\mathcal{F}\Phi = \Phi\mathcal{G}\mathcal{F}$ wegen $(\mathcal{G}\Psi\mathcal{F})(\mathcal{G}\mathcal{F}\Phi) = (\mathcal{G}\Psi\mathcal{F})(\Phi\mathcal{G}\mathcal{F})$ ist, ist das Quadrat

$$
\begin{array}{ccc}
\mathcal{G}\mathcal{F}C & \xrightarrow{\ \rho\ } & C \\
{\scriptstyle \mathcal{G}\mathcal{F}(\Phi C)}\downarrow & & \downarrow{\scriptstyle \Phi C} \\
\mathcal{G}\mathcal{F}\mathcal{G}\mathcal{F}C & \xrightarrow{\ \mathcal{G}\mathcal{F}\rho\ } & \mathcal{G}\mathcal{F}C
\end{array}
$$

kommutativ. Da $(\mathcal{G}\mathcal{F}\rho)(\mathcal{G}\mathcal{F}(\Phi C))$ die Identität ist, ist ρ ein Isomorphismus, also auch ΦC. Da $\mathcal{G}\Psi\mathcal{H}$ ein Isomorphismus ist, ist auch $\Phi\mathcal{G}\mathcal{H}$ ein Isomorphismus. Damit ist $\mathcal{G}\mathcal{F}C$ ein Limes von $\mathcal{G}\mathcal{F}\mathcal{G}\mathcal{H}$. Da $\mathcal{G}$ voll treu ist, reflektiert $\mathcal{G}$ Limites. Also ist $\mathcal{F}C$ ein Limes von $\mathcal{F}\mathcal{G}\mathcal{H}$. Die zweite Aussage des Satzes folgt aus dem Bewiesenen.

Aufgaben zu Kapitel 2

1. Sei $\mathcal{G}: \mathbf{Gr} \to \mathbf{Me}$ der Vergißfunktor, der jeder Gruppe die unterliegende Menge zuordnet. Man formuliere das zu $A \in \mathbf{Me}$ gehörige universelle Problem in $\mathcal{V}_{\mathcal{G}}(\mathbf{Me},\mathbf{Gr})$ und untersuche, ob eine universelle Lösung existiert. Besitzt $\mathcal{G}$ einen linksadjungierten Funktor? Wie lautet das universelle Problem in $\mathcal{V}_{\mathcal{G}}(\mathbf{Gr},\mathbf{Me})$? Wie ändert sich die universelle Lösung, wenn man $\mathbf{Gr}$ durch $\mathbf{Ab}$ ersetzt?

2. Ist

$$
\begin{array}{ccc}
A & \xrightarrow{\ f\ } & B \\
{\scriptstyle f}\downarrow & & \downarrow{\scriptstyle g} \\
B & \xrightarrow{\ g\ } & C
\end{array}
$$

ein Faserprodukt, so ist f ein Monomorphismus.

3. Ein voll treuer Funktor $\mathscr{F}$ definiert eine Äquivalenz mit dem Bild von $\mathscr{F}$.

4. Hat $\mathscr{F}\colon \mathscr{C} \to \mathbf{Me}$ einen linksadjungierten Funktor, so ist $\mathscr{F}$ darstellbar.

5. Man beweise (ohne Verwendung von 2.8 Lemma 3), daß jedes Kernpaar eine monomorphe Äquivalenzrelation ist.

6. (Ehrbar). Seien $\mathscr{Q}$ und $\mathscr{U}$ Unterkategorien einer Kategorie $\mathscr{C}$. Wir sagen, daß $\mathscr{Q}$ und $\mathscr{U}$ die Kategorie $\mathscr{C}$ zerlegen, wenn alle Objekte und alle Isomorphismen von $\mathscr{C}$ sowohl in $\mathscr{Q}$ als auch in $\mathscr{U}$ liegen, wenn es zu jedem $f \in \mathscr{C}$ eine $\mathscr{Q}-\mathscr{U}$-Zerlegung gibt, d. h. wenn zu jedem $f \in \mathscr{C}$ ein Paar $(q,u) \in \mathscr{Q} \times \mathscr{U}$ mit $f = uq$ existiert, und wenn es zu je zwei $\mathscr{Q}-\mathscr{U}$-Zerlegungen (q,u) und (q',u') desselben Morphismus $f \in \mathscr{C}$ genau ein $h \in \mathscr{C}$ mit $hq = q'$ und $u = u'h$ gibt.

h ist ein Isomorphismus.

Ist $bq = ua$ mit $q \in \mathscr{Q}$ und $u \in \mathscr{U}$, so existiert genau ein Morphismus $d \in \mathscr{C}$, so daß das Diagramm

$$\begin{array}{ccc} A & \xrightarrow{\;q\;} & B \\ a\downarrow & \;d\nearrow & \downarrow b \\ C & \xrightarrow{\;u\;} & D \end{array}$$

kommutativ ist.

Seien $f \in \mathscr{C}$ und $A \in \mathscr{C}$. f heißt relativ epimorph bezüglich A, wenn $\mathrm{Mor}_{\mathscr{C}}(f,A)$ eine injektive Abbildung ist.

Sei $\mathscr{C}$ eine Kategorie mit nichtleeren Produkten und werde $\mathscr{C}$ von den Unterkategorien $\mathscr{Q}$ und $\mathscr{U}$ zerlegt. Sei $\mathfrak{A}$ eine Klasse von Objekten aus $\mathscr{C}$ mit der Eigenschaft, daß alle $q \in \mathscr{Q}$ relativ epimorph bezüglich aller $A \in \mathfrak{A}$ sind. Sei $\hat{\mathfrak{A}}$ die volle Unterkategorie von $\mathscr{C}$ mit den Objekten $\hat{A} \in \mathscr{C}$, für die eine Familie $\{A_i\}_{i \in I} \subseteq \mathfrak{A}$ und ein Morphismus $u\colon \hat{A} \to \prod_{i \in I} A_i$ mit $u \in \mathscr{U}$ existieren. $\hat{\mathfrak{A}}$ ist genau dann eine reflexive Unterkategorie von $\mathscr{C}$, wenn zu jedem Objekt $B \in \mathscr{C}$ eine nichtleere Menge L von Morphismen $f \in \mathscr{C}$ mit $Q(f) = B$, $Z(f) \in \hat{\mathfrak{A}}$ und der Eigenschaft existiert, daß es zu jedem $g \in \mathscr{C}$ mit $Q(g) = B$ und $Z(g) \in \mathfrak{A}$ ein $f \in L$ und ein $h \in \mathscr{C}$ mit $g = hf$ gibt.

(Zum Beweis: Da $\mathscr{U}$ Produkte von Morphismen enthält, enthält $\hat{\mathfrak{A}}$ Produkte. Außerdem sind alle $q \in \mathscr{Q}$ relativ epimorph bezüglich aller $\hat{A} \in \hat{\mathfrak{A}}$. Ist L wie oben und $h\colon B \to \prod_{f \in L} Z(f)$ der Morphismus mit $p_f h = f$ für alle $f \in L$, und ist (q,u) eine $\mathscr{Q}-\mathscr{U}$-Zerlegung von f, so ist q der Adjunktionsmorphismus $\Phi(B)$ mit $\Phi\colon \mathrm{Id}_{\mathscr{C}} \to \mathscr{R}$, wobei $\mathscr{R}$ der gesuchte Reflektor ist (2.1 Satz 3 und 2.4).)

$\mathscr{C} = \mathbf{Top}$, $\mathscr{Q}$ die Kategorie der stetigen, dichten Abbildungen in $\mathscr{C}$ und $\mathscr{U}$ die Kategorie der injektiven, abgeschlossenen, stetigen Abbildungen definieren mit $\mathfrak{A} = \{[0,1]\}$ die Stone-Čech-Kompaktifizierung.

3 Universelle Algebra

Die Theorie der gleichungsdefinierten Algebren ist eine der schönsten Anwendungen der Theorie der Kategorien und Funktoren. Viele der bekannten universellen Konstruktionen, z. B. Gruppenring, symmetrische oder äußere Algebra, und ihre Eigenschaften können gemeinsam behandelt werden. Der Ansatz für diese Theorie in den ersten beiden Abschnitten stammt aus der Dissertation von Lawvere. Die Methode des dritten Abschnitts führt zu Lintons Begriff der „varietal category", der aber nicht expliziert formuliert wird, während im vierten Abschnitt die Hilfsmittel der Monaden oder — wie sie in Zürich genannt werden — Tripel zum Tragen kommen. Satz 4 im letzten Abschnitt geht im wesentlichen auf Hilton zurück.

3.1 Algebraische Theorien

Sei N die volle Unterkategorie von **Me**, deren Objekte endliche Mengen sind, wobei für jede endliche Kardinalzahl genau eine Menge dieser Kardinalzahl in N liegt. Speziell liege auch $\emptyset$ in N. Die Objekte von N werden mit kleinen lateinischen Buchstaben bezeichnet ($n \in$ N). In besonderen Fällen werden auch die Kardinalzahlen der entsprechenden Mengen als Objekte von N verwendet (0, 1, 2, 3, ... $\in$ N).

Sei $n \in$ N. Dann ist n ein n-faches Koprodukt (disjunkte Vereinigung) der 1 mit sich selbst. $0(= \emptyset)$ ist ein Anfangsobjekt in N (leere Vereinigung). Folglich gilt $\mathrm{Mor}_N(m,n) \cong \mathrm{Mor}_N(1,n)^m$ (m-faches Produkt). Da aber jeder Morphismus $1 \to n$ eine Injektion in das Koprodukt n ist, sind alle Morphismen in N m-Tupel von Injektionen in Koprodukte. N ist eine Kategorie mit endlichen Koprodukten.

Sei N^0 die zu N duale Kategorie. Die Objekte bezeichnen wir ebenso wie in N. Jedes Objekt $n \in N^0$ ist n-faches Produkt der 1 mit sich selbst. 0 ist Endobjekt. Jeder Morphismus ist ein n-Tupel von Projektionen aus Produkten. Speziell identifizieren wir $\mathrm{Mor}_{N^0}(m,n) = \mathrm{Mor}_{N^0}(m,1)^n$ (n-faches Produkt). N^0 ist eine Kategorie mit endlichen Produkten.

Ein kovarianter Funktor A: $N^0 \to \mathfrak{A}$, der auf den Objektklassen bijektiv ist und endliche Produkte erhält, heißt **algebraische Theorie**. Speziell erhält A das Endobjekt.

Da A auf den Objektmengen bijektiv ist, bezeichnen wir die Objekte von $\mathfrak{A}$ ebenfalls mit kleinen lateinischen Buchstaben oder den zugehörigen Kardinalzahlen. Die i-te Projektion von n auf 1 werde in N^0 wie in $\mathfrak{A}$ mit $p_n^i\colon n \to 1$ bezeichnet. Häufig werden wir von einer algebraischen Theorie $\mathfrak{A}$ sprechen, ohne den zugehörigen Funktor A besonders zu nennen, da dieser sich in den wichtigen Fällen aus den hier getroffenen Vereinbarungen über die Bezeichnungen leicht zurückgewinnen läßt.

Seien A: $N^0 \to \mathfrak{A}$ und B: $N^0 \to \mathfrak{B}$ algebraische Theorien. Ein **Morphismus von algebraischen Theorien** ist ein Funktor $\mathscr{G}\colon \mathfrak{A} \to \mathfrak{B}$, so daß gilt $\mathscr{G}A = B$. Die algebraischen Theorien bilden damit eine Kategorie **Alt**.

Eine algebraische Theorie A: $N^0 \to \mathfrak{A}$ heißt **konsistent**, wenn A treu ist.

Sei $\mathscr{N}$ eine diskrete Kategorie mit einer abzählbaren Menge von Objekten, die wir mit 0, 1, 2, 3, ... bezeichnen. Sei $\mathfrak{B}$: **Alt** $\to$ Funkt$(\mathscr{N},$**Me**$)$ ein Funktor definiert durch

$$\mathfrak{B}(A,\mathfrak{A})(n) = \mathrm{Mor}_{\mathfrak{A}}(n,1)$$
$$\mathfrak{B}(\mathscr{G})(n) = (\mathscr{G}\colon \mathrm{Mor}_{\mathfrak{A}}(n,1) \to \mathrm{Mor}_{\mathfrak{B}}(n,1)).$$

Satz. $\mathfrak{B}$ *besitzt einen linksadjungierten Funktor* $\mathfrak{F}$: Funkt$(\mathscr{N},$**Me**$)$ $\to$ **Alt**.

Beweis: Wir konstruieren $\mathfrak{F}$ explizit. Sei $H\colon \mathscr{N} \to$ **Me** gegeben. Wir konstruieren Mengen $M(r,s)$ für $r,s \in \mathscr{N}$ auf folgende Weise. Zunächst seien

$$M_1(r,0) = \{\emptyset\},$$
$$M_1(r,1) = H(r) \cup \mathrm{Mor}_{N^0}(r,1),$$

wobei eine disjunkte Vereinigung zu nehmen ist,

$$M_1(r,s) = M_1(r,1)^s \quad \text{für} \quad s > 1.$$

Die s-Tupel bezeichnen wir auch mit $(\sigma_1, \ldots, \sigma_s)$.

$$M'_1(r,s) = \{[\sigma,\tau] \mid \sigma \in M_1(t,s), \tau \in M_1(r,t), t \in \mathcal{N}\} \cup M_1(r,s).$$

Die Paare $[\sigma,\tau]$ werden im Gegensatz zu den s-Tupeln in $M_1(r,s)$ mit eckigen Klammern geschrieben.

Sind die Mengen $M_{i-1}(r,s)$ und $M'_{i-1}(r,s)$ für $r,s \in \mathcal{N}$ schon bekannt, so seien

$$M_i(r,0) = M'_{i-1}(r,0),$$
$$M_i(r,1) = M'_{i-1}(r,1),$$
$$M_i(r,s) = M_i(r,1)^s \cup M'_{i-1}(r,s) \quad \text{für} \quad s > 1,$$
$$M'_i(r,s) = \{[\sigma,\tau] \mid \sigma \in M_i(t,s), \tau \in M_i(r,t), t \in \mathcal{N}\} \cup M_i(r,s).$$

Dann gilt:
$$\{\emptyset\} \subseteq M_1(r,0) \subseteq M'_1(r,0) \subseteq M_2(r,0) \subseteq M'_2(r,0) \subseteq \cdots$$
$$H(r) \cup \mathrm{Mor}_{\mathsf{N}^0}(r,1) \subseteq M_1(r,1) \subseteq M'_1(r,1) \subseteq M_2(r,1) \subseteq M'_2(r,1) \subseteq \cdots$$
$$M_1(r,s) \subseteq M'_1(r,s) \subseteq M_2(r,s) \subseteq M'_2(r,s) \subseteq \cdots$$

Wir definieren $M(r,s) = \bigcup M_i(r,s)$.

Dann gelten folgende Aussagen:

a) $\{\emptyset\} \subseteq M(r,0)$ für alle $r \geq 0$,
b) $H(r) \cup \mathrm{Mor}_{\mathsf{N}^0}(r,1) \subseteq M(r,1)$,
c) ist $\sigma_i \in M(r,1)$ für $i = 1, \ldots, s$ mit $s > 1$, so ist das s-Tupel $(\sigma_1, \ldots, \sigma_s) \in M(r,s)$ für alle $r \geq 0$,
d) ist $\sigma \in M(t,s)$ und $\tau \in M(r,t)$, so ist $[\sigma,\tau] \in M(r,s)$ für alle $r,s,t \geq 0$.

Auf den Mengen $M(r,s)$ sei R die durch folgende Bedingungen induzierte Äquivalenzrelation:

1) ist $\sigma,\tau \in M(r,0)$, so ist $(\sigma,\tau) \in R$,
2) ist $\sigma_j \in M(r,1)$ für $j = 1, \ldots, s$, so ist $([p_s^i,(\sigma_1, \ldots, \sigma_s)],\sigma_i) \in R$ für $i = 1, \ldots, s$,
3) ist $\sigma \in M(r,s)$, so ist $(([p_s^1,\sigma], \ldots, [p_s^s,\sigma]),\sigma) \in R$,
4) ist $\sigma \in M(r,s)$, so ist $([(p_s^1, \ldots, p_s^s),\sigma],\sigma) \in R$ und $([\sigma,(p_r^1, \ldots, p_r^r)],\sigma) \in R$,
5) sind $\sigma \in M(r,s)$, $\tau \in M(s,t)$ und $\rho \in \mathrm{M}(t,u)$, so ist $([[\rho,\tau],\sigma],[\rho,[\tau,\sigma]]) \in R$,
6) sind $\sigma_i,\tau_i \in M(r,1)$ und $(\sigma_i,\tau_i) \in R$ für $i = 1, \ldots, s$, so ist $((\sigma_1, \ldots, \sigma_s),(\tau_1, \ldots, \tau_s)) \in R$,
7) sind $\sigma,\sigma' \in M(r,t)$ und $\tau,\tau' \in M(t,s)$ und $(\sigma,\sigma'),(\tau,\tau') \in R$, so ist $([\tau,\sigma],[\tau',\sigma']) \in R$.

Man bemerkt, daß zwei Elemente höchstens dann äquivalent sind, wenn sie beide in derselben Menge $M(r,s)$ liegen. Wir definieren daher $\mathrm{Mor}_{\mathfrak{F}H}(r,s) = M(r,s)/R$ als Menge der durch R definierten Äquivalenzklassen. Seien $\psi \in \mathrm{Mor}_{\mathfrak{F}H}(r,s)$ und $\varphi \in \mathrm{Mor}_{\mathfrak{F}H}(s,t)$ mit den Repräsentanten $\tau \in M_i(r,s)$ und $\sigma \in M_i(s,t)$, was sich durch genügend große Wahl von i erreichen läßt. Dann sei die Verknüpfung $\varphi\psi$ von φ mit ψ die Äquivalenzklasse von $[\sigma,\tau] \in M_{i+1}(r,t) \subseteq M(r,t)$. Wegen 7) ist diese Klasse unabhängig von der Wahl der Repräsentanten für φ und ψ. Wegen 5) ist diese Verknüpfung assoziativ. Wegen 4) ist die Äquivalenzklasse von $(p_r^1, \ldots, p_r^r)$ Identität für die Verknüpfung. Damit bildet $\mathfrak{F}H$ eine Kategorie mit den Objekten $0,1,2, \ldots$ und den Morphismenmengen $\mathrm{Mor}_{\mathfrak{F}H}(r,s)$.

Wegen 1) ist 0 ein Endobjekt in $\mathfrak{F}H$. Die Bedingungen 2), 3) und 6) bewirken, daß $\mathrm{Mor}_{\mathfrak{F}H}(r,s) \cong \mathrm{Mor}_{\mathfrak{F}H}(r,1)^s$ ist. 6) impliziert nämlich, daß für Morphismen $\varphi_i \in \mathrm{Mor}_{\mathfrak{F}H}(r,1)$

mit Repräsentanten $\sigma_i \in M(r,1)$ für $i = 1,\ldots,s$ der Morphismus $(\varphi_1,\ldots,\varphi_s) \in \mathrm{Mor}_{\mathfrak{F}H}(r,s)$, der $(\sigma_1,\ldots,\sigma_s) \in M(r,s)$ als Repräsentanten hat, von der Wahl der Repräsentanten σ_i unabhängig ist. Aus 2) folgt die Existenz eines Faktorisierungsmorphismus φ, so daß $p_n^i \varphi = \varphi_i$, nämlich $\varphi = (\varphi_1,\ldots,\varphi_s)$, und aus 3) folgt die Eindeutigkeit eines solchen Faktorisierungsmorphismus. Damit ist das Objekt $s \in \mathfrak{F}H$ ein s-faches Produkt der 1 mit sich selbst.

Offenbar induziert $s \mapsto s$ und $p_j^i \mapsto p_j^i$ einen produkterhaltenen Funktor $N^0 \to \mathfrak{F}H$, der freie von H erzeugte algebraische Theorie $\mathfrak{F}H$ heißt.

Seien $H, H' \in \mathrm{Funkt}(\mathcal{N}, \mathbf{Me})$ und sei $f\colon H \to H'$ ein funktorieller Morphismus. Da $\mathcal{N}$ diskret ist, ist $f(r)\colon H(r) \to H'(r)$ eine beliebige Abbildung. Sei $\mathfrak{F}f$ definiert durch

$$\begin{aligned}
\mathfrak{F}f(\varphi) &= f(\varphi) \quad \text{für} \quad \varphi \in H(r)\,, \\
\mathfrak{F}f(p_r^i) &= p_r^i \quad \text{für} \quad p_r^i \in \mathrm{Mor}_{N^0}(r,1)\,, \\
\mathfrak{F}f(\varphi_1,\ldots,\varphi_s) &= (\mathfrak{F}f(\varphi_1),\ldots,\mathfrak{F}f(\varphi_s))\,, \\
\mathfrak{F}f(\varphi\psi) &= \mathfrak{F}f(\varphi)\,\mathfrak{F}f(\psi)\,.
\end{aligned}$$

Dann bildet $\mathfrak{F}f$ die Äquivalenzrelation R in R' ab. Also ist $\mathfrak{F}f$ ein Morphismus von freien algebraischen Theorien $\mathfrak{F}f\colon \mathfrak{F}H \to \mathfrak{F}H'$. Man verifiziert sofort $\mathfrak{F}(fg) = \mathfrak{F}(f)\mathfrak{F}(g)$ und $\mathfrak{F}1_H = \mathrm{Id}_{\mathfrak{F}H}$. Also ist $\mathfrak{F}\colon \mathrm{Funkt}(\mathcal{N}, \mathbf{Me}) \to \mathbf{Alt}$ ein Funktor.

Es bleibt zu zeigen, daß

$$\mathrm{Mor}_{\mathbf{Alt}}(\mathfrak{F}H, (A,\mathfrak{A})) \cong \mathrm{Mor}_f(H, \mathfrak{B}(A,\mathfrak{A}))$$

funktoriell in H und $(A,\mathfrak{A})$ gilt. Sei $f\colon H \to \mathfrak{B}(A,\mathfrak{A})$ gegeben, d. h. für jedes r sei $f(r)\colon H(r) \to \mathrm{Mor}_{\mathfrak{A}}(r,1)$ gegeben. Wir definieren einen Morphismus $g\colon \mathfrak{F}H \to (A,\mathfrak{A})$ von algebraischen Theorien auf folgende Weise. Zunächst sei

$$\begin{aligned}
g(\emptyset) &\in \mathrm{Mor}_{\mathfrak{A}}(r,0) \quad \text{für} \quad \emptyset \in M(r,0)\,, \\
g(\sigma) &= f(\sigma) \quad \text{für alle} \quad \sigma \in H(r)\,, \\
g(p_j^i) &= p_j^i\,, \\
g((\sigma_1,\ldots,\sigma_s)) &= x \in \mathrm{Mor}_{\mathfrak{A}}(r,s) \quad \text{für alle} \quad \sigma_i \in M(r,1),\ i = 1,\ldots;s \quad \text{und alle } r \in \mathcal{N}\,,
\end{aligned}$$

wobei x bei $\mathrm{Mor}_{\mathfrak{A}}(r,s) \cong \mathrm{Mor}_{\mathfrak{A}}(r,1)^s$ dem Element $(g(\sigma_1),\ldots,g(\sigma_s))$ entspricht.

$$g([\sigma,\tau]) = g(\sigma)g(\tau) \quad \text{für alle} \quad \sigma \in M(t,s), \tau \in M(r,t) \quad \text{und alle } r,s,t \in \mathcal{N}\,.$$

Damit ist $g\colon M(r,s) \to \mathrm{Mor}_{\mathfrak{A}}(r,s)$ für alle r,s definiert. Da $\mathfrak{A}$ eine algebraische Theorie ist, werden R-äquivalente Elemente in $M(r,s)$ in dieselben Morphismen in $\mathrm{Mor}_{\mathfrak{A}}(r,s)$ abgebildet. Also erhalten wir einen Funktor $g\colon \mathfrak{F}H \to (A,\mathfrak{A})$, der wegen $g(p_j^i) = p_j^i$ ein Morphismus von algebraischen Theorien ist. Ist umgekehrt $g\colon \mathfrak{F}H \to (A,\mathfrak{A})$ gegeben, so erhält man eine Familie von Abbildungen $f(r)\colon H(r) \to \mathrm{Mor}_{\mathfrak{F}H}(r,1) \to \mathrm{Mor}_{\mathfrak{A}}(r,1)$. Diese beiden Zuordnungen sind invers zueinander und verträglich mit der Verknüpfung mit Morphismen $H \to H'$ bzw. $(A,\mathfrak{A}) \to (B,\mathfrak{B})$, also funktoriell in H und $(A,\mathfrak{A})$.

Seien zwei Morphismen von freien algebraischen Theorien $p_1, p_2\colon \mathfrak{F}L \to \mathfrak{F}H$ gegeben. Erweitert man die Äquivalenzrelation R, die zur Konstruktion von $\mathfrak{F}H$ diente, um die Bedingung

8) ist $\varphi \in \mathrm{Mor}_{\mathfrak{F}L}(r,s)$, so ist $(p_1(\varphi), p_2(\varphi)) \in R$,

so bilden die Äquivalenzklassen nach dieser neuen Äquivalenzrelation wieder eine algebraische Theorie. Das sieht man ebenso, wie bei der Konstruktion der freien algebraischen Theorie.

Sei umgekehrt $\mathfrak{A}$ eine algebraische Theorie und $\Psi\colon \mathfrak{F}\mathfrak{B}(\mathfrak{A}) \to \mathfrak{A}$ der Adjunktionsmorphismus aus 2.1 Satz 3. Durch

$$L(n) = \{(\varphi,\psi)\,|\,\varphi,\psi \in \mathrm{Mor}_{\mathfrak{F}\mathfrak{B}(\mathfrak{A})}(n,1),\ \Psi(\varphi) = \Psi(\psi)\}$$

und

$$q_1\colon L(n) \ni (\varphi,\psi) \mapsto \varphi \in \mathrm{Mor}_{\mathfrak{F}\mathfrak{B}(\mathfrak{A})}(n,1)$$
$$q_2\colon L(n) \ni (\varphi,\psi) \mapsto \psi \in \mathrm{Mor}_{\mathfrak{F}\mathfrak{B}(\mathfrak{A})}(n,1)$$

werden Morphismen $q_i\colon L \to \mathfrak{B}\mathfrak{F}\mathfrak{B}(\mathfrak{A})$ definiert. Da $\mathfrak{F}$ linksadjungiert zu $\mathfrak{B}$ ist, erhält man Morphismen $p_i\colon \mathfrak{F}L \to \mathfrak{F}\mathfrak{B}(\mathfrak{A})$. Da in

$$L \xrightarrow{\ q_i\ } \mathfrak{B}\mathfrak{F}\mathfrak{B}(\mathfrak{A}) \xrightarrow{\ \mathfrak{B}(\Psi)\ } \mathfrak{B}(\mathfrak{A})$$

gilt $\mathfrak{B}(\Psi)q_1 = \mathfrak{B}(\Psi)q_2$, gilt für

$$\mathfrak{F}L \xrightarrow{\ p_i\ } \mathfrak{F}\mathfrak{B}(\mathfrak{A}) \xrightarrow{\ \Psi\ } \mathfrak{A}$$

die Gleichung $\Psi p_1 = \Psi p_2$. Wegen $\mathrm{Mor}_{\mathfrak{A}}(r,s) \cong \mathrm{Mor}_{\mathfrak{A}}(r,1)^s$ ist Ψ auf den Morphismenmengen surjektiv. Ist $\Psi(\varphi) = \Psi(\psi)$, so sind $\varphi,\psi \in \mathrm{Mor}_{\mathfrak{F}\mathfrak{B}(\mathfrak{A})}(r,s) \cong \mathrm{Mor}_{\mathfrak{F}\mathfrak{B}(\mathfrak{A})}(r,1)^s$, also sind $p_s^i\Psi(\varphi) = p_s^i\Psi(\psi)$. Dann sind aber $p_s^i\varphi, p_s^i\psi \in \mathrm{Mor}_{\mathfrak{F}\mathfrak{B}(\mathfrak{A})}(r,1)$ mit $\Psi(p_s^i\varphi) = \Psi(p_s^i\psi)$, also sind $p_s^i\varphi$ und $p_s^i\psi$ für $i = 1,\ldots,s$ äquivalent bezüglich der um 8) erweiterten Äquivalenzrelation, ebenso φ und ψ wegen 2) und 6). Damit definiert diese neue Äquivalenzrelation eine zu $\mathfrak{A}$ isomorphe algebraische Theorie.

Jede algebraische Theorie läßt sich daher darstellen durch Angabe von $H, L \in \mathrm{Funkt}(\mathcal{N}, \mathbf{Me})$ und zwei Morphismen $q_1, q_2\colon L \to \mathfrak{B}\mathfrak{F}H$ (statt $p_1, p_2\colon \mathfrak{F}L \to \mathfrak{F}H$). Man kann $L(n)$ wie oben als Menge von Paaren von Elementen aus $\mathfrak{B}\mathfrak{F}H(n)$ wählen, so daß $q_1(n)$ und $q_2(n)$ als Projektion auf die einzelnen Komponenten definiert werden können. Das soll im folgenden immer geschehen.

Die Elemente aus $H(n)$ heißen n-stellige Operationen, die Elemente aus $L(n)$ Identitäten n-ter Ordnung. Man kann offenbar verschiedene n-stellige Operationen und Identitäten n-ter Ordnung zur Darstellung derselben algebraischen Theorie verwenden. So heißen auch die Elemente $\mathfrak{B}\mathfrak{A}(n)$ n-stellige Operationen.

Beispiel. Ein wichtiges Beispiel ist die folgende Darstellung. Die dadurch dargestellte algebraische Theorie heißt **algebraische Theorie der Gruppen**.

n	$H(n)$	$L(n)$
0	$\{e\}$	$\emptyset$
1	$\{s\}$	$\{(m(1_1,s);e0_1),(m(1_1,e0_1);1_1)\}$
2	$\{m\}$	$\emptyset$
3	$\emptyset$	$\{(m(m(p_3^1,p_3^2),p_3^3);m(p_3^1,m(p_3^2,p_3^3)))\}$

$$H(n) = L(n) = \emptyset \quad \text{für} \quad n \geq 4.$$

Explizit bedeutet dieses Schema für die algebraische Theorie der Gruppen, daß Morphismen $e\colon 0 \to 1$, $s\colon 1 \to 1$ und $m\colon 2 \to 1$ existieren, so daß folgende Diagramme kommutativ sind:

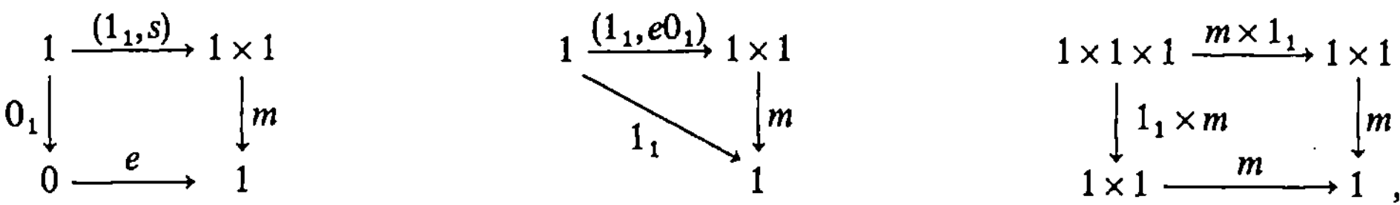

wobei $0_1: 1 \to 0$ der Morphismus von 1 in das Endobjekt 0 ist und $1_1 \times m = (p_3^1, m(p_3^2, p_3^3))$ und $m \times 1_1 = (m(p_3^1, p_3^2), p_3^3)$ sind.

Deutet man e als neutrales Element, s als Inversenbildung und m als Multiplikation, so geben die Diagramme die Gruppenaxiome wieder.

3.2 Algebraische Kategorien

Sei $\mathfrak{A}$ eine algebraische Theorie. Ein produkterhaltender Funktor $A: \mathfrak{A} \to \mathbf{Me}$ heißt $\mathfrak{A}$-Algebra. Ein funktorieller Morphismus $f: A \to B$ zwischen zwei $\mathfrak{A}$-Algebren A und B heißt $\mathfrak{A}$-Algebren-Homomorphismus oder einfach $\mathfrak{A}$-Homomorphismus. Die volle Unterkategorie von $\mathrm{Funkt}(\mathfrak{A}, \mathbf{Me})$ der produkterhaltenden Funktoren wird mit $\mathrm{Funkt}_\pi(\mathfrak{A}, \mathbf{Me})$ bezeichnet und heißt die zur algebraischen Theorie $\mathfrak{A}$ gehörige algebraische Kategorie. Eine $\mathfrak{A}$-Algebra A heißt kanonisch, wenn $A(n) = A(1) \times \ldots \times A(1)$, wobei das rechte Produkt die Menge der n-Tupel mit Elementen aus $A(1)$ ist, und wenn $A(p_n^i)(x_1, \ldots, x_n) = x_i$ für alle n und i ist.

Sei die algebraische Theorie $\mathfrak{A}$ durch H und L dargestellt, und sei A eine kanonische $\mathfrak{A}$-Algebra. Dann induziert A einen produkterhaltenden Funktor $B: \mathfrak{F}H \to \mathfrak{A} \to \mathbf{Me}$, der eine kanonische $\mathfrak{F}H$-Algebra ist. Sei φ eine n-stellige Operation aus $H(n)$ und sei $A(1) = B(1) = X$. Dann ist die Abbildung

$$B(\varphi): X \times \ldots \times X \to X$$

eine n-stellige Operation auf der Menge X im Sinne der Algebra. Sei $(\varphi, \psi) \in L(n)$ eine Identität n-ter Ordnung. Dann stimmen die beiden Operationen $B(\varphi)$ und $B(\psi)$ auf der Menge X überein, obwohl die n-stelligen Operationen φ und ψ in $\mathfrak{F}H$ verschieden sein können. Dadurch ist eine Identität (oder Gleichung) für die Operationen auf der Menge X gegeben. Die $\mathfrak{A}$-Algebra A heißt daher auch gleichungsdefinierte Algebra.

Ist $\mathfrak{A}$ die algebraische Theorie der Gruppen und A eine kanonische $\mathfrak{A}$-Algebra, so ist A eine Gruppe. Die Abbildungen

$$A(e): \{\emptyset\} \to A(1), \quad A(s): A(1) \to A(1) \quad \text{und} \quad A(m): A(1) \times A(1) \to A(1)$$

gedeutet als neutrales Element, Inversenabbildung und Multiplikation machen, da A ein Funktor ist, die folgenden Diagramme kommutativ:

$$A(1) \times A(1) \times A(1) \xrightarrow{\;A(m) \times 1_{A(1)}\;} A(1) \times A(1)$$

$$\downarrow {\scriptstyle 1_{A(1)} \times A(m)} \qquad\qquad\qquad \downarrow {\scriptstyle A(m)}$$

$$A(1) \times A(1) \xrightarrow{\qquad A(m) \qquad} A(1) \quad .$$

Also ist $A(1)$ eine Gruppe. Ist umgekehrt G eine Gruppe mit der Multiplikation $\mu\colon G \times G \to G$, dem neutralen Element $\varepsilon\colon \{\emptyset\} \to G$ und dem Inversen $\sigma\colon G \to G$, so definiere man $A(n) = G \times \ldots \times G$ (n-mal), $A(m) = \mu$, $A(e) = \varepsilon$ und $A(s) = \sigma$. Wenn wir die algebraische Theorie $\mathfrak{A}$ der Gruppen wie in 3.1 darstellen, so genügen diese Angaben, um eine kanonische $\mathfrak{F}H$-Algebra $A\colon \mathfrak{F}H \to \mathrm{Me}$ eindeutig zu definieren. Da aber die Identitäten aus L bei dieser $\mathfrak{F}H$-Algebra erfüllt sind, weil G eine Gruppe ist, ist dadurch sogar eine kanonische $\mathfrak{A}$-Algebra definiert. Also folgt:

Lemma 1. *Es existiert eine Bijektion zwischen der Klasse aller Gruppen und der Klasse aller kanonischen $\mathfrak{A}$-Algebren, wenn $\mathfrak{A}$ die algebraische Theorie der Gruppen ist.*

Sei $f\colon A \to B$ ein $\mathfrak{A}$-Homomorphismus von kanonischen $\mathfrak{A}$-Algebren. Sei $\varphi\colon n \to 1$ eine n-stellige Operation in $\mathfrak{A}$. Dann ist das folgende Diagramm kommutativ:

$$A(1) \times \ldots \times A(1) \xrightarrow{\;f(1) \times \ldots \times f(1)\;} B(1) \times \ldots \times B(1)$$

$$\downarrow {\scriptstyle A(\varphi)} \qquad\qquad\qquad\qquad \downarrow {\scriptstyle B(\varphi)}$$

$$A(1) \xrightarrow{\qquad\qquad f(1) \qquad\qquad} B(1) \quad .$$

Man verifiziert nämlich leicht mit den Operationen $p_n^1, \ldots, p_n^n$, daß $f(n) = f(1) \times \ldots \times f(1)$ ist. Ist f eine Abbildung von $A(1)$ in $B(1)$, so daß für alle n und alle n-stelligen Operationen φ das obige Diagramm kommutativ ist, so ist f ein $\mathfrak{A}$-Homomorphismus. Also sind die $\mathfrak{A}$-Homomorphismen im Sinne der Algebra Homomorphismen, die mit den Operationen verträglich sind. Es genügt nun, eine Abbildung $f\colon A(1) \to B(1)$ vorzugeben, die mit den n-stelligen Operationen aus $H(n)$ für alle n verträglich ist, wenn man $f(n) = f \times \ldots \times f$ definiert. Dann ist f schon ein $\mathfrak{A}$-Homomorphismus. Das folgt direkt aus der Definition von $\mathfrak{F}H$.

Im Beispiel der algebraischen Theorie $\mathfrak{A}$ der Gruppen heißt das, daß die Gruppenhomomorphismen bijektiv auf die $\mathfrak{A}$-Homomorphismen der entsprechenden $\mathfrak{A}$-Algebren abgebildet werden können, daß also die Kategorie der Gruppen isomorph zur vollen Unterkategorie der kanonischen $\mathfrak{A}$-Algebren von $\mathrm{Funkt}_\pi(\mathfrak{A},\mathrm{Me})$ ist.

Lemma 2. *Sei $\mathfrak{A}$ eine algebraische Theorie. Dann ist jede $\mathfrak{A}$-Algebra A isomorph zu einer kanonischen $\mathfrak{A}$-Algebra B in* $\mathrm{Funkt}_\pi(\mathfrak{A},\mathrm{Me})$.

Beweis: Sei $B(1) := A(1)$ und $B(n) := B(1) \times \ldots \times B(1)$. Sei $B(p_n^i)$ die Projektion auf die i-te Komponente der n-Tupel in $B(1) \times \ldots \times B(1)$. Dann ist $B(n)$ ein n-faches Produkt von $B(1)$ mit sich selbst. Also existieren eindeutig bestimmte Isomorphismen $A(n) \cong B(n)$, so daß für alle Projektionen das Diagramm

$$A(n) \;\cong\; B(n)$$

$$A(p_n^i) \downarrow \qquad\qquad \downarrow B(p_n^i)$$

$$A(1) \;=\; B(1)$$

kommutativ ist. Sei $\varphi\colon n \to 1$ eine beliebige n-stellige Operation in $\mathfrak{A}$. Dann ist $B(\varphi)$ durch die Kommutativität von

$$\begin{array}{ccc} A(n) & \cong & B(n) \\ A(\varphi)\big\downarrow & & \big\downarrow B(\varphi) \\ A(1) & = & B(1) \end{array}$$

eindeutig bestimmt. Man verifiziert sofort, daß B eine kanonische $\mathfrak{A}$-Algebra ist, die nach Konstruktion dann isomorph zu A ist.

Mit 2.1 Satz 4 folgt

Korollar 1. *Sei $\mathfrak{A}$ die algebraische Theorie der Gruppen. Dann ist* Funkt $_\pi(\mathfrak{A},\mathbf{Me})$ *äquivalent zur Kategorie der Gruppen. Die volle Unterkategorie der kanonischen $\mathfrak{A}$-Algebren ist isomorph zur Kategorie der Gruppen.*

Wir haben bisher das Beispiel der Gruppen ausführlicher betrachtet. Ähnliches gilt für jede Kategorie von gleichungsdefinierten Algebren im Sinne der (universellen) Algebra. Darunter fallen speziell die Kategorien **Me**, **Me***, **Ab**, $_R$**Mod** und **Ri**. Für **Ri** wähle man für eine Darstellung der zugehörigen algebraischen Theorie als

0-stellige Operationen: 0, 1   1-stellige Operation: —   2-stellige Operationen: $+, \cdot$

Die Identitäten sind außer denen der Gruppeneigenschaft bezüglich $+$ die Assoziativität und Distributivität der Multiplikation, die Kommutativität der Addition und die Eigenschaft der 1 als neutrales Element bei der Multiplikation. Der Leser wird die entsprechenden Diagramme leicht selbst aufstellen können.

Me wird durch $H = \emptyset$ und $L = \emptyset$ definiert. Die zugehörige algebraische Theorie ist also N^0.

Ein weiteres interessantes Beispiel ist $_R$**Mod**. Die Operationen sind hier e, s und m für die Gruppeneigenschaft und zusätzlich alle Elemente von R als einstellige Operationen aufgefaßt! Das ist also ein Beispiel, in dem $H(1)$ unendlich sein kann. Die Identitäten ergeben sich wie oben bei den Ringen aus den definierenden Gleichungen für R-Moduln.

Sei Funkt $_\pi(\mathfrak{A},\mathbf{Me})$ eine algebraischeKategorie.Die Auswertung auf $1 \in \mathfrak{A}$ ergibt einen Funktor $\mathscr{V}$: Funkt $_\pi(\mathfrak{A},\mathbf{Me}) \to \mathbf{Me}$ mit $\mathscr{V}(A) = A(1)$ und $\mathscr{V}(f) = f(1)$. Dieser Funktor wird Vergißfunktor genannt. Die Menge $\mathscr{V}(A) = A(1)$ heißt auch die der $\mathfrak{A}$-Algebra A unterliegende Menge.

Satz. *Sei $\mathfrak{A}$ eine algebraische Theorie. Die algebraische Kategorie* Funkt $_\pi(\mathfrak{A},\mathbf{Me})$ *ist vollständig, die Limites werden argumentweise gebildet, und der Vergißfunktor in die Mengen erhält Limites und ist treu.*

Beweis: Nach 2.7 Satz 1 ist Funkt$(\mathfrak{A},\mathbf{Me})$ vollständig und die Limites werden argumentweise gebildet. Da Limites mit Produkten vertauschbar sind, ist ein Limes von produkterhaltenden Funktoren wieder ein produkterhaltender Funktor. Da der Vergißfunktor die Auswertung auf $1 \in \mathfrak{A}$ ist und die Limites argumentweise gebildet werden, erhält $\mathscr{V}$ Limites. Sind $f,g\colon A \to B$ zwei $\mathfrak{A}$-Homomorphismen und ist $f(1) = g(1)$, so ist $f(n) = g(n)$ für alle $n \in \mathfrak{A}$, da alle Diagramme

$$\begin{array}{ccc} A(n) & \xrightarrow{\;f(n)\;} & B(n) \\ A(p_n^i)\big\downarrow & & \big\downarrow B(p_n^i) \\ A(1) & \xrightarrow{\;g(1)\;} & B(1) \end{array}$$

kommutativ sind. Daher ist $\mathscr{V}$ treu.

Korollar 2. *Sei* $f: A \rightarrow B$ *ein $\mathfrak{A}$-Homomorphismus von $\mathfrak{A}$-Algebren. f ist genau dann ein Mono-morphismus in* $\mathrm{Funkt}_\pi(\mathfrak{A}, \mathbf{Me})$, *wenn* $f(1)$ *injektiv ist.*

Beweis: Da $\mathscr{V}$ treu ist, reflektiert $\mathscr{V}$ Monomorphismen (2.12 Lemma 1). Da $\mathscr{V}$ Limites er-hält, erhält $\mathscr{V}$ Monomorphismen (2.6 Korollar 5).

Ein Unterobjekt $f: A \rightarrow B$ heißt **Unteralgebra**. Aus dem Korollar folgt, daß $\mathrm{Funkt}_\pi(\mathfrak{A}, \mathbf{Me})$ lokal klein ist, weil $\mathscr{V}$ treu ist und **Me** lokal klein ist.

Der Satz und Korollar 2 sind Verallgemeinerungen einiger Aussagen, die wir in Kapitel 1 über **Me**, **Me***, **Gr**, **Ab**, **Ri** und $_R\mathbf{Mod}$ gemacht haben.

Wie das Beispiel $\mathbb{Z} \rightarrow \mathbb{P}$ in **Ri** aus 1.5 zeigt, sind die Epimorphismen in $\mathrm{Funkt}_\pi(\mathfrak{A}, \mathbf{Me})$ nicht notwendig surjektive Abbildungen (nach Anwendung des Vergißfunktors). Um so interessanter ist daher das Beispiel aus 1.5, nach dem die Epimorphismen in **Gr** (und auch in **Ab**) genau die surjektiven Abbildungen sind.

3.3 Freie Algebren

Sei $A: \mathbf{N}^0 \rightarrow \mathfrak{A}$ eine algebraische Theorie. Wir konstruieren einen produkterhaltenden Funktor $A_\infty: \mathbf{Me}^0 \rightarrow \mathfrak{A}_\infty$, der bijektiv auf den Objektklassen ist, und einen voll treuen Funktor $\mathscr{I}_\infty: \mathfrak{A} \rightarrow \mathfrak{A}_\infty$, so daß das Diagramm

$$
\begin{array}{ccc}
\mathbf{N}^0 & \xrightarrow{\ A\ } & \mathfrak{A} \\
\downarrow & & \downarrow {\scriptstyle \mathscr{I}_\infty} \\
\mathbf{Me}^0 & \xrightarrow{\ A_\infty\ } & \mathfrak{A}_\infty
\end{array}
$$

kommutativ ist, wobei $\mathbf{N}^0 \rightarrow \mathbf{Me}^0$ die natürliche Einbettung ist. Die Objekte von $\mathfrak{A}_\infty$ können mit den Objekten von $\mathbf{Me}^0$ identifiziert werden. Für zwei Mengen X und Y definiere man $\mathrm{Mor}_{\mathfrak{A}_\infty}(X, Y) = \mathrm{Mor}_{\mathfrak{A}_\infty}(X, 1)^Y$. Dann wird A_∞ ein produkterhaltender Funktor werden.

Zur Definition von $\mathrm{Mor}_{\mathfrak{A}_\infty}(X, 1)$ sei X^* die Menge der Tripel (f, n, g), wobei $f: X \rightarrow n$ ein Morphismus in $\mathbf{Me}^0$ und $g: n \rightarrow 1$ ein Morphismus in $\mathfrak{A}$ sind. n ist dabei eine endliche Menge in $\mathbf{N}^0$. Zwei Elemente (f, n, g) und (f', n', g') aus X^* sollen äquivalent sein, wenn es eine endliche Menge n'' in $\mathbf{N}^0$ und Morphismen $X \rightarrow n''$, $n'' \rightarrow n$ und $n'' \rightarrow n'$ in $\mathbf{Me}^0$ so gibt, daß die Dia-gramme

kommutativ sind.

Diese Relation ist eine Äquivalenzrelation. Dazu ist nur die Transitivität zu zeigen. Seien $(f, n, g) \sim (f', n', g')$ und $(f', n', g') \sim (f'', n'', g'')$ und seien n^* bzw. n^{**} Elemente, die die Äqui-valenzen erzeugen. Sei m das Faserprodukt von $n^* \rightarrow n'$ mit $n^{**} \rightarrow n'$. Dann ist das Diagramm

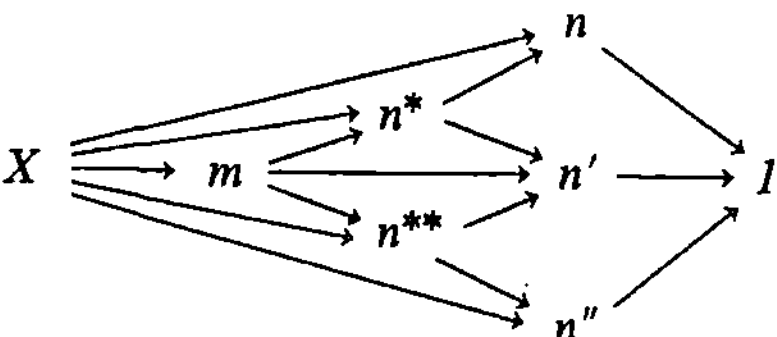

kommutativ. (Die Morphismen sind sinngemäß in den entsprechenden Kategorien zu vergleichen.) Die Menge der Äquivalenzklassen sei $\mathrm{Mor}_{\mathfrak{A}_\infty}(X,1)$.

Lemma 1. $\mathfrak{A}_\infty$ *ist eine Kategorie.*

Beweis: Sei (f,n,g) ein Repräsentant eines Elements aus $\mathrm{Mor}_{\mathfrak{A}_\infty}(X,1)$. Dann ist f^0 eine Abbildung von n in X in der Kategorie **Me**. Sei n' das Bild von n bei dieser Abbildung. Dann können wir $f\colon X \to n$ zerlegen als $X \xrightarrow{f} n' \xrightarrow{h} n$. Offenbar ist dann (f',n',gh) äquivalent zu (f,n,g). Außerdem ist n' (bis auf Äquivalenz von Monomorphismen) eine endliche Teilmenge von X. Einen solchen Repräsentanten nennen wir reduziert.

Seien $((f_i,n_i,g_i)_{i\in Y})\colon X \to Y$ und $(f',n',g')\colon Y \to 1$ reduzierte Repräsentanten von Morphismen in $\mathfrak{A}_\infty$. Sei $r = \sum_{i\in n'} n_i$ (disjunkte Vereinigung oder Koprodukt in **N**). Dann sind durch die Produkteigenschaft von r in $\mathbf{Me}^0$ folgende Morphismen definiert: $f\colon X \to r$ durch die f_i und $g\colon r \to n'$ durch die g_i. Die Verknüpfung der gegebenen Morphismen sei dann $(f,r,g'g)$. Die Verknüpfung hängt zunächst noch von der Wahl der Repräsentanten ab. Sei (f'',n'',g'') reduziert und äquivalent zu (f',n',g'). Ohne Beschränkung der Allgemeinheit können wir annehmen, daß $n' \subseteq n'' \subseteq X$ in **Me** gilt, und daß mit $h\colon n'' \to n'$ in $\mathbf{Me}^0$ gilt: $hf'' = f'$ und $g'h = g''$. Sei $r' = \sum_{i\in n''} n_i$, so ist

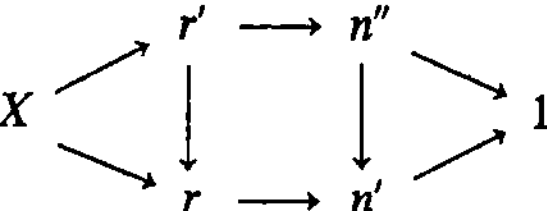

kommutativ. Ebenso zeigt man, daß die Verknüpfung auch nicht von der Wahl der Repräsentanten der (f_i,n_i,g_i) abhängt.

Seien $p_x\colon X \to 1$ die Projektionen von X in 1 in $\mathbf{Me}^0$. Dann ist $((p_x,1,1_1)_{x\in X})$ die Identität auf X in $\mathfrak{A}_\infty$. Ist nämlich $(f,n,g)\colon X \to 1$ gegeben, so ist $(f,n,g)((p_x,1,1_1)_{x\in X}) = (f,n,g)$. Ist $((f_i,n_i,g_i)_{i\in X})\colon Y \to X$ gegeben, so ist $(p_x,1,1_1)((f_i,n_i,g_i)_{i\in X}) = (f_x,n_x,g_x)$.

Zum Beweis der Assoziativität seien $((f_y,n_y,g_y)_{y\in Y})\colon X \to Y$, $((f_z,n_z,g_z)_{z\in Z})\colon Y \to Z$ und $(f,n,g)\colon Z \to 1$ reduzierte Repräsentanten von Morphismen in $\mathfrak{A}_\infty$. Da $\sum_{z\in n}\sum_{y\in n_z} n_y = \sum_{y\in r} n_y$ mit $r = \sum_{z\in n} n_z$ gilt, sieht man leicht, daß die Verknüpfung assoziativ ist.

Korollar. *Es existiert ein produkterhaltender, auf den Objektklassen bijektiver Funktor* $\mathbf{A}_\infty\colon$ $\mathbf{Me}^0 \to \mathfrak{A}_\infty$ *und ein voll treuer Funktor* $\mathscr{I}_\infty\colon \mathfrak{A} \to \mathfrak{A}_\infty$, *so daß*

$$
\begin{array}{ccc}
\mathbf{N}^0 & \xrightarrow{\ \mathbf{A}\ } & \mathfrak{A} \\
\downarrow & & \downarrow{\scriptstyle \mathscr{I}_\infty} \\
\mathbf{Me}^0 & \xrightarrow{\ \mathbf{A}_\infty\ } & \mathfrak{A}_\infty
\end{array}
$$

kommutativ ist.

Beweis: Es genügt, A_∞ auf den Projektionen $p_x\colon X \to 1$ zu definieren. Sei $A_\infty(p_x) = (p_x,1,1_1)$. Dann ist klar, daß A_∞ Produkte erhält. Sei $\mathscr{S}_\infty(n) = n$ und $\mathscr{S}_\infty(g) = (1_n,n,g)$ für $g\colon n \to 1$ in $\mathfrak{A}$. Da für $g\colon n \to 1$ in $\mathbf{N}^0$ gilt $(1_n,n,g) \sim (g,1,1_1)$, ist das Quadrat kommutativ.

Es ist noch zu zeigen, daß $\mathscr{S}_\infty$ voll treu ist. Seien $f,g\colon n \to 1$ in $\mathfrak{A}$ gegeben. Sei $(1_n,n,f) \sim (1_n,n,g)$ in $\mathfrak{A}_\infty$. Dann existieren n' und $l\colon n \to n'$ mit einem kommutativen Diagramm

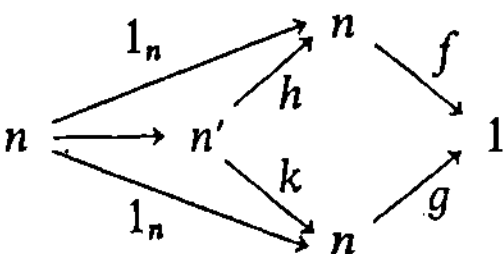

Also ist $hl = 1_n$ und $kl = 1_n$. Außerdem ist $fh = gk$. Durch Verknüpfen mit l ist dann $f = g$. Also ist $\mathscr{S}_\infty$ treu. Sei jetzt $n' \xrightarrow{f} n \xrightarrow{g} 1$ in $\mathfrak{A}_\infty$ gegeben. Dann ist $(f,n,g) \sim (1_{n'},n',gf)$ und $\mathscr{S}_\infty(gf) = (1_{n'},n',gf)$. Damit ist $\mathscr{S}_\infty$ voll treu.

Lemma 2. *Sei* $A\colon \mathfrak{A} \to \mathbf{Me}$ *ein produkterhaltender Funktor. Dann existiert bis auf Isomorphie genau ein produkterhaltender Funktor* $A'\colon \mathfrak{A}_\infty \to \mathbf{Me}$ *mit* $A'\mathscr{S}_\infty = A$.

Beweis: Damit $A'\mathscr{S}_\infty = A$ gilt und A' Produkte erhält, muß $A'(X) \cong A'(1)^X$ und $A'(1) = A(1)$ gelten. Weiter muß $A'(p_x,1,1_1) \cong A(1)^{p_x}$ und $A'(1_n,n,g) = A(g)$ gelten. Durch Verknüpfung muß dann $A'(f,n,g) \cong A(g)A(1)^f$ gelten. Mit diesen Definitionen ist A' ein produkterhaltender Funktor, und es gilt tatsächlich $A'\mathscr{S}_\infty = A$.

Lemma 3. *Seien* $A,B\colon \mathfrak{A} \to \mathbf{Me}$ *produkterhaltende Funktoren und* A',B' *die in Lemma 2 konstruierten Fortsetzungen auf* $\mathfrak{A}_\infty$. *Sei* $\varphi\colon A \to B$ *ein funktorieller Morphismus. Dann existiert genau ein funktorieller Morphismus* $\varphi'\colon A' \to B'$ *mit* $\varphi'\mathscr{S}_\infty = \varphi$.

Beweis: Wir definieren $\varphi'(X) \cong \varphi(1)^X\colon A(1)^X \to B(1)^X$. Das ist offenbar die einzige Möglichkeit zur Definition von φ', weil die Funktoren A' und B' Produkte erhalten. Gleichzeitig ist klar, daß sich φ' in bezug auf alle Projektionen zwischen den Produkten funktoriell verhält. φ' ist aber auch funktoriell in bezug auf die Morphismen aus $\mathfrak{A}$, weil dann nur die Einschränkung $\varphi'\mathscr{S}_\infty = \varphi$ wirksam wird.

Satz 1. *Sei* $\mathfrak{A}$ *eine algebraische Theorie. Der Vergißfunktor* $\mathscr{V}\colon \mathrm{Funkt}_\pi(\mathfrak{A},\mathbf{Me}) \to \mathbf{Me}$ *ist monadisch.*

Beweis: Wir definieren einen Funktor $\mathscr{F}\colon \mathbf{Me} \to \mathrm{Funkt}_\pi(\mathfrak{A},\mathbf{Me})$ durch $\mathscr{F}(X)(-) = \mathrm{Mor}_{\mathfrak{A}_\infty}(X,-)$. Dann gilt funktoriell für $X \in \mathbf{Me}$, $A \in \mathrm{Funkt}_\pi(\mathfrak{A},\mathbf{Me})$:

$$\mathrm{Mor}_{\mathbf{Me}}(X, \mathscr{V}A) \cong \mathrm{Mor}_{\mathbf{Me}}(X,A(1)) \cong A(1)^X \cong A'(X) \cong \mathrm{Mor}_f(\mathrm{Mor}_{\mathfrak{A}_\infty}(X,-),A')$$
$$\cong \mathrm{Mor}_f(\mathscr{F}(X),A),$$

wobei wir die letzten beiden Lemmata benutzt haben.

Wir verwenden jetzt 2.3 Satz 2. Sei $f_0,f_1\colon A \to B$ ein $\mathscr{V}$-zusammenziehbares Paar in $\mathrm{Funkt}_\pi(\mathfrak{A},\mathbf{Me})$. Da in $\mathbf{Me}$ Differenzkokerne existieren, erhalten wir ein kommutatives Diagramm in $\mathbf{Me}$:

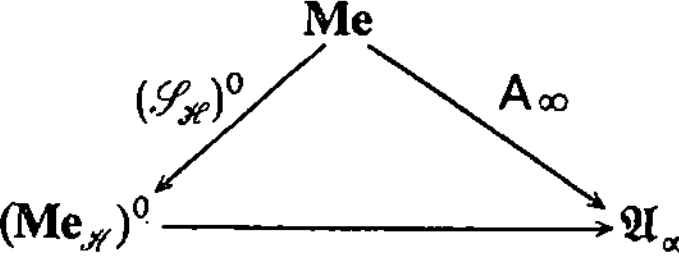

$$(1)$$

wobei wir f_i statt $f_i(1)$ geschrieben haben. Bilden wir das n-fache Produkt aller Objekte und Morphismen des Diagramms (1), so erhalten wir wieder ein entsprechendes Diagramm. Speziell ist

$$A(n) \xrightarrow[\;f_1(n)\;]{\;f_0(n)\;} B(n) \xrightarrow{\;(h(1))^n\;} C(1)^n$$

ein Differenzkokern. Ist $\varphi\colon n \to 1$ gegeben, so erhält man ein kommutatives Diagramm

$$
\begin{array}{ccccc}
A(n) & \rightrightarrows & B(n) & \longrightarrow & C(1)^n \\
\downarrow{\scriptstyle A(\varphi)} & & \downarrow{\scriptstyle B(\varphi)} & & \downarrow{\scriptstyle C(\varphi)} \\
A(1) & \rightrightarrows & B(1) & \longrightarrow & C(1),
\end{array}
$$

in dem $C(\varphi)$ eindeutig durch die Eigenschaft des Differenzkokerns bestimmt ist. Also ist $C\colon \mathfrak{A} \to \mathbf{Me}$ mit $C(n) := C(1)^n$ ein produkterhaltender Funktor und $h\colon B \to C$ ein funktorieller Morphismus, der eindeutig durch $h(1)\colon B(1) \to C(1)$ definiert ist. Da $C(n)$ für alle $n \in \mathfrak{A}$ Differenzkokern ist, ist C Differenzkokern von (f_0, f_1) in $\mathrm{Funkt}_\pi(\mathfrak{A}, \mathbf{Me})$.

Durch diesen Satz sind die $\mathfrak{A}$-Algebren und $\mathfrak{A}$-Homomorphismen genau die $\mathscr{V}\mathscr{F}$-Algebren und $\mathscr{V}\mathscr{F}$-Homomorphismen im Sinne von 2.3. Die freien $\mathscr{V}\mathscr{F}$-Algebren heißen darum auch **freie $\mathfrak{A}$-Algebren**. $\mathscr{F}(X)$ heißt freie, von der Menge X erzeugte $\mathfrak{A}$-Algebra.

Satz 2. *Sei $\mathscr{H}$ die durch $\mathscr{V}$ und $\mathscr{F}$ definierte Monade. Dann existiert zwischen $(\mathbf{Me}_{\mathscr{H}})^0$ (im Sinne von 2.3) und $\mathfrak{A}_\infty$ ein Isomorphismus, so daß*

$$
\begin{array}{ccc}
 & \mathbf{Me} & \\
{\scriptstyle(\mathscr{S}_{\mathscr{H}})^0}\swarrow & & \searrow{\scriptstyle A\infty} \\
(\mathbf{Me}_{\mathscr{H}})^0 & \longrightarrow & \mathfrak{A}_\infty
\end{array}
$$

kommutativ ist.

Beweis: Die Zuordnung auf den Objekten ist klar, weil $(\mathscr{S}_{\mathscr{H}})^0$ und A_∞ bijektiv auf den Objektklassen sind. Für die Morphismen gilt nach dem Yoneda-Lemma

$$\mathrm{Mor}_{\mathfrak{A}_\infty}(X, Y) \cong \mathrm{Mor}_f(\mathrm{Mor}_{\mathfrak{A}_\infty}(Y, -), \mathrm{Mor}_{\mathfrak{A}_\infty}(X, -))$$

funktoriell in den $\mathfrak{A}_\infty$-Objekten X und Y. Nach Definition sind die $\mathbf{Me}_{\mathscr{H}}$-Morphismen zwischen den $\mathbf{Me}_{\mathscr{H}}$-Objekten X und Y genau die Morphismen der $\mathscr{H}$-Algebren $(\mathscr{H}X, \mu X)$ und $(\mathscr{H}Y, \mu Y)$, also die Morphismen der freien $\mathfrak{A}$-Algebren $\mathscr{F}(X) = \mathrm{Mor}_{\mathfrak{A}_\infty}(X, -)$ und $\mathscr{F}(Y) = \mathrm{Mor}_{\mathfrak{A}_\infty}(Y, -)$. Nach Definition gilt funktoriell in den $\mathfrak{A}_\infty$-Objekten ($= \mathbf{Me}_{\mathscr{H}}$-Objekten):

$$\mathrm{Mor}_{\mathbf{Me}_{\mathscr{H}}}(Y, X) \cong \mathrm{Mor}_f(\mathrm{Mor}_{\mathfrak{A}_\infty}(Y, -), \mathrm{Mor}_{\mathfrak{A}_\infty}(X, -)).$$

Also ist $\mathrm{Mor}_{\mathfrak{A}_\infty}(X,Y) \cong \mathrm{Mor}_{\mathscr{C}^0}(X,Y)$ mit $\mathscr{C} = \mathrm{Me}_{\mathscr{H}}$. Sind $f\colon X \to X'$ bzw. $g\colon Y' \to Y$ Morphismen aus $\mathfrak{A}_\infty$ und f' bzw. g' die entsprechenden Morphismen aus $(\mathrm{Me}_{\mathscr{H}})^0$, so folgt aus dem Yoneda-Lemma, daß

$$
\begin{array}{ccc}
\mathrm{Mor}_{\mathfrak{A}_\infty}(X',Y') & \cong & \mathrm{Mor}_{\mathscr{C}^0}(X',Y') \\
\mathrm{Mor}_{\mathfrak{A}_\infty}(f,g) \Big\downarrow & & \Big\downarrow \mathrm{Mor}_{\mathscr{C}^0}(f',g') \\
\mathrm{Mor}_{\mathfrak{A}_\infty}(X,Y) & \cong & \mathrm{Mor}_{\mathscr{C}^0}(X,Y)
\end{array}
$$

kommutativ ist. Dann stimmen die Verknüpfungen bei dieser Zuordnung der Morphismen überein.

Damit ist die Bedeutung der Konstruktion von Kleisli in 2.3 Satz 1 geklärt. Umgekehrt steht jetzt eine Methode zur Verfügung, um aus einer algebraischen Kategorie $\mathrm{Funkt}_\pi(\mathfrak{A},\mathrm{Me})$ und dem zugehörigen Vergißfunktor die zugehörige algebraische Theorie zurückzugewinnen, wenn man nämlich $(\mathscr{S}_{\mathscr{H}})^0\colon \mathrm{Me}^0 \to (\mathrm{Me}_{\mathscr{H}})^0$ einschränkt auf die volle Unterkategorie N^0 von Me^0. Mit diesen Hilfsmitteln kann auch die Bedeutung der konsistenten algebraischen Theorien aufgezeigt werden.

Satz 3. *Seien* $\mathrm{A}\colon \mathrm{N}^0 \to \mathfrak{A}$ *eine algebraische Theorie,* $\mathrm{Funkt}_\pi(\mathfrak{A},\mathrm{Me})$ *die zugehörige algebraische Kategorie und* $\mathscr{H}$ *die durch den monadischen Vergißfunktor* $\mathscr{V}\colon \mathrm{Funkt}_\pi(\mathfrak{A},\mathrm{Me}) \to \mathrm{Me}$ *definierte Monade. Dann sind folgende Aussagen äquivalent:*

1) $\mathrm{A}\colon \mathrm{N}^0 \to \mathfrak{A}$ *ist konsistent.*
2) *Es existiert eine* $\mathfrak{A}$-*Algebra* A, *deren unterliegende Menge mehr als ein Element besitzt.*
3) *Der funktorielle Morphismus* $\varepsilon\colon \mathrm{Id}_{\mathrm{Me}} \to \mathscr{H}$ *ist argumentweise ein Monomorphismus.*
4) $\mathscr{H}\colon \mathrm{Me} \to \mathrm{Me}$ *ist treu.*

Beweis: 1) $\Rightarrow$ 2): Da A treu ist, besitzt $\mathrm{Mor}_{\mathfrak{A}}(n,1)$ mindestens n Elemente, die Projektionen. $\mathrm{Mor}_{\mathfrak{A}}(n,-)$ ist aber die freie von n erzeugte Algebra.

2) $\Rightarrow$ 3): Sei (A,α) eine $\mathscr{H}$-Algebra und habe A mehr als ein Element. Sei X eine beliebige Menge. Dann existiert eine injektive Abbildung $i\colon X \to A^X$. Da $\alpha\varepsilon(A)\colon A \to \mathscr{H}A \to A$ die Identität auf A ist, ist $\varepsilon(A)$ eine injektive Abbildung, also auch $\varepsilon(A)i$. Da ε ein funktorieller Morphismus ist, ist $\varepsilon(A)i = \mathscr{H}(i)\varepsilon(X)$. Damit ist $\varepsilon(X)\colon X \to \mathscr{H}(X)$ ein Monomorphismus.

3) $\Rightarrow$ 4): Seien $f,g\colon X \to Y$ zwei Abbildungen in Me mit $\mathscr{H}f = \mathscr{H}g$. Da $\varepsilon(Y)f = \mathscr{H}f\varepsilon(X)$ ist und da $\varepsilon(Y)$ ein Monomorphismus ist, ist $f = g$, also $\mathscr{H}$ treu.

4) $\Rightarrow$ 1): Mit $\mathscr{H}$ ist auch $\mathscr{S}_{\mathscr{H}}$ treu (2.3 Korollar). Also ist $(\mathscr{S}_{\mathscr{H}})^0$ eingeschränkt auf N^0 treu, also auch A.

3.4 Algebraische Funktoren

Sei $\mathfrak{A}$ eine algebraische Theorie, $\mathscr{V}\colon \mathrm{Funkt}_\pi(\mathfrak{A},\mathrm{Me}) \to \mathrm{Me}$ der zugehörige Vergißfunktor und $\mathscr{H}$ die zugehörige Monade.

Lemma 1. *Sei* $f\colon (A,\alpha) \to (B,\beta)$ *ein Morphismus von* $\mathscr{H}$-*Algebren. Dann existiert auf der Menge* $f(A) = C$ *genau eine* $\mathscr{H}$-*Algebrenstruktur* $\gamma\colon \mathscr{H}C \to C$, *so daß die Faktorisierungsabbildungen* $g\colon A \to C$ *und* $h\colon C \to B$ *von* f *Morphismen von* $\mathscr{H}$-*Algebren sind.*

Beweis: Wir verwenden folgendes kommutative Diagramm:

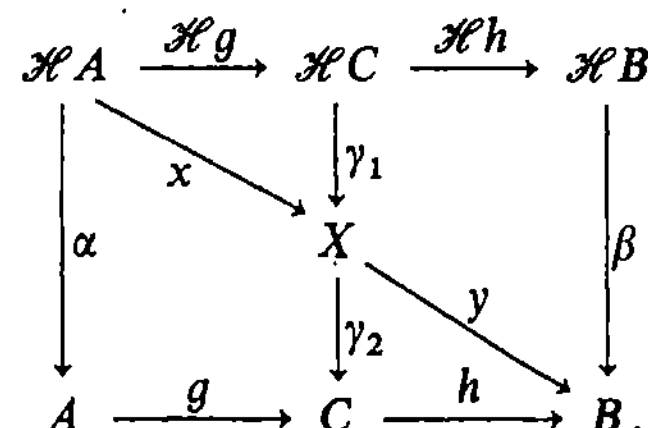

Dabei sei $hg = f$, g eine surjektive Abbildung und h eine injektive Abbildung, d. h. die Faktorisierung von f durch das Bild von f. Da g eine Retraktion und h ein Schnitt sind (in **Me**!), sind $\mathscr{H}g$ und $\mathscr{H}h$ eine Faktorisierung von $\mathscr{H}f$ durch das Bild von $\mathscr{H}f$. Sei x und y die Faktorisierung von $\beta\mathscr{H}f = f\alpha$ durch das Bild. Dann existieren Abbildungen γ_1 und γ_2, so daß das obige Diagramm kommutativ wird. Aber $\gamma = \gamma_2\gamma_1$ ist der einzige Morphismus, der beide Quadrate im Diagramm kommutativ macht, weil h ein Monomorphismus und $\mathscr{H}g$ ein Epimorphismus sind. Verwendet man, daß g, $\mathscr{H}g$ und $\mathscr{H}\mathscr{H}g$ Retraktionen sind, so sind die Axiome einer Algebra leicht zu verifizieren.

Korollar 1. Funkt$_\pi(\mathfrak{A},\mathbf{Me})$ *besitzt epimorphe Bilder. Die dabei auftretenden Epimorphismen sind auf den unterliegenden Mengen surjektiv.*

Beweis: folgt aus Lemma 1, 3.2 Korollar 2 und 3.3 Satz 1.

Obwohl Funkt$_\pi(\mathfrak{A},\mathbf{Me})$ epimorphe Bilder besitzt, ist Funkt$_\pi(\mathfrak{A},\mathbf{Me})$ nicht ausgeglichen, wie das Beispiel **Ri** in 1.5 zeigt. Andrerseits ist ein bijektiver Morphismus von $\mathscr{H}$-Algebren ein Isomorphismus, weil $\mathscr{H}$ Isomorphismen erhält.

Sei (A,α) eine $\mathscr{H}$-Algebra und X eine Teilmenge von A. Dadurch ist ein Morphismus $\mathscr{S}^{\ast}(X) \to (A,\alpha)$ gegeben. Sei (B,β) das Bild bei diesem Morphismus. Dann ist $X \subseteq B \subseteq A$ und (B,β) die kleinste Unteralgebra von (A,α), die X enthält. In jede Unteralgebra von (A,α), die X enthält, existiert nämlich ein $\mathscr{H}$-Homomorphismus von $\mathscr{S}^{\ast}(X)$. (B,β) heißt die von X **erzeugte Unteralgebra** von (A,α). Eine $\mathscr{H}$-Algebra (A,α) heißt von der Menge X **erzeugt**, wenn $X \subseteq A$ und wenn (A,α) die von X erzeugte Unteralgebra von (A,α) ist. Ist X endlich, so heißt (A,α) **endlich erzeugt**.

Lemma 2. *Es gibt nur eine Menge von von X erzeugten, nichtisomorphen $\mathscr{H}$-Algebren.*

Beweis: Sei $X \subseteq A$ und $f: \mathscr{H}X \to A$ eine surjektive Abbildung. Dann existiert auf A höchstens eine $\mathscr{H}$-Algebrenstruktur $\alpha: \mathscr{H}A \to A$, so daß $f: \mathscr{S}^{\ast}(X) \to (A,\alpha)$ ein Algebrenhomomorphismus ist. In dem Diagramm

$$\begin{array}{ccc} \mathscr{H}\mathscr{H}X & \xrightarrow{\ \mathscr{H}f\ } & \mathscr{H}A \\ {\scriptstyle \mu(X)}\big\downarrow & & \big\downarrow{\scriptstyle \alpha} \\ \mathscr{H}X & \xrightarrow{\ f\ } & A \end{array}$$

ist nämlich $\mathscr{H}f$ eine surjektive Abbildung. Es existiert genau dann eine $\mathscr{H}$-Algebrenstruktur auf A, wenn (A,α) von X erzeugt ist. Da es nur eine Menge von nichtisomorphen surjektiven Abbildungen f mit der Quelle $\mathscr{H}X$ gibt, ist das Lemma bewiesen.

Korollar 2. *Es gibt nur eine Menge von nichtisomorphen $\mathscr{H}$-Algebren, die von epimorphen Bildern von X erzeugt werden.*

Beweis: X besitzt nur eine Menge von nichtisomorphen epimorphen Bildern.

Sei $\mathscr{G}\colon \mathfrak{A} \to \mathfrak{B}$ ein Morphismus von algebraischen Theorien. $\mathscr{G}$ induziert durch Verknüpfung einen Funktor

$$\mathrm{Funkt}_\pi(\mathscr{G},\mathbf{Me})\colon \mathrm{Funkt}_\pi(\mathfrak{B},\mathbf{Me}) \to \mathrm{Funkt}_\pi(\mathfrak{A},\mathbf{Me}),$$

der algebraischer Funktor heißt. Außerdem wird das Diagramm

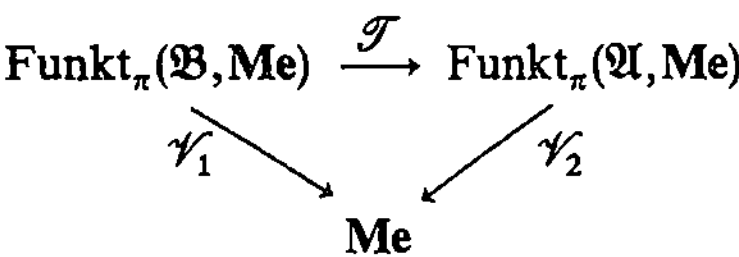

kommutativ, wobei $\mathscr{T} = \mathrm{Funkt}_\pi(\mathscr{G},\mathbf{Me})$ und $\mathscr{V}_i$ die Vergißfunktoren sind.

Lemma 3. *Seien $A \in \mathrm{Funkt}_\pi(\mathfrak{A},\mathbf{Me})$ und $B \in \mathrm{Funkt}_\pi(\mathfrak{B},\mathbf{Me})$. Sei $f\colon A \to \mathscr{T}B$ ein $\mathfrak{A}$-Homomorphismus. Dann existiert eine minimale $\mathfrak{B}$-Unteralgebra B' von B, so daß ein $\mathfrak{A}$-Homomorphismus $g\colon A \to \mathscr{T}B'$ existiert, der das Diagramm*

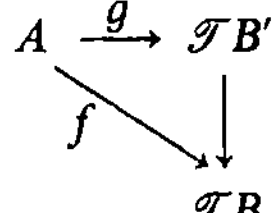

kommutativ macht.

Beweis: Da $\mathscr{V}_2\mathscr{T}(B) = \mathscr{V}_1(B)$ ist, ist $\mathscr{V}_2(f)\colon \mathscr{V}_2(A) \to \mathscr{V}_1(B)$. Sei B' die vom Bild von $\mathscr{V}_2(A)$ in B erzeugte $\mathfrak{B}$-Unteralgebra.

Seien $X = \mathscr{V}_2(A)$, $Y = \mathscr{V}_2\mathscr{T}(B')$, $Z = \mathscr{V}_2\mathscr{T}(B)$, und seien $\alpha\colon \mathscr{H}X \to X,\ \beta\colon \mathscr{H}Y \to Y$ und $\gamma\colon \mathscr{H}Z \to Z$ die zugehörigen $\mathfrak{A}$-Algebra Strukturen. In dem Diagramm

$$
\begin{array}{ccccc}
\mathscr{H}X & \xrightarrow{\ \mathscr{H}g\ } & \mathscr{H}Y & \xrightarrow{\ \mathscr{H}i\ } & \mathscr{H}Z \\
\downarrow{\scriptstyle\alpha} & & \downarrow{\scriptstyle\beta} & & \downarrow{\scriptstyle\gamma} \\
X & \xrightarrow{\ g\ } & Y & \xrightarrow{\ i\ } & Z
\end{array}
$$

sei $i\colon Y \to Z$ die Einbettung von B' in B und $ig = f$. Da f und i $\mathfrak{A}$-Homomorphismen sind, sind das rechte Quadrat und das äußere Rechteck kommutativ. Aus $i\beta\,\mathscr{H}(g) = ig\alpha$ folgt $\beta\,\mathscr{H}(g) = g\alpha$, weil i ein Monomorphismus ist. Also ist g ein $\mathfrak{A}$-Homomorphismus. Da B' von $\mathscr{V}_2(f)(\mathscr{V}_2(A))$ erzeugt wird, ist B' minimal.

Satz 1. *Jeder algebraische Funktor ist monadisch.*

Beweis: Seien $\mathscr{T}$, $\mathscr{V}_1$ und $\mathscr{V}_2$ wie in Lemma 3. Sei $f_0, f_1\colon A \to B$ in $\mathrm{Funkt}_\pi(\mathfrak{B},\mathbf{Me})$ $\mathscr{T}$-zusammenziehbar. Dann ist f_0, f_1 auch $\mathscr{V}_1$-zusammenziehbar, weil $\mathscr{V}_1 = \mathscr{V}_2\mathscr{T}$ ist. Es existiert genau dann ein Differenzkokern $g\colon \mathscr{T}B \to C$ von $\mathscr{T}f_0, \mathscr{T}f_1$ in $\mathrm{Funkt}_\pi(\mathfrak{A},\mathbf{Me})$, wenn ein Differenzkokern $h\colon \mathscr{V}_1 B \to X$ von $\mathscr{V}_2\mathscr{T}f_0, \mathscr{V}_2\mathscr{T}f_1$ in $\mathbf{Me}$ existiert. Dann existiert auch ein Differenzkokern $k\colon B \to D$ von f_0, f_1 in $\mathrm{Funkt}_\pi(\mathfrak{A},\mathbf{Me})$, und es ist $\mathscr{V}_2\mathscr{T}k = \mathscr{V}_1 k = h = \mathscr{V}_2 g$. Da $\mathscr{V}_2$ die hier betrachteten Differenzkokerne erzeugt, ist $\mathscr{T}k = g$. k ist durch $\mathscr{V}_2 g = h$ eindeutig bestimmt, da $\mathscr{V}_1$ monadisch ist. Damit erzeugt $\mathscr{T}$ Differenzkokerne von $\mathscr{T}$-zusammenziehbaren Paaren.

Nach 2.3 Lemma 5 erzeugt $\mathscr{V}_2$ Isomorphismen. Es existiert ein eindeutig bestimmter Morphismus $f\colon \mathscr{T}\varprojlim\mathscr{D} \to \varprojlim\mathscr{T}\mathscr{D}$ in $\mathrm{Funkt}_\pi(\mathfrak{A},\mathbf{Me})$ für ein Diagramm $\mathscr{D}$ in $\mathrm{Funkt}_\pi(\mathfrak{B},\mathbf{Me})$, der durch die universelle Eigenschaft des Limes bestimmt wird. Aber $\mathscr{V}_2 f$ ist ein Isomorphismus, da $\mathscr{V}_1 = \mathscr{V}_2\mathscr{T}$ Limites erhält. Also ist f ein Isomorphismus. Damit erhält $\mathscr{T}$ Limites.

Nach 2.9 Satz 3 genügt es, für $\mathscr{T}$ Lösungsmengen anzugeben. Sei $A \in \mathrm{Funkt}_\pi(\mathfrak{A},\mathbf{Me})$ und $f\colon A \to \mathscr{T}B$ ein $\mathfrak{A}$-Homomorphismus. Wegen Lemma 3 ist die in Korollar 2 angegebene Menge eine Lösungsmenge von A bezüglich $\mathscr{T}$.

Satz 2. *Sei $\mathfrak{A}$ eine algebraische Theorie. Dann ist der Funktor* $\mathrm{Funkt}_\pi(\mathfrak{A},\mathbf{Me}) \to \mathrm{Funkt}(\mathfrak{A},\mathbf{Me})$, *der durch die Einbettung definiert wird, monadisch.*

Beweis: Es genügt zu zeigen, daß $\mathrm{Funkt}_\pi(\mathfrak{A},\mathbf{Me})$ eine reflexive Unterkategorie von $\mathrm{Funkt}(\mathfrak{A},\mathbf{Me})$ ist (2.4 Satz 3). Nach Konstruktion der Limites in beiden Kategorien (argumentweise), erhält der Einbettungsfunktor Limites. Seien $A \in \mathrm{Funkt}(\mathfrak{A},\mathbf{Me})$ und $B \in \mathrm{Funkt}_\pi(\mathfrak{A},\mathbf{Me})$. Sei $f\colon A \to B$ ein funktorieller Morphismus. Sei $B' \subseteq B$ die von $f(A(1))$ erzeugte $\mathfrak{A}$-Unteralgebra von B. Sei $\varphi\colon n \to 1$ eine n-stellige Operation aus $\mathfrak{A}$. Dann ist das folgende Diagramm kommutativ:

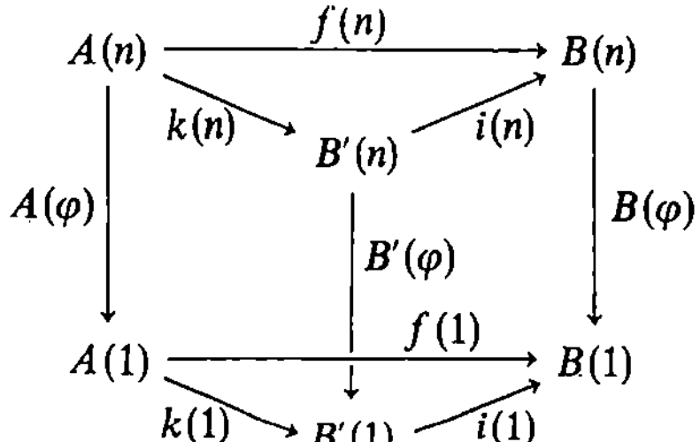

Dabei ist $k(n)$ dadurch eindeutig definiert, daß $B'(n)$ n-faches Produkt von $B'(1)$ mit sich selbst ist. Für $\varphi = p_n^i$ ist das Diagramm nach Definition kommutativ. Im allgemeinen Fall ist nur die Kommutativität $B'(\varphi)k(n) = k(1)A(\varphi)$ zu beweisen. Diese gilt aber, weil $i(1)$ ein injektiver Morphismus ist. Nach dem Korollar 2 ist damit eine Lösungsmenge gegeben.

Korollar 3. $\mathrm{Funkt}_\pi(\mathfrak{A},\mathbf{Me})$ *ist kovollständig.*

Beweis: Folgt aus 2.11 Satz 3 und dem Dualen von 2.7 Satz 1.

Sei $\mathscr{T}\colon \mathscr{C} \to \mathscr{D}$ ein Funktor. Ein Morphismus $f\colon A \to B$ in $\mathscr{C}$ heißt relativ zerfallender Epimorphismus, wenn f ein Epimorphismus ist und $\mathscr{T}f$ eine Retraktion ist. Dual definiert man einen relativ zerfallenden Monomorphismus. Ein Objekt $P \in \mathscr{C}$ heißt relativ projektiv (relativ injektiv), wenn für alle relativ zerfallenden Epimorphismen (Monomorphismen) f in $\mathscr{C}$ die Abbildung $\mathrm{Mor}_\mathscr{C}(P,f)$ $(\mathrm{Mor}_\mathscr{C}(f,P))$ surjektiv ist. Ist $\mathscr{T}$ der Identitätsfunktor, so sind alle Objekte relativ projektiv und relativ injektiv (1.10 Lemma 3). Besitzt $\mathscr{T}$ einen linksadjungierten Funktor $\mathscr{S}$, so ist $\mathscr{S}D$ relativ projektiv für alle $D \in \mathscr{D}$. Es ist nämlich $\mathrm{Mor}_\mathscr{C}(\mathscr{S}D,f) = \mathrm{Mor}_\mathscr{D}(D,\mathscr{T}f)$ surjektiv.

Sei $\mathscr{T}$ ein algebraischer Funktor mit dem linksadjungierten Funktor $\mathscr{S}$. Wir nennen die Objekte $\mathscr{S}D$ relativ frei. Dann ist jedes relativ freie Objekt relativ projektiv. Da $\mathscr{V}\colon \mathrm{Funkt}(\mathfrak{A},\mathbf{Me}) \to \mathbf{Me}$ auch ein algebraischer Funktor ist, nämlich der von $A\colon N^0 \to \mathfrak{A}$ induzierte, ist jede freie $\mathfrak{A}$-Algebra relativ projektiv bezüglich der surjektiven $\mathfrak{A}$-Homomorphismen. In diesem Fall nennen wir die relativ projektiven Objekte auch $\mathfrak{A}$-projektiv.

Satz 3. *Sei $\mathfrak{A}$ eine algebraische Theorie. Dann existiert ein endlich erzeugter, $\mathfrak{A}$-projektiver Generator in* $\mathrm{Funkt}_\pi(\mathfrak{A},\mathbf{Me})$.

Beweis: Die freie $\mathfrak{A}$-Algebra $\mathrm{Mor}_{\mathfrak{A}}(1,-)$ hat diese Eigenschaft. Es ist nur zu zeigen, daß $\mathrm{Mor}_{\mathfrak{A}}(1,-)$ ein Generator ist. Da aber $\mathrm{Mor}_f(\mathrm{Mor}_{\mathfrak{A}}(1,-),A) \cong A(1) \cong \mathscr{V}(A)$ ist und $\mathscr{V}$ treu ist, ist die Behauptung bewiesen.

3.5 Beispiele von algebraischen Theorien und Funktoren

Einige Beispiele für algebraische Kategorien sind schon bekannt, nämlich **Me**, **Me***, **Gr**, **Ab**, $_R\mathbf{Mod}$ und **Ri**. Um die weiteren Beispiele bequem angeben zu können, werden wir für die Definition der Operationen zum Teil die üblichen Symbole $(+ \cdot [,]$ usw.) verwenden und die Identitäten als Gleichungen zwischen den Elementen von $\mathrm{Mor}_{\mathfrak{A}}(n,1)$ darstellen. Der Leser wird diese Angaben leicht in den allgemeinen Formalismus übertragen können, wenn er sie mit dem Beispiel der algebraischen Theorie der Gruppen vergleicht.

Beispiele. 1. *M-(multiplikatives) Objekt:* Die algebraische Theorie der M-Objekte wird definiert durch

(1)   eine Multiplikation $\mu: 2 \to 1$

(2)   ohne Identitäten.

2. *Halbgruppe:*

(1) $\mu: 2 \to 1 \quad \text{mit} \quad \mu(x,y) = xy$

(2) $(xy)z = x(yz)$.

3. *Monoid:*

(1) $\mu: 2 \to 1; e: 0 \to 1 \quad \text{mit} \quad \mu(x,y) = xy; e(\emptyset) = 0;$

(2) $0x = x = x0; (xy)z = x(yz)$.

4. *H-(Hopf-) Objekt:*

(1) $\mu: 2 \to 1; e: 0 \to 1 \quad \text{mit} \quad \mu(x,y) = xy; e(\emptyset) = 0;$

(2) $0x = x = x0$.

5. *Quasigruppe:*

(1) $\alpha: 2 \to 1; \beta: 2 \to 1; \gamma: 2 \to 1 \quad \text{mit} \quad \alpha(x,y) = xy; \beta(x,y) = x/y; \gamma(x,y) = x\backslash y$

(2) $(x/y)y = x; x\,(x\backslash y) = y; x\backslash(xy) = y; (xy)/y = x$.

Die Gleichungen bedeuten, daß die Gleichung $xy = z$ nach jedem der drei Elemente eindeutig auflösbar ist.

6. *Loop:*

(1)   Quasigruppe zusammen mit $e: 0 \to 1 \quad \text{mit} \quad e(\emptyset) = 0$

(2) $0x = x = x0$.

Dabei sollen die Operationen wie auch die Identitäten der Quasigruppe gelten.

7. *Gruppe:*

(1) $\mu: 2 \to 1; s: 1 \to 1; e: 0 \to 1 \quad \text{mit} \quad \mu(x,y) = xy; s(x) = x^{-1}; e(\emptyset) = 1$

(2) $1x = x; x^{-1}x = 1; (xy)z = x(yz)$.

8. *Ring:*

(1)   Gruppe (μ,s,e) zusammen mit $v: 2 \to 1 \quad \text{mit} \quad \mu(x,y) = x + y;$
             $s(x) = -x; e(\emptyset) = 0; v(x,y) = xy$

(2) $x + y = y + x; x(y + z) = (xy) + (xz), (x + y)z = (xz) + (yz)$.

9. *unitärer Ring:*

(1)   Ring zusammen mit $e': 0 \to 1$ mit $e'(\emptyset) = 1$

(2) $1x = x = x1$.

10. *assoziativer Ring:*

(1)   Ring zusammen mit

(2) $(xy)z = x(yz)$.

11. *kommutativer Ring:*

(1)   Ring zusammen mit

(2) $xy = yx$.

12. *antikommutativer Ring:*

(1)   Ring zusammen mit

(2) $xx = 0$

(Aus dieser Identität folgt $xy = -yx$. Die Umkehrung gilt jedoch nicht allgemein!)

13. *Radikal-Ring:*

(1)   assoziativer Ring zusammen mit $g: 1 \to 1$ mit $g(x) = x'$

(2) $x + x' + xx' = x + x' + x'x = 0$.

14. L i e-*Ring:*

(1)   antikommutativer Ring (wobei statt $\mu(x,y) = xy$ gilt $\mu(x,y) = [x,y]$)

(2) $[x,[y,z]] + [y,[z,x]] + [z,[x,y]] = 0$.

15. J o r d a n-*Ring:*

(1)   kommutativer Ring zusammen mit

(2) $((xx)y)x = (xx)(yx)$.

16. *alternativer Ring:*

(1)   Ring zusammen mit

(2) $(xx)y = x(xy); x(yy) = (xy)y$.

17. *R-Modul* (mit assoziativem Ring R):

(1)   kommutative Gruppe zusammen mit $r: 1 \to 1$ für alle $r \in R$

(2) $(r + r')m = rm + r'm; r(m + m') = rm + rm'; r(r'm) = (rr')m$.

18. *unitärer R-Modul* (mit unitärem, assoziativem Ring R):

(1) R-Modul zusammen mit

(2) $1m = m$.

19. L i e-*Modul* (mit L i e-Ring R):

(1)   kommutative Gruppe zusammen mit $r: 1 \to 1$ für alle $r \in R$

(2) $(r + r')m = (rm) + (r'm); [r,r']m = (r(r'm)) - (r'(rm)); r(m + m') = (rm) + (rm')$

20. J o r d a n-*Modul* (mit J o r d a n-Ring R):

(1)   kommutative Gruppe zusammen mit $r: 1 \to 1$ für alle $r \in R$

(2) $(r + r')m = (rm) + (r'm); r(m + m') = (rm) + (rm');$
$r(r'((rm) + (rm))) = (rr')((rm) + (rm)); r((rr)m) = (rr)(rm)$.

21. *S-Rechtsmodul* (mit assoziativem Ring S):

wie S-Modul, aber statt $(ss')m = s(s'm)$ gelte $(ss')m = s'(sm)$.

22. $R - S$-*Bimodul*:
(1) R-Modul und S-Modul mit derselben kommutativen Gruppe zusammen mit
(2) $r(sm) = s(rm)$ für alle $r \in R$ und $s \in S$.

23. k-*Algebra* (mit assoziativem, kommutativem, unitärem Ring k):
(1)   Ring zusammen mit $r: 1 \to 1$ für alle $r \in k$
(2) $(r + r')x = (rx) + (r'x); \; r(x + y) = (rx) + (ry); \; (rr')x = r(r'x); \; 1x = x;$
$\quad\quad r(xy) = (rx)y = x(ry)$.

24. k-Lie-*Algebra*, k-Jordan-*Algebra* und *alternative k-Algebra* erhält man aus w) durch Ersetzen von „Ring" durch „Lie-Ring", „Jordan-Ring" oder „alternativen Ring".

25. *Nilalgebra vom Grad n:*
(1) k-Algebra zusammen mit
(2) $x^n = 0$.

26. *nilpotente Algebra vom Grad n:*
(1) k-Algebra zusammen mit
(2) $x_1(x_2(\ldots x_n)\ldots) = 0$.

Von Interesse ist auch zu wissen, welche algebraischen Strukturen nicht gleichungsdefiniert sind. In speziellen Fällen lassen sich leicht Eigenschaften von algebraischen Kategorien angeben, die in diesen Fällen verletzt sind. So bilden die Körper (mit unitären Ringhomomorphismen) keine algebraische Kategorie, weil sich nicht jedes mengentheoretische Produkt von zwei Körpern wieder zu einem Körper machen läßt (3.2 Satz). Aus demselben Grunde sind die Integritätsbereiche (mit unitären Ringhomomorphismen) keine algebraische Kategorie (2.12 Beispiel). Die teilbaren abelschen Gruppen bilden keine algebraische Kategorie, weil die Monomorphismen nicht immer injektive Abbildungen sind (3.2 Korollar 2 und Beispiel 1 in 1.5).

Morphismen von algebraischen Theorien ergeben immer algebraische Funktoren. Viele universelle Konstruktionen aus der Algebra sind linksadjungierte Funktoren von algebraischen Funktoren. Die meisten Morphismen von algebraischen Theorien werden durch Hinzufügen von Operationen und (oder) Identitäten definiert, so wie das schon bei den Beispielen für algebraische Theorien auftrat. Wo diese Konstruktion verwendet wird, werden wir in den folgenden Beispielen keine besonderen Erläuterungen geben.

Beispiele. 27. $\mathfrak{A}$ (= algebraische Theorie der Gruppen) $\to \mathfrak{B}$ (= algebraische Theorie der kommutativen Gruppen) induziert einen algebraischen Funktor

$$\mathrm{Funkt}_\pi(\mathfrak{B}, \mathbf{Me}) \to \mathrm{Funkt}_\pi(\mathfrak{A}, \mathbf{Me}).$$

Der linksadjungierte Funktor heißt *Kommutator-Faktorgruppe*.

28. $\mathfrak{A}$ (= k-Modul) $\to \mathfrak{B}$ (= assoziative, unitäre k-Algebra) definiert (wie in Beispiel a)) den Funktor *Tensoralgebra*.

29. $\mathfrak{A}$ (= k-Modul) $\to \mathfrak{B}$ (= assoziative, kommutative, unitäre k-Algebra) definiert den Funktor *symmetrische Algebra*.

30. $\mathfrak{A}$ (= k-Modul) $\to \mathfrak{B}$ (= assoziative, antikommutative k-Algebra) definiert den Funktor *äußere Algebra*.

31. $\mathfrak{A}$ (= assoziativer Ring) $\to \mathfrak{B}$ (= assoziativer, unitärer Ring) definiert den Funktor *Adjunktion einer Eins*.

32. $\mathfrak{A}$ (= k-Lie-Algebra) → $\mathfrak{B}$ (= unitäre, assoziative k-Algebra), wobei die Lie-Multiplikation [,] abgebildet wird in die Operation $xy - yx$ mit der assoziativen Multiplikation, definiert den Funktor *universelle Einhüllende einer* Lie-*Algebra*.

33. $\mathfrak{A}$ (= k-Jordan-Algebra) → $\mathfrak{B}$ (= unitäre, assoziative k-Algebra), wobei die Jordan-Multiplikation abgebildet wird in die Operation $xy + yx$ mit der assoziativen Multiplikation, definiert den Funktor *universelle Einhüllende einer* Jordan-*Algebra*.

34. $\mathfrak{A}$ (= Monoid) → $\mathfrak{B}$ (= unitärer, assoziativer Ring) definiert den Funktor *Monoid-Ring* (2.1 Beispiel 1).

35. Sei $f: k \to k'$ ein unitärer Ringhomomorphismus von kommutativen, unitären, assoziativen Ringen.
$\mathfrak{A}$ (= k-Modul bzw. k-Algebra) → $\mathfrak{B}$ (= k'-Modul bzw. k'-Algebra) definiert den Funktor *Grundringerweiterung*.

36. $\mathfrak{A}$ (= $\mathbb{N}^0$) → $\mathfrak{B}$ (= unitäre, assoziative (kommutative) k-Algebra) definiert den Funktor *(kommutative) Polynomalgebra*.

3.6 Algebren in beliebigen Kategorien

Seien $\mathscr{C}$ eine beliebige Kategorie und $\mathfrak{A}$ eine algebraische Theorie. Ein $\mathfrak{A}$-Objekt in $\mathscr{C}$ ist ein Objekt $A \in \mathscr{C}$ zusammen mit einem Funktor $\mathscr{A}: \mathscr{C}^0 \to \mathrm{Funkt}_\pi(\mathfrak{A}, \mathbf{Me})$, so daß

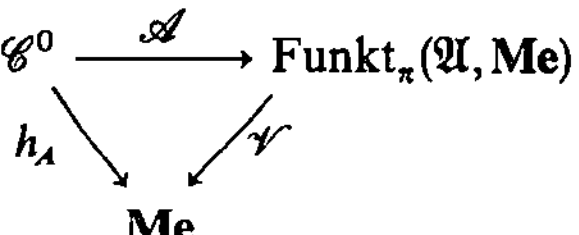

mit $h_A = \mathrm{Mor}_\mathscr{C}(-, A)$ kommutativ ist. Das bedeutet, daß jede Menge $\mathrm{Mor}_\mathscr{C}(C', A)$ eine $\mathfrak{A}$-Algebrenstruktur trägt und daß jeder Morphismus $f: C' \to C''$ einen $\mathfrak{A}$-Homomorphismus $\mathrm{Mor}_\mathscr{C}(C'', A) \to \mathrm{Mor}_\mathscr{C}(C', A)$ induziert. Wir begegnen hier also wieder dem bekannten Prinzip (vgl. 1.5), Begriffe aus der Kategorie **Me** auf die Kategorie $\mathscr{C}$ mit Hilfe des Bifunktors $\mathrm{Mor}_\mathscr{C}(-, -)$ im kovarianten Argumant zu übertragen.

Man möchte viele Rechnungen und Definitionen mit $\mathfrak{A}$-Objekten durchführen wie mit $\mathfrak{A}$-Algebren. $\mathfrak{A}$-Objekte $(A, \mathscr{A})$ besitzen nun keine Elemente. Als Ersatz dafür bieten sich aber die Elemente der $\mathfrak{A}$-Algebren $\mathrm{Mor}_\mathscr{C}(C', A)$ an, die man häufig auch mit $A(C')$ (oder besser mit $\mathscr{A}(C')$) bezeichnet. Man hat dann zusätzlich nachzuprüfen, daß die Rechnungen und Definitionen sich funktoriell bezüglich C' verhalten.

Ein $\mathfrak{A}$-Morphismus $f: (A, \mathscr{A}) \to (B, \mathscr{B})$ ist ein funktorieller Morphismus $f: \mathscr{A} \to \mathscr{B}$. Dieser induziert einen funktoriellen Morphismus $\mathscr{Y}f: h_A \to h_B$, der nach dem Yoneda-Lemma einen Morphismus $f^*: A \to B$ definiert. Die Kategorie der $\mathfrak{A}$-Objekte und $\mathfrak{A}$-Morphismen bezeichnen wir mit $\mathscr{C}^{(\mathfrak{A})}$ und nennen sie Kategorie der $\mathfrak{A}$-Algebren in $\mathscr{C}$.

Ist $\mathscr{G}: \mathfrak{A} \to \mathfrak{B}$ ein Morphismus von algebraischen Theorien, so induziert das einen Funktor $\mathscr{C}^{(\mathscr{G})}: \mathscr{C}^{(\mathfrak{B})} \to \mathscr{C}^{(\mathfrak{A})}$.

Satz 1. *Sei $\mathscr{C}$ eine Kategorie mit endlichen Produkten. Dann existiert eine Äquivalenz $\mathscr{C}^{(\mathfrak{A})} \cong \mathrm{Funkt}_\pi(\mathfrak{A}, \mathscr{C})$, so daß für alle Morphismen $\mathscr{G}: \mathfrak{B} \to \mathfrak{A}$ von algebraischen Theorien das Diagramm*

$$\begin{array}{ccc}
\mathscr{C}^{(\mathfrak{A})} & \cong & \mathrm{Funkt}_\pi(\mathfrak{A},\mathscr{C}) \\
\mathscr{C}^{(\mathscr{G})} \downarrow & & \downarrow \mathrm{Funkt}_\pi(\mathscr{G},\mathscr{C}) \\
\mathscr{C}^{(\mathfrak{B})} & \cong & \mathrm{Funkt}_\pi(\mathfrak{B},\mathscr{C})
\end{array}$$

kommutativ ist.

Beweis: Sei $(A,\mathscr{A})$ ein $\mathfrak{A}$-Objekt. Dann kann man $\mathscr{A}$ als Bifunktor $\mathscr{A}\colon \mathscr{C}^0 \times \mathfrak{A} \to \mathbf{Me}$ mit $\mathscr{A}(C,n) \cong \mathscr{A}(C,1)^n = \mathrm{Mor}_\mathscr{C}(C,A)^n \cong \mathrm{Mor}_\mathscr{C}(C,A^n)$ und

$$\mathscr{A}(C,\varphi) \cong \mathrm{Mor}_\mathscr{C}(C,A^\varphi)\colon \mathrm{Mor}_\mathscr{C}(C,A^m) \to \mathrm{Mor}_\mathscr{C}(C,A^n)$$

auffassen, wobei $A^\varphi\colon A^m \to A^n$ nach dem Yoneda-Lemma existiert.

Sei $f\colon (A,\mathscr{A}) \to (B,\mathscr{B})$ ein $\mathfrak{A}$-Morphismus und $f^*\colon A \to B$ durch f induziert. Dann ist $f(C,n) \cong \mathrm{Mor}_\mathscr{C}(C,(f^*)^n)$. Diese Zuordnungen definieren einen Funktor $\mathscr{C}^{(\mathfrak{A})} \to \mathrm{Funkt}_\pi(\mathfrak{A},\mathscr{C})$. Sei $\mathscr{X} \in \mathrm{Funkt}_\pi(\mathfrak{A},\mathscr{C})$. Dann definieren $A = \mathscr{X}(1)$ und $\mathscr{A}(C,n) = \mathrm{Mor}_\mathscr{C}(C,A^n)$ ein Objekt aus $\mathscr{C}^{(\mathfrak{A})}$. Ist nämlich $\varphi\colon n \to 1$ eine n-stellige Operation aus $\mathfrak{A}$, so erhält man daraus $\mathscr{X}(\varphi)\colon A^n \to A$, also $\mathscr{A}(C,\varphi) = \mathrm{Mor}_\mathscr{C}(C,\mathscr{X}(\varphi))\colon \mathrm{Mor}_\mathscr{C}(C,A^n) \to \mathrm{Mor}_\mathscr{C}(C,A)$.

Ist $\chi\colon \mathscr{X} \to \mathscr{X}'$ in $\mathrm{Funkt}_\pi(\mathfrak{A},\mathscr{C})$ gegeben, so erhält man

$$\mathrm{Mor}_\mathscr{C}(-,\chi(-))\colon \mathrm{Mor}_\mathscr{C}(-,\mathscr{X}(-)) \to \mathrm{Mor}_\mathscr{C}(-,\mathscr{X}'(-)),$$

also einen Morphismus $\mathscr{A} \to \mathscr{A}'$, wenn $\mathscr{A}'$ durch $\mathscr{X}'$ definiert wird. Das definiert einen Funktor $\mathrm{Funkt}_\pi(\mathfrak{A},\mathscr{C}) \to \mathscr{C}^{(\mathfrak{A})}$. Diese beiden Funktoren sind nach Konstruktion invers zueinander.

Mit dieser Konstruktion ist leicht zu verifizieren, daß $\mathscr{G}\colon \mathfrak{B} \to \mathfrak{A}$ ein kommutatives Diagramm wie in Satz 1 definiert.

Definiert man einen Vergißfunktor $\mathscr{U}$ von $\mathscr{C}^{(\mathfrak{A})}$ in $\mathscr{C}$ durch $(A,\mathscr{A}) \mapsto A$ und $f \mapsto f^*$, so ist der Vergißfunktor verknüpft mit der Äquivalenz, die im Beweis konstruiert wurde, die Auswertung auf dem Objekt 1, also $\mathscr{V}\colon \mathrm{Funkt}_\pi(\mathfrak{A},\mathscr{C}) \to \mathscr{C}$.

Wir zeigen jetzt, daß produkterhaltende Funktoren $\mathfrak{A}$-Objekte und $\mathfrak{A}$-Morphismen erhalten. Genauer gilt:

Korollar 1. *Seien $\mathscr{C}$ und $\mathscr{D}$ Kategorien mit endlichen Produkten. Sei $\mathscr{F}\colon \mathscr{C} \to \mathscr{D}$ ein produkterhaltender Funktor. Dann existiert ein Funktor $\mathscr{G}\colon \mathscr{C}^{(\mathfrak{A})} \to \mathscr{D}^{(\mathfrak{A})}$, so daß das Diagramm*

$$\begin{array}{ccc}
\mathscr{C}^{(\mathfrak{A})} & \xrightarrow{\;\mathscr{G}\;} & \mathscr{D}^{(\mathfrak{A})} \\
\mathscr{U} \downarrow & & \downarrow \mathscr{U} \\
\mathscr{C} & \xrightarrow{\;\mathscr{F}\;} & \mathscr{D}
\end{array}$$

kommutativ ist.

Beweis: Sei $\mathscr{G}' = \mathrm{Funkt}_\pi(\mathfrak{A},\mathscr{F})$. Dann ist das Diagramm

$$\begin{array}{ccccc}
\mathscr{C}^{(\mathfrak{A})} \cong \mathrm{Funkt}_\pi(\mathfrak{A},\mathscr{C}) & \xrightarrow{\;\mathscr{G}'\;} & \mathrm{Funkt}_\pi(\mathfrak{A},\mathscr{D}) \cong \mathscr{D}^{(\mathfrak{A})} \\
\mathscr{U} \downarrow \;\; \swarrow \mathscr{V} & & \mathscr{V} \searrow \;\; \downarrow \mathscr{U} \\
\mathscr{C} & \xrightarrow{\qquad\qquad \mathscr{F} \qquad\qquad} & \mathscr{D}
\end{array}$$

kommutativ, denn es ist $\mathscr{F}\mathscr{V}(\mathscr{X}) = \mathscr{F}\mathscr{X}(1) = \mathscr{V}\mathscr{G}'(\mathscr{X})$ und $\mathscr{F}\mathscr{V}(\chi) = \mathscr{F}\chi(1) = \mathscr{V}\mathscr{G}'(\chi)$.

Speziell erhält jeder darstellbare Funktor $\mathrm{Mor}_{\mathscr{C}}(C,-)\colon \mathscr{C} \to \mathbf{Me}$ Produkte, also $\mathfrak{A}$-Objekte und $\mathfrak{A}$-Morphismen. So waren aber die $\mathfrak{A}$-Objekte und $\mathfrak{A}$-Morphismen definiert worden. Ein K o-$\mathfrak{A}$-O b j e k t in $\mathscr{C}$ ist ein $\mathfrak{A}$-Objekt in $\mathscr{C}^0$. Ein K o-$\mathfrak{A}$-M o r p h i s m u s in $\mathscr{C}$ ist ein $\mathfrak{A}$-Morphismus in $\mathscr{C}^0$.

Satz 2. *Sei $\mathfrak{A}$ eine algebraische Theorie. Dann sind die freien $\mathfrak{A}$-Algebren in* $\mathrm{Funkt}_\pi(\mathfrak{A},\mathbf{Me})$ *Ko-$\mathfrak{A}$-Objekte und die freien $\mathfrak{A}$-Homomorphismen Ko-$\mathfrak{A}$-Morphismen.*

B e w e i s : Sei $X \in \mathbf{Me}$ und $A \in \mathrm{Funkt}_\pi(\mathfrak{A},\mathbf{Me})$. Dann ist $\mathrm{Mor}_f(\mathscr{F}X,A) \cong \mathrm{Mor}_{\mathbf{Me}}(X,\mathscr{V}A)$ funktoriell in X und A. Da aber A eine $\mathfrak{A}$-Algebra ist, trägt $\mathrm{Mor}_{\mathbf{Me}}(X,\mathscr{V}A)$ die Struktur einer $\mathfrak{A}$-Algebra (nämlich die von A^X). Auch das gilt funktoriell in X und A. Also ist

$$\mathrm{Mor}_f(\mathscr{F}X,-)\colon \mathrm{Funkt}_\pi(\mathfrak{A},\mathbf{Me}) \to \mathrm{Funkt}_\pi(\mathfrak{A},\mathbf{Me}),$$

d. h. $\mathscr{F}X$ ist ein Ko-$\mathfrak{A}$-Objekt in $\mathrm{Funkt}_\pi(\mathfrak{A},\mathbf{Me})$. Entsprechend zeigt man die Behauptung für Ko-$\mathfrak{A}$-Morphismen.

Nach einem Ergebnis von K a n stimmen im Fall der algebraischen Theorie der Gruppen $\mathfrak{A}$ die freien $\mathfrak{A}$-Algebren und $\mathfrak{A}$-Homomorphismen mit den Ko-$\mathfrak{A}$-Objekten und Ko-$\mathfrak{A}$-Morphismen in $\mathrm{Funkt}_\pi(\mathfrak{A},\mathbf{Me})$ überein. Für beliebige algebraische Theorien gilt diese Aussage jedoch nicht.

Seien $A\colon \mathbf{N}^0 \to \mathfrak{A}$ und $B\colon \mathbf{N}^0 \to \mathfrak{B}$ algebraische Theorien. Wir definieren ein T e n s o r p r o d u k t $\mathfrak{A} \otimes \mathfrak{B}$ von algebraischen Theorien durch die Angaben:

$$H(n) = \mathrm{Mor}_{\mathfrak{A}}(n,1) \cup \mathrm{Mor}_{\mathfrak{B}}(n,1)$$
$$L(n) = L_{\mathfrak{A}}(n) \cup L_{\mathfrak{B}}(n) \cup \{(A(p_n^j), B(p_n^j))\} \cup \{(\psi_B(\varphi_A \times \ldots \times \varphi_A), \varphi_A(\psi_B \times \ldots \times \psi_B))\}$$

wobei $L_{\mathfrak{A}}(n)$ bzw. $L_{\mathfrak{B}}(n)$ die bei der Darstellung von $\mathfrak{A}$ bzw. $\mathfrak{B}$ durch $\mathfrak{F}\mathfrak{B}(\mathfrak{A})$ bzw. $\mathfrak{F}\mathfrak{B}(\mathfrak{B})$ auftretenden Identitäten sind, $\varphi_A \in \mathrm{Mor}_{\mathfrak{A}}(m,1)$, $\psi_B \in \mathrm{Mor}_{\mathfrak{B}}(r,1)$, $\psi_B \times \ldots \times \psi_B \in \mathrm{Mor}_{\mathfrak{B}}(n,m)$ und $\varphi_A \times \ldots \times \varphi_A \in \mathrm{Mor}_{\mathfrak{A}}(n,r)$ sind. Alle Vereinigungen sind als disjunkte Vereinigungen zu nehmen. Speziell sind dann Morphismen $\mathfrak{A} \to \mathfrak{A} \otimes \mathfrak{B}$ und $\mathfrak{B} \to \mathfrak{A} \otimes \mathfrak{B}$ von algebraischen Theorien gegeben.

Satz 3. *Sei $\mathscr{C}$ eine Kategorie mit endlichen Produkten. Dann existiert ein Isomorphismus*

$$\mathrm{Funkt}_\pi(\mathfrak{A} \otimes \mathfrak{B},\mathscr{C}) \cong \mathrm{Funkt}_\pi(\mathfrak{A},\mathrm{Funkt}_\pi(\mathfrak{B},\mathscr{C})).$$

B e w e i s : Es ist wegen 1.14 Lemma 3

$$\mathrm{Funkt}(\mathfrak{A} \times \mathfrak{B},\mathscr{C}) \cong \mathrm{Funkt}(\mathfrak{A},\mathrm{Funkt}(\mathfrak{B},\mathscr{C})).$$

Dabei geht $\mathrm{Funkt}_\pi(\mathfrak{A},\mathrm{Funkt}_\pi(\mathfrak{B},\mathscr{C}))$ über in $\mathrm{Funkt}_{\pi,\pi}(\mathfrak{A} \times \mathfrak{B},\mathscr{C})$, die Kategorie derjenigen Bifunktoren, die in jedem Argument mit endlichen Produkten vertauschbar sind. Wir geben einen Isomorphismus

$$\mathrm{Funkt}_\pi(\mathfrak{A} \otimes \mathfrak{B},\mathscr{C}) \cong \mathrm{Funkt}_{\pi,\pi}(\mathfrak{A} \times \mathfrak{B},\mathscr{C})$$

an. Seien $\mathscr{F} \in \mathrm{Funkt}_{\pi,\pi}(\mathfrak{A} \times \mathfrak{B},\mathscr{C})$ und $\mathscr{G} \in \mathrm{Funkt}_\pi(\mathfrak{A} \otimes \mathfrak{B},\mathscr{C})$ gegeben. Dann sind $\mathscr{F}$ und $\mathscr{G}$ durch folgende Eigenschaften bestimmt:

$$\mathscr{F}(i,j) = \mathscr{F}(1,1)^{ij},$$
$$\mathscr{F}(\mu,\rho) = \mathscr{F}(\mu^m,1_1)\mathscr{F}(1_1,\rho^i) = \mathscr{F}(1_1,\rho^k)\mathscr{F}(\mu^j,1_1),$$
$$\mathscr{G}(n) = \mathscr{G}(1)^n,$$
$$\mathscr{G}(\tau) = \mathscr{G}(1)^r.$$

Wir definieren

$$\Phi(\mathscr{F})(n) = \mathscr{F}(1,1)^n,$$
$$\Phi(\mathscr{F})(\varphi_A) = \mathscr{F}(\varphi_A,1_1), \qquad \Phi(\mathscr{F})(\varphi_B) = \mathscr{F}(1_1,\varphi_B),$$
$$\Psi(\mathscr{G})(i,j) = \mathscr{G}(ij),$$
$$\Psi(\mathscr{G})(\mu,\rho) = \mathscr{G}(\mu^m\rho^i) = \mathscr{G}(\rho^k\mu^j),$$

wenn $(\mu,\rho)\colon (i,j) \to (k,m)$. Dabei soll φ_A bedeuten $\varphi \in \mathrm{Bi}(\mathfrak{A} \to \mathfrak{A} \otimes \mathfrak{B})$ und entsprechend für φ_B. Die Projektionen sollen in $\mathrm{Bi}(\mathfrak{A} \to \mathfrak{A} \otimes \mathfrak{B})$ liegen.

Für funktorielle Morphismen $\alpha\colon \mathscr{F}_1 \to \mathscr{F}_2$ bzw. $\beta\colon \mathscr{G}_1 \to \mathscr{G}_2$ definieren wir

$$\Phi(\alpha)(n) = \alpha(1,1)^n\colon \mathscr{F}_1(1,1)^n \to \mathscr{F}_2(1,1)^n,$$
$$\Psi(\beta)(i,j) = \beta(ij)\colon \mathscr{G}_1(ij) \to \mathscr{G}_2(ij).$$

Damit sind Φ und Ψ Funktoren.

Weiter ist:

$$\Psi\Phi(\mathscr{F})(i,j) = \Phi(\mathscr{F})(ij) = \mathscr{F}(i,j),$$
$$\Psi\Phi(\mathscr{F})(\mu,\rho) = \Phi(\mathscr{F})(\mu^m\rho^i) = \mathscr{F}(\mu,\rho),$$
$$\Psi\Phi(\alpha)(i,j) = \Phi(\alpha)(ij) = \alpha(i,j),$$
$$\Phi\Psi(\mathscr{G})(n) = \Psi(\mathscr{G})(1,1)^n = \mathscr{G}(n),$$
$$\Phi\Psi(\mathscr{G})(\varphi_A) = \Psi(\mathscr{G})(\varphi_A,1_1) = \mathscr{G}(\varphi_A),$$
$$\Phi\Psi(\mathscr{G})(\varphi_B) = \Psi(\mathscr{G})(1_1,\varphi_B) = \mathscr{G}(\varphi_B),$$
$$\Phi\Psi(\beta)(n) = \Psi(\beta)(1,1)^n = \beta(n).$$

Damit sind Φ und Ψ Isomorphismen.

Korollar 2. *Das Tensorprodukt von algebraischen Theorien ist bis auf Isomorphie kommutativ und assoziativ.*

Beweis: Die algebraische Theorie ist eindeutig bis auf Isomorphie durch die zugehörige algebraische Kategorie und deren Vergißfunktor bestimmt. Da

$$\mathrm{Funkt}_{\pi,\pi}(\mathfrak{A} \times \mathfrak{B},\mathbf{Me}) \cong \mathrm{Funkt}_{\pi,\pi}(\mathfrak{B} \times \mathfrak{A},\mathbf{Me})$$

ist, ist auch $\mathrm{Funkt}_\pi(\mathfrak{A} \otimes \mathfrak{B},\mathbf{Me}) \cong \mathrm{Funkt}_\pi(\mathfrak{B} \otimes \mathfrak{A},\mathbf{Me})$ und dieser Isomorphismus ist mit den Vergißfunktoren verträglich. Also ist $\mathfrak{A} \otimes \mathfrak{B} \cong \mathfrak{B} \otimes \mathfrak{A}$. Analoges gilt für die Assoziativität.

Lemma. *Seien $\alpha_i\colon 0 \to 1$ $(i \in I)$ in $\mathfrak{A}$ und $\beta_j\colon 0 \to 1$ $(j \in J)$ in $\mathfrak{B}$ gegeben, und seien I und J nichtleere Mengen. Dann sind die Bilder der α_i und β_j in $\mathfrak{A} \otimes \mathfrak{B}$ alle untereinander gleich.*

Beweis: Folgt aus $\psi_B\varphi_A^r = \varphi_A\psi_B^m$ für $r = m = 0$.

Satz 4. *Seien algebraische Theorien $\mathfrak{A}$ mit $\alpha\colon 0 \to 1$, $\mu\colon 2 \to 1$ und $\mu(\alpha 0_1,1_1) = 1_1 = \mu(1_1,\alpha 0_1)$ und $\mathfrak{B}$ mit $\beta\colon 0 \to 1$, $\nu\colon 2 \to 1$ und $\nu(\beta 0_1,1_1) = 1_1 = \nu(1_1,\beta 0_1)$ gegeben. Dann gilt für die in $\mathfrak{A} \otimes \mathfrak{B}$ induzierten Multiplikationen μ^* bzw. ν^*:*

1) $\qquad\qquad\qquad \mu^* = \nu^*,$

2) $\qquad\qquad\qquad \mu^*(p_2^2,p_2^1) = \mu^*$, *d. h.* μ^* *ist kommutativ,*

3) $\qquad\qquad\qquad \mu^*(1_1 \times \mu^*) = \mu^*(\mu^* \times 1_1)$, *d. h.* μ^* *ist assoziativ.*

Beweis: Wir betrachten das kommutative Quadrat

$$
\begin{array}{ccc}
 & & \nu* \\
1 \times 1 & \times & 1 \\
\times \quad \times & \xrightarrow{\ \nu* \ } & \times \\
1 \times 1 & & 1 \\
\mu* \times \mu* \downarrow & & \downarrow \mu* \\
1 \times 1 & \xrightarrow{\ \nu* \ } & 1 \quad .
\end{array}
$$

Dabei ist das Objekt in der linken oberen Ecke des Quadrats das Objekt $4 = 1 \times 1 \times 1 \times 1$ aus $\mathfrak{A} \otimes \mathfrak{B}$. Dann ist auch das Quadrat

$$
\begin{array}{ccc}
 & & \nu' \\
\mathrm{Mor}(n,1) \times \mathrm{Mor}(n,1) & \times & \mathrm{Mor}(n,1) \\
\times \quad \times & \xrightarrow{\ \nu' \ } & \times \\
\mathrm{Mor}(n,1) \times \mathrm{Mor}(n,1) & & \mathrm{Mor}(n,1) \\
\mu' \times \mu' \downarrow & & \downarrow \mu' \\
\mathrm{Mor}(n,1) \times \mathrm{Mor}(n,1) & \xrightarrow{\ \nu' \ } & \mathrm{Mor}(n,1)
\end{array}
$$

kommutativ. Dabei sei $\mu' = \mathrm{Mor}(n, \mu*)$ und $\nu' = \mathrm{Mor}(n, \nu*)$. Sei $\binom{w\ x}{y\ z}$ ein Element aus $\mathrm{Mor}(n, 4)$ und sei $\mu'(w, y) = w \cdot y$ und $\nu'(w, x) = w * x$. Dann ist für alle w, x, y und z: $(w \cdot y) * (x \cdot z) = (w * x) \cdot (y * z)$.

Da $\alpha* = \beta*$ ist, bezeichne $(n \to 0 \overset{\alpha}{\underset{\beta}{\rightrightarrows}} 1) = 0$ das neutrale Element bezüglich μ' und auch ν'. Dann erhält man

1) $\qquad\qquad w * z = (w \cdot 0) * (0 \cdot z) = (w * 0) \cdot (0 * z) = w \cdot z,$
2) $\qquad\qquad y \cdot x = (0 \cdot y) \cdot (x \cdot 0) = (0 \cdot x) \cdot (y \cdot 0) = x \cdot y,$
3) $\qquad w \cdot (x \cdot z) = (w \cdot 0) \cdot (x \cdot z) = (w \cdot x) \cdot (0 \cdot z) = (w \cdot x) \cdot z.$

Korollar 3. *Sei $\mathfrak{A}$ die algebraische Theorie der Gruppen und $\mathfrak{B}$ die algebraische Theorie der kommutativen Gruppen. Dann ist $\mathfrak{B} = \mathfrak{A} \otimes \ldots \otimes \mathfrak{A}$ (n-mal) für $n \geq 2$.*

Beweis. $\mathfrak{A} \otimes \mathfrak{A}$ besitzt genau ein neutrales Element und genau eine Multiplikation, die kommutativ ist. Also können höchstens die kommutativen Gruppen Gruppen-Objekte in $\mathrm{Funkt}_\pi(\mathfrak{A}, \mathbf{Me})$ sein. Aber alle kommutativen Gruppen sind Gruppen-Objekte in $\mathrm{Funkt}_\pi(\mathfrak{A}, \mathbf{Me})$, weil $\mathrm{Mor}_{\mathbf{Gr}}(A, B)$ eine Gruppe ist, falls B eine kommutative Gruppe ist. Also ist

$$\mathrm{Funkt}_\pi(\mathfrak{B}, \mathbf{Me}) \cong \mathrm{Funkt}_\pi(\mathfrak{A}, \mathrm{Funkt}_\pi(\mathfrak{A}, \mathbf{Me})).$$

Analog erhält man die Aussage für $n > 2$.

Korollar 4. *Das einzige Gruppen-Objekt in* **Ri** *ist der Nullring* $\{\emptyset\}$.

Beweis. Alle Multiplikationen und neutralen Elemente stimmen überein. Also gilt für das Gruppen-Objekt in **Ri** $0 = 1$ und $0 = 0 \cdot a = 1 \cdot a = a$ für alle a des Gruppen-Objektes.

Sei $\mathfrak{A}$ die algebraische Theorie der Gruppen. Ist $\mathscr{C}$ die Kategorie **Top**, so heißt $\mathrm{Funkt}_\pi(\mathfrak{A}, \mathscr{C})$ Kategorie der topologischen Gruppen. Ist $\mathscr{C}$ die Kategorie der analytischen Mannigfaltigkeiten, so heißt $\mathrm{Funkt}_\pi(\mathfrak{A}, \mathscr{C})$ Kategorie der analytischen Gruppen. Ist $\mathscr{C}^0$ die Kategorie der endlich erzeugten, unitären, assoziativen, kommutativen k-Algebren und k ein Körper, so heißt $\mathrm{Funkt}_\pi(\mathfrak{A}, \mathscr{C})$ Kategorie der affinen algebraischen Gruppen.

Sei S^n die n-Sphäre in $\mathbf{Hpt}^* = \mathscr{C}$. Die Homotopiegruppen eines punktierten topologischen Raumes T sind definiert durch $\pi_n(T) := \mathrm{Mor}_{\mathscr{C}}(S^n, T)$. Diese Mengen tragen funktoriell in T eine Gruppenstruktur. Daher sind die n-Sphären Ko-Gruppen-Objekte in $\mathbf{Hpt}^*$.

Aufgaben zu Kapitel 3

1. Man zeige, daß die folgenden Kategorien nicht algebraische Kategorien sind:
a) die torsionsfreien abelschen Gruppen. (Eine abelsche Gruppe G heißt torsionsfrei, wenn aus $ng = 0$ folgt $n = 0$ oder $g = 0$ für alle $n \in \mathbb{Z}$ und $g \in G$.)
b) die endlichen abelschen Gruppen.

2. Sei $\mathfrak{A}$ eine algebraische Theorie. Sei $X \in \mathbf{Me}$ und $A \in \mathrm{Funkt}_\pi(\mathfrak{A}, \mathbf{Me})$. Sei A von X erzeugt und $f: X \to A(1)$ eine beliebige Abbildung. Läßt sich f zu einem $\mathfrak{A}$-Homomorphismus $g: A \to A$ fortsetzen, so ist g durch f eindeutig bestimmt.

3. Sei $\mathfrak{A}$ eine algebraische Theorie. Dann existiert eine $\mathfrak{A}$-Algebra A, für die $A(1)$ aus einem Element besteht. Alle einelementigen $\mathfrak{A}$-Algebren sind isomorph.

4. Unter welchen Bedingungen für die algebraische Theorie $\mathfrak{A}$ existiert eine leere $\mathfrak{A}$-Algebra?

5. Seien $\mathfrak{A} \to \mathfrak{B}$ ein Morphismus von algebraischen Theorien, $\mathscr{T}: \mathrm{Funkt}_\pi(\mathfrak{B}, \mathbf{Me}) \to \mathrm{Funkt}_\pi(\mathfrak{A}, \mathbf{Me})$ der zugehörige algebraische Funktor und $\mathscr{S}: \mathrm{Funkt}_\pi(\mathfrak{A}, \mathbf{Me}) \to \mathrm{Funkt}_\pi(\mathfrak{B}, \mathbf{Me})$ der linksadjungierte Funktor von $\mathscr{T}$. Seien $X \in \mathbf{Me}$, $\mathscr{T}X$ die freie von X erzeugte $\mathfrak{A}$-Algebra und $B \in \mathrm{Funkt}_\pi(\mathfrak{B}, \mathbf{Me})$. Das Koprodukt $B_{\mathfrak{A}}(X)$ von $\mathscr{T}B$ und $\mathscr{S}X$ heißt verallgemeinerte Polynomalgebra von B mit den Variablen X. Es ist $X \subseteq B_{\mathfrak{A}}(X)(1)$. Jede Abbildung $f: X \to B(1)$ läßt sich eindeutig zu einem $\mathfrak{A}$-Homomorphismus $B_{\mathfrak{A}}(X) \to \mathscr{T}B$ fortsetzen, so daß die Einschränkung auf $\mathscr{T}B$ die Identität und auf X die Abbildung f ergibt. Dieser Morphismus heißt Einsetzungshomomorphismus. Sei $\mathfrak{A}$ die algebraische Theorie der unitären, assoziativen Ringe, $\mathfrak{B}$ die algebraische Theorie der unitären, assoziativen, kommutativen Ringe. Wie sieht dann ein Einsetzungshomomorphismus aus?

6. Seien R und S aus $\mathbf{Ri}$. Sei $f: R \to S$ ein unitärer Ringhomomorphismus. Man zeige, daß f einen Morphismus der algebraischen Theorie der unitären R-Moduln in die algebraische Theorie der unitären S-Moduln induziert. Wie sieht der zugehörige algebraische Funktor $\mathscr{T}$ und sein linksadjungierter Funktor aus? Was bedeutet die Aussage, daß der zugehörige algebraische Funktor monadisch ist (Satz von Beck)? Hat $\mathscr{T}$ einen rechtsadjungierten Funktor?

7. Man zeige, daß Polynomalgebren, Tensoralgebren und symmetrische Algebren Ko-Monoid-Objekte in der Kategorie der assoziativen, unitären (kommutativen) k-Algebren sind (vgl. 3.5).

8. Sei k ein Körper. Die Polynomalgebra $k[X]$ in einer Variablen (von einem Element erzeugt) und die Monoidalgebra $k[\mathbb{Z}]$ von der additiven Gruppe der ganzen Zahlen $\mathbb{Z}$ erzeugt (3.5 Beispiel 34 für algebraische Funktoren) sind kokommutative Ko-Gruppen-Objekte (Ko-$\mathfrak{A}$-Objekte mit der algebraischen Theorie $\mathfrak{A}$ der kommutativen Gruppen) in der Kategorie der unitären, assoziativen kommutativen k-Algebren. Das Koprodukt in dieser Kategorie ist das Tensorprodukt. Wie sehen die Komultiplikationen $k[X] \to k[X] \otimes k[X]$ und $k[\mathbb{Z}] \to k[\mathbb{Z}] \otimes k[\mathbb{Z}]$ aus? (Man gebe den Wert von $\emptyset \in X = \{\emptyset\}$ und von $1 \in \mathbb{Z}$ bei diesen Abbildungen an.)

9. Sei $\mathscr{C}$ eine Kategorie mit endlichen Produkten, $\mathfrak{A}$ eine algebraische Theorie und $\mathscr{B}$ eine kleine Kategorie. Man charakterisiere die $\mathfrak{A}$-Objekte in $\mathrm{Funkt}(\mathscr{B}, \mathscr{C})$ als „punktweise" $\mathfrak{A}$-Objekte in $\mathscr{C}$, so daß Morphismen in $\mathscr{B}$ $\mathfrak{A}$-Homomorphismen induzieren.

4 Abelsche Kategorien

Die Theorie der abelschen Kategorien ist bisher am weitesten entwickelt. Der Begriff geht auf eine Arbeit von Grothendieck 1957 zurück. Wichtige Sätze, die für Modulkategorien schon in vielen Lehrbüchern stehen, sind hier allgemeiner für abelsche Kategorien bewiesen worden. Vieles läßt sich mit diesen Hilfsmitteln auch schöner und einfacher darstellen, so etwa die Sätze über einfache und halbeinfache Ringe, in denen die Sätze von Morita angewendet werden. Der Wunsch, auch das Rechnen mit Elementen, wie es in Modulkategorien oft durchgeführt wird, zu erhalten, hat zu den Einbettungssätzen geführt. Beim Beweis dieser Sätze sind im wesentlichen Beweismethoden von Gabriel verwendet worden. So geht z. B. die Konstruktion des nullten rechts-abgeleiteten Funktors auf die im Literaturverzeichnis zitierte Arbeit von Gabriel zurück.

4.1 Additive Kategorien

Sei $\mathscr{C}$ eine Kategorie mit einem Nullobjekt, endlichen Koprodukten und endlichen Produkten. Im ersten Kapitel haben wir gesehen, daß $\mathscr{C}$ eindeutig bestimmte Nullmorphismen besitzt.

Seien I und J endliche Indexmengen und A_i mit $i \in I$ und B_j mit $j \in J$ gegeben. Außerdem sei eine Familie $f_{ij}\colon A_i \to B_j$ von Morphismen in $\mathscr{C}$ für alle $i \in I$ und $j \in J$ gegeben. Das Koprodukt der A_i bezeichnen wir mit $\coprod A_i$ und die Injektionen mit $q_i\colon A_i \to \coprod A_i$. Entsprechend bezeichnen wir das Produkt der B_j mit $\prod B_j$ und die Projektionen mit $p_j\colon \prod B_j \to B_j$. Dann existieren eindeutig bestimmte Morphismen $f_i\colon A_i \to \prod B_j$ mit $p_j f_i = f_{ij}$ und ein eindeutig bestimmter Morphismus $f\colon \coprod A_i \to \prod B_j$ mit $p_j f q_i = f_{ij}$.

Sind speziell Morphismen $\delta_{ij}\colon A_i \to A_j$ für $i,j \in I$ mit $\delta_{ii} = 1_{A_i}$ und $\delta_{ij} = 0$, falls $i \neq j$ ist, gegeben, so bezeichnen wir den dadurch eindeutig bestimmten Morphismus mit $\delta_A\colon \coprod A_i \to \prod A_i$. Entsprechend definieren wir $\delta_B\colon \coprod B_j \to \prod B_j$.

Für eine Familie von Morphismen $g_i\colon A_i \to B_i$ mit $i \in I$ existiert genau ein Morphismus $\coprod g_i\colon \coprod A_i \to \coprod B_i$ mit $\coprod g_i q_k = q_k g_k$ für alle $k \in I$. Außerdem existiert genau ein Morphismus $\prod g_i\colon \prod A_i \to \prod B_i$ mit $p_k \prod g_i = g_k p_k$ für alle $k \in I$. Dann ist aber das Quadrat

$$
\begin{array}{ccc}
\coprod A_i & \xrightarrow{\coprod g_i} & \coprod B_i \\
{\scriptstyle \delta_A}\downarrow & & {\scriptstyle \delta_B}\downarrow \\
\prod A_i & \xrightarrow{\prod g_i} & \prod B_i
\end{array}
$$

kommutativ, denn der Morphismus von $\coprod A_i$ nach $\prod B_i$ ist induziert von den Morphismen

$$
f_{jk} = \begin{cases} g_j, & \text{falls } \; j = k, \\ 0, & \text{falls } \; j \neq k. \end{cases}
$$

Es ist nämlich $f_{jk} = p_k \delta_B \coprod g_i q_j = p_k \prod g_i \delta_A q_j$.

Seien $\Delta_A\colon A \to \prod A_i$ mit $A_i = A$ und $p_i \Delta_A = 1_A$ die Diagonale und $\nabla_A\colon \coprod A_i \to A$ mit $\nabla_A q_i = 1_A$ die Kodiagonale (vgl. 1.11). Ist δ für alle endlichen Produkte bzw. Koprodukte ein Isomorphismus, so wählen wir für die Produkte — z. B. von $(A_i)_{i \in I}$ — die Koprodukte — also $\coprod A_i$ — und die Projektionen entstehen aus der Verknüpfung der ursprünglichen

Projektionen mit δ — also $p_i\delta_A\colon \coprod A_i \to A_i$. Dadurch wird dann $\delta = 1$, d. h. wir können endliche Produkte und endliche Koprodukte identifizieren. Wir bezeichnen das Koprodukt der endlich vielen A_i, $i \in I$ dann auch mit $\oplus A_i$ oder mit $A_1 \oplus A_2 \oplus \ldots \oplus A_n$ und nennen es direkte Summe. Entsprechend verfahren wir mit den Morphismen, denn nach den obigen Überlegungen stimmen dann auch die endlichen Produkte von Morphismen mit endlichen Koprodukten derselben Morphismen überein.

Eine Kategorie $\mathscr{C}$ heißt **additive Kategorie**, wenn

1) in $\mathscr{C}$ ein Nullobjekt existiert,

2) in $\mathscr{C}$ endliche Produkte und endliche Koprodukte existieren,

3) der Morphismus δ von endlichen Koprodukten in endliche Produkte ein Isomorphismus ist,

4) zu jedem Objekt A aus $\mathscr{C}$ ein Morphismus $s_A\colon A \to A$ existiert, so daß das Diagramm

$$
\begin{array}{ccc}
A \oplus A & \xrightarrow{\;1_A \oplus s_A\;} & A \oplus A \\[2pt]
\Delta_A \uparrow & & \downarrow \nabla_A \\[2pt]
A & \xrightarrow{\quad 0 \quad} & A
\end{array}
$$

kommutativ ist.

In einer additiven Kategorie $\mathscr{C}$ definieren wir eine als Addition geschriebene Verknüpfung auf den Morphismenmengen $\mathrm{Mor}_{\mathscr{C}}(A,B)$ durch

$$f + g := \nabla_B(f \oplus g)\Delta_A$$

für alle $f, g \in \mathrm{Mor}_{\mathscr{C}}(A,B)$. Weiter definieren wir einen Morphismus $t_A\colon A \oplus A \to A \oplus A$ durch $p_1 t_A q_1 = p_2 t_A q_2 = 0$ und $p_1 t_A q_2 = p_2 t_A q_1 = 1_A$. Dann ist $t_A \Delta_A = \Delta_A$ nach Definition der Diagonale und dual $\nabla_B t_B = \nabla_B$. Also gilt $f + g = \nabla_B(f \oplus g)\Delta_A = \nabla_B t_B(f \oplus g)t_A\Delta_A = \nabla_B(g \oplus f)\Delta_A = g + f$, d. h. die Addition ist kommutativ. Die Assoziativität der Addition folgt aus der Kommutativität des Diagramms:

$$
\begin{array}{ccccccc}
A \oplus A & \xrightarrow{\Delta_A \oplus 1} & (A \oplus A) \oplus A & \xrightarrow{(f \oplus g) \oplus h} & (B \oplus B) \oplus B & \xrightarrow{\nabla_B \oplus 1} & B \oplus B \\
{\scriptstyle \Delta_A}\nearrow & & & & & & \searrow{\scriptstyle \nabla_B} \\
A & & \| & & \| & & B \\
{\scriptstyle \Delta_A}\searrow & & & & & & \nearrow{\scriptstyle \nabla_B} \\
A \oplus A & \xrightarrow{1 \oplus \Delta_A} & A \oplus (A \oplus A) & \xrightarrow{f \oplus (g \oplus h)} & B \oplus (B \oplus B) & \xrightarrow{1 \oplus \nabla_B} & B \oplus B
\end{array}
$$

es ist nämlich $(\Delta_A \oplus 1)\Delta_A$ wie auch $(1 \oplus \Delta_A)\Delta_A$ die Diagonale. Komponentenweise sieht man, daß $(f \oplus 0)q_1 = (f \oplus 0)\Delta_A$ und dual $p_1(f \oplus 0) = \nabla_B(f \oplus 0)$, also ist $f + 0 = p_1(f \oplus 0)q_1 = f$. Wegen $(f \oplus g)(h \oplus h) = (fh \oplus gh)$ und $\Delta_A h = (h \oplus h)\Delta_A$ erhalten wir

$$(f + g)h = \nabla_B(f \oplus g)\Delta_A h = \nabla_B(fh \oplus gh)\Delta_A = fh + gh.$$

Dual ist dann $h(f + g) = hf + hg$. Diese Gleichungen zusammen mit der vierten Bedingung für additive Kategorien zeigen, daß mit der Addition die Mengen $\mathrm{Mor}_{\mathscr{C}}(A,B)$ abelsche Gruppen bilden und daß die Verknüpfung von Morphismen bezüglich dieser Addition bilinear ist.

Satz. *$\mathscr{C}$ ist genau dann eine additive Kategorie, wenn in $\mathscr{C}$ ein Nullobjekt existiert, wenn in $\mathscr{C}$ endliche Koprodukte existieren und wenn jede der Morphismenmengen $\mathrm{Mor}_{\mathscr{C}}(A,B)$ die Struktur einer abelschen Gruppe trägt und zwar so, daß die Verknüpfung von Morphismen bilinear bezüglich der Addition in diesen Gruppen ist.*

Beweis: In den vorhergehenden Überlegungen haben wir schon gesehen, daß eine additive Kategorie $\mathscr{C}$ die in Satz 1 angegebenen Eigenschaften hat.

Seien jetzt diese Eigenschaften für $\mathscr{C}$ erfüllt. Zunächst zeigen wir, daß die endlichen Koprodukte auch endliche Produkte sind. Seien $A_1,\ldots,A_n$ Objekte in $\mathscr{C}$, und sei $\coprod A_i$ deren Koprodukt. Die Morphismen $\delta_{ij}\colon A_i \to A_j$ mit $\delta_{ii} = 1_{A_i}$ und $\delta_{ij} = 0$, falls $i \neq j$ ist, definieren genau einen Morphismus $p_j\colon \coprod A_i \to A_j$ mit

$$(1) \qquad\qquad p_j q_i = \delta_{ij}.$$

Weiter erhalten wir aus $(\sum_i q_i p_i)q_j = \sum_i q_i \delta_{ji} = q_j = 1_{\coprod A_i} q_j$ für alle $j = 1,\ldots,n$ die Beziehung

$$(2) \qquad\qquad \sum q_i p_i = 1_{\coprod A_i}.$$

Dabei haben wir verwendet, daß die Nullabbildung das neutrale Element für die Gruppenstruktur von $\mathrm{Mor}_{\mathscr{C}}(A,B)$ ist. Es ist nämlich $0 = 0(1_A+1_A) = 01_A + 01_A = 0+0$. Seien jetzt Morphismen $f_i\colon C \to A_i$ gegeben. Dann ist $\sum q_i f_i\colon C \to \coprod A_i$ der gesuchte Morphismus in das Produkt, denn $p_j \sum q_i f_i = f_j$. Ist $g\colon C \to \coprod A_i$ ein weiterer Morphismus mit $p_j g = f_j$, so ist $p_j(g - \sum q_i f_i) = 0$. Wegen (2) ist dann $\sum q_i p_i(g - \sum q_j f_j) = 0 = g - \sum q_j f_j$, d.h. $\coprod A_i$ mit den Projektionen p_i ist ein direktes Produkt der A_i.

Der Morphismus $\delta\colon \coprod A_i \to \prod A_i$ ist definiert durch $p_j \delta q_i = \delta_{ij}$. Da aber $p_j 1_{\coprod A_i} q_i = \delta_{ij}$ nach (1), ist $\delta = 1_{\coprod A_i}$. Damit ist auch Punkt 3 der Definition der additiven Kategorie erfüllt. Wie am Anfang dieses Abschnitts definiert eine endliche Familie $f_{ij}\colon A_i \to B_j$ von Morphismen genau einen Morphismus $f\colon \oplus A_i \to \oplus B_j$ mit $p_j f q_i = f_{ij}$. Wir schreiben f auch als Matrix: $f = (f_{ij})$. Sei eine weitere endliche Familie von Morphismen $g_{jk}\colon B_j \to C_k$ gegeben. Sei $h = (g_{jk})(f_{ij})$. Dann ist $p_k h q_i = p_k(g_{jk})\sum_j q_j p_j(f_{ij})q_i = \sum_j g_{jk}f_{ij}$. Also multiplizieren sich die Morphismen zwischen direkten Summen wie Matrizen:

$$(3) \qquad\qquad (g_{jk})(f_{ij}) = (\textstyle\sum_j g_{jk}f_{ij}).$$

In dieser Matrixschreibweise ist dann

$$\Delta_A = \begin{pmatrix} 1_A \\ 1_A \end{pmatrix}; \quad \nabla_B = (1_B, 1_B); \quad f \oplus g = \begin{pmatrix} f & 0 \\ 0 & g \end{pmatrix}.$$

Also ist $f + g = \nabla_B(f \oplus g)\Delta_A$. Speziell ist $\nabla_A(1_A \oplus s_A)\Delta_A = 0$ für $s_A = -1_A$. Damit ist der Beweis geführt.

Korollar 1. *Sei $\mathscr{C}$ eine additive Kategorie. Dann gibt es genau eine Weise, die Morphismenmengen zu abelschen Gruppen zu machen, so daß die Verknüpfung von Morphismen in $\mathscr{C}$ bilinear ist.*

Beweis: Wir haben gesehen, daß $f + g = \nabla_B(f \oplus g)\Delta_A$ gelten muß. Also kann die Addition nur noch von der Wahl der Repräsentanten für die direkten Summen abhängen. Die Universalität der Definition von $\nabla_B, f \oplus g$ und Δ_A zeigt daher, daß die Addition eindeutig ist.

Die in Korollar 1 gemachte Aussage ist im wesentlichen der Grund dafür, daß wir nicht die nach dem Satz charakteristischen Eigenschaften einer additiven Kategorie zu ihrer Definition verwendet haben. Wenn wir im folgenden $\mathrm{Mor}_{\mathscr{C}}(A,B)$ als abelsche Gruppe auffassen, so werden wir dafür auch schreiben $\mathrm{Hom}_{\mathscr{C}}(A,B)$.

Korollar 2. *Sei $\mathscr{C}$ eine additive Kategorie. Seien $A_1,\ldots,A_n$ und S Objekte aus $\mathscr{C}$ und $q_i\colon A_i \to S$ und $p_i\colon S \to A_i$ für $i = 1,\ldots,n$ Morphismen in $\mathscr{C}$. Dann sind äquivalent:*
1) S ist eine direkte Summe der A_i mit den Injektionen q_i und den Projektionen p_i.
2) Es ist $p_i q_j = \delta_{ij}$ für alle i und j und $\sum q_i p_i = 1_S$.

Beweis: Ist S direkte Summe der A_i, so gilt 2) wegen (1) und (2).

Sei 2) erfüllt. Wie im Beweis des Satzes sieht man dann, daß S mit den Projektionen p_i direktes Produkt der A_i ist. Dual erhält man, daß S Koprodukt der A_i mit den Injektionen q_i ist.

Wir bemerken noch, daß die duale Kategorie einer additiven Kategorie wieder eine additive Kategorie ist, weil alle vier in der Definition genannten Eigenschaften selbstdual sind.

In einer additiven Kategorie $\mathscr{C}$ bilden die Endomorphismen eines Objekts A, also die Elemente von $\mathrm{Hom}_{\mathscr{C}}(A,A)$, einen assoziativen Ring mit Einselement, den sogenannten Endomorphismenring.

Beispiel 1. Die Kategorie **Ab** der abelschen Gruppen ist eine additive Kategorie. Wir haben schon in Kapitel 1 gesehen, daß **Ab** ein Nullobjekt und Produkte besitzt. Seien $f,g \in \mathrm{Mor}_{\mathbf{Ab}}(A,B)$. Dann definiert $(f+g)(a) := f(a) + g(a)$ auf $\mathrm{Mor}_{\mathbf{Ab}}(A,B)$ eine Gruppenstruktur, die den Bedingungen des Satzes genügt.

Beispiel 2. Die Kategorie der teilbaren abelschen Gruppen mit allen Gruppenhomomorphismen als Morphismen ist eine additive Kategorie. Dazu definieren wir die Addition von Morphismen wie im Beispiel 1. Es ist also nur zu zeigen, daß endliche direkte Summen existieren. Dazu genügt es zu zeigen, daß endliche direkte Summen in **Ab** von teilbaren abelschen Gruppen wieder teilbar sind. Seien A und B teilbar, d. h. $nA = A$ und $nB = B$ für alle $n \in \mathbb{N}$, so ist $n(A \oplus B) = nA \oplus nB = A \oplus B$.

4.2 Abelsche Kategorien

In diesem Abschnitt sei $\mathscr{C}$ eine additive Kategorie. Außerdem nehmen wir an, daß jeder Morphismus in $\mathscr{C}$ einen Kern und einen Kokern besitzt. Seien zwei Morphismen $f,g \in \mathrm{Hom}_{\mathscr{C}}(A,B)$ gegeben, und sei $h = f - g$. Wir wollen zeigen, daß der Kern von h mit dem Differenzkern von f und g übereinstimmt. Sei dazu $c\colon C \to A$ mit $fc = gc$ gegeben. Dann ist $hc = fc - gc = 0$, also existiert genau ein $d\colon C \to \mathrm{Ke}(h)$ mit $c = C \to \mathrm{Ke}(h) \to A$. Außerdem ist $\mathrm{Ke}(h) \to A \xrightarrow{f} B = \mathrm{Ke}(h) \to A \xrightarrow{g} B$. Dual stimmt auch der Kokern von h überein mit dem Differenzkokern von f und g. In $\mathscr{C}$ existieren also Differenzkerne und Differenzkokerne.

Lemma 1. *Sei $\mathscr{C}$ eine additive Kategorie mit Kernen. Dann existieren endliche Limites in $\mathscr{C}$.*

Beweis: Da in $\mathscr{C}$ Differenzkerne und endliche Produkte existieren, können wir 2.6 Satz 2 anwenden.

Sei $f\colon A \to B$ ein Morphismus in $\mathscr{C}$. In dem Diagramm

$$\mathrm{Ke}(p') \xrightarrow{q'} B \xrightarrow{p'} \mathrm{Kok}(f)$$

mit A, g, f darüber

existiert genau ein Morphismus g mit $q'g = f$, weil $p'f = 0$. Abkürzend bezeichnen wir $\mathrm{Ke}(p')$ auch mit $\mathrm{Ke\,Kok}(f)$. Dual läßt sich f durch $\mathrm{Kok\,Ke}(f)$ eindeutig faktorisieren.

Diese beiden Aussagen lassen sich vereinigen in dem kommutativen Diagramm:

$$
\begin{array}{ccc}
\mathrm{Ke}(f) & \xrightarrow{q} A \xrightarrow{p} & \mathrm{Kok\,Ke}(f) \\
& \downarrow{f} \qquad\qquad \downarrow{h} & \\
\mathrm{Kok}(f) & \xleftarrow{p'} B \xleftarrow{q'} & \mathrm{Ke\,Kok}(f)
\end{array}
$$

in dem h eindeutig durch f bestimmt ist. Der Morphismus g läßt sich nämlich durch $\mathrm{Kok}\,\mathrm{Ke}(f)$ faktorisieren, weil $0 = fq = q'gq$, also $gq = 0$. Nach 1.9 Lemma 1 sind q und q' Monomorphismen und p und p' Epimorphismen. Macht statt h auch h' das Diagramm kommutativ, so ist $q'hp = q'h'p$, also $h = h'$.

Eine additive Kategorie mit Kernen und Kokernen, in der für jeden Morphismus f der eindeutig bestimmte Morphismus $h\colon \mathrm{Kok}\,\mathrm{Ke}(f) \to \mathrm{Ke}\,\mathrm{Kok}(f)$ ein Isomorphismus ist, heißt **abelsche Kategorie.**

Beispiel. Ein wichtiges und bekanntes Beispiel einer abelschen Kategorie ist die Kategorie $_R\mathbf{Mod}$ der unitären R-Moduln. Wie in 4.1 Beispiel 1 zeigt man, daß $_R\mathbf{Mod}$ eine additive Kategorie ist. In 3.2 Satz und 3.4 Korollar 3 haben wir gesehen, daß in $_R\mathbf{Mod}$ Kerne und Kokerne existieren. Die Aussage, daß $h\colon \mathrm{Kok}\,\mathrm{Ke}\,(f) \to \mathrm{Ke}\,\mathrm{Kok}\,(f)$ ein Isomorphismus ist, ist nichts anderes, als der Homomorphiesatz für R-Moduln.

Das Ziel der Theorie der abelschen Kategorien ist u.a., die in $_R\mathbf{Mod}$ bekannten Sätze auf abelsche Kategorien zu verallgemeinern. Das wird in den folgenden Abschnitten durchgeführt werden. Da in den Objekten einer Kategorie keine Elemente zur Verfügung stehen, werden die Beweise oft schwieriger und anders verlaufen, als in $_R\mathbf{Mod}$. Um diese Schwierigkeiten zu umgehen, werden wir am Schluß des Kapitels Metasätze beweisen, die es erlauben, bestimmte in $_R\mathbf{Mod}$ bekannte Sätze ohne weitere Beweise auf abelsche Kategorien zu übertragen.

In diesem Kapitel sei jetzt $\mathscr{C}$ immer eine abelsche Kategorie, wenn wir nicht ausdrücklich andere Eigenschaften für $\mathscr{C}$ verlangen.

Lemma 2. a) *In $\mathscr{C}$ ist jeder Monomorphismus Kern seines Kokerns.*
b) *In $\mathscr{C}$ ist jeder Epimorphismus Kokern seines Kerns.*
c) *Ein Morphismus f in $\mathscr{C}$ ist genau dann ein Isomorphismus, wenn f ein Monomorphismus und ein Epimorphismus ist.*

Beweis: a) Sei f ein Monomorphismus, und sei $fg = 0$. Dann ist $g = 0$. g läßt sich also eindeutig durch $0 \to Q(f)$ faktorisieren, d.h. $\mathrm{Ke}(f) = 0$. Der Kokern dieses Nullmorphismus ist $1\colon Q(f) \to Q(f)$. Aus dem kommutativen Diagramm

$$
\begin{array}{ccc}
0 \longrightarrow Q(f) & \overset{1}{\longrightarrow} & Q(f) \\
\downarrow{\scriptstyle f} \;\; {\scriptstyle \cong} & \searrow & \downarrow{\scriptstyle h} \\
\mathrm{Kok}(f) \longleftarrow Z(f) & \longleftarrow & \mathrm{Ke}\,\mathrm{Kok}(f)
\end{array}
$$

folgt, daß $Q(f)$ und $\mathrm{Ke}\,\mathrm{Kok}(f)$ äquivalente Unterobjekte von $Z(f)$ sind.

b) folgt aus a), weil die Definition einer abelschen Kategorie selbstdual ist.

c) In a) haben wir gesehen, daß der Kern eines Monomorphismus Null ist. Ebenso ist der Kokern eines Epimorphismus Null. c) folgt dann aus dem kommutativen Diagramm:

$$
\begin{array}{ccc}
0 \longrightarrow Q(f) & \overset{1}{\longrightarrow} & Q(f) \\
\downarrow{\scriptstyle f} & & \downarrow{\scriptstyle h} \\
0 \longleftarrow Z(f) & \overset{1}{\longleftarrow} & Z(f)
\end{array}
$$

Lemma 3. *Für jeden Morphismus f in $\mathscr{C}$ ist $\mathrm{Ke}\,\mathrm{Kok}\,(f)$ das Bild und $\mathrm{Kok}\,\mathrm{Ke}\,(f)$ das Kobild von f.*

Beweis: Ein Morphismus f läßt sich durch $\mathrm{Ke\,Kok}(f)$ faktorisieren. Da in $\mathscr{C}$ endliche Faserprodukte existieren, existieren endliche Durchschnitte. Sei A ein Unterobjekt von $Z(f)$, durch das sich f faktorisieren läßt, dann läßt sich f durch $A \cap \mathrm{Ke\,Kok}(f)$ faktorisieren. Da $Q(f) \to \mathrm{Ke\,Kok}(f)$ ein Epimorphismus ist, ist $A \cap \mathrm{Ke\,Kok}(f) \to \mathrm{Ke\,Kok}(f)$ ein Epimorphismus und ein Monomorphismus, nach Lemma 2 also ein Isomorphismus. Also läßt sich $Q(f) \to A$ noch durch $\mathrm{Ke\,Kok}(f)$ faktorisieren. Dual erhält man den Beweis für das Kobild.

Wegen Lemma 3 schreiben wir jetzt immer $\mathrm{Bi}(f)$ statt $\mathrm{Ke\,Kok}(f)$ und $\mathrm{Kobi}(f)$ statt $\mathrm{Kok\,Ke}(f)$.

Korollar. *Ein Morphismus* $f\colon A \to B$ *ist genau dann Epimorphismus, wenn* $\mathrm{Bi}(f) = B$.

Beweis: Nach Lemma 2 ist f Epimorphismus genau dann, wenn $B = \mathrm{Kok\,Ke}(f)$. Da $\mathrm{Kok\,Ke}(f) \cong \mathrm{Ke\,Kok}(f) = \mathrm{Bi}(f)$, ist f genau dann ein Epimorphismus, wenn das Unterobjekt $\mathrm{Bi}(f)$ von B mit B übereinstimmt.

4.3 Exakte Folgen

Eine Folge (f_1, f_2) von zwei Morphismen in einer abelschen Kategorie $\mathscr{C}$

$$A_1 \xrightarrow{\ f_1\ } A_2 \xrightarrow{\ f_2\ } A_3$$

heißt exakt oder exakt in A_2, wenn $\mathrm{Ke}(f_2) = \mathrm{Bi}(f_1)$ als Unterobjekte von A_2 gilt. Eine Folge

$$\ldots A_i \xrightarrow{\ f_i\ } A_{i+1} \xrightarrow{\ f_{i+1}\ } A_{i+2} \ldots$$

von Morphismen in $\mathscr{C}$ heißt exakt, wenn sie in jedem A_{i+1} exakt ist, d.h. wenn $\mathrm{Ke}(f_{i+1}) = \mathrm{Bi}(f_i)$ als Unterobjekte von A_{i+1}. Ist diese Folge links oder rechts endlich, so ist diese Bedingung für das letzte Objekt leer.

Eine exakte Folge der Form

$$0 \to A \to B \to C \to 0$$

heißt kurze exakte Folge.

Sei $f\colon A \to B$ ein Morphismus in $\mathscr{C}$. Dann ist $B \to \mathrm{Kok}(f)$ ein Epimorphismus. Nach 4.2 Lemma 2 ist dann $B \to \mathrm{Kok}(f) = B \to \mathrm{Kok\,Ke\,Kok}(f)$. Ist $\mathrm{Ke}(f_{i+1}) = \mathrm{Bi}(f_i)$, so ist $\mathrm{Kok}(f_i) = \mathrm{Kok\,Ke\,Kok}(f_i) = \mathrm{Kok\,Bi}(f_i) = \mathrm{Kok\,Ke}(f_{i+1}) = \mathrm{Kobi}(f_{i+1})$. Also ist die Definition der Exaktheit selbstdual.

Lemma 1. *Die Folge* $A \xrightarrow{f} B \xrightarrow{g} C$ *ist genau dann exakt, wenn* $(A \to B \to C) = 0$ *und* $(\mathrm{Ke}(g) \to B \to \mathrm{Kok}(f)) = 0$.

Beweis: Sei $A \to B \to C$ exakt. Trivialerweise ist dann $A \to B \to C = 0$, d.h. $\mathrm{Bi}(f) \subseteq \mathrm{Ke}(g)$. Außerdem haben wir dual einen Epimorphismus $\mathrm{Kobi}(g) \to \mathrm{Kok}(f)$. Durch diesen faktorisiert $B \to \mathrm{Kok}(f)$. Aber $\mathrm{Ke}(g) \to B \to \mathrm{Kobi}(g) = 0$.

Ist $A \to B \to C = 0$, so ist $\mathrm{Bi}(f) \subseteq \mathrm{Ke}(g)$. Ist außerdem $\mathrm{Ke}(g) \to B \to \mathrm{Kok}(f) = 0$, so läßt sich $\mathrm{Ke}(g) \to B$ durch $\mathrm{Ke\,Kok}(f) = \mathrm{Bi}(f)$ faktorisieren, also ist $\mathrm{Ke}(g) \subseteq \mathrm{Bi}(f)$.

Eine Folge

$$\ldots A_i \xrightarrow{\ f_i\ } A_{i+1} \xrightarrow{\ f_{i+1}\ } A_{i+2} \ldots$$

mit $f_{i+1} f_i = 0$ für alle i heißt Komplex. Offenbar ist auch dieser Begriff selbstdual.

Lemma 2. a) $0 \to A \to B$ *ist genau dann exakt, wenn $A \to B$ ein Monomorphismus ist.*
b) $0 \to A \to B \to C$ *ist genau dann exakt, wenn $A \to B$ der Kern von $B \to C$ ist.*
c) $0 \to A \to B \to C \to 0$ *ist genau dann exakt, wenn $A \to B$ der Kern von $B \to C$ ist und wenn $B \to C$ ein Epimorphismus ist.*

Beweis: a) Nach 4.2 Korollar ist $A \to B$ genau dann ein Monomorphismus, wenn $\mathrm{Kobi}(A \to B) = A = \mathrm{Kok}(0 \to A)$.

b) Ist $A \to B$ der Kern von $B \to C$, so ist $\mathrm{Bi}(A \to B) = \mathrm{BiKe}(B \to C) = \mathrm{Ke}(B \to C)$. Außerdem ist $A \to B$ ein Monomorphismus. Die Umkehrung ist trivial.

c) ist die Zusammenfassung von b) und der zu a) dualen Aussage.

Lemma 3. *Sei $\mathscr{C}$ eine abelsche Kategorie. Seien A_1, A_2 und S Objekte in $\mathscr{C}$ und $q_i\colon A_i \to S$ und $p_i\colon S \to A_i$ $(i = 1,2)$ Morphismen in $\mathscr{C}$. Dann sind äquivalent:*
1) *S ist eine direkte Summe der A_i mit den Injektionen q_i und den Projektionen p_i.*
2) *Es ist $p_i q_i = 1_{A_i}$ $(i = 1,2)$, und die Folgen*

$$0 \longrightarrow A_1 \xrightarrow{\ q_1\ } S \xrightarrow{\ p_2\ } A_2 \longrightarrow 0$$

und

$$0 \longrightarrow A_2 \xrightarrow{\ q_2\ } S \xrightarrow{\ p_1\ } A_1 \longrightarrow 0$$

sind exakt.
3) *q_1 und q_2 sind Monomorphismen, p_1 und p_2 sind Epimorphismen, es ist $q_1 p_1 + q_2 p_2 = 1_S$ und $(q_1 p_1)^2 = q_1 p_1$.*

Beweis: Aus 1) folgt 2): Wegen 4.1 Korollar 2 genügt es, die Exaktheit von

$$0 \longrightarrow A_1 \longrightarrow S \longrightarrow A_2 \longrightarrow 0$$

zu zeigen. p_2 ist ein Epimorphismus, weil $p_2 q_2 = 1$ ist. Sei $f\colon B \to S$ mit $p_2 f = 0$ gegeben. Dann ist $f = (q_1 p_1 + q_2 p_2)f = q_1 p_1 f$, d. h. f läßt sich durch q_1 faktorisieren. Die Faktorisierung ist eindeutig, weil q_1 ein Monomorphismus ist.

Aus 2) folgt 1): Seien $f_i\colon B \to A_i$ gegeben. Sei $f = q_1 f_1 + q_2 f_2$. Dann ist $p_i f = f_i$. Erfüllt ein Morphismus $g\colon B \to S$ die Bedingung $p_i g = f_i$, so ist $p_i(g-f) = 0$. Also läßt sich $g-f$ durch A_1 faktorisieren: $g-f = q_1 h$. Dann ist $g-f = q_1 p_1 q_1 h = q_1 p_1 (g-f) = 0$.

1) ist äquivalent zu 3): Wegen 4.1 Korollar 2 folgt 3) trivial aus 1). Ist 3) erfüllt, so ist $q_1 p_1 q_1 p_1 = q_1 p_1 = q_1 1_{A_1} p_1$. Durch Kürzen des Monomorphismus q_1 und des Epimorphismus p_1 erhalten wir $p_1 q_1 = 1_{A_1}$. Wegen $(1-q_1 p_1)^2 = 1-q_1 p_1$ ist $(q_2 p_2)^2 = q_2 p_2$, also $p_2 q_2 = 1_{A_2}$. Weiter ist

$$p_1 q_2 = p_1 q_1 p_1 q_2 p_2 q_2 = p_1 (q_1 p_1)(1-q_1 p_1) q_2 = p_1 (q_1 p_1 - (q_1 p_1)^2) q_2 = 0$$

und analog $p_2 q_1 = 0$. Mit 4.1 Korollar 2 ist dann 1) erfüllt.

Sei f ein Endomorphismus von S mit $f^2 = f$. f läßt sich durch $\mathrm{Bi}(f)$ faktorisieren. Es sei $p_1\colon S \to \mathrm{Bi}(f)$ und $q_1\colon \mathrm{Bi}(f) \to S$. Faktorisieren wir entsprechend $1-f = q_2 p_2$, so ist $S = \mathrm{Bi}(f) \oplus \mathrm{Bi}(1-f)$. Aber nach 2) ist $\mathrm{Bi}(1-f) = \mathrm{Ke}(f)$, also $S = \mathrm{Bi}(f) \oplus \mathrm{Ke}(f)$.

Lemma 4. a) *Das kommutative Diagramm*

$$
\begin{array}{ccc}
P & \xrightarrow{\ a\ } & A \\
{\scriptstyle b}\big\downarrow & & \big\downarrow{\scriptstyle c} \\
B & \xrightarrow{\ d\ } & C
\end{array}
$$

ist genau dann ein Faserprodukt, wenn die Folge

$$0 \longrightarrow P \xrightarrow{f} A \oplus B \xrightarrow{g} C$$

mit $f = \binom{a}{b}$ und $g = (c, -d)$ exakt ist.

b) *Sei das kommutative Diagramm in a) ein Faserprodukt. Der Morphismus $c: A \to C$ ist genau dann ein Monomorphismus, wenn $b: P \to B$ ein Monomorphismus ist.*

c) *Sei das kommutative Diagramm in a) ein Faserprodukt. Ist $c: A \to C$ ein Epimorphismus, so ist das Diagramm auch ein Kofaserprodukt und $b: P \to B$ ein Epimorphismus.*

Beweis: a) Wir definieren $f = \binom{a}{b}$ und $g = (c, -d)$. Das Minuszeichen könnte natürlich auch vor jedem der anderen Morphismen a, b oder c stehen, denn dadurch soll nur erreicht werden, daß $gf = 0$ ist. Ist das Diagramm in a) ein Faserprodukt und $h: D \to A \oplus B$ mit $gh = 0$ gegeben, so ist $h = \binom{h_A}{h_B}$ und $ch_A = dh_B$. Also existiert genau ein Morphismus e: $D \to P$ mit $ae = h_A$ und $be = h_B$, d. h. mit $fe = h$. Umgekehrt definiert jedes Paar von Morphismen $h_A: D \to A$ und $h_B: D \to B$ mit $ch_A = dh_B$, also mit $gh = 0$, genau einen Morphismus $e: D \to P$ mit $fe = h$, d. h. mit $ae = h_A$ und $be = h_B$.

b) Wenn $c: A \to C$ ein Monomorphismus ist, so ist wegen 2.7 Korollar 5 auch $b: P \to B$ ein Monomorphismus. Sei jetzt $b: P \to B$ ein Monomorphismus. Sei $D \to A \to C = 0$. Setzen wir $D \to B = 0$, so existiert genau ein Morphismus $D \to P$ mit $D \to A = D \to P \to A$ und $D \to P \to B = 0$. Da $P \to B$ Monomorphismus ist, ist $D \to P = 0$, also auch $D \to A = 0$. Das bedeutet, daß $A \to C$ ein Monomorphismus ist.

c) Ist $c: A \to C$ ein Epimorphismus, so ist $c = A \to A \oplus B \to C$ ein Epimorphismus, also auch $A \oplus B \to C$. Wegen Lemma 2 ist die Folge $0 \to P \to A \oplus B \to C \to 0$ exakt. Wegen a) ist das Diagramm in a) ein Kofaserprodukt. Die zu b) duale Aussage ergibt c).

Im folgenden werden wir den Kokern eines Monomorphismus $A \to B$ auch mit B/A bezeichnen. Das entspricht der üblichen Schreibweise bei R-Moduln. Im dualen Fall werden wir für den Kern eines Epimorphismus keine besondere Schreibweise einführen. Diese Zuordnungen, die jedem Unterobjekt eines Objekts B ein Quotientenobjekt und jedem Quotientenobjekt ein Unterobjekt zuordnen, sind invers zueinander. Außerdem kehren sie die Ordnung um, wenn wir in der Klasse der Unterobjekte $A \leq A'$ genau dann setzen, wenn es einen Morphismus a gibt, so daß

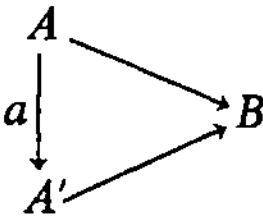

kommutativ ist, und wenn wir in der Klasse der Quotientenobjekte $C \leq C'$ genau dann setzen, wenn es einen Morphismus c gibt, so daß

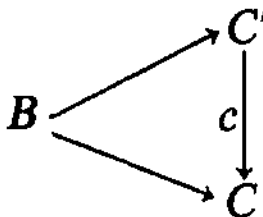

kommutativ ist. Das folgt aus dem kommutativen Diagramm mit exakten Zeilen

in dem a genau dann existiert, wenn c existiert.

Lemma 5. *In einer abelschen Kategorie $\mathscr{C}$ existieren endliche Durchschnitte und endliche Vereinigungen von Unterobjekten. Der Verband der Unterobjekte ist antiisomorph zum Verband der Quotientenobjekte eines Objekts.*

Beweis: Da $\mathscr{C}$ Faserprodukte besitzt, existieren endliche Durchschnitte in $\mathscr{C}$. Seien A und B Unterobjekte von C. Dann definieren wir $A \cup B = \mathrm{Bi}\,(A \oplus B \to C)$. Sei nämlich D ein Unterobjekt von C' und seien Morphismen $C \to C'$, $A \to D$ und $B \to D$ so gegeben, daß die Diagramme

$$
\begin{array}{ccc}
A & \longrightarrow & C \\
\downarrow & & \downarrow \\
D & \longrightarrow & C'
\end{array}
\qquad\qquad
\begin{array}{ccc}
B & \longrightarrow & C \\
\downarrow & & \downarrow \\
D & \longrightarrow & C'
\end{array}
$$

kommutativ sind. Dann existiert ein Morphismus $A \oplus B \to D$, so daß $A \oplus B \to C \to C' = A \oplus B \to D \to C'$ ist. Also läßt sich $\mathrm{Bi}(A \oplus B \to C) \to C \to C'$ durch $D \to C'$ faktorisieren. Damit bildet die Klasse der Unterobjekte von C einen Verband. Aus den vorausgegangenen Überlegungen folgt direkt die zweite Behauptung des Lemmas.

Korollar. *Existieren in der abelschen Kategorie $\mathscr{C}$ unendliche Produkte, so existieren in $\mathscr{C}$ beliebige Durchschnitte von Unterobjekten. Existieren in $\mathscr{C}$ unendliche Koprodukte, so existieren in $\mathscr{C}$ beliebige Vereinigungen von Unterobjekten.*

Beweis: Wenn in $\mathscr{C}$ unendliche Produkte existieren, so ist $\mathscr{C}$ vollständig, also existieren auch beliebige Durchschnitte von Unterobjekten. Wenn in $\mathscr{C}$ unendliche Koprodukte existieren, so läßt sich der Beweis von Lemma 5 für unendlich viele Unterobjekte wörtlich wiederholen.

Lemma 6. a) *Seien $f\colon A \to B$ und $g\colon B \to C$ Morphismen in einer abelschen Kategorie $\mathscr{C}$. Dann ist $\mathrm{Bi}(gf) \subseteq \mathrm{Bi}(g)$.*
b) *Seien $f,g\colon A \to B$ Morphismen in $\mathscr{C}$. Dann ist $\mathrm{Bi}(f + g) \subseteq \mathrm{Bi}(f) \cup \mathrm{Bi}(g)$.*

Beweis: a) Das Diagramm

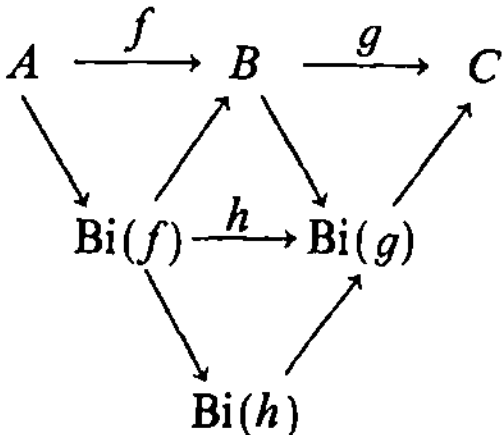

ist kommutativ, $A \to \mathrm{Bi}(f) \to \mathrm{Bi}(h)$ ist ein Epimorphismus und $\mathrm{Bi}(h) \to \mathrm{Bi}(g) \to B$ ist ein Monomorphismus. Also ist $\mathrm{Bi}(h) = \mathrm{Bi}(gf) \subseteq \mathrm{Bi}(g)$.

b) Es ist $f+g = A \xrightarrow{\Delta} A \oplus A \xrightarrow{f \oplus g} \mathrm{Bi}(f) \oplus \mathrm{Bi}(g) \xrightarrow{} B \oplus B \xrightarrow{\nabla} B$. Nach Definition ist $\mathrm{Bi}(f) \cup \mathrm{Bi}(g) = \mathrm{Bi}(\Delta b)$. Also ist nach a) $\mathrm{Bi}(f+g) \subseteq \mathrm{Bi}(f) \cup \mathrm{Bi}(g)$.

4.4 Isomorphiesätze

Satz (3×3-Lemma). *Sei das Diagramm*

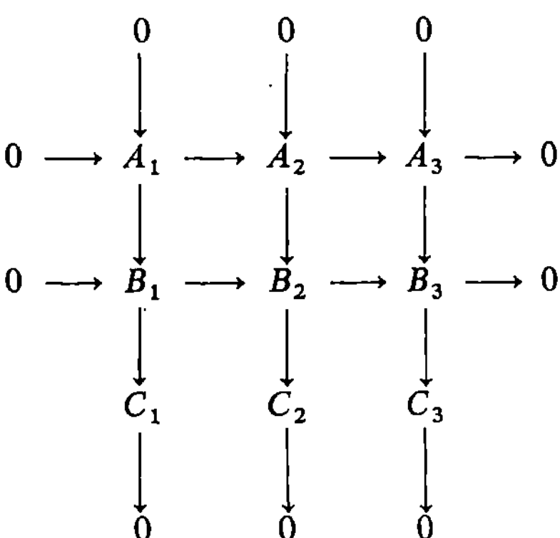

kommutativ mit exakten Zeilen und Spalten. Dann existieren eindeutig Morphismen $C_1 \to C_2$ und $C_2 \to C_3$, die das Diagramm kommutativ machen, und die Folge $0 \to C_1 \to C_2 \to C_3 \to 0$ ist exakt.

Beweis: Die Existenz und Eindeutigkeit von $C_1 \to C_2$ und $C_2 \to C_3$ folgt aus der Tatsache, daß $C_1 = \mathrm{Kok}(A_1 \to B_1)$ und $A_1 \to C_2 = 0$ bzw. daß $C_2 = \mathrm{Kok}(A_2 \to B_2)$ und $A_2 \to C_3 = 0$. Außerdem ist $C_2 \to C_3$ ein Epimorphismus, weil $B_2 \to C_2 \to C_3 = B_2 \to B_3 \to C_3$ ein Epimorphismus ist. Lassen wir aus dem Diagramm das Objekt C_1 und die Morphismen $B_1 \to C_1$ und $C_1 \to C_2$ fort, so ist das verbleibende Diagramm selbstdual. Außerdem ist die Folge

$$(1) \qquad 0 \longrightarrow A_1 \longrightarrow B_1 \longrightarrow C_2 \longrightarrow C_3 \longrightarrow 0$$

exakt. Aus Dualitätsgründen genügt es, die Exaktheit von $0 \to A_1 \to B_1 \to C_2$ nachzuweisen, d.h. $A_1 = \mathrm{Ke}(B_1 \to C_2)$. Sei $D \to B_1$ mit $D \to B_1 \to C_2 = 0$ gegeben. Dann existiert $D \to A_2$ mit $D \to B_1 \to B_2 = D \to A_2 \to B_2$. Da $D \to B_3 = 0$ und $A_3 \to B_3$ ein Monomorphismus ist, ist $D \to A_2 \to A_3 = 0$, also existiert $D \to A_1$ mit $D \to A_2 = D \to A_1 \to A_2$. Weil $B_1 \to B_2$ ein Monomorphismus ist und $D \to B_1 \to B_2 = D \to A_1 \to B_1 \to B_2$, ist $D \to B_1 = D \to A_1 \to B_1$. Die Eindeutigkeit dieser Faktorisierung folgt aus der Tatsache, daß $A_1 \to B_1$ ein Monomorphismus ist.

Es ist $\mathrm{Ke}(B_1 \to C_2) = A_1$ und $\mathrm{Kok}(B_1 \to C_2) = C_3$. Also ist $C_1 = \mathrm{Kobi}(B_1 \to C_2) = \mathrm{Bi}(B_1 \to C_2) = \mathrm{Ke}(C_2 \to C_3)$ als Unterobjekte von C_2 und $C_2 \to C_3$ ist Epimorphismus.

Korollar 1.(I. Isomorphiesatz). *Seien Unterobjekte $A \subseteq B \subseteq C$ gegeben. Dann ist $B/A \subseteq C/A$ und $(C/A)/(B/A) \cong C/B$.*

Beweis: Man wende das 3×3-Lemma auf das Diagramm

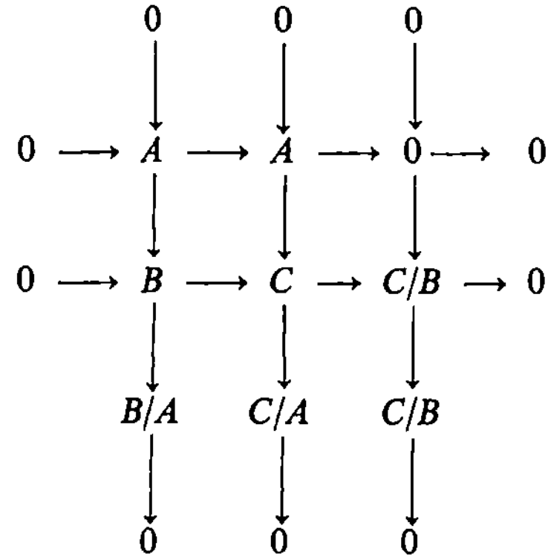

an!

Korollar 2. (II. Isomorphiesatz). *Seien Unterobjekte $A \subseteq C$ und $B \subseteq C$ gegeben. Dann ist $(A \cup B)/B \cong A/(A \cap B)$, d. h. das Diagramm*

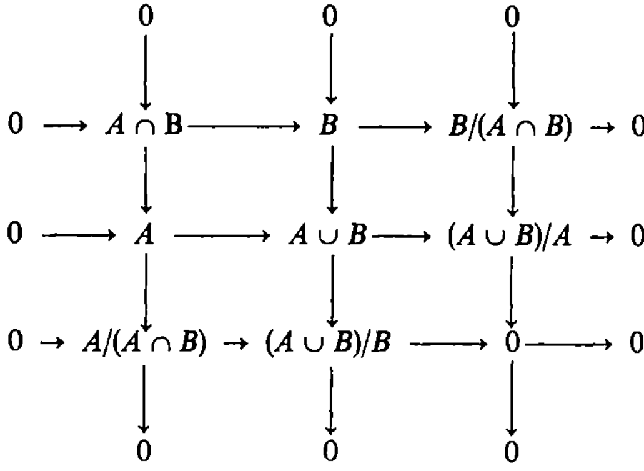

ist kommutativ mit exakten Zeilen und Spalten.

Beweis: Um das 3×3-Lemma anwenden zu können, ist zu zeigen, daß $B/(A \cap B) \to (A \cup B)/A$ ein Monomorphismus ist. Sei $D \to B$ mit $D \to B \to A \cup B \to (A \cup B)/A = 0$ gegeben. Dann existiert genau ein Morphismus $D \to A$ mit $D \to A \to A \cup B = D \to B \to A \cup B$. Also existiert genau ein $D \to A \cap B$ mit $D \to B = D \to A \cap B \to B$ und $D \to A = D \to A \cap B \to A$, d. h. $A \cap B$ ist der Kern von $B \to (A \cup B)/A$. Aber der Morphismus $\operatorname{Kok}\operatorname{Ke}(B \to (A \cup B)/A) \to (A \cup B)/A$ ist immer ein Monomorphismus.

Wenden wir jetzt das 3×3-Lemma an, so ist noch zu zeigen, daß $C_3 (= ((A \cup B)/A)/(B/(A \cap B)))$ verschwindet. Es ist $A \to A \cup B \to C_3 = 0$ und $B \to A \cup B \to C_3 = 0$. Nach Definition der Vereinigung ist daher $A \cup B \to C_3 = 0$. Aus dem Diagramm folgt, daß $A \cup B \to C_3$ ein Epimorphismus ist. Daher ist $C_3 = 0$.

Korollar 3. *Sei $C = A \cup B$ und $A \cap B = 0$. Dann ist C direkte Summe von A und B mit den Einbettungen von A und B in C als Injektionen.*

Beweis: Man setze in das Diagramm von Korollar 2 $A \cap B = 0$ ein. Dann sind $A \to A/(A \cap B) \to (A \cup B)/B$ und $B \to B/(A \cap B) \to (A \cup B)/A$ Isomorphismen. Nehmen wir als Projektionen für die direkte Summe die Inversen dieser Isomorphismen verknüpft mit $A \cup B \to (A \cup B)/B$ bzw. $A \cup B \to (A \cup B)/A$, so kann man leicht 4.3 Lemma 3 anwenden.

4.5 Satz von Jordan-Hölder

Wir nennen ein Objekt $A \neq 0$ in einer abelschen Kategorie $\mathscr{C}$ einfach, wenn für jedes Unterobjekt B von A entweder $B = 0$ oder $B = A$ gilt.

Sei $0 = B_0 \subset B_1 \subset ... B_n = A$ eine Folge von Unterobjekten von A, die alle verschieden sind. Eine solche Folge heißt Kompositionsreihe, wenn die Objekte B_i/B_{i-1} einfach sind für alle $i = 1,...,n$. Die Objekte B_i/B_{i-1} heißen die Faktoren der Kompositionsreihe und n heißt die Länge der Kompositionsreihe.

Lemma 1. *Seien $A \subseteq C$ und $B \subseteq C$ nichtäquivalente Unterobjekte von C. Seien C/A und C/B einfach. Dann ist $C = A \cup B$.*

Beweis: Da $A \subseteq A \cup B$ und $B \subseteq A \cup B$, ist mindestens eins der Unterobjekte, etwa B, von $A \cup B$ verschieden. Nach dem 3×3-Lemma existiert ein kommutatives Diagramm mit exakten Zeilen und Spalten:

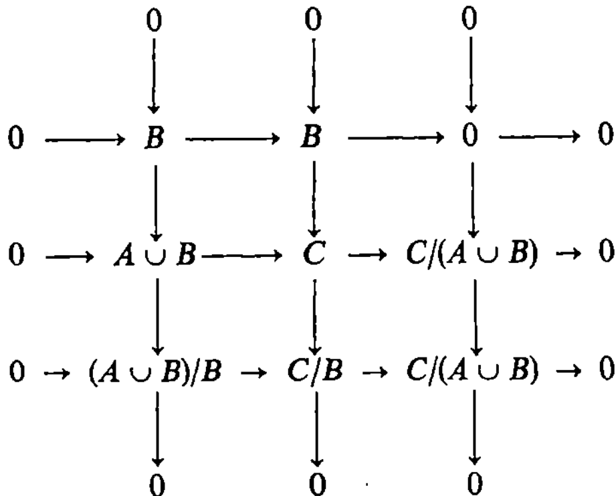

Nach Annahme ist $(A \cup B)/B \neq 0$ und $(A \cup B)/B \subseteq C/B$. Da C/B einfach ist, ist $C/(A \cup B) = 0$, also $C = A \cup B$.

Lemma 2. *Sei $0 = B_0 \subset ... \subset B_n = A$ eine Kompositionsreihe. Sei $C \subseteq A$ und A/C einfach. Dann existiert eine Kompositionsreihe von A durch C der Länge n: $0 = C_0 \subset ... \subset C_{n-2} \subset C \subset A$.*

Beweis: Durch vollständige Induktion nach n. Für $n = 1$ ist $0 \subset A$ die einzige Kompositionsreihe von A (bis auf Äquivalenz von Unterobjekten). Gelte der Satz für Kompositionsreihen der Länge $n-1$. Wir betrachten das Diagramm

$$\cdots B_{n-2} \to B_{n-1} \searrow \atop \nearrow \qquad \searrow A \atop \cdots C \cap B_{n-1} \to C \nearrow$$

wobei wir annehmen können, daß C und B_{n-1} nicht-äquivalente Unterobjekte von A sind, da sonst schon eine Kompositionsreihe durch C existiert. Nach Lemma 1 ist also $A = C \cup B_{n-1}$. Nach dem II. Isomorphiesatz ist $B_{n-1}/(C \cap B_{n-1}) \cong A/C$ einfach. Da B_{n-1} eine Kompositionsreihe der Länge $n-1$ besitzt, existiert eine Kompositionsreihe von B_{n-1} durch $C \cap B_{n-1}$ der Länge $n-1$. Also hat $C \cap B_{n-1}$ eine Kompositionsreihe der Länge $n-2$. Diese verlängern wir durch C und A, denn es sind $C/(C \cap B_{n-1}) \cong A/B_{n-1}$ und A/C einfach.

Satz 1 (Jordan-Hölder). *Das Objekt A aus $\mathscr{C}$ besitze eine Kompositionsreihe. Dann haben alle Kompositionsreihen von A gleiche Länge und bis auf die Anordnung isomorphe Faktoren.*

Beweis: Durch vollständige Induktion nach der Länge einer Kompositionsreihe minimaler Länge von A. Für $n = 1$ existiert wie oben nur eine Kompositionsreihe von A. Sei der Satz jetzt schon für alle A mit Kompositionsreihen der Länge $\leq n-1$ bewiesen. Seien zwei Kompositionsreihen $0 = B_0 \subset \dots \subset B_n = A$ und $0 = C_0 \subset \dots \subset C_m = A$ gegeben. Wir bilden

$$
\begin{array}{ccc}
\dots \quad B_{n-2} \longrightarrow B_{n-1} & & \\
\dots \quad B_{n-1} \cap C_{m-1} & & A \\
\dots \quad C_{m-2} \longrightarrow C_{m-1} & &
\end{array}
$$

Da nach dem II. Isomorphiesatz alle Faktoren des Diagramms einfach sind: $A/B_{n-1} \cong C_{m-1}/(B_{n-1} \cap C_{m-1})$ und $A/C_{m-1} \cong B_{n-1}/(B_{n-1} \cap C_{m-1})$, sind alle Folgen im obigen Diagramm Kompositionsreihen, denn für B_{n-1} gilt der Satz schon. Wir haben dabei verwendet, daß B_{n-1} und C_{m-1} nicht äquivalente Unterobjekte sind, denn sonst läßt sich die Aussage auf B_{n-1} zurückführen. Da B_{n-1} und C_{m-1} Kompositionsreihen gleicher Länge haben, nämlich durch $B_{n-1} \cap C_{m-1}$, ist $m = n$. Die Faktoren der Kompositionsreihen von B_{n-1} und C_{m-1} unterscheiden sich also nur in $B_{n-1}/(B_{n-1} \cap C_{m-1})$ bzw. $C_{m-1}/(B_{n-1} \cap C_{m-1})$. Aber *beide* Faktoren treten in der Kompositionsreihe von A durch $B_{n-1} \cap C_{m-1}$ auf. Damit haben beide vorgegebenen Kompositionsreihen von A gleiche Länge und bis auf die Reihenfolge isomorphe Faktoren.

Wenn A eine Kompositionsreihe der Länge n hat, dann sagen wir auch, daß das Objekt A die **Länge** n hat. Besitzt A eine Kompositionsreihe, die nach Definition endlich ist, so sagen wir auch, daß A ein **Objekt endlicher Länge** ist.

Satz 2. *Sei A ein Objekt endlicher Länge und C ein Unterobjekt von A. Dann existiert eine Kompositionsreihe von A, in der C als Element vorkommt.*

Beweis: Sei $0 = B_0 \subset \dots \subset B_n = A$ eine Kompositionsreihe von A. Wir bilden die Folgen $0 = C \cap B_0 \subseteq \dots \subseteq C \cap B_n = C$ und $C = C \cup B_0 \subseteq \dots \subseteq C \cup B_n = A$. Genau wie im Beweis des II. Isomorphiesatzes zeigt man mit dem 3×3-Lemma, daß das Diagramm

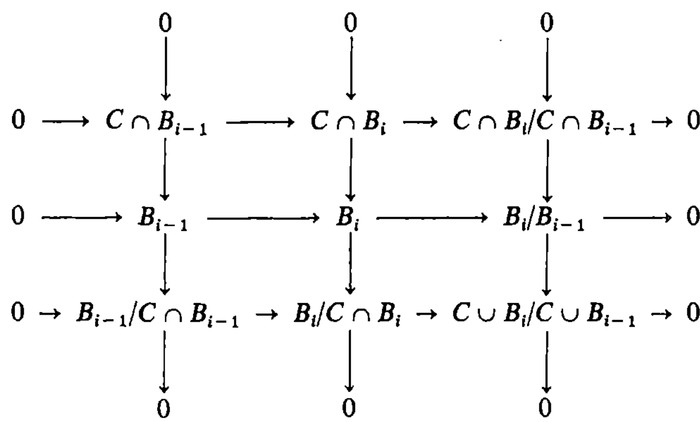

kommutativ mit exakten Zeilen und Spalten ist. Es ist nämlich $C \cap B_{i-1} = (C \cap B_i) \cap B_{i-1}$. Außerdem ist unter Verwendung beider Isomorphiesätze:

$$C \cup B_i/C \cup B_{i-1} \cong (C \cup B_i/C)/(C \cup B_{i-1}/C) \cong (B_i/C \cap B_i)/(B_{i-1}/C \cap B_{i-1}).$$

Da B_i/B_{i-1} einfach ist, ist jedes Faktorobjekt von B_i/B_{i-1} entweder einfach oder Null, da der Kern des Morphismus in das Faktorobjekt entweder Null oder einfach sein muß. Also ist jeweils eines der Objekte $C \cap B_i/C \cap B_{i-1}$ bzw. $C \cup B_i/C \cup B_{i-1}$ einfach und das andere Null. Hängt man die oben angegebenen Folgen hintereinander und läßt man mehrfach auftretende Glieder bis auf eins fort, so ist diese neue Folge eine Kompositionsreihe durch C.

Ein Objekt endlicher Länge kann durchaus unendlich viele nichtäquivalente Unterobjekte haben (s. Aufgabe 8). Aber jedes echte Unterobjekt hat nach Satz 2 eine Länge, die kleiner als die Länge des Objekts ist. In jeder Menge von echten Unterobjekten eines Objekts endlicher Länge sind also die Unterobjekte maximaler Länge maximal und die Unterobjekte minimaler Länge minimal, und solche Unterobjekte existieren immer, falls die vorgegebene Menge nicht leer ist.

Korollar 1. *Ein Objekt hat genau dann endliche Länge, wenn es artinsch und noethersch ist.*

Beweis: Wir brauchen nur noch zu beweisen, daß jedes artinsche und noethersche Objekt A endliche Länge hat. In der Klasse der zu A nichtäquivalenten Unterobjekte von A existiert ein maximales Unterobjekt B_1. Da B_1 wieder artinsch und noethersch ist, können wir auf dieselbe Weise $B_2, B_3, \ldots$ konstruieren. Das ergibt eine absteigende Folge von Unterobjekten von A. Weil A artinsch ist, bricht diese Folge nach endlich vielen Schritten ab. Außerdem sind die Faktoren dieser Folge nach Konstruktion einfach, sie ist also eine Kompositionsreihe von A.

Korollar 2. *Sei B ein Objekt endlicher Länge und sei die Folge $0 \to A \to B \to C \to 0$ exakt. Dann sind A und C Objekte endlicher Länge, und es ist*

$$\text{Länge}(B) = \text{Länge}(A) + \text{Länge}(C).$$

Speziell ist ein Epimorphismus zwischen Objekten gleicher Länge ein Isomorphismus.

Beweis: Sei $0 = B_0 \subset \ldots \subset B_i = A \subset \ldots \subset B_n = B$ eine Kompositionsreihe von B durch A. Dann ist $(B_k/A)/(B_{k-1}/A) \cong B_k/B_{k-1}$ einfach für alle $i < k \le n$. Also ist $0 = B_i/A \subset \ldots \subset B_n/A = C$ eine Kompositionsreihe der Länge $n-i$. Außerdem hat A die Länge i. Die zweite Behauptung folgt aus der Tatsache, daß der Kern des Epimorphismus die Länge Null hat und daß jedes Objekt der Länge Null ein Nullobjekt ist.

4.6 Additive Funktoren

Der Tatsache, daß die Morphismenmengen in einer additiven Kategorie $\mathscr{C}$ additive Gruppen bilden und daß die Verknüpfung von Morphismen bilinear ist, entspricht als Forderung für die Funktoren $\mathscr{F}: \mathscr{C} \to \mathscr{D}$ zwischen additiven Kategorien, daß für alle $A, B \in \mathscr{C}$ die Abbildungen

$$(1) \qquad \mathscr{F}(A,B): \text{Hom}_{\mathscr{C}}(A,B) \to \text{Hom}_{\mathscr{D}}(\mathscr{F}A, \mathscr{F}B)$$

Gruppenhomomorphismen sind. Ein Funktor $\mathscr{F}$, der die Bedingung (1) erfüllt, heißt additiver Funktor. Es gibt natürlich auch noch andere Funktoren zwischen additiven Kategorien, die nicht notwendig additiv sind.

Auf Grund der Bilinearität der Verknüpfung von Morphismen in einer additiven Kategorie $\mathscr{C}$ ist für jedes Objekt $A \in \mathscr{C}$ der durch A dargestellte Funktor additiv, wenn wir darunter den Funktor $\mathrm{Hom}_{\mathscr{C}}(A, -)$ mit Werten in **Ab** verstehen.

Satz 1. *Ein Funktor $\mathscr{F}:\mathscr{C} \to \mathscr{D}$ zwischen additiven Kategorien ist genau dann additiv, wenn $\mathscr{F}$ endliche direkte Summen mit den zugehörigen Injektionen und Projektionen erhält.*

Beweis: Ist $\mathscr{F}$ additiv, so erhält $\mathscr{F}$ die Bedingung 2) aus 4.1 Korollar 2 für direkte Summen. Erhält $\mathscr{F}$ endliche direkte Summen mit ihren Injektionen und Projektionen, so ist $\mathscr{F}(f+g) = \mathscr{F}(f)+\mathscr{F}(g)$. Sind nämlich Objekte A, B, C, D aus $\mathscr{C}$ und Morphismen $f: A \to B$ und $g: B \to D$ gegeben, so ist $f \oplus g$ eindeutig durch $(f \oplus g)q_A = q_C f$ bzw. $(f \oplus g)q_B = q_D g$ bestimmt. Diese Bedingungen werden von $\mathscr{F}$ erhalten. Außerdem erhält $\mathscr{F}$ Diagonalen und Kodiagonalen bei endlichen direkten Summen. Also ist mit 4.1 Korollar 1

$$\mathscr{F}(f+g) = \mathscr{F}(V_B)\mathscr{F}(f \oplus g)\mathscr{F}(\Delta_A) = V_{\mathscr{F}B}(\mathscr{F}f \oplus \mathscr{F}g)\Delta_{\mathscr{F}A} = \mathscr{F}f+\mathscr{F}g .$$

In einer abelschen Kategorie kann man zusätzlich die Erhaltung von gewissen exakten Folgen durch den Funktor $\mathscr{F}$ fordern. In dem Diagramm

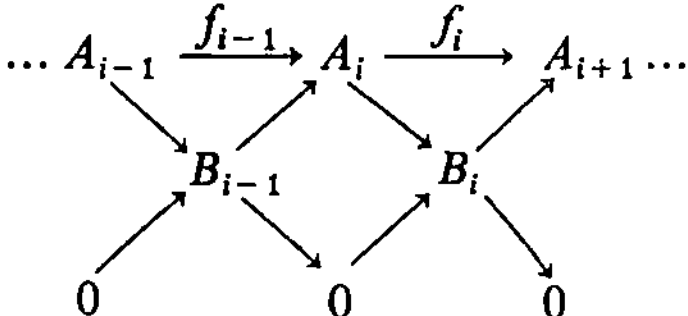

ist die Folge der f_i genau dann exakt, wenn die Folgen $0 \to B_{i-1} \to A_i \to B_i \to 0$ exakt sind, wobei $B_i = \mathrm{Bi}(f_i)$ sind. Genau dann gilt nämlich $B_{i-1} = \mathrm{Ke}(f_i)$. Wenn $\mathscr{F}$ kurze exakte Folgen erhält, dann erhält $\mathscr{F}$ also beliebige exakte Folgen. Daher nennen wir $\mathscr{F}$ einen **exakten Funktor**, wenn $\mathscr{F}$ kurze exakte Folgen erhält. Erhält $\mathscr{F}$ exakte Folgen der Form $0 \to A \to B \to C$ bzw. $A \to B \to C \to 0$, so heißt $\mathscr{F}$ **links-** bzw. **rechtsexakt**. Wenn für jede exakte Folge $0 \to A \to B \to C \to 0$ die Folge $\mathscr{F}A \to \mathscr{F}B \to \mathscr{F}C$ exakt ist, dann heißt $\mathscr{F}$ **halbexakt**.

Die Bedingung für einen halbexakten Funktor verwechsle man nicht mit der Bedingung, daß für jede kurze exakte Folge $A \to B \to C$ auch die Folge $\mathscr{F}A \to \mathscr{F}B \to \mathscr{F}C$ exakt ist, denn dann ist $\mathscr{F}$ exakt. Ein Funktor $\mathscr{F}$ ist genau dann links- bzw. rechtsexakt, wenn $\mathscr{F}$ Kerne bzw. Kokerne erhält. Offenbar ist jeder exakte Funktor linksexakt und rechtsexakt und jeder links- bzw. rechtsexakte Funktor halbexakt. Außerdem ist ein Funktor, der links- und rechtsexakt ist, exakt, wie man aus 4.3 Lemma 2 sofort sieht.

Satz 2. *Ein halbexakter Funktor $\mathscr{F} : \mathscr{C} \to \mathscr{D}$ zwischen abelschen Kategorien $\mathscr{C}$ und $\mathscr{D}$ ist additiv.*

Beweis: Nach Satz 1 müssen wir nur zeigen, daß $\mathscr{F}$ direkte Summen von zwei Objekten mit den zugehörigen Injektionen und Projektionen erhält. Charakterisieren wir diese durch 4.3 Lemma 3, so erhalten wir wegen der Halbexaktheit von $\mathscr{F}$, daß $\mathscr{F}p_i\mathscr{F}q_i = 1_{\mathscr{F}A_i}$ ist und die Exaktheit der Folgen

$$\mathscr{F}A_1 \xrightarrow{\mathscr{F}q_1} \mathscr{F}S \xrightarrow{\mathscr{F}p_2} \mathscr{F}A_2$$
$$\mathscr{F}A_2 \xrightarrow{\mathscr{F}q_2} \mathscr{F}S \xrightarrow{\mathscr{F}p_1} \mathscr{F}A_1 .$$

Aus der ersten Bedingung folgt aber schon, daß die $\mathscr{F}p_i$ Epimorphismen und die $\mathscr{F}q_i$ Monomorphismen sind. Also sind die Folgen

$$0 \to \mathscr{F}A_1 \xrightarrow{\mathscr{F}q_1} \mathscr{F}S \xrightarrow{\mathscr{F}p_2} \mathscr{F}A_2 \to 0$$

$$0 \to \mathscr{F}A_2 \xrightarrow{\mathscr{F}q_2} \mathscr{F}S \xrightarrow{\mathscr{F}p_1} \mathscr{F}A_1 \to 0$$

nach 4.3 Lemma 2 exakt. Wegen 4.3 Lemma 3 ist damit der Satz bewiesen.

Ein Beispiel für einen linksexakten Funktor von einer abelschen Kategorie $\mathscr{C}$ in die Kategorie **Ab** ist wieder der durch ein Objekt $A \in \mathscr{C}$ dargestellte Funktor $\operatorname{Hom}_{\mathscr{C}}(A,-)\colon \mathscr{C} \to$ **Ab**. Ist nämlich $0 \to B \xrightarrow{f} C \xrightarrow{g} D$ exakt und $h\colon A \to B$ ein Morphismus mit $\operatorname{Hom}_{\mathscr{C}}(A,f)(h) = 0$, so ist $fh = 0$. Da f ein Monomorphismus ist, ist $h = 0$, also $\operatorname{Hom}_{\mathscr{C}}(A,f)$ ein Monomorphismus. Ist $h'\colon A \to C$ ein Morphismus mit $\operatorname{Hom}_{\mathscr{C}}(A,g)(h') = gh' = 0$, so existiert ein Morphismus $h\colon A \to B$ mit $fh = h'$, weil $f\colon B \to C$ der Kern von g ist. Also ist $\operatorname{Hom}_{\mathscr{C}}(A,f)(h) = h'$. Zusammen mit $\operatorname{Hom}_{\mathscr{C}}(A,g)\operatorname{Hom}_{\mathscr{C}}(A,f) = 0$ ergibt das die Exaktheit der Folge

$$0 \to \operatorname{Hom}_{\mathscr{C}}(A,B) \xrightarrow{\operatorname{Hom}_{\mathscr{C}}(A,f)} \operatorname{Hom}_{\mathscr{C}}(A,C) \xrightarrow{\operatorname{Hom}_{\mathscr{C}}(A,g)} \operatorname{Hom}_{\mathscr{C}}(A,D)\,.$$

4.7 Grothendieck-Kategorien

Sei $\mathscr{E}$ eine kleine Kategorie. Dann bilden die Funktoren von $\mathscr{E}$ in die abelsche Kategorie $\mathscr{C}$ zusammen mit den funktoriellen Morphismen eine Kategorie $\operatorname{Funkt}(\mathscr{E},\mathscr{C})$.

Satz 1. *Funkt$(\mathscr{E},\mathscr{C})$ ist eine abelsche Kategorie.*

Beweis: Nach 2.7 Satz 1 ist $\operatorname{Funkt}(\mathscr{E},\mathscr{C})$ endlich vollständig und kovollständig. Außerdem ist der Funktor $\mathscr{O}\colon \mathscr{E} \to \mathscr{C}$ mit $\mathscr{O}(E) = 0$ für alle $E \in \mathscr{E}$ ein Nullobjekt für $\operatorname{Funkt}(\mathscr{E},\mathscr{C})$. Wir können wie in 4.1 einen Morphismus δ von den Koprodukten in die Produkte definieren. Für Funktoren $\mathscr{F}_i \in \operatorname{Funkt}(\mathscr{E},\mathscr{C})$ stimmt dann $\delta_{\mathscr{F}}(E)\colon \coprod \mathscr{F}_i(E) \to \prod \mathscr{F}_i(E)$ mit $\delta_{\mathscr{F}_i(E)}$ überein, d. h. δ wird argumentweise gebildet. Also ist nach 1.5 δ in $\operatorname{Funkt}(\mathscr{E},\mathscr{C})$ ein Isomorphismus. Entsprechend sind $\varDelta$ und ∇ argumentweise zu bilden. Außerdem bilden die Morphismen $s_{\mathscr{F}_i(E)}$ funktorielle Morphismen, die die Bedingung 4) für additive Kategorien erfüllen. Auch der funktorielle Morphismus h aus 4.2 vom Kobild in das Bild eines Morphismus in $\operatorname{Funkt}(\mathscr{E},\mathscr{C})$ wird argumentweise gebildet. Daher ist h immer ein Isomorphismus und $\operatorname{Funkt}(\mathscr{E},\mathscr{C})$ eine abelsche Kategorie.

Da nach 2.7 Korollar 2 der Kolimes mit Koprodukten und Kokernen vertauschbar ist, gilt

Korollar 1. *Der Funktor $\varinjlim\colon \operatorname{Funkt}(\mathscr{E},\mathscr{C}) \to \mathscr{C}$ ist rechtsexakt, falls er existiert.*

Sei im folgenden $\mathscr{C}$ eine abelsche kovollständige Kategorie. Außerdem verlangen wir, daß in $\mathscr{C}$ eine Bedingung erfüllt ist, die in allen Modulkategorien gilt. Es soll für jedes Unterobjekt $B \subseteq A$ und jede Kette $\{A_i\}$ von Unterobjekten von A, d. h. für jede Familie von Unterobjekten von A, die bezüglich der Enthaltenseins-Relation für Unterobjekte eine streng geordnete Menge bildet, gelten:

$$(1) \qquad \qquad \left(\bigcup A_i\right) \cap B = \bigcup (A_i \cap B)\,.$$

Diese Bedingung nennen wir Grothendieck-Bedingung. Man beachte, daß die Gleichung (1) für beliebige Mengen $\{A_i\}$ von Unterobjekten von A in Modulkategorien nicht erfüllt ist. Eine abelsche, kovollständige, lokal kleine Kategorie mit Grothendieck-Bedingung nennen wir Grothendieck-Kategorie.

Wir werden die Bedingung (1) im folgenden nicht nur für Ketten von Unterobjekten von A benötigen, sondern auch für gerichtete Familien von Unterobjekten. Dabei verstehen wir unter einer gerichteten Familie von Unterobjekten von A einen Funktor $\mathscr{F}$ von einer gerichteten kleinen Kategorie $\mathscr{E}$ in die Kategorie $\mathscr{C}$ derart, daß $\mathscr{F}(E)$ für alle $E \in \mathscr{E}$ ein Unterobjekt von A ist und für alle $E \to E'$ in $\mathscr{E}$ der Morphismus $\mathscr{F}(E) \to \mathscr{F}(E')$ mit den Monomorphismen in A ein kommutatives Diagramm

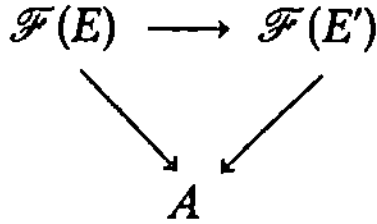

bildet. Das heißt, daß vom Funktor $\mathscr{F}$ in den konstanten Funktor $\mathscr{K}_A \colon \mathscr{E} \to \mathscr{C}$ ein funktorieller Morphismus $\mu \colon \mathscr{F} \to \mathscr{K}_A$ gegeben ist, so daß $\mu(E) \colon \mathscr{F}(E) \to \mathscr{K}_A(E)$ für alle $E \in \mathscr{E}$ ein Monomorphismus ist.

Lemma 1. *Sei $\mathfrak{B}$ eine geordnete Menge, in der für jede Teilmenge $\{v_i\}$ ein Supremum $\bigcup v_i$ existiert. Sei $\mathfrak{W}$ eine Teilmenge von $\mathfrak{B}$, die bezüglich der Bildung von Suprema in $\mathfrak{B}$ von Ketten in $\mathfrak{W}$ abgeschlossen ist. Sei $\emptyset \neq \mathfrak{B}' \subseteq \mathfrak{B}$. Ist dann $\bigcup\limits_{v \in \mathfrak{B}'} v \notin \mathfrak{W}$, so existieren schon endlich viele*

$v_1, \ldots v_n \in \mathfrak{B}'$ *mit* $v_1 \cup \ldots \cup v_n \notin \mathfrak{W}$.

Beweis: Sei $\mathfrak{P}(\mathfrak{B}')$ die Potenzmenge von $\mathfrak{B}'$. Jede Teilmenge von $\mathfrak{B}$ läßt sich auf verschiedene Weise wohlordnen unabhängig von der vorgegebenen Ordnung in $\mathfrak{B}$. Sei $\mathfrak{Q}(\mathfrak{B}')$ die Menge aller Wohlordnungen aller Teilmengen von $\mathfrak{B}'$. Jedes Element von $\mathfrak{Q}(\mathfrak{B}')$ trägt also eine Ordinalzahl. Sei $\mathfrak{Q}'(\mathfrak{B}')$ die Teilmenge der Elemente von $\mathfrak{Q}(\mathfrak{B}')$, für deren zugehörige Menge $P \in \mathfrak{P}(\mathfrak{B}')$ gilt: $\bigcup\limits_{v \in P} v \notin \mathfrak{W}$. Nach Voraussetzung ist $\mathfrak{Q}'(\mathfrak{B}')$ nicht leer, also existiert ein $Q \in \mathfrak{Q}'(\mathfrak{B}')$ mit kleinster Ordinalzahl γ. Sei $P \in \mathfrak{P}(\mathfrak{B}')$ die zugehörige Teilmenge von $\mathfrak{B}$, und seien die Elemente von P in der Reihenfolge ihrer Wohlordnung mit den Ordinalzahlen kleiner als γ indiziert. Für alle $\beta < \gamma$ ist dann $\bigcup\limits_{\alpha < \beta} v_\alpha \in \mathfrak{W}$. Also ist $\bigcup\limits_{\beta < \gamma} \bigcup\limits_{\alpha < \beta} v_\alpha \neq \bigcup\limits_{\alpha < \gamma} v_\alpha$, wegen der Abgeschlossenheit von $\mathfrak{W}$ bezüglich der Suprema von Ketten. Die Menge der $\bigcup\limits_{\alpha < \beta} v_\alpha$ ist nämlich eine Kette. Damit kann γ keine Limeszahl sein. Ist γ unendlich, so gibt es eine Bijektion zwischen den Ordinalzahlen, die kleiner als γ, und denen, die kleiner als $\gamma - 1$ sind. Diese Bijektion bildet $\gamma - 1$ auf 0 und n auf $n + 1$ ab. Diese Umordnung ändert nichts am Wert von $\bigcup\limits_{v \in P} v$. Das ist ein Widerspruch zur Minimalität von γ. Also ist γ endlich.

Lemma 2. *Sei $\mathscr{C}$ eine Grothendieck-Kategorie. Seien $B \subseteq A$ ein Unterobjekt von $A \in \mathscr{C}$ und $\{A_i\}$ eine gerichtete Familie von Unterobjekten von A. Dann ist*

$$\left(\bigcup A_i \right) \cap B = \bigcup (A_i \cap B).$$

Beweis: Da $A_i \cap B \subseteq \left(\bigcup A_i \right) \cap B$, ist allgemein $\bigcup (A_i \cap B) \subseteq \left(\bigcup A_i \right) \cap B$. Sei $C = \bigcup (A_i \cap B)$. Die Menge der Unterobjekte von A bildet eine geordnete Menge mit Suprema. Wir definieren eine Teilmenge der Unterobjekte von A durch $D \in \mathfrak{W}$ dann und nur dann, wenn $D \cap B \subseteq C$. Wegen der Grothendieck-Bedingung ist $\mathfrak{W}$ bezüglich der Bildung von Suprema von Ketten abgeschlossen. Nehmen wir an, daß $\left(\bigcup A_i \right) \cap B \nsubseteq C$. Nach Lemma 1 existieren dann $A_1, \ldots, A_n$ mit $(A_1 \cup \ldots \cup A_n) \cap B \nsubseteq C$. Da die $\{A_i\}$ eine gerichtete Familie von Unterobjekten bilden, existiert ein A_k mit $A_j \subseteq A_k$ für $j = 1, \ldots, n$. Also ist $A_k \cap B \nsubseteq C$. Das ist offenbar ein Widerspruch, also ist $\left(\bigcup A_i \right) \cap B = \bigcup (A_i \cap B)$.

Nachdem wir die Grothendieck-Bedingung auf gerichtete Familien von Unterobjekten ausgedehnt haben, wollen wir jetzt ihre Bedeutung für direkte Limites diskutieren. Sei dazu $\mathscr{C}$ eine Grothendieck-Kategorie, $\mathscr{E}$ eine kleine gerichtete Kategorie und $\mathscr{F}\colon \mathscr{E} \to \mathscr{C}$ ein Funktor. Wir bezeichnen die Objekte von $\mathscr{E}$ mit $i,j,k,\dots$ und setzen $\mathscr{F}(i) = F_i$. Für $i \le j$ bezeichnen wir den durch $\mathscr{F}$ induzierten Morphismus von F_i in F_j mit $f_{ij}\colon F_i \to F_j$. Die Injektionen bezeichnen wir mit $q_i\colon F_i \to \varinjlim \mathscr{F}$.

Lemma 3. *Sei $\mathscr{C}$ eine Grothendieck-Kategorie und $\mathscr{E}$ eine gerichtete kleine Kategorie. Sei $\mathscr{F} \in \mathrm{Funkt}(\mathscr{E},\mathscr{C})$. Dann gilt*

$$\mathrm{Ke}(q_i\colon F_i \to \varinjlim \mathscr{F}) = \bigcup_{i \le j} \mathrm{Ke}(f_{ij}\colon F_i \to F_j).$$

Beweis: Wir bezeichnen $\mathrm{Ke}(q_i)$ mit K_i und $\mathrm{Ke}(f_{ij})$ mit K_{ij}. Wegen der Kommutativität von

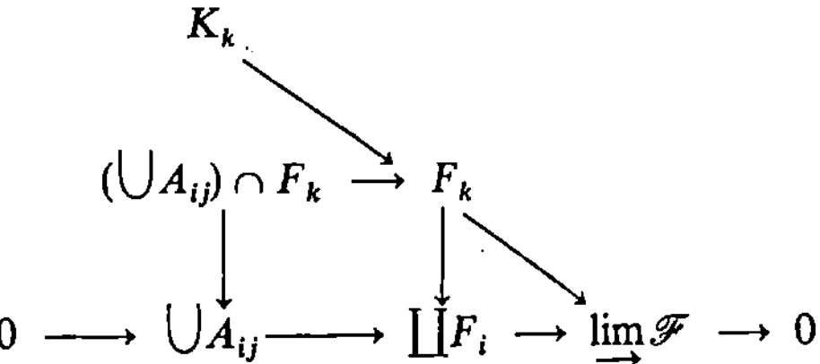

für alle $i \le j$ ist $K_{ij} \subseteq K_i$, also $\bigcup_{i \le j} K_{ij} \subseteq K_i$.

Nach 2.6 Satz 2 ist $\varinjlim \mathscr{F}$ der Kokern von $g\colon \coprod_{i \le j} F_{ij} \to \coprod F_i$, wobei $F_{ij} = F_i$ für alle $i \le j$ und g komponentenweise für die F_{ij} definiert ist durch $g_{ij} = q_i - q_j f_{ij}$. Sei $A_{ij} = \mathrm{Bi}(g_{ij})$. Dann ist die Folge

$$0 \to \bigcup A_{ij} \to \coprod F_i \to \varinjlim \mathscr{F} \to 0$$

exakt. Sei E eine endliche Teilmenge der Menge der Paare (i,j) mit $i \le j$ und $i,j \in \mathscr{E}$, und sei $A_E = \bigcup_{(i,j) \in E} A_{ij}$. Die Menge der so definierten endlichen Mengen E zusammen mit der Enthaltenseins-Relation bildet wieder eine gerichtete kleine Kategorie $\mathscr{E}'$. Es ist $\bigcup_{i \le j} A_{ij} = \bigcup_{E \in \mathscr{E}'} A_E$.

Das Diagramm

$$
\begin{array}{ccccccccc}
 & & K_k & & & & & & \\
 & & & \searrow & & & & & \\
(\bigcup A_{ij}) \cap F_k & & \longrightarrow & & F_k & & & & \\
\downarrow & & & & \downarrow & \searrow & & & \\
0 \longrightarrow & \bigcup A_{ij} & \longrightarrow & & \coprod F_i & \longrightarrow & \varinjlim \mathscr{F} & \longrightarrow & 0
\end{array}
$$

ist kommutativ mit exakter unterer Zeile. Da $K_k \to \coprod F_i \to \varinjlim \mathscr{F} = 0$, existiert genau ein Morphismus $K_k \to \bigcup A_{ij}$ mit $K_k \to \bigcup A_{ij} \to \coprod F_i = K_k \to F_k \to \coprod F_i$. Also existiert genau ein Morphismus $K_k \to (\bigcup A_{ij}) \cap F_k$ mit $K_k \to (\bigcup A_{ij}) \cap F_k \to F_k = K_k \to F_k$. Umgekehrt ist $(\bigcup A_{ij}) \cap F_k \to F_k \to \varinjlim \mathscr{F} = 0$, also existiert genau ein Morphismus $(\bigcup A_{ij}) \cap F_k \to K_k$ mit $(\bigcup A_{ij}) \cap F_k \to K_k \to F_k = (\bigcup A_{ij}) \cap F_k \to F_k$. Daraus folgt, daß $(\bigcup A_{ij}) \cap F_k = K_k$ als Unterobjekte von $\coprod F_i$.

Für $E \in \mathscr{E}'$ sei $l \ge j$ für alle j mit $(i,j) \in E$ und $l \ge k$. Weiter definieren wir Morphismen $h_{il}\colon F_i \to F_l$ durch $h_{il} = f_{il}$ für $i \le l$ und $h_{il} = 0$ sonst. Dadurch wird ein Morphismus $h\colon \coprod F_i \to F_l$ bestimmt. Das Diagramm

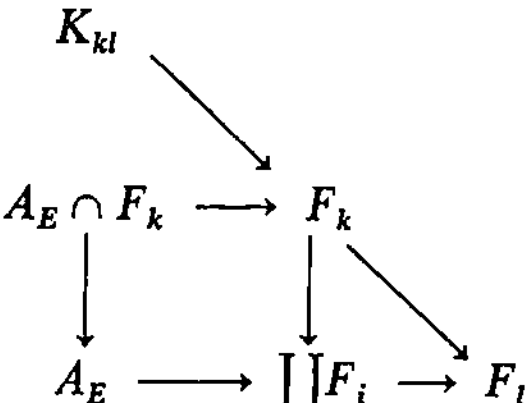

ist kommutativ und es ist $A_E \to \coprod F_i \to F_l = 0$, weil $F_{ij} \to \coprod F_i \to F_l = 0$ für $j \le l$ nach Definition von h. Also ist $A_E \cap F_k \to F_l = 0$. Da $K_{kl} = \mathrm{Ke}(F_k \to F_l)$ und $A_E \cap F_k$ ein Unterobjekt von F_k ist, ist $A_E \cap F_k \subseteq K_{kl}$.

Damit ist $K_k = (\bigcup A_{ij}) \cap F_k = (\bigcup\limits_{E \in \mathscr{E}'} A_E) \cap F_k = \bigcup\limits_{E \in \mathscr{E}'} (A_E \cap F_k) \subseteq \bigcup\limits_{k \le l} K_{kl}$, wobei wir Lemma 2 angewendet haben.

Satz 2. *Sei $\mathscr{C}$ eine abelsche, kovollständige, lokal kleine Kategorie. Folgende Aussagen sind äquivalent:*

1) *Direkte Limites in $\mathscr{C}$ sind exakt.*

2) *Für jede gerichtete Familie $(A_i)_{i \in I}$ von Unterobjekten von $A \in \mathscr{C}$ ist der Morphismus $\varinjlim (A_i) \to A$ ein Monomorphismus.*

3) *$\mathscr{C}$ ist eine Grothendieck-Kategorie.*

Beweis: Aus 1) folgt 2): Wir fassen I als gerichtete kleine Kategorie auf und bilden die Funktoren $\mathscr{F}: I \to \mathscr{C}$ mit $\mathscr{F}(i) = A_i$ und $\mathscr{G}: I \to \mathscr{C}$ mit $\mathscr{G}(i) = A$ für alle i. Die Morphismen von I werden in die Monomorphismen der A_i bzw. A in A abgebildet. Da $\varinjlim \mathscr{G} = A$, gilt wegen 1), daß $\varinjlim \mathscr{F} \to A$ ein Monomorphismus ist.

Aus 2) folgt 3): Sei $\{A_i\}$ eine Kette von Unterobjekten von A und $B \subseteq A$. Nach dem II. Isomorphiesatz erhalten wir ein kommutatives Diagramm mit exakten Zeilen und Spalten:

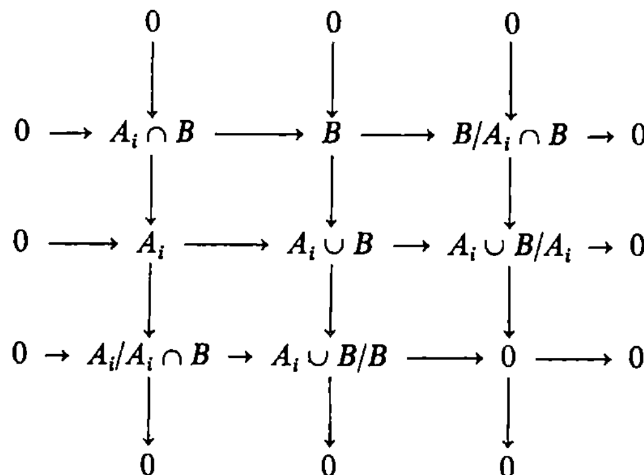

für alle $i \in I$. Morphismen $A_i \to A_j$ induzieren Morphismen zwischen den zugehörigen 3×3-Diagrammen, so daß alle vorkommenden Quadrate kommutativ sind. Wenden wir den Funktor $\varinjlim$ auf diese Kette von 3×3-Diagrammen an, so sind $\varinjlim(A_i \cap B) \to A, B \to A$, $\varinjlim A_i \to A$ und $\varinjlim(A_i \cup B) \to A$ Monomorphismen wegen 2). Da sich $\coprod A_i \to A$ durch $\varinjlim A_i$ faktorisieren läßt und $\coprod A_i \to \varinjlim A_i$ ein Epimorphismus ist, können wir $\varinjlim A_i$ mit $\bigcup A_i$ als Unterobjekt von A identifizieren. Weil $\varinjlim$ rechtsexakt ist und Isomorphismen erhält, ist das Diagramm

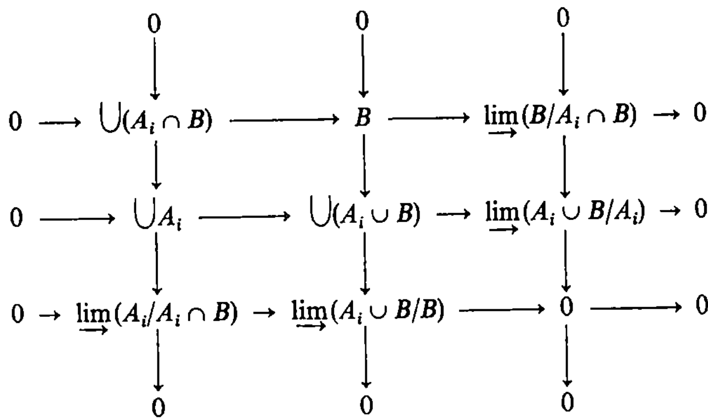

kommutativ mit exakten Zeilen und Spalten. Sind nun Morphismen $D \to B$ und $D \to \bigcup A_i$ mit $D \to B \to \bigcup(A_i \cup B) = D \to \bigcup A_i \to \bigcup(A_i \cup B)$ gegeben, so ist $D \to \varinjlim(B/A_i \cap B) = 0$ und $D \to \varinjlim(A_i/A_i \cap B) = 0$. Also existieren $f \colon D \to \bigcup(A_i \cap B)$ mit $D \to B = D \xrightarrow{f} \bigcup(A_i \cap B) \to B$ und $g \colon D \to \bigcup(A_i \cap B)$ mit $D \to \bigcup A_i = D \xrightarrow{g} \bigcup(A_i \cap B) \to \bigcup A_i$. Da aber $D \xrightarrow{f} \bigcup(A_i \cap B) \to \bigcup(A_i \cup B) = D \xrightarrow{g} \bigcup(A_i \cap B) \to \bigcup(A_i \cup B)$ und da $\bigcup(A_i \cap B) \to \bigcup(A_i \cup B)$ ein Monomorphismus ist, ist $f = g$. Damit ist $\bigcup(A_i \cap B)$ das Faserprodukt von $\bigcup A_i$ und B über $\bigcup(A_i \cup B)$, also $\bigcup(A_i \cap B) = (\bigcup A_i) \cap B$.

Aus 3) folgt 1): Wegen Korollar 1 und 4.3 Lemma 2 genügt es zu zeigen, daß für eine gerichtete Kategorie $\mathscr{E}$ und einen funktoriellen Monomorphismus $\mu \colon \mathscr{F} \to \mathscr{G}$ auch $\varinjlim \mu \colon \varinjlim \mathscr{F} \to \varinjlim \mathscr{G}$ ein Monomorphismus ist. Da Funkt$(\mathscr{E}, \mathscr{G})$ abelsch ist und in Funkt$(\mathscr{E}, \mathscr{G})$ Kerne argumentweise gebildet werden, ist $\mu_i \colon \mathscr{F}(i) \to \mathscr{G}(i)$ für alle $i \in \mathscr{E}$ ein Monomorphismus. Wir bezeichnen $\mathscr{F}(i) = F_i$ und $\mathscr{G}(i) = G_i$. Seien $K_i = \mathrm{Ke}(F_i \to \varinjlim \mathscr{F})$, $L_i = \mathrm{Ke}(G_i \to \varinjlim \mathscr{G})$, $A_i = \mathrm{Bi}(F_i \to \varinjlim \mathscr{F})$, $B_i = \mathrm{Bi}(G_i \to \varinjlim \mathscr{G})$, $K = \mathrm{Ke}(\varinjlim \mu)$ und C das Faserprodukt von $A_i \cap K$ mit F_i über A_i. Dann erhalten wir ein kommutatives Diagramm

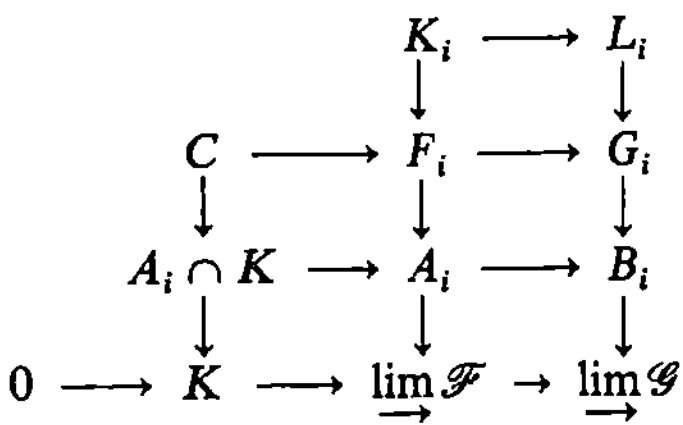

dessen letzte Zeile exakt ist. Wegen $\bigcup A_i = \varinjlim \mathscr{F}$ und der Grothendieck-Bedingung ist $K = (\bigcup A_i) \cap K = \bigcup(A_i \cap K)$, denn die A_i bilden eine gerichtete Familie von Unterobjekten von $\varinjlim \mathscr{F}$. Sind alle $A_i \cap K = 0$, so ist also $K = 0$ und $\varinjlim \mu$ ein Monomorphismus, was zu zeigen ist. Da $F_i \to A_i$ ein Epimorphismus ist, ist $C \to A_i \cap K$ wegen 4.3 Lemma 4 ein Epimorphismus. Es genügt zu zeigen, daß dieser Epimorphismus ein Nullmorphismus ist. Es ist $C \to \varinjlim \mathscr{G} = 0$. Da $C \to G_i$ ein Monomorphismus ist, ist $C \subseteq L_i$ als Unterobjekt von G_i. Da nach Lemma 3 $L_i = \bigcup_{i \leq j} L_{ij}$, wobei $L_{ij} = \mathrm{Ke}(G_i \to G_j)$, ist also $C = C \cap L_i = (\bigcup L_{ij}) \cap C = \bigcup(L_{ij} \cap C)$. Das Diagramm

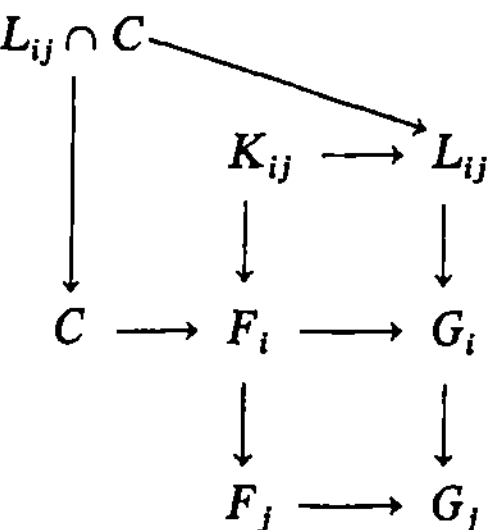

ist kommutativ. Weil $L_{ij} \cap C \to G_j = 0$ und $F_j \to G_j$ ein Monomorphismus ist, ist $L_{ij} \cap C \to F_j = 0$, also $L_{ij} \cap C \subseteq K_{ij}$. Daher ist $C = \bigcup(L_{ij} \cap C) \subseteq \bigcup K_{ij} = K_i$. Aus dem vorhergehenden Diagramm folgt dann $C \to F_i \to A_i = 0$. Da $A_i \cap K \to A_i$ ein Monomorphismus ist, ist $C \to A_i \cap K = 0$.

Korollar 2. *Ist $\mathscr{C}$ eine Grothendieck-Kategorie, so ist der Morphismus $\delta\colon \coprod A_i \to \prod A_i$ (aus 4.1) ein Monomorphismus.*

Beweis: Sei $\{A_i\}_{i \in I}$ eine Menge von Objekten in $\mathscr{C}$. E sei eine endliche Teilmenge von I. Wir definieren $A_E = \bigoplus_{i \in E} A_i$. Da $A_E \to \coprod_{i \in I} A_i \to \prod_{i \in I} A_i \to A_E = 1_{A_E}$ ist, ist A_E ein Unterobjekt von $\coprod A_i$. Die Menge dieser Unterobjekte bildet eine gerichtete Familie von Unterobjekten, und es ist $\bigcup A_E = \coprod A_i$. Also ist $\coprod A_i = \varinjlim A_E$. Andrerseits sind die A_E auch Unterobjekte von $\prod A_i$. Also ist $\varinjlim A_E \to \prod A_i$ ein Monomorphismus.

Wie schon in vorhergehenden Fällen ist auch hier eine Methode verwendet worden, die typisch ist für Beweise in Grothendieck-Kategorien. Wir haben nämlich eine unendliche beliebige Vereinigung $\bigcup A_i = \coprod A_i$ ersetzt durch eine Vereinigung einer gerichteten Familie von Unterobjekten, die alle aus endlichen Vereinigungen bestehen. Der entsprechende Schluß in Modulkategorien, in denen die Vereinigungen Summen sind (nicht notwendig direkte Summen!) und in denen man mit Elementen rechnet, ist, daß für $x \in \sum A_i (= \bigcup A_i)$ eine endliche Indexmenge $i_1, \dots, i_n$ existiert mit $x \in A_{i_1} + \dots + A_{i_n}$.

Korollar 3. *Seien Monomorphismen $\mu_i\colon A_i \to B_i$ gegeben und existiere $\coprod A_i$, $\prod A_i$ und $\coprod B_i$, $\prod B_i$ in der Grothendieck-Kategorie $\mathscr{C}$. Dann ist der durch die μ_i induzierte Morphismus $\mu\colon \coprod A_i \to \coprod B_i$ ein Monomorphismus.*

Beweis: Es existiert ein kommutatives Diagramm

$$
\begin{array}{ccc}
\coprod A_i & \longrightarrow & \coprod B_i \\
\delta \downarrow & & \delta \downarrow \\
\prod A_i & \longrightarrow & \prod B_i
\end{array}
$$

wie in 4.1. Nach 2.6 Korollar 5 erhalten Produkte Monomorphismen. Da $\coprod A_i \to \prod A_i \to \prod B_i$ ein Monomorphismus ist, ist auch $\coprod A_i \to \coprod B_i$ ein Monomorphismus.

Korollar 4. *Sei $\mathscr{C}$ eine Grothendieck-Kategorie. Sei $\{A_i\}$ eine gerichtete Familie von Unterobjekten von A und $f\colon B \to A$ ein Morphismus in $\mathscr{C}$. Dann ist*

$$
\bigcup f^{-1}(A_i) = f^{-1}\left(\bigcup A_i\right).
$$

Beweis: Sei $\mathrm{Bi}(f) = A'$. Aus dem kommutativen Diagramm

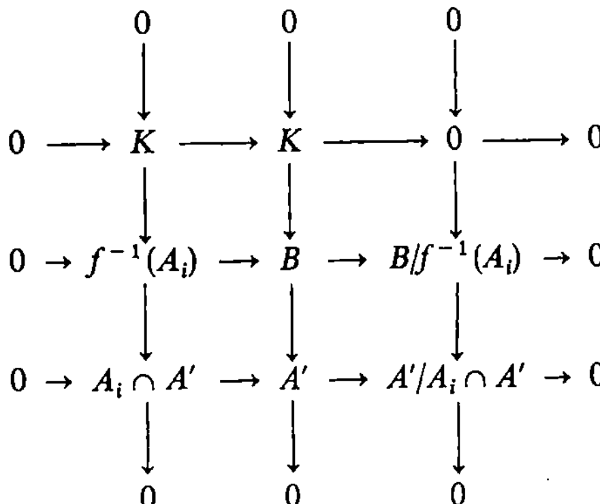

und 2.6 Lemma 3 folgt, daß das linke Quadrat ein Faserprodukt darstellt. Nach 4.3 Lemma 4 c) ist daher $f^{-1}(A_i) \to A_i \cap A'$ ein Epimorphismus. Außerdem enthält $f^{-1}(A_i)$ den Kern K von f. Mit dem 3×3-Lemma erhalten wir ein kommutatives Diagramm mit exakten Zeilen und Spalten:

$$
\begin{array}{ccccccccc}
 & & 0 & & 0 & & 0 & & \\
 & & \downarrow & & \downarrow & & \downarrow & & \\
0 & \longrightarrow & K & \longrightarrow & K & \longrightarrow & 0 & \longrightarrow & 0 \\
 & & \downarrow & & \downarrow & & \downarrow & & \\
0 & \to & f^{-1}(A_i) & \to & B & \to & B/f^{-1}(A_i) & \to & 0 \\
 & & \downarrow & & \downarrow & & \downarrow & & \\
0 & \to & A_i \cap A' & \to & A' & \to & A'/A_i \cap A' & \to & 0 \\
 & & \downarrow & & \downarrow & & \downarrow & & \\
 & & 0 & & 0 & & 0 & &
\end{array}
$$

Speziell ist der durch den Epimorphismus $B \to A'$ induzierte Morphismus $B/f^{-1}(A_i) \to A'/A_i \cap A'$ ein Isomorphismus. Also gilt auch $B/f^{-1}(\bigcup A_i) \cong A'/(\bigcup A_i) \cap A'$. Da direkte Limites exakt sind, erhalten wir durch Anwendung des direkten Limes auf das obige Diagramm wieder ein entsprechendes kommutatives Diagramm mit exakten Zeilen und Spalten. Daraus ergibt sich ein Isomorphismus $B/\bigcup f^{-1}(A_i) \cong A'/\bigcup(A_i \cap A')$. Wegen der Grothendieck-Bedingung ist $A'/\bigcup(A_i \cap A') = A'/(\bigcup A_i) \cap A'$. Damit ist $B/\bigcup f^{-1}(A_i) = B/f^{-1}(\bigcup A_i)$ und $\bigcup f^{-1}(A_i) = f^{-1}(\bigcup A_i)$.

4.8 Satz von Krull-Remak-Schmidt-Azumaya

In 4.5 haben wir die Eindeutigkeit genügend feiner Ketten von Unterobjekten eines Objekts untersucht. Jede Zerlegung eines Objekts in eine direkte Summe induziert auf verschiedene Weise Ketten von Unterobjekten. Diese sind jedoch im allgemeinen Fall nicht fein genug, daß wir den Satz von Jordan-Hölder anwenden können, selbst wenn wir die Zerlegung so fein wie möglich machen. Wir werden daher andere Methoden verwenden, um die Eindeutigkeit von genügend feinen Zerlegungen in direkte Summen zu untersuchen. Dabei werden wir auch unendliche Zerlegungen zulassen.

Sei $\mathscr{C}$ in diesem Paragraphen eine Grothendieck-Kategorie. Ein Objekt $A \in \mathscr{C}$ heißt unzerlegbar, wenn $A \neq 0$ und für jede Zerlegung von A in eine direkte Summe $A = A_1 \oplus A_2$ entweder $A = A_1$ oder $A = A_2$ gilt. Ist A nicht unzerlegbar, so heißt A zerlegbar.

Ein Element r eines assoziativen Ringes R mit Einselement heißt Nichteinheit, wenn $Rr \neq R$ und $rR \neq R$ ist. Gleichbedeutend damit ist, daß weder ein $x \in R$ mit $xr = 1$ noch ein $y \in R$ mit $ry = 1$ existieren. R heißt lokaler Ring, wenn jede Summe von zwei Nichteinheiten aus R wieder eine Nichteinheit ist. Ein Element $r \in R$ heißt Idempotent, wenn $r^2 = r$.

Lemma 1. *Sei r ein Idempotent in einem lokalen Ring R. Dann ist entweder $r = 0$ oder $r = 1$.*

Beweis: Es ist $(1-r)^2 = 1-r$. Da $1 = (1-r) + r$ keine Nichteinheit ist, ist entweder r oder $1-r$ keine Nichteinheit. Ist r keine Nichteinheit, so ist $xr = 1$, also $r = xr^2 = xr = 1$. Ist $rx = 1$, so verläuft der Beweis symmetrisch. Ist $x(1-r) = 1$ bzw. $(1-r)x = 1$, so ist $1-r = 1$, also $r = 0$.

Ein Element $r \in R$ heißt Einheit, wenn ein $x \in R$ mit $xr = rx = 1$ existiert.

Lemma 2. *Ist R ein lokaler Ring, so bilden die Nichteinheiten ein Ideal N. Alle Elemente aus R, die nicht in N liegen, sind Einheiten.*

Beweis: Sei r eine Nichteinheit und $x \in R$. Es ist zu zeigen, daß xr eine Nichteinheit ist. Nach Definition kann kein $y \in R$ mit $yxr = 1$ existieren. Ist aber $xry = 1$, so ist $(yxr)(yxr) = y(xry)xr = yxr$. Da yxr ein Idempotent ist, ist $yxr = 1$. Wäre nämlich $yxr = 0$, so wäre $1 = (xry)(xry) = xr(yxr)y = 0$, also $R = 0$, was wir ausschließen wollen. Damit ist N gegen Addition und Multiplikation mit Ringelementen von beiden Seiten abgeschlossen. Ist $r \in R$ und $r \notin N$, so existiert ein $x \in R$ mit $xr = 1$ oder $rx = 1$. Sei $xr = 1$. Wie oben ist $(rx)^2 = rx$, also $rx = 1$. r ist eine Einheit.

Lemma 3. *Sei $A \in \mathscr{C}$ mit lokalem Endomorphismenring. Dann ist A unzerlegbar. Ist A unzerlegbar und von endlicher Länge, so ist der Endomorphismenring von A lokal.*

Beweis: Sei $A = B \oplus C$ und $f = A \to B \to A$, wobei $p\colon A \to B$ die Projektion und $q\colon B \to A$ die Injektion bei der Zerlegung in die direkte Summe seien. Dann ist $f^2 = qpqp = f = 0$ oder $f = 1$. Also ist entweder $B = 0$ oder $B = A$. Da der Endomorphismenring von A nicht der Nullring ist, ist $A \neq 0$, also unzerlegbar.

Sei A unzerlegbar und von endlicher Länge. Sei $f\colon A \to A$ gegeben. Dann ist $\mathrm{Ke}(f) \subseteq \mathrm{Ke}(f^2) \subseteq \dots$ eine aufsteigende Kette von Unterobjekten von A. Aus dem kommutativen Diagramm

$$
\begin{array}{ccccccccc}
0 & \to & \mathrm{Ke}(f^2) & \to & A & \xrightarrow{p''} & \mathrm{Bi}(f^2) & \to & 0 \\
& & & & \big\downarrow{\scriptstyle f} & & \big\downarrow{\scriptstyle q''} & & \\
0 & \to & \mathrm{Ke}(f) & \to & A & \xrightarrow{p^*} & \mathrm{Bi}(f) & \to & 0 \\
& & & & \big\downarrow{\scriptstyle f} & {\scriptstyle q^*}\swarrow & & & \\
& & & & A & & & &
\end{array}
$$

mit exakten Zeilen folgt, daß $\mathrm{Bi}(f) \supseteq \mathrm{Bi}(f^2) \supseteq \dots$, denn $q^* q'' p''$ ist die eindeutige Faktorisierung von f^2 durch $\mathrm{Bi}(f^2)$. Beide Ketten brechen nach n Schritten ab, d. h. es ist $\mathrm{Ke}(f^n) = \mathrm{Ke}(f^{n+r})$ und $\mathrm{Bi}(f^n) = \mathrm{Bi}(f^{n+r})$ für alle $r \in N$, weil A endliche Länge hat. Sei $g = f^n$. Seien $qp = g$ die Faktorisierung von g durch $\mathrm{Bi}(g)$ und $q'p' = g^2$ die Faktorisierung von g^2 durch $\mathrm{Bi}(g^2)$. Da $\mathrm{Bi}(g) = \mathrm{Bi}(g^2)$, ist $q = q'$. Wir erhalten ein kommutatives Diagramm

$$
\begin{array}{ccccc}
A & \xrightarrow{p} & \mathrm{Bi}(g) & \xrightarrow{q} & A \\
\big\downarrow{\scriptstyle g} & {\scriptstyle p'}\searrow & \big\downarrow{\scriptstyle g'} & & \big\downarrow{\scriptstyle g} \\
A & \xrightarrow{p} & \mathrm{Bi}(g^2) & \xrightarrow{q} & A
\end{array} \ .
$$

Es ist nämlich $gqp = qpg$. Da $\mathrm{Ke}(g) \to A \xrightarrow{g} A \to \mathrm{Bi}(g^2) = 0$, existiert eindeutig g' mit $g'p = pg = p'$. Aus $qg'p = gqp$ folgt $qg' = gq$, da p ein Epimorphismus ist. Weil p' ein Epimorphismus ist, ist auch g' ein Epimorphismus. Da $\mathrm{Bi}(g)$ und $\mathrm{Bi}(g^2)$ gleiche Länge haben, ist g' ein Isomorphismus mit dem inversen Morphismus h. Dann ist

$$(qhp)(qhp) = qh^2 g' pqhp = qh^2 pgqhp = qh^2 pqg'hp = qh^2 pg = qh^2 g'p = qhp.$$

qhp ist also ein Idempotent mit dem Bild $\mathrm{Bi}(g)$. Nach 4.3 Lemma 3 ist $A = \mathrm{Bi}(g) \oplus \mathrm{Ke}(qhp)$. Da A unzerlegbar ist, ist entweder $\mathrm{Bi}(g) = A$ oder $\mathrm{Bi}(g) = 0$. Im ersten Fall ist g und daher auch f ein Isomorphismus, weil A endliche Länge hat. Im zweiten Fall ist $f^n = 0$.

Im Endomorphismenring $\mathrm{Hom}_{\mathscr{C}}(A,A)$ ist also jedes Element f, das nicht eine Einheit ist, d. h. das kein Isomorphismus ist, nilpotent, d. h. es gibt ein $n \in N$ mit $f^n = 0$. Seien f und f' Nichteinheiten. Wir nehmen an, daß $f + f'$ keine Nichteinheit ist. Dann existiert ein $x \in \mathrm{Hom}_{\mathscr{C}}(A,A)$ mit $xf + xf' = 1$. Da xf und xf' keine Einheiten sind, sind sie nilpotent. Sei i minimal mit $(xf)^i = 0$ und sei j minimal mit $(xf')^j(xf)^{i-1} = 0$. Notwendigerweise sind i und j von Null verschieden. Dann ist $(xf')^{j-1}(xf)^{i-1} = (xf')^{j-1}(xf' + xf)(xf)^{i-1} = (xf')^j(xf)^{i-1} + (xf')^{j-1}(xf)^i = 0$ im Widerspruch zur Minimalität von i und j. Also ist $f + f'$ eine Nichteinheit und $\mathrm{Hom}_{\mathscr{C}}(A,A)$ ein lokaler Ring.

Wenn wir im folgenden von Koprodukten von Unterobjekten eines Objekts in $\mathscr{C}$ sprechen, so sollen die zu den Unterobjekten gehörigen Monomorphismen gleichzeitig die Injektionen in das Koprodukt sein. Nichtäquivalente Unterobjekte werden, selbst wenn sie isomorph als Objekte sind, verschieden bezeichnet werden. Hingegen dürfen die Projektionen auf direkte Summanden sich ändern, ohne daß wir die Bezeichnung für das Objekt ändern, das vermöge der Projektion als Quotientenobjekt aufgefaßt werden könnte.

Lemma 4. *Sei $A = \coprod\limits_{i \in I} A_i$ und seien die Endomorphismenringe $\mathrm{Hom}_{\mathscr{C}}(A_i,A_i)$ lokal. Seien f und g Endomorphismen von A mit $f + g = 1_A$. Sei $E = \{i_1,\dots,i_n\}$ eine endliche Teilmenge von I. Dann existieren Unterobjekte $B_1,\dots,B_n$ von A und Isomorphismen $h_j \colon A_{i_j} \to B_j$ für $j = 1,\dots,n$, so daß für jedes j das Diagramm*

$$
\begin{array}{ccc}
A_{i_j} & \xrightarrow{\;h_j\;} & B_j \\
\downarrow & & \downarrow \\
A & \xrightarrow{\;h\;} & A
\end{array}
$$

für $h = f$ oder $h = g$ kommutiert. Außerdem existiert eine Zerlegung $A = B_1 \oplus \dots \oplus B_n \oplus \coprod\limits_{i \notin E} A_i$.

Beweis: Die zu den A_i gehörenden Injektionen und Projektionen bezeichnen wir mit q_i bzw. p_i. Es ist $p_i f q_i + p_i g q_i = 1_{A_i}$ für $i \in I$. Da $\mathrm{Hom}_{\mathscr{C}}(A_i,A_i)$ ein lokaler Ring ist, ist einer der beiden Summanden, etwa $p_i f q_i$, ein Automorphismus mit dem inversen Morphismus $a_i \colon A_i \to A_i$. Sei $i = i_1 \in E$. Wir faktorisieren $f q_{i_1} \colon A_{i_1} \to A$ durch $B_1 := \mathrm{Bi}(f q_{i_1})$ als $f q_{i_1} = q_1' h_1$ mit $q_1' \colon B_1 \to A$ und $h_1 \colon A_{i_1} \to B_1$. Da $p_{i_1} q_1' h_1 = p_{i_1} f q_{i_1}$ ein Monomorphismus ist, ist h_1 der gesuchte Isomorphismus. Weiter ist $(q_1' h_1 a_{i_1} p_{i_1})^2 = q_1' h_1 a_{i_1} p_{i_1}$ und $\mathrm{Bi}(q_1' h_1 a_{i_1} p_{i_1}) = B_1$, $\mathrm{Ke}(q_1' h_1 a_{i_1} p_{i_1}) = \mathrm{Ke}(p_{i_1}) = \coprod\limits_{i \neq i_1} A_i$. Nach 4.3 Lemma 3 ist $A = B_1 \oplus \coprod\limits_{i \neq i_1} A_i$. Von diesem Koprodukt ausgehend können wir jetzt A_{i_2} durch B_2 ersetzen. Nach n Schritten ist dann das Lemma bewiesen.

Satz (Krull-Remak-Schmidt-Azumaya). *Sei $\mathscr{C}$ eine Grothendieck-Kategorie und $A \in \mathscr{C}$. Sei*

$$A = \coprod\limits_{i \in I} A_i \qquad \text{mit lokalen Ringen } \mathrm{Hom}_{\mathscr{C}}(A_i,A_i)$$

und
$$A = \coprod_{j \in J} B_j \quad \text{mit unzerlegbaren } B_j$$

gegeben. Dann existiert eine Bijektion $\varphi\colon I \to J$, *so daß für alle* $i \in I$ *gilt*

$$A_i \cong B_{\varphi(i)}.$$

Beweis: Die Injektionen bzw. Projektionen der A_i bezeichnen wir mit q_i bzw. p_i, die der B_j mit q'_j bzw. p'_j. Wir zeigen zunächst, daß zu jedem B_j ein isomorphes A_i existiert und daß dieser Isomorphismus von $q'_j p'_j\colon A \to A$ induziert wird. Dann sind die Endomorphismenringe der B_j auch lokal, die A_i unzerlegbar und die Voraussetzungen des Satzes sind dann symmetrisch.

Seien $f = q'_j p'_j$ und $f' = 1 - f$. Dann ist $f + f' = 1$, $f^2 = f$ und $f'^2 = f'$. Weiter ist $\mathrm{Bi}(f) = \mathrm{Ke}(f') = B_j$ nach 4.3 Lemma 3. Sei $E \subseteq I$ eine endliche Teilmenge und $A_E = \bigoplus_{i \in E} A_i$. Die A_E bilden eine gerichtete Familie von Unterobjekten von A. Es existiert ein E mit $A_E \cap B_j \neq 0$, denn es ist $B_j = (\cup A_E) \cap B_j = \cup (A_E \cap B_j)$. Es sei $E = \{i_1, \dots, i_n\}$. Nach Lemma 4 existieren $C_k \subseteq A$ und Isomorphismen $h_k\colon A_{i_k} \to C_k, k = 1, \dots, n$, die von f oder von f' induziert werden. Wir nehmen an, daß alle h_k von f' induziert werden. Sei $C_E = \bigoplus_{k=1}^{n} C_k$. Dann erhalten wir ein kommutatives Diagramm

$$
\begin{array}{ccccc}
A_E \cap B_j & \longrightarrow & A_E & \cong & C_E \\
\downarrow & & \downarrow & & \downarrow \\
B_j & \xrightarrow{\;q'_j\;} & A & \xrightarrow{\;f'\;} & A \,.
\end{array}
$$

Da $f' q'_j = 0$ und $A_E \cap B_j \to A_E \cong C_E \to A$ ein Monomorphismus ist, erhalten wir einen Widerspruch zu $A_E \cap B_j \neq 0$. Also existiert mindestens ein $i_0 \in E$, so daß das Quadrat

$$
\begin{array}{ccc}
A_{i_0} & \xrightarrow{\;h_{k_0}\;} & C_{k_0} \\
\downarrow & & \downarrow \\
A & \xrightarrow{\;f\;} & A
\end{array}
$$

kommutativ ist. Nach Definition von f gilt aber $C_{k_0} \subseteq B_j$. Weil aber C_{k_0} direkter Summand von A ist, ist C_{k_0} auch direkter Summand von B_j. B_j ist unzerlegbar, also ist $C_{k_0} = B_j$. Da $f q_{i_0} = q'_j p'_j q_{i_0}$ ist, ist $h_{k_0} = p'_j q_{i_0}$.

Sei jetzt $A_{i_0} \cong B_{j_0}$. Wir müssen die Anzahl $|\alpha|$ der zu A_{i_0} isomorphen A_i mit der Anzahl $|\beta|$ der zu B_{j_0} isomorphen B_j vergleichen. Aus Symmetriegründen genügt es $|\alpha| \geq |\beta|$ zu zeigen. Sei $|\alpha|$ zunächst endlich. Zu $j_1 \in \beta$ existiert nach der vorhergehenden Konstruktion ein $i_1 \in \alpha$, so daß $f_1 = q'_{j_1} p'_{i_1}$ einen Isomorphismus $A_{i_1} \cong B_{j_1}$ induziert. Außerdem ist dann

$$A = B_{j_1} \oplus \coprod_{j \neq j_1} B_j = A_{i_1} \oplus \coprod_{j \neq j_1} B_j.$$

Vergleichen wir jetzt die zweite direkte Summe mit $A = \coprod_{i \in I} A_i$ und wenden dasselbe Verfahren an, so erhalten wir nach n Schritten

$$A = B_{j_1} \oplus \dots \oplus B_{j_n} \oplus \coprod_{j \neq j_1, \dots, j_n} B_j = A_{i_1} \oplus \dots \oplus A_{i_n} \oplus \coprod_{j \neq j_1, \dots, j_n} B_j.$$

Wir bemerken hier noch einmal, daß zwar die Injektionen der A_i bzw. B_j unverändert bleiben, daß aber die Projektionen sich ändern. Die Tatsache, daß die Injektionen der A_i unverändert bleiben, garantiert auch, daß die $i_1, \ldots, i_n$ alle paarweise verschieden sind, weil bei einer Zerlegung in eine direkte Summe keine zwei Injektionen gleich sein können. Da $i_1, \ldots, i_n \in \alpha$, ist $|\alpha \geq |\beta|$.

Sei $|\alpha|$ jetzt unendlich. Sei $E \subseteq J$ eine endliche Teilmenge, $j \in \alpha$ und $j \notin E$. Sei weiter $A_i \cong B_j$ vermöge des durch $f = q'_j p'_j$ induzierten Isomorphismus. Dann ist das Diagramm

$$\begin{array}{ccc}
A_i \cap B_E \to A_i & \cong & B_j \\
\downarrow & \downarrow & \downarrow \\
B_E \longrightarrow A & \xrightarrow{\;f\;} & A
\end{array}$$

kommutativ, wobei $B_E = \underset{j \in E}{\oplus} B_j$. Es ist $A_i \cap B_E = 0$, weil $B_E \to A \to A = 0$ und

$$A_i \cap B_E \to A_i \cong B_j \to A$$

ein Monomorphismus ist. Andrerseits ist $A_i = (\underset{E \subseteq J}{\bigcup} B_E) \cap A_i = \underset{E \subseteq J}{\bigcup} (A_i \cap B_E) \neq 0$. Also existiert eine endliche Teilmenge $E \subseteq J$ mit $A_i \cap B_E \neq 0$. Jedes $j \in J$, das vermöge $q'_j p'_j$ einen Isomorphismus $A_i \cong B_j$ für das oben bestimmte i induziert, muß in diesem E liegen; es gibt also nur endlich viele solche j. Wir nennen diese Anzahl $E(i)$. Zu jedem $j \in \beta$ läßt sich ein solches $i \in \alpha$ konstruieren. Daher ist

$$\underset{i \in \alpha}{\bigcup} E(i) = \beta \,.$$

Damit haben wir $|\alpha| \geq |\beta|$ bewiesen.

4.9 Injektive und projektive Objekte und Hüllen

Sei $\mathscr{C}$ eine abelsche Kategorie. Ein Objekt $P \in \mathscr{C}$ heißt **projektiv**, wenn der Funktor $\mathrm{Hom}_{\mathscr{C}}(P, -)$ exakt ist. Dual heißt ein Objekt $Q \in \mathscr{C}$ **injektiv**, wenn der Funktor $\mathrm{Hom}_{\mathscr{C}}(-, Q)$ exakt ist. Da der Funktor $\mathrm{Hom}_{\mathscr{C}}(A, -)$ für jedes $A \in \mathscr{C}$ linksexakt ist, ist P genau dann projektiv, wenn $\mathrm{Hom}_{\mathscr{C}}(P, -)$ Epimorphismen erhält, d. h. wenn für jede exakte Folge $A \to B \to 0$ und jeden Morphismus $f \colon P \to B$ ein Morphismus $g \colon P \to A$ existiert, so daß das Diagramm

$$\begin{array}{c}
P \\
{}^{g}\!\swarrow \;\; \downarrow{}^{f} \\
A \to B \to 0
\end{array}$$

kommutativ ist. Dual ist Q genau dann injektiv, wenn für jede exakte Folge $0 \to A \to B$ und jeden Morphismus $f \colon A \to Q$ ein Morphismus $g \colon B \to Q$ existiert, so daß das Diagramm

$$\begin{array}{c}
0 \to A \to B \\
{}^{f}\!\downarrow \;\swarrow{}^{g} \\
Q
\end{array}$$

kommutativ ist.

Da in einer Modulkategorie alle Epimorphismen surjektive Morphismen sind, stimmen in einer Modulkategorie die projektiven Moduln mit den in 3.4 eingeführten relativ projektiven Moduln bezüglich des Vergiß-Funktors in die Kategorie der Mengen überein.

Lemma 1. *Seien $P_i \in \mathscr{C}$ und $P = \coprod P_i$ gegeben. P ist genau dann projektiv, wenn alle P_i projektiv sind.*

Beweis: Sei $A \to B \to 0$ exakt. Seien Morphismen $f_i\colon P_i \to B$ und $f\colon P \to B$ mit $q_i f = f_i$ gegeben. Wir verwenden das Diagramm

$$\begin{array}{ccc} P_i & \xrightarrow{\;q_i\;} & P \\ & f_i \searrow & \downarrow f \\ A & \longrightarrow B & \longrightarrow 0 \,. \end{array}$$

Ist P projektiv, so existiert $P \to A$ mit $P \to B = P \to A \to B$. Also ist für jedes i:

$$P_i \to P \to A \to B = f_i \,.$$

Da f durch die f_i eindeutig bestimmt ist, sind die P_i projektiv.

Sind die P_i projektiv, so existieren $P_i \to A$, die das obige Diagramm kommutativ machen. Diese bestimmen eindeutig einen Morphismus $P \to A$ mit $P \to A \to B = f$. Also ist P projektiv.

Lemma 2. *$P \in \mathscr{C}$ ist genau dann projektiv, wenn jeder Epimorphismus $A \to P$ eine Retraktion ist.*

Beweis: Sei P projektiv und $A \to P$ ein Epimorphismus. Dann ist der Morphismus g in

$$\begin{array}{c} P \\ g \swarrow \;\; \downarrow 1_P \\ A \to P \to 0 \end{array}$$

ein Schnitt zu $A \to P$.

Sei $A \to B \to 0$ exakt und $P \to B$ gegeben. Wir bilden das Faserprodukt

$$\begin{array}{ccc} C & \to & P \\ \downarrow & & \downarrow \\ A & \to & B \,. \end{array}$$

Weil $A \to B$ Epimorphismus ist, ist $C \to P$ ein Epimorphismus, also eine Retraktion mit dem Schnitt $P \to C$. Dann ist $P \to B = P \to C \to A \to B$.

Ein Monomorphismus $A \to B$ heißt **wesentliche Erweiterung** von A, wenn jeder Morphismus $B \to C$, für den $A \to B \to C$ ein Monomorphismus ist, ein Monomorphismus ist. Ein Unterobjekt A von B heißt **groß**, wenn für jedes von Null verschiedene Unterobjekt C von B auch $A \cap C$ von Null verschieden ist.

Lemma 3. *$A \to B$ ist genau dann eine wesentliche Erweiterung, wenn A ein großes Unterobjekt von B ist.*

Beweis: Wir verwenden das kommutative Diagramm mit exakten Zeilen

$$\begin{array}{ccccccccc} 0 & \to & A \cap C & \to & A & \to & A/A \cap C & \to & 0 \\ & & \downarrow & & \downarrow & & \downarrow & & \\ 0 & \longrightarrow & C & \longrightarrow & B & \longrightarrow & D & \longrightarrow & 0 \end{array}$$

in dem wie beim Beweis des II. Isomorphiesatzes die senkrecht laufenden Morphismen Monomorphismen sind. Ist $A \to B$ wesentliche Erweiterung und $C \neq 0$, dann ist $B \to D$

kein Monomorphismus, also auch nicht $A \to D$. Also ist $A \cap C = \mathrm{Ke}(A \to D) \neq 0$ (s. 4.4 (1)). Ist A groß in B und $B \to D'$ kein Monomorphismus und D das Bild von $B \to D'$, so ist $C \neq 0$, also auch $A \cap C = \mathrm{Ke}(A \to D) \neq 0$.

Korollar 1. a) *Eine wesentliche Erweiterung einer wesentlichen Erweiterung ist wesentlich.*

b) *Ist $A \to B$ ein Monomorphismus in einer Grothendieck-Kategorie und $\{C_i\}$ eine Kette von Unterobjekten von B, die alle A enthalten. Sind alle C_i wesentliche Erweiterungen von A, so ist auch $\bigcup C_i$ eine wesentliche Erweiterung von A.*

Beweis: a) Ist $A \subseteq B$ groß und $B \subseteq C$ groß und $0 \neq D \subseteq C$, so ist $A \cap D = A \cap (B \cap D) \neq 0$.
b) Sei $0 \neq D \subseteq \bigcup C_i$. Dann ist $D = (\bigcup C_i) \cap D = \bigcup (C_i \cap D)$. Für ein i ist $C_i \cap D \neq 0$. Also ist $A \cap D = A \cap C_i \cap D \neq 0$.

Da in einer Grothendieck-Kategorie $\varinjlim C_i = \bigcup C_i$ für eine Kette $\{C_i\}$ und da nach 4.7 Lemma 3 die Morphismen $C_i \to \varinjlim C_i$ Monomorphismen sind, ist in dem vorhergehenden Korollar die Vorgabe von B sogar überflüssig, da B immer durch $\varinjlim C_i$ ersetzt werden kann.

Ein Monomorphismus $A \to Q$ mit einem injektiven Objekt Q heißt injektive Erweiterung von A. Eine injektive, wesentliche Erweiterung heißt injektive Hülle. Wir nennen eine wesentliche Erweiterung, $A \to B$ maximal, wenn für jede wesentliche Erweiterung $A \to C$, die sich durch B faktorisieren läßt: $A \to C = A \to B \to C$ der Morphismus $B \to C$ ein Isomorphismus ist. Eine wesentliche Erweiterung $A \to B$ heißt größte wesentliche Erweiterung, wenn sich $A \to B$ durch jede wesentliche Erweiterung $A \to C$ faktorisieren läßt: $A \to B = A \to C \to B$. Eine injektive Erweiterung $A \to B$ heißt minimal, wenn für jede Faktorisierung $A \to C \to B$ von $A \to B$ mit einem injektiven Objekt C und einem Monomorphismus $C \to B$ der Morphismus $C \to B$ ein Isomorphismus ist. Eine injektive Erweiterung $A \to B$ heißt kleinste injektive Erweiterung, wenn für jede injektive Erweiterung $A \to C$ ein Monomorphismus $B \to C$ mit $A \to C = A \to B \to C$ existiert.

Satz 1. *Sei $A \in \mathscr{C}$ und besitze A eine injektive Hülle. Dann sind für einen Monomorphismus $A \to B$ äquivalent:*

1) *$A \to B$ ist eine injektive Hülle von A.*
2) *$A \to B$ ist eine maximale wesentliche Erweiterung von A.*
3) *$A \to B$ ist eine größte wesentliche Erweiterung von A.*
4) *$A \to B$ ist eine minimale injektive Erweiterung von A.*
5) *$A \to B$ ist eine kleinste injektive Erweiterung von A.*

Beweis: Wir benötigen die Diagramme

(1) und (2)
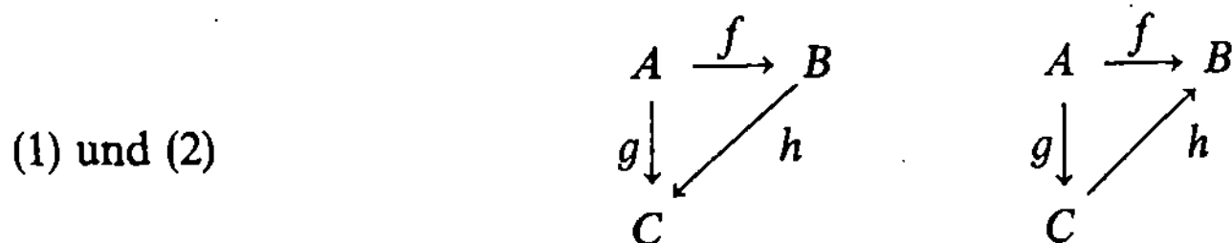

1) ist äquivalent zu 2): Sei f eine injektive Hülle und g eine wesentliche Erweiterung in (1). Weil f wesentlich ist und g ein Monomorphismus ist, ist h ein Monomorphismus. Weil B injektiv ist, ist h ein Schnitt: $C = B \oplus D$. Weil g wesentlich ist, ist $D = 0$, also h ein Isomorphismus. Sei umgekehrt f maximale wesentliche Erweiterung und g injektive Hülle von A in

(1). h existiert, weil C injektiv ist, und ist ein Monomorphismus, weil g ein Monomorphismus und f wesentlich sind. Da f maximal ist, ist h ein Isomorphismus und B injektiv.

1) ist äquivalent zu 3): Ist in (2) f injektive Hülle und g wesentliche Erweiterung, so existiert h, weil B injektiv ist. Ist umgekehrt f größte wesentliche Erweiterung von A und g injektive Hülle von A in (2), so ist h ein Monomorphismus, weil g wesentlich ist und f ein Monomorphismus ist. Weil C injektiv ist, ist h ein Schnitt, also ein Isomorphismus.

1) ist äquivalent zu 4): Ist in (2) f injektive Hülle und g injektive Erweiterung und h ein Monomorphismus, so ist h ein Schnitt, also ein Isomorphismus. Ist umgekehrt in (2) f eine minimale injektive Erweiterung und g injektive Hülle, so existiert ein Monomorphismus h, der ein Isomorphismus sein muß.

1) ist äquivalent zu 5): Ist in (1) f injektive Hülle und g eine injektive Erweiterung, so existiert ein Monomorphismus h. Ist umgekehrt in (1) f kleinste injektive Erweiterung von A und g injektive Hülle, so existiert ein Monomorphismus h, der ein Schnitt ist, also ein Isomorphismus ist.

Lemma 4. *Sei $\mathscr{C}$ eine Grothendieck-Kategorie und $Q \in \mathscr{C}$. Q habe keine echte wesentliche Erweiterung. Dann ist Q injektiv.*

Beweis: Sei $f\colon Q \to A$ ein Monomorphismus. Sei $\mathfrak{B}$ die Menge der Unterobjekte B von A mit $Q \cap B = 0$. Ist $\{B_i\}$ eine Kette in $\mathfrak{B}$, so ist wegen $(\bigcup B_i) \cap Q = \bigcup (B_i \cap Q) = 0$ auch $\bigcup B_i \in \mathfrak{B}$. Nach dem Lemma von Zorn existiert in $\mathfrak{B}$ ein maximales Objekt B'. Wir werden zeigen, daß $Q \xrightarrow{f} A \xrightarrow{g} A/B'$ ein Isomorphismus ist. Dann ist f ein Schnitt und Q nach der zu Lemma 2 dualen Aussage injektiv. Wegen $\mathrm{Ke}(gf) = B' \cap Q = 0$ ist gf ein Monomorphismus. Wir betrachten Q als Unterobjekt von A und $Q' = g(Q)$ als Unterobjekt von A/B'. Sei $C \subseteq A/B'$ und $Q' \cap C = 0$. Dann ist $Q \cap g^{-1}(C) \subseteq g^{-1}(Q' \cap C) = B'$ und $Q \cap g^{-1}(C) \subseteq Q$, also ist $Q \cap g^{-1}(C) \subseteq B' \cap Q = 0$. Andrerseits ist $g^{-1}(C) \supseteq B'$, also gilt $g^{-1}(C) = B'$ wegen der Maximalität von B'. Weil g ein Epimorphismus ist, ist $C = gg^{-1}(C) = 0$, d. h. gf ist ein wesentlicher Monomorphismus. Nach Voraussetzung muß damit gf ein Isomorphismus sein.

Satz 2. *Wenn $\mathscr{C}$ eine Grothendieck-Kategorie mit einem Generator ist, dann besitzt jedes Objekt aus $\mathscr{C}$ eine injektive Hülle.*

Beweis: Wir werden zu jedem Objekt $A \in \mathscr{C}$ eine maximale wesentliche Erweiterung konstruieren. Diese wird nach Korollar 1 keine echte wesentliche Erweiterung mehr haben, also nach Lemma 4 injektiv sein. Führen wir in der Klasse aller echten wesentlichen Monomorphismen in $\mathscr{C}$ eine Äquivalenzrelation $f \sim g$ genau dann, wenn $Q(f) = Q(g)$, ein, so wird durch das starke Auswahlaxiom jedem nichtinjektiven Objekt $B \in \mathscr{C}$ eine echte wesentliche Erweiterung zugeordnet. Da injektive Objekte nach Satz 1 keine echte wesentliche Erweiterung besitzen, ordnen wir ihnen den identischen Morphismus zu. Wir konstruieren jetzt eine Folge von wesentlichen Erweiterungen

$$A \to B_1 \to \dots \to B_\alpha \to B_{\alpha+1} \dots$$

für alle Ordinalzahlen α. Ist die Folge bis B_α konstruiert, so sei $B_\alpha \to B_{\alpha+1}$ die soeben mit dem starken Auswahlaxiom bestimmte wesentliche Erweiterung. Ist β eine Limeszahl, so definieren wir $B_\beta = \lim B_\alpha$ für alle $\alpha < \beta$, wie in Korollar 1. Dann ist für alle α der Monomorphismus $A \to B_\alpha$ ein wesentlicher Monomorphismus.

Wir wollen jetzt zeigen, daß diese Folge von einer bestimmten Ordinalzahl an konstant wird. Da für nichtinjektive Objekte B_α die Erweiterungen nach Konstruktion echt sein müssen, wird das Objekt B_α, von dem ab die Folge konstant ist, injektiv sein.

Sei G ein Generator in $\mathscr{C}$ und G' ein beliebiges Unterobjekt von G. Seien $\alpha < \beta$ Ordinalzahlen. Wir bilden die Menge (G',α,β) der Morphismen $f\colon G' \to B_\alpha$, zu denen ein Morphismus $g\colon G \to B_\beta$ existiert, so daß das Diagramm

$$
\begin{array}{ccc}
G' & \longrightarrow & G \\
\scriptstyle f\downarrow & & \scriptstyle g\downarrow \\
B_\alpha & \longrightarrow & B_\beta
\end{array}
$$

kommutativ ist. Es ist $(G',\alpha,\beta) \subseteq \mathrm{Hom}_{\mathscr{C}}(G',B_\alpha)$. Für $\beta < \beta'$ ist $(G',\alpha,\beta) \subseteq (G',\alpha,\beta')$; diese Folge muß konstant werden, weil $\mathrm{Hom}_{\mathscr{C}}(G',B_\alpha)$ nur eine Menge von Untermengen hat. Da G auch nur eine Menge von Unterobjekten G' hat, existiert sogar eine Ordinalzahl $\alpha^* > \alpha$ mit $(G',\alpha,\alpha^*) \supseteq (G',\alpha,\beta)$ für alle $G' \subseteq G$ und alle $\beta > \alpha$. Da es genügt zu zeigen, daß eine kofinale Teilfolge konstant wird, können wir annehmen, daß $\alpha^* = \alpha+1$ ist.

Sei γ die erste Ordinalzahl, die eine größere Mächtigkeit als die Menge der Unterobjekte von G hat. γ ist eine Limeszahl und es ist $B_\gamma = \varinjlim B_\alpha$ für alle $\alpha < \gamma$. Fassen wir die B_α als Unterobjekte von $B_{\gamma+1}$ auf, so ist $B_\gamma = \bigcup_{\alpha<\gamma} B_\alpha$. Sei jetzt $f\colon G \to B_{\gamma+1}$ ein Morphismus, der sich nicht durch B_γ faktorisieren läßt. Ein solcher Morphismus existiert immer, solange $B_\gamma \neq B_{\gamma+1}$, was wir jetzt annehmen wollen. Wir erhalten eine Kette von Unterobjekten $f^{-1}(B_\alpha)$ von G und wegen 4.7 Korollar 4 ist $f^{-1}(B_\gamma) = \bigcup_{\alpha<\gamma} f^{-1}(B_\alpha)$. Sei $K = \{\alpha \,|\, f^{-1}(B_\alpha) \subset f^{-1}(B_{\alpha+1})\}$, und sei $|K|$ die Kardinalzahl von K. Dann ist $|K| < |\gamma|$ wegen der Annahme über γ. Außerdem ist $|\alpha| < |\gamma|$. Nach Anhang Lemma 2 existiert dann ein $\beta < \gamma$ mit $\alpha < \beta$ für alle $\alpha \in K$, d. h. für alle $\beta' > \beta$ ist $f^{-1}(B_{\beta'}) = f^{-1}(B_\beta)$, also ist $f^{-1}(B_\gamma) = f^{-1}(B_\beta)$.

Da nach unserer Konstruktion $\beta^* = \beta+1$ ist, erhalten wir $(f^{-1}(B_\beta),\beta,\gamma) = (f^{-1}(B_\beta),\beta,\gamma+1)$. Der von f induzierte Morphismus $f'\colon f^{-1}(B_\beta) \to B_\beta$ läßt sich also schon zu einem Morphismus $g'\colon G \to B_\gamma$ fortsetzen, so daß das Diagramm

$$
\begin{array}{ccc}
f^{-1}(B_\beta) & \longrightarrow & G \\
\scriptstyle f'\downarrow & & \scriptstyle g'\downarrow \\
B_\beta & \longrightarrow & B_\gamma
\end{array}
$$

kommutativ ist. Sei $g\colon G \to B_{\gamma+1}$ der von g' induzierte Morphismus. Dann ist $g \neq f$, aber $(g-f)(f^{-1}(B_\gamma)) = (g-f)(f^{-1}(B_\beta)) = 0$.

Da B_γ groß in $B_{\gamma+1}$ ist, ist $\mathrm{Bi}(g-f) \cap B_\gamma \neq 0$, also existiert ein Morphismus $h'\colon G \to (g-f)^{-1}(\mathrm{Bi}(g-f) \cap B_\gamma)$, so daß $G \to (g-f)^{-1}(\mathrm{Bi}(g-f) \cap B_\gamma) \to \mathrm{Bi}(g-f) \cap B_\gamma \neq 0$ ist. Sei $h\colon G \to G$ der von h' induzierte Morphismus. Dann ist $(g-f)h \neq 0$ und $\mathrm{Bi}((g-f)h) \subseteq B_\gamma$. Da $\mathrm{Bi}(gh) \subseteq \mathrm{Bi}(g) \subseteq B_\gamma$, ist $\mathrm{Bi}(fh) \subseteq B_\gamma$, d. h. $\mathrm{Bi}(h) \subseteq f^{-1}(B_\gamma)$. Dann muß aber $(g-f)h = 0$ sein. Das ist ein Widerspruch zu unserer Annahme, daß $B_\gamma \neq B_{\gamma+1}$ ist.

Wir haben in diesem Beweis zum Testen der maximalen wesentlichen Erweiterung nicht alle Objekte der Kategorie $\mathscr{C}$ benötigt, sondern nur den Generator G und die Unterobjekte von G. Daher genügt es auch, die Injektivität von Objekten nur für die Unterobjekte von G zu prüfen.

Korollar 2. *Sei $\mathscr{C}$ eine Grothendieck-Kategorie mit einem Generator G. Sei $Q \in \mathscr{C}$ ein Objekt, so daß für alle Unterobjekte $G' \subseteq G$ die Abbildung $\mathrm{Hom}_{\mathscr{C}}(G,Q) \to \mathrm{Hom}_{\mathscr{C}}(G',Q)$ surjektiv ist, dann ist Q injektiv.*

Beweis: Wenn Q keine echte wesentliche Erweiterung besitzt, so ist Q nach Lemma 4 injektiv. Sei $Q \to A$ ein echter Monomorphismus. Dann existiert ein Morphismus $f: G \to A$, der sich nicht durch Q faktorisieren läßt. Wir bilden das kommutative Diagramm

$$
\begin{array}{ccc}
f^{-1}(Q) & \longrightarrow & G \\
f' \downarrow & & \downarrow f \\
Q & \longrightarrow & A.
\end{array}
$$

Nach Voraussetzung existiert $G \to Q$ mit $f^{-1}(Q) \to Q = f^{-1}(Q) \to G \to Q$. Sei $g = G \to Q \to A$. Dann ist $g \neq f$. Wie im letzten Absatz des vorhergehenden Beweises erhalten wir dann $\mathrm{Bi}(g-f) \cap Q = 0$. Also kann $Q \to A$ kein wesentlicher Monomorphismus sein.

Mit den jetzt zur Verfügung stehenden Hilfsmitteln können wir zeigen, daß der Satz von Krull-Remak-Schmidt-Azumaya auch für injektive Objekte verwendet werden kann, so wie wir mit 4.8 Lemma 3 gezeigt haben, daß dieser Satz auf Objekte endlicher Länge angewendet werden kann. Die Schwierigkeit ist nämlich immer zu zeigen, daß der Endomorphismenring von gewissen unzerlegbaren Objekten lokal ist.

Satz 3. *Sei $\mathscr{C}$ eine Grothendieck-Kategorie mit einem Generator. Ein injektives Objekt Q aus $\mathscr{C}$ ist genau dann unzerlegbar, wenn $\mathrm{Hom}_{\mathscr{C}}(Q,Q)$ lokal ist.*

Beweis: Wegen 4.8 Lemma 3 brauchen wir nur die eine Richtung zu beweisen. Sei also Q unzerlegbar und injektiv. Jeder Monomorphismus $f: Q \to Q$ ist ein Isomorphismus, weil f ein Schnitt ist und Q unzerlegbar ist. Weiter ist jedes von Null verschiedene Unterobjekt von Q groß. Sei nämlich $0 \neq A \subseteq Q$ gegeben und sei Q' injektive Hülle von A. Nach Satz 1, 5) ist $Q' \subseteq Q$, also muß wegen der Unzerlegbarkeit von Q gelten $Q' = Q$, d.h. Q ist injektive Hülle von A. Die Nichteinheiten von $\mathrm{Hom}_{\mathscr{C}}(Q,Q)$ sind die Morphismen mit von Null verschiedenem Kern. Haben $f, g \in \mathrm{Hom}_{\mathscr{C}}(Q,Q)$ von Null verschiedene Kerne, so ist $\mathrm{Ke}(f+g) \supseteq \mathrm{Ke}(f) \cap \mathrm{Ke}(g) \neq 0$ nach 2.8 Lemma 1 und weil alle von Null verschiedenen Unterobjekte von Q groß sind. Also ist $f+g$ eine Nichteinheit.

Ist ein injektives Objekt als Koprodukt von unzerlegbaren Objekten dargestellt, die dann notwendig auch injektiv sein müssen, weil sie alle auch direkte Faktoren sind, so ist diese Darstellung im Sinne des Satzes von Krull-Remak-Schmidt-Azumaya eindeutig. Umgekehrt ist jedoch nicht jedes Koprodukt von injektiven Objekten injektiv. Deshalb wird es uns interessieren, unter welchen Voraussetzungen wir jedes injektive Objekt in ein Koprodukt von unzerlegbaren Objekten zerlegen können und wann jedes Koprodukt von unzerlegbaren injektiven Objekten ein injektives Objekt ist.

Wir bemerken noch, daß jede Modulkategorie eine Grothendieck-Kategorie ist und einen Generator, nämlich den Ring R, besitzt. Deshalb gelten alle in diesem Paragraphen bewiesenen Sätze auch in Modulkategorien.

Eine weitere wichtige Anwendung von Satz 2 werden wir später noch benötigen, nämlich die Existenz von injektiven Kogeneratoren in einer Grothendieck-Kategorie mit einem Generator. Allgemeiner beweisen wir dazu:

Satz 4. *Sei $\mathscr{C}$ eine abelsche Kategorie mit einem Generator G, in der zu jedem Objekt eine injektive Erweiterung existiert. Ist $\mathscr{C}$ vollständig oder kovollständig, so existiert in $\mathscr{C}$ ein injektiver Kogenerator.*

Beweis: Wir beweisen den Satz für den Fall, daß $\mathscr{C}$ Koprodukte besitzt. Bei Existenz von Produkten kann man an allen Stellen des Beweises die Koprodukte durch Produkte ersetzen.

Da G nur eine Menge von (normalen) Unterobjekten besitzt (2.10 Lemma 1), besitzt G nur eine Menge von Quotientenobjekten G'. Sei H das Koprodukt aller dieser Quotientenobjekte und K eine injektive Erweiterung von H. Wir wollen zeigen, daß K ein Kogenerator ist. Sei dazu ein Morphismus $f\colon A \to B$ in $\mathscr{C}$ mit $f \neq 0$ gegeben. Dann existiert ein Morphismus $G \to A$, so daß $G \to A \to B \neq 0$ ist. Sei $G \to G' \to B$ die Faktorisierung dieses Morphismus durch das Bild. Dann ist $G' \neq 0$ ein Quotientenobjekt von G. Da die Injektion $G' \to H$ ein Monomorphismus ist, existiert ein Monomorphismus $G' \to H \to K \neq 0$, also ist auch $G \to G' \to H \to K \neq 0$. Da K injektiv ist und $G' \to B$ ein Monomorphismus ist, existiert ein Morphismus $B \to K$, so daß das Diagramm

$$
\begin{array}{ccccc}
G & \longrightarrow & G' & \longrightarrow & H \\
\downarrow & & \downarrow & \searrow & \downarrow \\
A & \xrightarrow{\ f\ } & B & \longrightarrow & K
\end{array}
$$

kommutativ ist. Da $G \to K \neq 0$ ist, ist auch $A \to K \neq 0$. Das beweist die Kogenerator-Eigenschaft von K.

Korollar 3. *Sei $\mathscr{C}$ eine Grothendieck-Kategorie mit einem Generator. Dann besitzt $\mathscr{C}$ einen injektiven Kogenerator.*

Beweis: Folgt aus Satz 2 und Satz 4.

Korollar 4. *Sei $_R\mathrm{Mod}$ eine Modul-Kategorie und $\mathfrak{M}$ die Menge der maximalen Ideale M von R. Dann ist jede injektive Erweiterung von $\coprod_{M\in\mathfrak{M}} R/M$ bzw. $\prod_{M\in\mathfrak{M}} R/M$ ein injektiver Kogenerator.*

Beweis: Beachten wir, daß R ein Generator in $_R\mathrm{Mod}$ ist, so fällt im Vergleich zur Konstruktion des injektiven Kogenerators im Beweis von Satz 4 auf, daß im Koprodukt bzw. Produkt weniger Faktoren auftreten. Da aber in einem Ring R jedes Ideal I in einem maximalen Ideal M enthalten ist (s. Anhang Lemma von Zorn), läßt sich jeder von Null verschiedene Quotientenmodul von R epimorph auf einen Modul der Form R/M abbilden. Wir erweitern also das Diagramm aus dem Beweis von Satz 4 zu einem kommutativen Diagramm

$$
\begin{array}{ccccccc}
R & \longrightarrow & R' & \longrightarrow & R/M & \longrightarrow & H \\
\downarrow & & \downarrow & & & & \downarrow \\
A & \longrightarrow & B & & \longrightarrow & & K
\end{array}
$$

wobei H das Koprodukt bzw. das Produkt der R/M ist und K eine injektive Erweiterung von H. Der Morphismus $R \to K$ ist von Null verschieden, damit kann der Beweis von Satz 4 übernommen werden.

Korollar 5 (Watts). *Seien $_R\mathrm{Mod}$ und $_S\mathrm{Mod}$ Modulkategorien. Sei $\mathscr{T}\colon {}_R\mathrm{Mod} \to {}_S\mathrm{Mod}$ ein Funktor. $\mathscr{T}$ erhält genau dann Limites, wenn ein $R-S$-Bimodul $_R A_S$ existiert, so daß $\mathscr{T} \cong {}_S\mathrm{Hom}_R({}_R A_S, -)$, d.h. wenn $\mathscr{T}$ darstellbar ist.*

Beweis: Ist $\mathscr{T}$ darstellbar, so ist die Aussage klar. Erhalte $\mathscr{T}$ Limites. Nach Korollar 4 und 2.11 Satz 2 besitzt $\mathscr{T}$ einen linksadjungierten Funktor $^*\mathscr{T}$. Dann ist $\mathscr{T}B \cong \mathrm{Hom}_S(S,\mathscr{T}B) \cong \mathrm{Hom}_R(^*\mathscr{T}S,B)$ funktoriell in B, also ist $\mathscr{T}$ darstellbar. Dabei hat $^*\mathscr{T}S$ nach Definition eine R-Linksmodul-Struktur. Für $s \in S$ ist die Rechtsmultiplikation von S mit s ein S-Linkshomomorphismus $\mathrm{r}(s)$. Also definiert $^*\mathscr{T}(\mathrm{r}(s))$ eine R-S-Bimodul-Struktur auf $^*\mathscr{T}(S)$.

4.10 Endlich erzeugte Objekte

Sei $\mathscr{C}$ eine Kategorie mit Vereinigungen. Ein Objekt $A \in \mathscr{C}$ heißt endlich erzeugt, wenn für jede Kette $\{A_i\}$ von echten Unterobjekten von A auch $\bigcup A_i$ ein echtes Unterobjekt von A ist. Ein Objekt $A \in \mathscr{C}$ heißt kompakt, wenn in jeder Familie $\{A_i\}$ von Unterobjekten von A mit $\bigcup A_i = A$ eine endliche Anzahl $A_1, \dots, A_n$ von Unterobjekten existiert, so daß $A_1 \cup \dots \cup A_n = A$ ist.

Satz 1. *Ein Objekt $A \in \mathscr{C}$ ist genau dann endlich erzeugt, wenn es kompakt ist.*

Beweis: Sei A kompakt. Sei $\{A_i\}$ eine Kette von Unterobjekten von A mit $\bigcup A_i = A$. Dann existieren $A_1, \dots, A_n$ in dieser Kette mit $A_1 \cup \dots \cup A_n = A$. Unter diesen ist eines — etwa A_1 — das größte. Also ist $A = A_1$, und A ist endlich erzeugt.

Sei A endlich erzeugt. Sei $\mathfrak{B}$ eine Menge von Unterobjekten von A, die bei der Bildung von Vereinigungen abgeschlossen ist und die A enthält. Sei $\mathfrak{W}$ die Teilmenge von $\mathfrak{B}$, die außer A alle Elemente von $\mathfrak{B}$ enthält. Da A endlich erzeugt ist, erfüllen $\mathfrak{B}$ und $\mathfrak{W}$ die Voraussetzungen 4.7 Lemma 1. Ist $\bigcup A_i = A$ für Objekte $A_i \in \mathfrak{B}$, so existieren also endlich viele $A_1, \dots, A_n$ mit $A_1 \cup \dots \cup A_n = A$, d. h. A ist kompakt.

Mit diesem Satz werden ein algebraischer Begriff (endlich erzeugt) und ein topologischer Begriff (kompakt) miteinander in Beziehung gesetzt. Dabei ist zu bemerken, daß die in der Algebra übliche Definition von endlich erzeugten Objekten zwar mit Elementen gegeben wird (3.4 und Aufgabe 14), daß aber bei Beweisen nur die Bedingung der hier gegebenen Definition verwendet wird. Sie läßt auch leicht die Anwendung der Grothendieck-Bedingung zu.

Korollar 1. *Sei A ein Modul über einem Ring R. A ist genau dann im algebraischen Sinne endlich erzeugt, wenn A im kategorietheoretischen Sinne endlich erzeugt ist.*

Beweis: Ist $A = Ra_1 + Ra_2 + \dots + Ra_n$, d. h. ist A im algebraischen Sinne endlich erzeugt, und ist $\{A_i\}$ eine Kette von Untermoduln von A mit $\bigcup A_i = A$, so existiert zu jedem a_j ein A_k mit $a_j \in A_k$. Sei $l = \max(k)$, so ist $a_j \in A_l$ für alle $j = 1, \dots, n$, also ist $A = A_l$.
Ist jetzt A im kategorietheoretischen Sinne endlich erzeugt, so ist A kompakt. Sei $\{a_i\}$ ein Erzeugendensystem für A, d. h. sei $A = \bigcup Ra_i$, so ist $A = Ra_1 \cup \dots \cup Ra_n$ für geeignete $a_1, \dots, a_n$. A ist also im algebraischen Sinne endlich erzeugt.
Sei $\mathscr{C}$ wieder eine abelsche kovollständige Kategorie.

Lemma 1. *Sei $f: A \to B$ ein Epimorphismus in $\mathscr{C}$. Ist A endlich erzeugt, so ist auch B endlich erzeugt.*

Beweis: Sei $\{B_i\}$ eine Kette von Unterobjekten von B mit $\bigcup B_i = B$. Seien $A_i = f^{-1}(B_i)$. Dann ist $f(\bigcup A_i) = f(\bigcup f^{-1}(B_i)) = \bigcup B_i = B$. Da f ein Epimorphismus ist und der Kern von f in $\bigcup A_i$ enthalten ist, ist $\bigcup A_i = A$, was man mit dem 3×3-Lemma sofort sieht. Außerdem folgt $A_i \subseteq A_j$ aus $B_i \subseteq B_j$, d. h. $\{A_i\}$ ist eine Kette von Unterobjekten von A. Da A endlich erzeugt ist, ist $A_i = A$ für ein i. Aber $B_i = f(A_i) = f(A) = B$, also ist B endlich erzeugt.
Wir nennen ein Objekt $A \in \mathscr{C}$ transfinit erzeugt, wenn in A eine Menge von endlich erzeugten Unterobjekten A_i existiert, so daß $\bigcup A_i = A$.

Lemma 2. *Hat $\mathscr{C}$ einen endlich erzeugten Generator, so ist jedes Objekt transfinit erzeugt.*

Beweis: Sei $A \in \mathscr{C}$. Da nach 2.10 Lemma 2 für jedes echte Unterobjekt $A' \subseteq A$ ein Morphismus $G \to A$ existiert, der sich nicht durch A' faktorisieren läßt, ist der durch alle Morphismen aus $\mathrm{Hom}_{\mathscr{C}}(G,A)$ induzierte Morphismus $\coprod G \to A$ ein Epimorphismus, wobei im Koprodukt soviele Faktoren genommen werden, wie $\mathrm{Hom}_{\mathscr{C}}(G,A)$ Elemente hat. Das Bild muß nämlich mit A übereinstimmen. Also ist $A = \bigcup A'$, wobei die A' die Bilder der Morphismen $G \to A$ sind. Da G endlich erzeugt ist, sind die A' nach Lemma 1 endlich erzeugt. Daher ist A transfinit erzeugt.

Satz 2. *Sei $\mathscr{C}$ eine Grothendieck-Kategorie. Sei $A \in \mathscr{C}$ transfinit erzeugt. Dann ist A direkter Limes von endlich erzeugten Unterobjekten.*

Beweis: Wir werden zeigen, daß die Vereinigung von endlich vielen endlich erzeugten Unterobjekten von A wieder endlich erzeugt ist. Ist dann $A = \bigcup A_i$ und für jede endliche Teilmenge E der Indexmenge $A_E = \bigcup_{i \in E} A_i$, so bilden diese (endlich erzeugten) A_E eine gerichtete Familie von Unterobjekten von A, und es ist $A = \bigcup A_E$.

Seien B und C endlich erzeugte Unterobjekte von A. Sei $\{D_i\}$ eine Kette von Unterobjekten von $B \cup C$ mit $\bigcup D_i = B \cup C$. Dann ist $(\bigcup D_i) \cap C = C$ und $(\bigcup D_i) \cap B = B$. Wegen der Grothendieck-Bedingung ist dann $\bigcup (D_i \cap C) = C$ und $\bigcup (D_i \cap B) = B$. Da B und C endlich erzeugt sind, existiert also ein j mit $D_j \cap C = C$ und $D_j \cap B = B$, d.h. $D_j \supseteq B$ und $D_j \supseteq C$. Damit ist $D_j = B \cup C$ und $B \cup C$ endlich erzeugt. Durch Induktion zeigt man, daß alle endlichen Vereinigungen von endlich erzeugten Unterobjekten endlich erzeugt sind.

Lemma 3. *Seien $\mathscr{C}$ eine Grothendieck-Kategorie und $A \in \mathscr{C}$ endlich erzeugt. Sei $f: A \to \coprod B_i$ ein Morphismus in $\mathscr{C}$. Dann existieren $B_1, \ldots, B_n$, so daß sich f durch $B_1 \oplus \ldots \oplus B_n \to \coprod B_i$ faktorisieren läßt.*

Beweis: Sei $B = \coprod B_i$, und für jede endliche Teilmenge der Indexmenge sei $B_E = \bigoplus_{i \in E} B_i$. Die B_E bilden dann eine gerichtete Familie von Unterobjekten von B und es ist $B = \bigcup B_E$. Sei $A_E = f^{-1}(B_E)$. Dann ist $A = f^{-1}(B) = f^{-1}(\bigcup B_E) = \bigcup f^{-1}(B_E) = \bigcup A_E$. Da A kompakt ist, ist $A = A_{E_1} \cup \ldots \cup A_{E_r}$. Damit ist $f(A) = f(A_{E_1}) \cup \ldots \cup f(A_{E_r}) \subseteq B_{E_1} \cup \ldots \cup B_{E_r} \subseteq B_E = B_1 \oplus \ldots \oplus B_n$.

Vergleichen wir die Definition eines noetherschen Objekts mit einem endlich erzeugten Objekt, so ist klar, daß jedes noethersche Objekt endlich erzeugt ist. Die Umkehrung gilt nicht immer. Eine Grothendieck-Kategorie mit einem noetherschen Generator nennen wir **lokal noethersch.** Eine Modulkategorie über einem noetherschen Ring R (d.h. R ist noethersch in $_R\mathbf{Mod}$) ist lokal noethersch. Wir wollen einige Eigenschaften der lokal noetherschen Kategorien untersuchen.

Satz 3. a) *In einer lokal noetherschen Kategorie ist das Koprodukt von injektiven Objekten injektiv.*

b) *Sei $\mathscr{C}$ eine Grothendieck-Kategorie, in der alle Objekte transfinit erzeugt sind und in der jedes Koprodukt von injektiven Objekten injektiv ist. Dann ist jedes endlich erzeugte Objekt noethersch.*

Beweis: a) Seien $G \in \mathscr{C}$ ein noetherscher Generator und $\{Q_i\}$ eine Familie von injektiven Objekten in $\mathscr{C}$. Sei $G' \subseteq G$ ein Unterobjekt von G. Da G noethersch ist, ist G' noethersch, also endlich erzeugt. Sei ein Morphismus $f: G' \to \coprod Q_i$ gegeben, den wir auf G fortsetzen wollen. Dann läßt sich f nach Lemma 3 durch eine direkte Summe $Q_1 \oplus \ldots \oplus Q_n$ faktorisieren. Diese ist als Produkt von injektiven Objekten injektiv. Also läßt sich der Morphismus $G' \to Q_1 \oplus \ldots \oplus Q_n$ auf G fortsetzen. Damit ist aber auch f auf G fortgesetzt worden. Nach 4.9 Korollar 2 ist $\coprod Q_i$ damit injektiv.

b) Sei B ein endlich erzeugtes Objekt in $\mathscr{C}$. Um zu beweisen, daß B noethersch ist, genügt es zu zeigen, daß jede aufsteigende Folge $A_1 \subseteq A_2 \subseteq \dots$ von Unterobjekten von B konstant wird. Sei $A = \bigcup A_i$ und Q_i injektive Hülle von A/A_i. Die Morphismen $A \to A/A_i \to Q_i$ definieren einen Morphismus $A \to \prod Q_i$. Da A transfinit erzeugt ist, ist $A = \bigcup C_j$ mit endlich erzeugten Unterobjekten C_j. Es ist $C_j = (\bigcup A_i) \cap C_j = \bigcup (A_i \cap C_j)$. Da C_j endlich erzeugt ist, ist $C_j = A_{i_0} \cap C_j$ für ein i_0. Also ist $C_j \subseteq A_i$ für alle $i \geq i_0$, d. h. $C_j \to A \to Q_i = 0$ für alle $i \geq i_0$. Damit läßt sich $C_j \to A \to \prod Q_i$ durch $Q_1 \oplus \dots \oplus Q_{i_0}$ faktorisieren. Jeder Morphismus $C_j \to A \to \prod Q_i$ läßt sich also durch $\coprod Q_i$ faktorisieren. Da $A = \bigcup C_j$, läßt sich $A \to \prod Q_i$ durch $\coprod Q_i$ faktorisieren. Nach Voraussetzung ist $\coprod Q_i$ injektiv. Also läßt sich $A \to \coprod Q_i$ auf B fortsetzen:

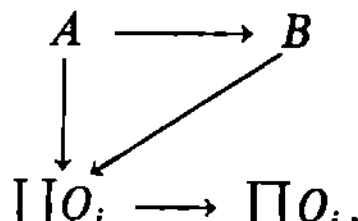

Da B endlich erzeugt ist, läßt sich $B \to \coprod Q_i$ durch eine direkte Summe $Q_1 \oplus \dots \oplus Q_n$ faktorisieren. Dasselbe gilt dann auch für A und wir erhalten $A \to \prod Q_i = A \to Q_1 \oplus \dots \oplus Q_n \to \prod Q_i$. Damit ist für fast alle i der Morphismus $A \to Q_i = A \to \prod Q_i \to Q_i = 0$. Das bedeutet, daß für fast alle i gilt $A = A_i$.

Korollar 2. *In einer lokal noetherschen Kategorie sind alle endlich erzeugten Objekte noethersch.*

Beweis: Wegen Lemma 2 sind alle Objekte in $\mathscr{C}$ transfinit erzeugt.

Korollar 3. *Sei R ein Ring. R ist genau dann noethersch, wenn in $_R\mathrm{Mod}$ jedes Koprodukt von injektiven Moduln injektiv ist.*

Beweis: Ist R noethersch, so ist $_R\mathrm{Mod}$ lokal noethersch. Ist umgekehrt jedes Koprodukt von injektiven Moduln injektiv, so ist R als endlich erzeugtes Objekt noethersch.

Lemma 4. *Sei $\mathscr{C}$ eine lokal noethersche Kategorie. Dann enthält jedes injektive Objekt ein unzerlegbares injektives Unterobjekt.*

Beweis: Ein Objekt $A \in \mathscr{C}$ heißt koirreduzibel, wenn für Unterobjekte $B, C \subseteq A$ mit $B \cap C = 0$ immer gilt: $B = 0$ oder $C = 0$. Ist A koirreduzibel, so ist die injektive Hülle $Q(A)$ von A unzerlegbar. Ist nämlich $Q(A) = Q' \oplus Q''$, so ist $Q' \cap Q'' = 0 = (Q' \cap A) \cap (Q'' \cap A)$. Also ist $Q' \cap A = 0$ oder $Q'' \cap A = 0$. Da A groß in $Q(A)$ ist, ist daher $Q' = 0$ oder $Q'' = 0$. Sei $Q \in \mathscr{C}$ ein injektives Objekt, und sei $Q \neq 0$. Da Q transfinit erzeugt ist, enthält Q ein von Null verschiedenes endlich erzeugtes Unterobjekt A. Da $\mathscr{C}$ lokal noethersch ist, ist A noethersch. Ist A nicht koirreduzibel, so existieren von Null verschiedene Unterobjekte A_1 und B_1 von A mit $A_1 \cap B_1 = 0$. Ist A_1 nicht koirreduzibel, so existieren von Null verschiedene Unterobjekte A_2 und B_2 von A_1 mit $A_2 \cap B_2 = 0$. Durch Fortsetzung dieses Prozesses erhalten wir eine aufsteigende Folge $B_1 \subset B_1 \oplus B_2 \subset \dots$ von Unterobjekten von A. Diese Folge muß abbrechen, da A noethersch ist, also müssen wir bei dieser Konstruktion nach endlich vielen Schritten auf ein von Null verschiedenes koirreduzibles Unterobjekt A' von Q stoßen. Die injektive Hülle von A' ist ebenfalls ein Unterobjekt von Q und nach dem oben Bemerkten unzerlegbar.

Mit diesen Hilfsmitteln und mit dem Satz von Krull-Remak-Schmidt-Azumaya können wir jetzt Strukturaussagen über injektive Objekte in lokal noetherschen Kategorien machen. Wir verweisen dazu noch einmal auf 4.9 Satz 3 und die im Anschluß daran gemachten Bemerkungen.

Satz 4 (Matlis). *Sei $\mathscr{C}$ eine lokal noethersche Kategorie. Jedes injektive Objekt Q aus $\mathscr{C}$ läßt sich in ein Koprodukt von unzerlegbaren injektiven Objekten zerlegen:$Q = \coprod_{i\in I} Q_i$. Ist $Q = \coprod_{j\in J} Q'_j$ eine weitere Zerlegung von Q in unzerlegbare injektive Objekte Q'_j, so existiert eine Bijektion $\varphi: I \to J$, so daß für alle $i \in I$ gilt: $Q_i = Q'_{\varphi(i)}$.*

Beweis: Es genügt, die erste Behauptung zu zeigen. Die zweite folgt aus 4.8 Satz und 4.9 Satz 3. Da in $\mathscr{C}$ ein Generator existiert, hat Q nur eine Menge von Unterobjekten. Wir betrachten Familien $\{Q_i\}$ von unzerlegbaren injektiven Unterobjekten von Q mit der Eigenschaft, daß $\bigcup Q_i = \coprod Q_i$ als Unterobjekte von Q. Nach dem Lemma von Zorn existiert eine maximale Familie $\{Q_i\}$. Sei $Q' = \coprod Q_i$. Da Q' nach Satz 3 injektives Unterobjekt von Q ist, ist $Q = Q' \oplus Q''$. Ist $Q'' \neq 0$, so enthält Q'' ein unzerlegbares injektives Unterobjekt Q^* und $\{Q_i\} \cup \{Q^*\}$ erfüllt die Bedingungen für die oben definierten Familien von Unterobjekten im Widerspruch zur Maximalität von $\{Q_i\}$. Also ist $Q = Q' = \coprod Q_i$.

Satz 5. (Austauschsatz). *Seien $\mathscr{C}$ eine lokal noethersche Kategorie, $\{Q_i\}_{i\in I}$ eine Familie von unzerlegbaren injektiven Objekten in $\mathscr{C}$ und Q' ein injektives Unterobjekt von $Q = \coprod_{i\in I} Q_i$. Dann existiert eine Teilmenge $K \subseteq I$, so daß $\coprod_{i\in K} Q_i \oplus Q' = Q$.*

Beweis: Wir betrachten die Teilmengen $J \subseteq I$ mit der Eigenschaft, daß $Q' \cap \coprod_{i\in J} Q_i = 0$. Unter diesen existiert nach dem Lemma von Zorn eine maximale Teilmenge K. $Q'' = Q' \oplus \coprod_{i\in K} Q_i$ ist dann ein injektives Unterobjekt von Q. Für alle Q_i gilt dann $Q'' \cap Q_i \neq 0$.

Da die Q_i unzerlegbar injektiv sind, sind sie die injektive Hülle von $A_i = Q'' \cap Q_i$. Wir wollen zeigen, daß Q die injektive Hülle von Q'' ist, also $Q = Q''$ gilt.

Zunächst ist $Q_{i_1} \oplus Q_{i_2}$ wesentliche Erweiterung von $A_{i_1} \cup A_{i_2}$. Ist nämlich $B \neq 0$ ein Unterobjekt, so ist das Bild von B bei $Q_{i_1} \oplus Q_{i_2} \xrightarrow{} Q_{i_1}$ oder bei $Q_{i_1} \oplus Q_{i_2} \xrightarrow{} Q_{i_2}$ von Null verschieden. Sei $B' \neq 0$ das Bild von B in Q_{i_1}. Dann ist $B' \cap A_{i_1} \neq 0$. In 2.8 Lemma 2 ist der Morphismus g, also auch $f^{-1}(D) \cap C \to f(C) \cap D$ ein Epimorphismus. Daher ist $B_1 = B \cap f^{-1}(A_{i_1}) \neq 0$. Ist $g(B_1) \neq 0$, so ist $B_1 \cap g^{-1}(A_{i_2}) \neq 0$. Dann ist $B \cap (A_{i_1} \cup A_{i_2}) = B \cap f^{-1}(A_{i_1}) \cap g^{-1}(A_{i_2}) \neq 0$. Ist aber $g(B_1) = 0$, so ist $B_1 \subseteq Q_{i_1}$ und $B_1 \cap A_{i_1} \neq 0$. Damit ist

$$B \cap (A_{i_1} \cup A_{i_2}) \supseteq B \cap f^{-1}(A_{i_1}) \cap A_{i_1} \neq 0.$$

Durch Induktion zeigt man, daß direkte Summen Q_E von den unzerlegbaren injektiven Objekten Q_i wesentliche Erweiterung von endlichen Vereinigungen A_E der A_i mit derselben Indexmenge sind. Die Q_E und die A_E bilden eine gerichtete Familie von Unterobjekten von Q. Es ist $Q'' = Q'' \cap (\bigcup Q_i) \supseteq \bigcup (Q'' \cap Q_i) = \bigcup A_i = \bigcup A_E$. Sei $C \neq 0$ ein Unterobjekt von $Q = \bigcup Q_E$. Dann ist $(\bigcup Q_E) \cap C = \bigcup (Q_E \cap C) = C$, also ist $Q_E \cap C \neq 0$ für ein E. Dann ist $A_E \cap C \neq 0$. Aber $Q'' \cap C \supseteq (\bigcup A_E) \cap C = \bigcup (A_E \cap C) \neq 0$ bedeutet, daß Q'' großes Unterobjekt von Q ist.

Wegen Korollar 2 gelten die letzten beiden Sätze in jeder Modulkategorie über einem noetherschen Ring.

4.11 Modulkategorien

Wir wollen in diesem Paragraphen die zu den Modulkategorien äquivalenten abelschen Kategorien charakterisieren. Da wir dabei gleichzeitig die Äquivalenzen zwischen Modulkategorien bestimmen werden, werden wir eine gewisse Übersicht über die Äquivalenzen erhalten. In diesen Zusammenhang gehören auch die Sätze von Morita, die wir im nächsten Paragraphen für die Diskussion der Sätze von Wedderburn über halbeinfache und einfache Ringe verwenden werden.

Ein projektives Objekt P in einer abelschen Kategorie heiße endlich, wenn der Funktor $\mathrm{Hom}_{\mathscr{C}}(P, -)$ Koprodukte erhält.

Lemma 1. *Jedes endliche projektive Objekt P in $\mathscr{C}$ ist endlich erzeugt. Ist $\mathscr{C}$ eine Grothendieck-Kategorie, so ist jedes endlich erzeugte projektive Objekt P in $\mathscr{C}$ endlich.*

Beweis: Sei $\{P_i\}$ eine Kette von Unterobjekten von P mit $\bigcup P_i = P$. Dann ist $\coprod P_i \to P$ ein Epimorphismus, also existiert ein Morphismus $p: P \to \coprod P_i$ mit $P \to \coprod P_i \to P = 1_P$. Aber $p \in \mathrm{Hom}_{\mathscr{C}}(P, \coprod P_i) = \coprod \mathrm{Hom}_{\mathscr{C}}(P, P_i)$ hat die Form $p = p_1 + \ldots + p_n$. Also ist auch

$$P \to P_1 \oplus \ldots \oplus P_n \to P = 1_P.$$ Damit ist $\bigcup_{i=1}^{n} P_i = P$. Da die P_i eine Kette bilden, ist $P = P_i$ für ein i.

Sei $\mathscr{C}$ eine Grothendieck-Kategorie. Dann läßt sich jeder Morphismus $f: P \to \coprod A_i$ durch eine endliche Teilsumme $A_1 \oplus \ldots \oplus A_n$ wegen 4.10 Lemma 3 faktorisieren, da P endlich erzeugt und projektiv ist. f induziert einen Morphismus $g: P \to \prod A_i$ in $\mathrm{Hom}_{\mathscr{C}}(P, \prod A_i) = \prod \mathrm{Hom}_{\mathscr{C}}(P, A_i)$. Da $\mathscr{C}$ eine Grothendieck-Kategorie ist, ist $\coprod A_i \to \prod A_i$, also auch $\mathrm{Hom}_{\mathscr{C}}(P, \coprod A_i) \to \mathrm{Hom}_{\mathscr{C}}(P, \prod A_i)$ ein Monomorphismus. Wegen

$$\mathrm{Hom}_{\mathscr{C}}(P, \prod A_i) \cong \prod \mathrm{Hom}_{\mathscr{C}}(P, A_i)$$

können wir f als Element von $\prod \mathrm{Hom}_{\mathscr{C}}(P, A_i)$ auffassen. Da sich f durch $A_1 \oplus \ldots \oplus A_n$ faktorisieren läßt, ist $p_i g: P \to A_i$ nur für endlich viele i von Null verschieden, d. h. f hat in $\prod \mathrm{Hom}_{\mathscr{C}}(P, A_i)$ nur endlich viele von Null verschiedene Komponenten. Daher liegt f in der Untergruppe $\coprod \mathrm{Hom}_{\mathscr{C}}(P, A_i)$ von $\prod \mathrm{Hom}_{\mathscr{C}}(P, A_i)$. Umgekehrt läßt sich jedes Element aus $\coprod \mathrm{Hom}_{\mathscr{C}}(P, A_i)$ aufgefaßt als Morphismus von P in $\prod A_i$ durch eine direkte Summe von $A_i's$ faktorisieren, liegt also in $\mathrm{Hom}_{\mathscr{C}}(P, \coprod A_i)$. Damit ist gezeigt, daß bei dem Isomorphismus $\prod \mathrm{Hom}_{\mathscr{C}}(P, A_i) \cong \mathrm{Hom}_{\mathscr{C}}(P, \prod A_i)$ die Untergruppen $\coprod \mathrm{Hom}_{\mathscr{C}}(P, A_i)$ bzw. $\mathrm{Hom}_{\mathscr{C}}(P, \coprod A_i)$ isomorph aufeinander abgebildet werden.

Ein endlicher projektiver Generator heißt Progenerator. Wir können jetzt die Modulkategorien unter den abelschen Kategorien (bis auf Äquivalenz) charakterisieren.

Satz 1. *Sei $\mathscr{C}$ eine abelsche Kategorie. Es existiert genau dann eine Äquivalenz $\mathscr{F}: \mathscr{C} \to \mathbf{Mod}_R$ zwischen $\mathscr{C}$ und einer Kategorie von Rechts-Moduln, wenn in $\mathscr{C}$ ein Progenerator P und beliebige Koprodukte von Kopien von P existieren. Ist $\mathscr{F}$ eine Äquivalenz, so kann P so gewählt werden, daß $\mathrm{Hom}_{\mathscr{C}}(P, P) \cong R$ und $\mathscr{F} \cong \mathrm{Hom}_{\mathscr{C}}(P, -)$ ist.*

Beweis: Sei P ein Progenerator in $\mathscr{C}$. Dann ist $\mathrm{Hom}_{\mathscr{C}}(P, -): \mathscr{C} \to \mathbf{Mod}_R$ mit $R = \mathrm{Hom}_{\mathscr{C}}(P, P)$ definiert wie $\mathrm{Hom}_{\mathscr{C}}(P, -): \mathscr{C} \to \mathbf{Ab}$, nur daß die abelschen Gruppen $\mathrm{Hom}_{\mathscr{C}}(P, A)$ eine R-Rechts-Modul Struktur tragen vermöge der Verknüpfung von Morphismen aus $\mathrm{Hom}_{\mathscr{C}}(P, P)$ und aus $\mathrm{Hom}_{\mathscr{C}}(P, A)$. Ein Morphismus $f: A \to B$ definiert dann einen R-Homomorphismus

$$\mathrm{Hom}_{\mathscr{C}}(P, A) \to \mathrm{Hom}_{\mathscr{C}}(P, B).$$

Der Funktor $\mathrm{Hom}_\mathscr{C}(P,-)$ definiert einen Isomorphismus

$$\mathrm{Hom}_\mathscr{C}(P,P) \cong \mathrm{Hom}_R(\mathrm{Hom}_\mathscr{C}(P,P),\mathrm{Hom}_\mathscr{C}(P,P))\,.$$

Zunächst ist $\mathrm{Hom}_\mathscr{C}(P,-)$ treu, weil P ein Generator ist. Ist jetzt $f\colon \mathrm{Hom}_\mathscr{C}(P,P) \to \mathrm{Hom}_\mathscr{C}(P,P)$ ein R-Homomorphismus und $g = f(1_P)$, so ist $f(r) = f(1_P \cdot r) = f(1_P)r = gr = \mathrm{Hom}_\mathscr{C}(P,g)(r)$, d. h. $\mathrm{Hom}_\mathscr{C}(P,-)$ ist in diesem Falle surjektiv. Da P endlich projektiv ist, ist für Familien $\{P_i\}_{i\in I}$ und $\{P_j\}_{j\in J}$ mit $P_i \cong P \cong P_j$

$$\mathrm{Hom}_\mathscr{C}\Big(\coprod_{i\in I}P_i, \coprod_{j\in J}P_j\Big) \cong \prod_{i\in I}\coprod_{j\in J}\mathrm{Hom}_\mathscr{C}(P_i,P_j) \cong \prod_{i\in I}\coprod_{j\in J}\mathrm{Hom}_R(R_i,R_j) \cong \mathrm{Hom}_R\Big(\coprod_{i\in I}R_i, \coprod_{j\in J}R_j\Big)\,,$$

wobei $R_i = \mathrm{Hom}_\mathscr{C}(P,P_i) \cong R$, $R_j \cong R$ und der Isomorphismus von $\mathrm{Hom}_\mathscr{C}(P,-)$ induziert wird. Daher induziert der Funktor $\mathrm{Hom}_\mathscr{C}(P,-)$ eine Äquivalenz zwischen der vollen Unterkategorie der Koprodukte von Kopien von P in $\mathscr{C}$ und der vollen Unterkategorie der Koprodukte von Kopien von R in $\mathbf{Mod}_R$ (2.1 Satz 4).

Zu jedem $A \in \mathscr{C}$ existiert ein Epimorphismus $\coprod_{i\in I}P_i \to A$. Deswegen können wir für jedes $A \in \mathscr{C}$ eine exakte Folge

$$\coprod P_j \xrightarrow{f} \coprod P_i \to A \to 0$$

und entsprechend für jedes $B \in \mathbf{Mod}_R$ eine exakte Folge

$$\coprod R_j \xrightarrow{g} \coprod R_i \to B \to 0$$

konstruieren, wobei die Indexmengen $\{i\} = I$ bzw. $\{j\} = J$ natürlich von A bzw. B abhängen. A bzw. B sind als Kokerne durch f bzw. g eindeutig bis auf Isomorphie bestimmt. Wenden wir auf die erste Folge den Funktor $\mathrm{Hom}_\mathscr{C}(P,-)$ an, so erhalten wir eine exakte Folge von der Form der zweiten Folge, weil P projektiv ist, also $\mathrm{Hom}_\mathscr{C}(P,-)$ exakt ist. g hat dann die Form $\mathrm{Hom}_\mathscr{C}(P,f)$. Zu jedem B existiert ein $g = \mathrm{Hom}_\mathscr{C}(P,f)$. Daher ist $B \cong \mathrm{Hom}_\mathscr{C}(P,\mathrm{Kok}(f))$.

Jeder Morphismus $c\colon A \to A'$ in $\mathscr{C}$ induziert ein kommutatives Diagramm mit exakten Zeilen

$$
\begin{array}{ccccccc}
\coprod P_j & \xrightarrow{f} & \coprod P_i & \to & A & \to & 0 \\
\downarrow a & & \downarrow b & & \downarrow c & & \\
\coprod P_{j'} & \xrightarrow{f'} & \coprod P_{i'} & \to & A' & \to & 0\,,
\end{array}
$$

da die Koprodukte von Kopien von P projektiv sind. Entsprechend erhalten wir für jeden R-Homomorphismus $z\colon B \to B'$ ein kommutatives Diagramm mit exakten Zeilen:

$$
\begin{array}{ccccccc}
\coprod R_j & \xrightarrow{g} & \coprod R_i & \to & B & \to & 0 \\
\downarrow x & & \downarrow y & & \downarrow z & & \\
\coprod R_{j'} & \xrightarrow{g'} & \coprod R_{i'} & \to & B' & \to & 0\,.
\end{array}
$$

Das Paar (x,y) hat die Form $(\mathrm{Hom}_\mathscr{C}(P,a),\mathrm{Hom}_\mathscr{C}(P,b))$. Weiter ist c durch (a,b) eindeutig bestimmt, ebenso wie z durch (x,y) eindeutig bestimmt ist als Morphismus zwischen Kokernen. Damit ist $z = \mathrm{Hom}_\mathscr{C}(P,c)$, d. h. $\mathrm{Hom}_\mathscr{C}(P,-)$ ist voll. Da P ein Generator ist, ist $\mathrm{Hom}_\mathscr{C}(P,-)$ auch treu, also Isomorphismus auf allen Morphismenmengen.

Damit sind die Voraussetzungen für 2.1 Satz 4 erfüllt, und $\mathrm{Hom}_\mathscr{C}(P,-)$ ist eine Äquivalenz von Kategorien.

Sei $\mathscr{F}\colon \mathscr{C} \to \mathbf{Mod}_R$ eine Äquivalenz von Kategorien und $\mathscr{G}\colon \mathbf{Mod}_R \to \mathscr{C}$ die zugehörige inverse Äquivalenz. Dann ist $\mathscr{G}$ linksadjungiert zu $\mathscr{F}$. Also ist $\mathrm{Hom}_{\mathscr{C}}(\mathscr{G}R,-) \cong \mathrm{Hom}_R(R,\mathscr{F}-) \cong \mathscr{F}$ als Funktoren. Weiter ist $R \cong \mathrm{Hom}_R(R,R) \cong \mathrm{Hom}_{\mathscr{C}}(\mathscr{G}R,\mathscr{G}R)$. Da R in $\mathbf{Mod}_R$ ein Progenerator ist, ist auch $\mathscr{G}R$ in $\mathscr{C}$ ein Progenerator. Damit ist der Satz bewiesen.

Die kategorischen Eigenschaften von Modulkategorien sind nach diesem Satz auch in kovollständigen abelschen Kategorien mit einem Progenerator erfüllt. Speziell gilt:

Korollar 1. *Eine kovollständige abelsche Kategorie mit einem Progenerator ist eine Grothendieck-Kategorie und besitzt einen injektiven Kogenerator.*

Seien $R, S,$ und T Ringe und ${}_RA_S$, ${}_SB_T$ und ${}_RC_T$ Bimoduln. Bezeichnen wir die $R-S$-Bimodul-Homomorphismen mit $\mathrm{Hom}_{R-S}(-,-)$, so verifiziert man leicht, daß die Adjungiertheit des Tensorprodukts zum Hom-Funktor auch entsprechende Operator-Bereiche berücksichtigt, so daß wir einen in den Bimoduln A, B und C funktoriellen Isomorphismus erhalten

$$\mathrm{Hom}_{R-T}({}_RA \otimes_S B_T, {}_RC_T) \cong \mathrm{Hom}_{S-T}({}_SB_T, {}_S\mathrm{Hom}_R({}_RA_S, {}_RC_T)_T),$$

wobei wir die Operatorenbereiche jeweils explizit angegeben haben. Dabei ist für $f \in \mathrm{Hom}_R({}_RA_S, {}_RC_T)$, $a \in A$, $s \in S$ und $t \in T$: $(sft)(a) = (f(as))t$, also $\mathrm{Hom}_R({}_RA_S, {}_RC_T)$ ein $S-T$-Bimodul.

Satz 2 (Morita). *Seien Ringe R und S und ein $R-S$-Bimodul ${}_RP_S$ gegeben. Dann sind folgende Aussagen äquivalent:*

a) *Der Funktor $P \otimes_S - \colon {}_S\mathbf{Mod} \to {}_R\mathbf{Mod}$ ist eine Äquivalenz.*

b) *Der Funktor $- \otimes_R P \colon \mathbf{Mod}_R \to \mathbf{Mod}_S$ ist eine Äquivalenz.*

c) *Der Funktor $\mathrm{Hom}_R(P, -) \colon {}_R\mathbf{Mod} \to {}_S\mathbf{Mod}$ ist eine Äquivalenz.*

d) *Der Funktor $\mathrm{Hom}_S(P, -) \colon \mathbf{Mod}_S \to \mathbf{Mod}_R$ ist eine Äquivalenz.*

e) *${}_RP$ ist ein Progenerator und die Multiplikation von S auf P definiert einen Isomorphismus $S \cong \mathrm{Hom}_R(P,P)^0$.*

f) *P_S ist ein Progenerator und die Multiplikation von R auf P definiert einen Isomorphismus $R \cong \mathrm{Hom}_S(P,P)$.*

Beweis: Die Äquivalenz von d) und f) wurde in Satz 1 gezeigt. Die Äquivalenz von c) und e) folgt symmetrisch, wenn wir beachten, daß nach unserer Definition Endomorphismenringe immer von links operieren, während S auf P von rechts operiert.

Die Äquivalenz von a) und c) bzw. von b) und d) erhalten wir, weil die Funktoren $P \otimes_S -$ bzw. $- \otimes_R P$ linksadjungiert sind zu den Funktoren $\mathrm{Hom}_R(P, -)$ bzw. $\mathrm{Hom}_S(P, -)$.

Um die Äquivalenz von e) und f) zu zeigen, benötigen wir einige Vorbemerkungen. Der Bimodul ${}_RP_S$ ist genau dann ein Generator in $\mathbf{Mod}_S$, wenn ein Bimodul ${}_SQ_R$ und ein Epimorphismus $Q \otimes_R P \to S$ von $S-S$-Bimoduln existiert. Wenn P nämlich ein Generator ist, wählen wir für $Q = \mathrm{Hom}_S(P,S)$ und die Auswertung als Homomorphismus. Ist $Q \otimes_R P \to S$ ein Epimorphismus, so existiert ein Epimorphismus $\coprod_{q \in Q} P_q \to S$ mit $P_q \cong P$. Da S ein Generator ist, ist auch P ein Generator.

Seien ${}_RP_S$, ${}_SQ_R = \mathrm{Hom}_S(P,S)$ und $R = \mathrm{Hom}_S(P,P)$ gegeben. Dann existiert ein $R-R$-Homomorphismus $\varphi\colon P \otimes_S Q \to R$, der durch $\varphi(p \otimes q)(p') = pq(p')$ definiert ist, wobei $q(p') \in S$. P_S ist genau dann endlich erzeugt und projektiv, wenn φ ein Epimorphismus ist. Wenn nämlich P endlich erzeugt und projektiv ist, und wenn $\{p_1,\dots,p_n\}$ ein Erzeugendensystem von P ist, dann existiert ein Epimorphismus $g\colon e_1 S \oplus \dots \oplus e_n S \to P$ mit $e_i \mapsto p_i$ und $e_i S \cong S$. Da P projektiv ist, existiert ein Schnitt $f\colon P \to e_1 S \oplus \dots \oplus e_n S$. Dieser induziert Homomorphismen

$f_i: P \to S$. Dann ist $p = gf(p) = \sum g(e_i f_i(p)) = \sum p_i f_i(p)$ für alle $p \in P$, d. h. $\varphi(\sum p_i \otimes q_i) = 1_P$. Da φ ein $R-R$-Homomorphismus ist, ist φ ein Epimorphismus. Ist umgekehrt φ ein Epimorphismus, so existieren endliche Familien $\{p_i\}$ und $\{f_i\}$ mit $p = \sum p_i f_i(p)$ für alle $p \in P$. Sei $\{e_i\}$ eine endliche Familie von Elementen mit derselben Indexmenge, so definieren wir $P \to e_1 S \oplus \dots \oplus e_n S$ durch $p \mapsto \sum e_i f_i(p)$ und $e_1 S \oplus \dots \oplus e_n S \to P$ durch $e_i \mapsto p_i$. Dann ist $(P \to e_1 S \oplus \dots \oplus e_n S \to P) = 1_P$, also ist P endlich erzeugt. Da $e_1 S \oplus \dots \oplus e_n S$ projektiv ist, ist auch P projektiv.

Sei jetzt f) erfüllt. Dann haben wir einen Epimorphismus $P \otimes_S Q \to R$. Also ist $_R P$ ein Generator. Außerdem induziert dieser Epimorphismus einen Homomorphismus $Q \to \mathrm{Hom}_R(P,R)$ von $S-R$-Bimoduln. Da $Q \otimes_R P \to S$ ein Epimorphismus ist, kommt $1 \in S$ im Bild dieses Homomorphismus vor. Also kommt $1_P \in \mathrm{Hom}_R(P,P)$ im Bild von $\mathrm{Hom}_R(P,R) \otimes_R P \to \mathrm{Hom}_R(P,P)$ vor. Dieser $\mathrm{Hom}_R(P,P)-\mathrm{Hom}_R(P,P)$-Homomorphismus ist ein Epimorphismus. Daher ist $_R P$ endlich erzeugt und projektiv, also ein Progenerator. Wir müssen noch zeigen, daß $S \cong \mathrm{Hom}_R(P,P)^0$ ist bei dem durch die Rechts-Multiplikation induzierten Homomorphismus. Ist $ps = 0$ für alle $p \in P$, so ist $s = 1s = \sum f_i(p_i)s = \sum f_i(p_i s) = 0$. Ist $f \in \mathrm{Hom}_R(P,P)$, so ist $f(p) = f(p 1_S) = f(\sum p f_i(p_i)) = f(\sum \varphi(p \otimes f_i)(p_i)) = \sum \varphi(p \otimes f_i) f(p_i) = p(\sum f_i(f(p_i)))$. Damit ist e) erfüllt. Symmetrisch zeigt man, daß f) aus e) folgt.

Wir nennen P einen $R-S$-**Progenerator**, wenn P eine der äquivalenten Bedingungen von Satz 2 erfüllt.

Lemma 2. *Seien $\mathscr{F}$ und $\mathscr{G}$ additive Funktoren von $_R\mathbf{Mod}$ in $_S\mathbf{Mod}$. Sei $\eta: \mathscr{F} \to \mathscr{G}$ ein funktorieller Morphismus. Ist $\eta(R): \mathscr{F}(R) \to \mathscr{G}(R)$ ein Isomorphismus, so ist $\eta(P): \mathscr{F}(P) \to \mathscr{G}(P)$ ein Isomorphismus für alle endlich erzeugten projektiven R-Moduln P.*

Beweis: Es ist $P \oplus P' \cong R \oplus \dots \oplus R = R^n$. Da $\mathscr{F}$ und $\mathscr{G}$ additiv sind, ist $\eta(R^n): \mathscr{F}(R^n) \to \mathscr{G}(R^n)$ ein Isomorphismus, denn $\mathscr{F}(R^n) \cong (\mathscr{F}(R))^n$ und $\mathscr{G}(R^n) \cong (\mathscr{G}(R))^n$. Die Injektion $P \to R^n$ und die Projektion $R^n \to P$ induzieren ein kommutatives Diagramm

$$
\begin{array}{ccccc}
\mathscr{F}(P) & \to & \mathscr{F}(R^n) & \to & \mathscr{F}(P) \\
\downarrow & & \downarrow & & \downarrow \\
\mathscr{G}(P) & \to & \mathscr{G}(R^n) & \to & \mathscr{G}(P),
\end{array}
$$

in dem der mittlere Morphismus ein Isomorphismus ist. Das linke Quadrat impliziert, daß $\eta(P)$ ein Monomorphismus ist, das rechte, daß $\eta(P)$ ein Epimorphismus ist.

Dieses Lemma gilt natürlich auch dann noch, wenn $\mathscr{F}$ und $\mathscr{G}$ Bifunktoren sind und wir die Betrachtung auf das eine Argument beschränken. Zwei Anwendungen dieses Lemmas sind der funktorielle Morphismus $A \otimes_R B \ni a \otimes b \mapsto (f \mapsto f(a)b) \in \mathrm{Hom}_R(\mathrm{Hom}_R(A,R),B)$, der funktoriell in A und in B ist und der funktorielle Morphismus

$$
\mathrm{Hom}_R(A,R) \otimes_R B \ni f \otimes b \mapsto (a \mapsto f(a)b) \in \mathrm{Hom}_R(A,B),
$$

der auch in A und in B funktoriell ist. Bei diesen funktoriellen Morphismen ist nämlich $R \otimes_R B \cong \mathrm{Hom}_R(\mathrm{Hom}_R(R,R),B)$ und $\mathrm{Hom}_R(R,R) \otimes_R B \cong \mathrm{Hom}_R(R,B)$. Speziell sind für einen $R-S$-Progenerator $_R P_S$ folgende Funktoren isomorph:

$$
\begin{aligned}
P \otimes_S - &\cong \mathrm{Hom}_S(\mathrm{Hom}_S(P,S), -), \\
- \otimes_R P &\cong \mathrm{Hom}_R(\mathrm{Hom}_R(P,R), -), \\
\mathrm{Hom}_S(P, -) &\cong - \otimes_S \mathrm{Hom}_S(P,S), \\
\mathrm{Hom}_R(P, -) &\cong \mathrm{Hom}_R(P,R) \otimes_R - .
\end{aligned}
$$

Korollar 2. *Sei P ein $R-S$-Progenerator. Sei $Q = \mathrm{Hom}_R(P,R)$. Dann gilt:*

a) *Q ist ein $S-R$-Progenerator.*

b) *$Q \cong \mathrm{Hom}_S(P,S)$ als $S-R$-Bimoduln.*

c) Zentrum $(R) \cong$ Zentrum (S).

d) *Der Verband $\mathfrak{B}(_RP)$ der R-Untermoduln von P ist isomorph zum Verband $\mathfrak{B}(_SS)$ der Links-Ideale von S. Entsprechend gilt*

$$\mathfrak{B}(P_S) \cong \mathfrak{B}(R_R), \quad \mathfrak{B}(Q_R) \cong \mathfrak{B}(S_S), \quad \mathfrak{B}(_SQ) \cong \mathfrak{B}(_RR)$$

und
$$\mathfrak{B}(_RP_S) \cong \mathfrak{B}(_SS_S) \cong \mathfrak{B}(_RR_R) \cong \mathfrak{B}(_SQ_R).$$

Beweis: a) Nach Lemma 2 ist $\mathrm{Hom}_R(Q,-)\colon \mathbf{Mod}_R \to \mathbf{Mod}_S$ eine Äquivalenz von Kategorien.

b) $P \otimes_S -$ ist adjungiert zu $\mathrm{Hom}_R(P,-)$. Nach vorausgegangener Bemerkung ist daher $\mathrm{Hom}_S(\mathrm{Hom}_S(P,S),-)$ adjungiert zu $Q \otimes_R -$. Aber auch $\mathrm{Hom}_S(Q,-)$ ist adjungiert zu $Q \otimes_R -$. Also ist $Q \cong \mathrm{Hom}_S(P,S)$ als S-Moduln. Da R^0 Endomorphismenring von $_SQ$ als auch von $_S\mathrm{Hom}_S(P,S)$ ist, ist der Isomorphismus ein $S-R$-Isomorphismus.

c) Wir zeigen, daß zwischen den Elementen des Zentrums $\mathfrak{Z}(R)$ und den Endomorphismen des Identitätsfunktors $\mathscr{I}$ von $_R\mathbf{Mod}$ eine Bijektion existiert, die mit der Addition von funktoriellen Morphismen bzw. von Elementen aus $\mathfrak{Z}(R)$ ebenso wie mit der Multiplikation in $\mathfrak{Z}(R)$ bzw. der Verknüpfung von funktoriellen Morphismen verträglich ist. Da zwischen den Endomorphismen des Identitätsfunktors auf $_R\mathbf{Mod}$ und den Endomorphismen des Identitätsfunktors auf $_S\mathbf{Mod}$ eine alle Verknüpfungen erhaltende Bijektion existiert, ist dann c) gezeigt. Sei $\rho\colon \mathscr{I} \to \mathscr{I}$ ein Endomorphismus des Identitätsfunktors auf $_R\mathbf{Mod}$. ρ bestimmt einen R-Homomorphismus $\rho(R)\colon R \to R$. Sei $r_\rho = \rho(R)(1)$, dann ist $\rho(R)(r) = r\rho(R)(1) = rr_\rho$. Für jeden R-Modul A und jeden R-Homomorphismus $f\colon R \to A$ erhalten wir ein kommutatives Diagramm

$$\begin{array}{ccc} R & \xrightarrow{\ \rho(R)\ } & R \\ \downarrow{\scriptstyle f} & & \downarrow{\scriptstyle f} \\ A & \xrightarrow{\ \rho(A)\ } & A. \end{array}$$

Daher ist $f\rho(R)(1) = \rho(A)f(1)$, d. h. für alle $a \in A$ ist $\rho(A)(a) = r_\rho a$, da f immer so gewählt werden kann, daß $f(1) = a$ (R ist Generator!). Für alle $r \in R$ ist $rr_\rho = \rho(R)(r) = r_\rho r$, also ist $r_\rho \in \mathfrak{Z}(R)$. Sind $\rho_1,\rho_2\colon \mathscr{I} \to \mathscr{I}$ gegeben, so ist $(\rho_1 + \rho_2)(R)(1) = (\rho_1(R) + \rho_2(R))(1) = \rho_1(R)(1) + \rho_2(R)(1)$ und $(\rho_1\rho_2)(R)(1) = \rho_1(R)\rho_2(R)(1) = (\rho_2(R)(1))(\rho_1(R)(1))$. Umgekehrt definiert die Multiplikation mit einem Zentrumselement einen R-Endomorphismus für jeden R-Modul A. Diese R-Endomorphismen sind mit allen R-Homomorphismen vertauschbar, definieren also Endomorphismen von $\mathscr{I}$. Diese Zuordnung ist invers zu der oben angegebenen Zuordnung.

d) Die Äquivalenz $\mathrm{Hom}_R(P,-)$ erhält die Verbände von Unterobjekten. Da $\mathrm{Hom}_R(P,P) = S$, folgt die erste Behauptung. Multiplikation mit Elementen aus S definiert R-Homomorphismen von P. Diese werden von $\mathrm{Hom}_R(P,-)$ als Multiplikation erhalten, denn für $s,s' \in S$, die sowohl als Elemente aus S als auch als Rechtsmultiplikatoren von P aufgefaßt werden, ist $\mathrm{Hom}_R(P,s)(s') = s \cdot s' = (s's)$ wegen $S \cong \mathrm{Hom}_R(P,P)^0$. Bei dem angegebenen Verbandsisomorphismus gehen $R-S$-Untermoduln von P in $S-S$-Untermoduln von S über. Umgekehrt gehen bei der inversen Äquivalenz die $S-S$-Untermoduln von S über in die $R-S$-Untermoduln von P, denn es ist auch $\mathrm{Hom}_S(S,S)^0 = S$. Die übrigen Verbandsisomorphismen folgen durch Symmetrie.

Wir bemerken noch, daß $\operatorname{Hom}_R(Q,R) \cong \operatorname{Hom}_S(Q,S) \cong P$ als $R-S$-Bimoduln gilt wegen der auf Lemma 2 folgenden Bemerkungen. Aus denselben Gründen ist $P \otimes_S Q \cong R$ als $R-R$-Bimoduln und $Q \otimes_R P \cong S$ als $S-S$-Bimoduln.

4.12 Halbeinfache und einfache Ringe

Neben vielen anderen Anwendungen der Sätze von Morita (Frobenius-Erweiterungen, Azumaya-Algebren) ist die Strukturtheorie der halbeinfachen und einfachen Ringe eine der bekanntesten Anwendungen dieser Theorie. Wir wollen sie hier, soweit sie kategorie-theoretisch interessant ist, darstellen.

Sei R ein Ring. R heißt **artinsch**, wenn R als Objekt in $_R$**Mod** artinsch ist. Ein Links-Ideal ($= R$-Untermodul in $_R$**Mod**) A von R heißt **nilpotent**, wenn $A^n = 0$ für ein $n \geq 1$. Der Ring R heißt **halbeinfach**, wenn R artinsch ist und außer den Nullideal keine nilpotenten Links-ideale besitzt. Der Ring R heißt **einfach**, wenn R artinsch ist und kein von Null und R verschiedenes zweiseitiges Ideal ($= R-R$-Untermodul) besitzt.

Lemma 1. *Jeder einfache Ring ist ein halbeinfacher Ring.*

Beweis: Sei $A \neq 0$ ein nilpotentes Ideal im einfachen Ring R. $A^n = 0$ ist äquivalent zu der Aussage, daß für jede Folge $a_1, \ldots, a_n$ von Elementen von A gilt: $a_1 \ldots a_n = 0$. Wir zeigen, daß $C = \sum A$ für alle nilpotenten Ideale A ein zweiseitiges Ideal ist. Es genügt zu zeigen, daß für jedes $a \in A$ und $r \in R$ das Element ar in einem nilpotenten Ideal liegt. Es ist $ar \in Rar$ und $(r_1 ar) \ldots (r_n ar) = (r_1 a)(rr_2 a) \ldots (rr_n a)r = 0r = 0$, also ist $(Rar)^n = 0$. Wegen $A \neq 0$ ist auch $C \neq 0$. Da R einfach ist, ist $R = C$, also ist $1 \in C$. Daraus folgt, daß $1 \in A_1 + \ldots + A_n$ für gewisse nilpotente Ideale. Die Summe zweier nilpotenter Ideale A und B ist wieder nilpotent. Ist nämlich $A^n = 0$, so ist $(a_1 b_1) \ldots (a_n b_n) = a_1(b_1 a_2) \ldots (b_{n-1} a_n)b_n = 0$. Damit ist $A + B$ nilpotent. Wir haben gezeigt, daß $1 \in R$ Element eines nilpotenten Ideals ist, daß also $1^n = 0$ ist. Dieser Widerspruch entstand aus der Annahme, daß R ein von Null verschiedenes nil-potentes Ideal besitzt. Also ist R halbeinfach.

Lemma 2. *Ist R ein halbeinfacher Ring, so ist jedes Ideal von R direkter Summand.*

Beweis: Weil R artinsch ist, existiert in der Menge der Ideale, die nicht direkte Summanden von R sind, ein minimales Element A (falls diese Menge nicht leer ist). Besitzt A ein echtes Unterideal $B \subset A$, so ist B direkter Summand in R, es existiert also ein Morphismus $R \to B$, so daß $B \to A \to R \to B = 1_B$ ist. Damit ist B auch direkter Summand in A und es ist $A = B \oplus C$. Auch C ist direkter Summand von R. Die Morphismen $R \to B$ und $R \to C$ induzieren einen Morphismus $R \to B \oplus C$, so daß $(A = B \oplus C \to R \to B \oplus C) = 1_A$. Ist A nicht direkter Summand in R, so muß A einfaches Ideal sein. Für ein $a \in A$ ist $Aa \neq 0$, denn sonst wäre $A^2 = 0$. Da A einfach ist, ist $Aa = A$, also $A \to R \to A = 1_A$. Die Menge der Ideale, die nicht direkte Summanden von R sind, ist daher leer.

Lemma 3. *Ist R ein halbeinfacher Ring, so sind alle R-Moduln injektiv und projektiv.*

Beweis: Wir wenden 4.9 Korollar 2 auf den Generator R an. Da jedes Ideal A direkter Summand von R ist, ist für jeden R-Modul B die Gruppe $\operatorname{Hom}_R(A,B)$ direkter Summand von $\operatorname{Hom}_R(R,B)$, also ist die Abbildung $\operatorname{Hom}_R(R,B) \to \operatorname{Hom}_R(A,B)$ surjektiv. Damit sind alle Objekte injektiv. In allen exakten Folgen $0 \to A \to B \to C \to 0$ ist der Morphismus $A \to B$ ein Schnitt. Daher muß jeder Epimorphismus $B \to C$ eine Retraktion sein. Nach 4.9 Lemma 2 ist jeder R-Modul C projektiv.

Lemma 4. *Jedes endliche Produkt (in der Kategorie der Ringe) von halbeinfachen Ringen ist halbeinfach.*

Beweis: Es genügt, das Lemma für zwei halbeinfache Ringe R_1 und R_2 zu beweisen. Sei $R = R_1 \times R_2$. Erinnern wir uns an die Konstruktion des direkten Produkts von Ringen in 1.11 und 3.2 Satz, so ist klar, daß sich R_1 und R_2 gegenseitig annullieren und daß $R = R_1 \oplus R_2$ als R-Moduln. Sei $p\colon R \to R_2$ die Projektion der direkten Summe auf R_2. Sei A_i eine absteigende Folge von Idealen in R. Dann ist $p(A_i)$ eine absteigende Folge von Idealen in R_2. Seien $K_i = \mathrm{Ker}(A_i \to p(A_i))$. Die K_i bilden eine absteigende Folge von Idealen in R_1. Die beiden letzten Folgen werden für $i \geq n$ konstant. Wir erhalten ein kommutatives Diagramm mit exakten Zeilen:

$$0 \to K_{n+j} \to A_{n+j} \to p(A_{n+j}) \to 0$$
$$0 \to K_n \longrightarrow A_n \longrightarrow p(A_n) \to 0,$$

in dem $A_{n+j} \subseteq A_n$. Dieser Morphismus ist auch ein Epimorphismus. Ist nämlich $a_n \in A_n$, so existiert ein $a_{n+j} \in A_{n+j}$ mit $p(a_{n+j}) = p(a_n)$. Also ist $a_n - a_{n+j} \in K_n = K_{n+j} \subseteq A_{n+j}$. Damit ist auch $a_n \in A_{n+j}$. R ist daher artinsch.

Ist $A \subseteq R$ ein nilpotentes Ideal mit $A^n = 0$, so ist für $a \in A$ auch $(Ra)^n = 0$. Es ist $Ra = Ra_1 + Ra_2 = R_1 a_1 + R_2 a_2$ mit $a_i \in R_i$. Er ist nämlich $r_1 a_1 + r_2 a_2 = (r_1 + r_2)(a_1 + a_2)$. Deshalb ist $(R_1 a_1 + R_2 a_2)^n = (R_1 a_1)^n + (R_2 a_2)^n = 0$, also $a_1 = a_2 = a = 0$, da R_1 und R_2 keine von Null verschiedenen nilpotenten Ideale besitzen. Damit ist R halbeinfach.

Satz 1. *Ist R halbeinfach, so ist $R = A_1 \oplus \ldots \oplus A_n$, wobei A_i einfache Linksideale in R sind.*

Beweis: Da jeder R-Modul injektiv ist, ist jede direkte Summe von injektiven Moduln injektiv. Nach 4.10 Korollar 3 ist R noethersch. Jedes unzerlegbare injektive Objekt ist einfach, weil alle Objekte injektiv sind. Wegen 4.10 Satz 4 läßt sich R in ein Koprodukt von einfachen Linksidealen zerlegen. Da R endlich erzeugt ist, gilt 4.10 Lemma 3, d. h. R läßt sich in eine endliche direkte Summe von einfachen Linksidealen zerlegen.

Satz 2. *Der Ring R ist genau dann einfach, wenn R isomorph zu einem vollen Matrizenring mit Koeffizienten aus einem Schiefkörper ist.*

Beweis: Ein Schiefkörper ist ein nicht notwendig kommutativer Körper. Ein voller Matrizenring über einem Schiefkörper ist der Ring aller $n \times n$-Matrizen mit Koeffizienten aus dem Schiefkörper. Ein solcher Ring ist bekanntlich isomorph zum Endomorphismenring eines n-dimensionalen Vektorraumes über dem Schiefkörper K. Ein Vektorraum endlicher Dimension ist ein K-Progenerator. Bezeichnen wir den vollen Matrizenring mit $M_n(K)$, so sind die Kategorien der K-Moduln (K-Vektorräume) und der $M_n(K)$-Moduln äquivalent. Da der n-dimensionale K-Vektorraum K^n artinsch ist, ist auch $M_n(K)$ artinsch nach 4.11 Korollar 2. Da K keine Ideale besitzt, besitzt auch $M_n(K)$ keine zweiseitigen Ideale nach demselben Korollar. Also ist $M_n(K)$ einfach.

Ist R einfach und P ein einfacher R-Modul, so ist P endlich erzeugt und projektiv nach Lemma 1 und Lemma 3. Sei $K = \mathrm{End}_R(P)$. Dann ist K ein Schiefkörper. Ist nämlich $f\colon P \to P$ ein von Null verschiedener Endomorphismus von P, so ist das Bild von f ein Untermodul von P, stimmt also mit P überein, da P einfach ist. Ebenso ist der Kern von f Null, also ist f ein Isomorphismus und besitzt einen inversen Isomorphismus in K. Diese Aussage, die für alle einfachen Objekte in einer abelschen Kategorie gilt, heißt auch Lemma von Schur.

Der Auswertungshomomorphismus $P \otimes_K \text{Hom}_R(P,R) \to R$ ist ein $R-R$-Homomorphismus. Das Bild dieses Homomorphismus ist ein zweiseitiges Ideal in R. Da P einfach ist, existiert ein Epimorphismus $R \to P$. Da P projektiv ist, ist dieser Epimorphismus eine Retraktion, und es existiert ein von Null verschiedener Homomorphismus $P \to R$. Das Bild des Auswertungshomomorphismus ist daher von Null verschieden. Da R einfach ist, muß das Bild mit R übereinstimmen. Der Auswertungshomomorphismus ist ein Epimorphismus. Im Beweis, von 4.11 Satz 2 hatten wir festgestellt daß diese Bedingung hinreichend dafür ist, daß P ein Generator ist. Damit ist P ein $R-K$-Progenerator. Nach 4.11 Satz 2, f) ist $R \cong \text{Hom}_K(P,P)$ und P_K ein endlich erzeugter projektiver K-Modul, d. h. ein endlich dimensionaler K-Vektorraum.

Satz 3. *Für den Ring R sind folgende Aussagen äquivalent:*
a) *R ist halbeinfach*
b) *Jeder R-Modul ist projektiv.*
c) *R ist ein endliches Produkt (in der Kategorie der Ringe) von einfachen Ringen.*

Beweis: Lemma 3 zeigt, daß b) aus a) folgt. Lemma 4 zeigt, daß a) aus c) folgt. Wir müssen daher noch von b) auf c) schließen.

Da jeder R-Modul projektiv ist, ist jeder Epimorphismus eine Retraktion. Dann ist jeder Monomorphismus als Kern eines Epimorphismus ein Schnitt. Das bedeutet nach 4.9 Lemma 2, daß jeder R-Modul ein injektiver Modul ist. Jeder R-Modul läßt sich in ein Koprodukt von einfachen R-Moduln zerlegen, wie wir im Beweis von Satz 1 schon gesehen haben. Es gibt nur endlich viele nichtisomorphe einfache R-Moduln A_i. Ist nämlich A_i einfach, so gibt es einen Epimorphismus $R \to A_i$, der eine Retraktion ist. Daher ist A_i bis auf Isomorphie direkter Summand von R. Nach 4.10 Satz 4 kommt A_i bis auf Isomorphie in einer Zerlegung von R in ein Koprodukt von einfachen R-Moduln vor. Nach 4.10 Satz 5 ist A_i isomorph zu einem der direkten Summanden von R bei der in Satz 1 angegebenen Zerlegung.

Seien $E_1, \ldots, E_r$ alle Klassen von isomorphen einfachen R-Moduln. Sei $R = A_1 \oplus \ldots \oplus A_n$ mit einfachen R-Moduln A_i gegeben. Wir fassen die isomorphen in E_1 liegenden A_i dieser Zerlegung zusammen zu der direkten Summe $A_{i_1} \oplus \ldots \oplus A_{i_s} = B_1$. Entsprechend fassen wir die in E_j liegenden A_i in einer direkten Summe B_j zusammen. So erhalten wir $R = B_1 \oplus \ldots \oplus B_r$. Da zwischen nichtisomorphen einfachen R-Moduln nur Null-Morphismen existieren und da alle einfachen in B_i liegenden R-Moduln wegen der Eindeutigkeit der Zerlegung isomorph sind, existieren für verschiedene i und j zwischen B_i und B_j auch nur Null-Morphismen. Mit $b_j \in B_j$ ist die Rechtsmultiplikation $b_j \colon B_i \to B_j$ ein R-(Links-)Homomorphismus. Das beweist, daß $B_i B_j = 0$ für $i \neq j$, und $B_i B_i \subseteq B_i$. Jedes B_i ist zweiseitiges Ideal und die B_i annullieren sich gegenseitig.

In der Zerlegung $R = B_1 \oplus \ldots \oplus B_r$ ist $1 = e_1 + \ldots + e_r$. Für $b_i \in B_i$ ist $b_i = 1 b_i = e_i b_i$. Also wirkt e_i in B_i wie ein Einselement, d. h. B_i ist ein Ring und R ist das Produkt der Ringe $B_1, \ldots, B_n$. Jeder B_i-Modul ist ein R-Modul, indem man die B_j mit $j \neq i$ als Null-Multiplikatoren auf den B_i-Moduln operieren läßt. Die R-Homomorphismen und die B_i-Homomorphismen zwischen den B_i-Moduln stimmen überein. Also sind alle B_i-Moduln projektiv. B_i ist nach Konstruktion eine direkte Summe von einfachen isomorphen R-Moduln, die auch als B_i-Moduln einfach und isomorph sind. Sei P ein solcher einfacher B_i-Modul, dann ist P endlich erzeugt und projektiv und auch ein Generator, da $B_i = P \oplus \ldots \oplus P$. Also ist P ein B_i-K-Progenerator mit einem Schiefkörper K, wobei wir das Lemma von Schur verwendet haben. Wie in Satz 2 ist jetzt $B_i \cong \text{End}_K(K^m)$, d. h. ein einfacher Ring.

Wir schließen noch eine Bemerkung über die Eigenschaften von einfachen Ringen an, die sich jetzt leicht beweisen lassen.

Korollar 1. *Das Zentrum eines vollen Matrizenringes über einem Schiefkörper K ist isomorph zum Zentrum von K.*

Beweis: Die Kategorie der Moduln über einem vollen Matrizenring über K ist äquivalent zur Kategorie der K-Vektorräume. Nach 4.11 Satz 2 und 4.11 Korollar 2, c) ist dann die Behauptung klar.

Korollar 2. *Sei R ein einfacher Ring. Dann ist jeder endlich erzeugte R-Modul P ein Progenerator und $\operatorname{Hom}_R(P,P)$ ein einfacher Ring.*

Beweis: Die Kategorie der R-Moduln ist äquivalent zur Kategorie der K-Vektorräume mit einem Schiefkörper K. In $_K\mathbf{Mod}$ ist die Aussage trivial.

4.13 Funktorkategorien

Die Resultate dieses Paragraphen sollen im wesentlichen zum Beweis des Einbettungssatzes für abelsche Kategorien im nächsten Paragraphen dienen. Wir werden uns daher auf die wichtigsten Eigenschaften der betrachteten Funktorkategorien beschränken.

Seien $\mathscr{A}$ und $\mathscr{C}$ abelsche Kategorien und sei die Kategorie $\mathscr{A}$ klein. Aus 4.7 Satz 1 wissen wir, daß $\operatorname{Funkt}(\mathscr{A},\mathscr{C})$ eine abelsche Kategorie ist. Wir bilden die volle Unterkategorie $\mathfrak{A}(\mathscr{A},\mathscr{C})$ von $\operatorname{Funkt}(\mathscr{A},\mathscr{C})$, die aus den additiven Funktoren von $\mathscr{A}$ in $\mathscr{C}$ besteht.

Satz 1. $\mathfrak{A}(\mathscr{A},\mathscr{C})$ *ist eine abelsche Kategorie.*

Beweis: Wir wissen, daß Limites Differenzkerne und Kolimites Differenzkokerne erhalten (2.7 Korollar 2). Nach 4.6 Satz 2 sind daher Limites und Kolimites additive Funktoren. Da nach 2.7 Satz 1 Limites und Kolimites von Funktoren argumentweise gebildet werden, ist sowohl ein Limites als auch ein Kolimes von additiven Funktoren in $\operatorname{Funkt}(\mathscr{A},\mathscr{C})$ wieder ein additiver Funktor. Damit ist die volle Unterkategorie $\mathfrak{A}(\mathscr{A},\mathscr{C})$ von $\operatorname{Funkt}(\mathscr{A},\mathscr{C})$ bei der Bildung von Limites und Kolimites abgeschlossen. In $\mathfrak{A}(\mathscr{A},\mathscr{C})$ existieren Kerne, Kokerne, endliche direkte Summen und ein Nullobjekt und stimmen mit den entsprechenden Bildungen in $\operatorname{Funkt}(\mathscr{A},\mathscr{C})$ überein. Außerdem ist jeder Isomorphismus in $\operatorname{Funkt}(\mathscr{A},\mathscr{C})$, der in $\mathfrak{A}(\mathscr{A},\mathscr{C})$ liegt, auch ein Isomorphismus in $\mathfrak{A}(\mathscr{A},\mathscr{C})$, weil $\mathfrak{A}(\mathscr{A},\mathscr{C})$ voll ist. Damit ist $\mathfrak{A}(\mathscr{A},\mathscr{C})$ eine abelsche Kategorie.

Für unsere Überlegungen benötigen wir noch eine weitere volle Unterkategorie von $\operatorname{Funkt}(\mathscr{A},\mathscr{C})$, nämlich $\mathfrak{L}(\mathscr{A},\mathscr{C})$, die Kategorie der links-exakten Funktoren von $\mathscr{A}$ in $\mathscr{C}$. Offenbar ist $\mathfrak{L}(\mathscr{A},\mathscr{C})$ auch eine volle Unterkategorie von $\mathfrak{A}(\mathscr{A},\mathscr{C})$, weil jeder links-exakte Funktor additiv ist. Wir wollen $\mathfrak{L}(\mathscr{A},\mathscr{C})$ weiter untersuchen und speziell zeigen, daß auch diese Kategorie abelsch ist. Dabei wird sich jedoch herausstellen, daß die in $\mathfrak{L}(\mathscr{A},\mathscr{C})$ gebildeten Kokerne von den in $\mathfrak{A}(\mathscr{A},\mathscr{C})$ gebildeten Kokernen verschieden sind. Das bedeutet, daß der Einbettungsfunktor nicht exakt ist. Um den Kokern in $\mathfrak{L}(\mathscr{A},\mathscr{C})$ zu konstruieren, werden wir zeigen, daß $\mathfrak{L}(\mathscr{A},\mathscr{C})$ eine reflexive Unterkategorie von $\mathfrak{A}(\mathscr{A},\mathscr{C})$ ist. Dazu lösen wir das zugehörige universelle Problem mit der folgenden Konstruktion.

Sei $A \in \mathscr{A}$. Mit $S(A)$ bezeichnen wir die Menge der Monomorphismen $a\colon A \to X$ in $\mathscr{A}$ mit der Quelle A und beliebigem Ziel $X \in \mathscr{A}$. Man beachte, daß $\mathscr{A}$ klein ist. Zu $S(A)$ konstruieren wir eine kleine gerichtete Kategorie $T(A)$ mit den Elementen von $S(A)$ als Objekten. Es sei

$a \leq b$, d. h. es sei ein Morphismus von a nach b in $T(A)$ genau dann definiert, wenn es in $\mathscr{A}$ ein kommutatives Diagramm

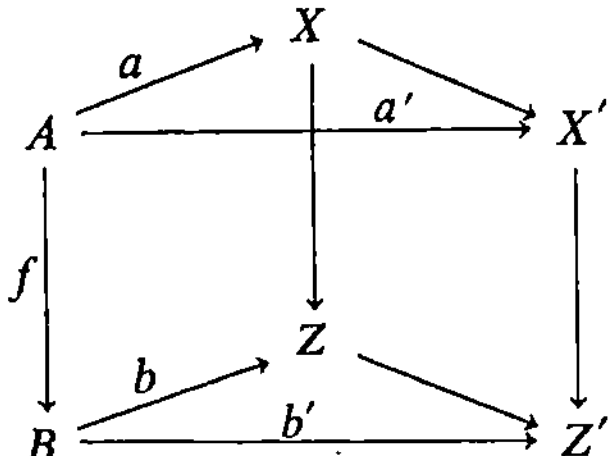

gibt, d. h. wenn sich b durch a faktorisieren läßt. Diese Faktorisierung x braucht nicht eindeutig zu sein. Andrerseits kann nach Definition der gerichteten Kategorie zwischen a und b in $T(A)$ höchstens ein Morphismus existieren. Wir nennen x den Repräsentanten dieses Morphismus. Trivialerweise ist $a \leq a$ durch die Identität erfüllt. Auch die Verknüpfung von Morphismen in $T(A)$ ist erfüllt, weil sich in $\mathscr{A}$ Morphismen verknüpfen lassen. Sind Objekte a und b in $T(A)$ gegeben, so erhalten wir ein c aus $T(A)$ mit $a \leq c$ und $b \leq c$ aus dem folgenden Kofaserproduktdiagramm

$$
\begin{array}{ccc}
A & \xrightarrow{a} & X \\
b \downarrow & & \downarrow \\
Y & \longrightarrow & Z
\end{array}
$$

als Diagonale $A \to Z$, denn nach der zu 4.3 Lemma 3, c) dualen Aussage ist mit b auch $X \to Z$ ein Monomorphismus. Damit ist auch c ein Monomorphismus.

Sei $f\colon A \to B$ ein Morphismus in $\mathscr{A}$. Sind a und a' Monomorphismen in $\mathscr{A}$ und Z bzw. Z' die Kofaserprodukte von f mit a bzw. a' und ist $a \leq a'$, so erhalten wir ein kommutatives Diagramm

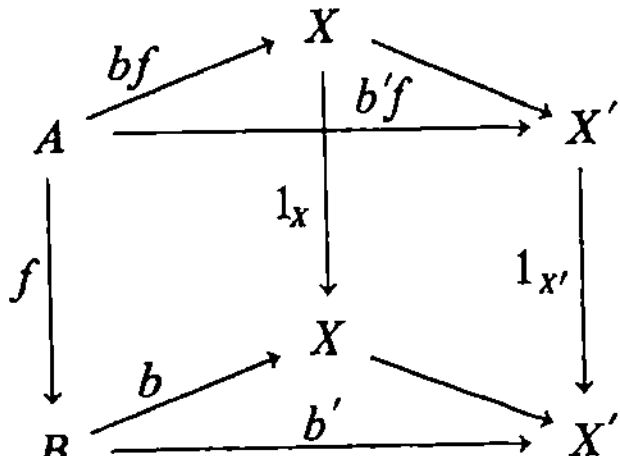

in dem b und b' Monomorphismen sind und $Z \to Z'$ eindeutig durch $X \to X'$ und b' bestimmt ist. Durch f wird ein Funktor $T(f)\colon T(A) \to T(B)$ definiert, der mit den Bezeichnungen des Diagramms einem Objekt a aus $T(A)$ das Objekt b aus $T(B)$ so zuordnet, daß aus $a \leq a'$ folgt $T(f)(a) = b \leq b' = T(f)(a')$. Da $T(A)$ und $T(B)$ gerichtete kleine Kategorien sind, ist damit $T(f)$ ein Funktor.

Ist $f\colon A \to B$ ein Monomorphismus in $\mathscr{A}$ und sind $b, b' \in T(B)$, so sind in dem kommutativen Diagramm

bf und $b'f$ auch Monomorphismen und liegen als Objekte in $T(A)$. Ist $b \leq b'$, so ist $bf \leq b'f$. Wir erhalten daher einen Funktor $T^+(f)\colon T(B) \to T(A)$. Ist $a \in T(A)$ und $b = T(f)(a)$, so folgt aus dem kommutativen Diagramm

$$
\begin{array}{ccc}
A & \xrightarrow{\;a\;} & X \\
{\scriptstyle f}\downarrow & & \downarrow \\
B & \xrightarrow{\;b\;} & Y,
\end{array}
$$

daß mit f auch bf ein Monomorphismus ist und $a \leq bf$ gilt. Für einen Monomorphismus f ist also

$$
a \leq T^+(f)T(f)(a).
$$

Lemma 1. *T ist ein Funktor von $\mathscr{A}$ in die Kategorie der kleinen Kategorien mit Isomorphieklassen von Funktoren als Morphismen.*

Beweis: Aus der Definition von T folgt trivialerweise $T(1_A) \cong 1_{T(A)}$. Seien Morphismen $f\colon A \to B$ und $g\colon B \to C$ in $\mathscr{A}$ gegeben. Sei $a \in T(A)$. Wegen 2.6 Lemma 3 ist dann $T(g)T(f)(a) \cong T(gf)(a)$. Da alle Diagramme in $T(C)$ kommutativ sein müssen, ist dieser Isomorphismus ein funktorieller Isomorphismus $T(g)T(f) \cong T(gf)$.

Sei ein additiver Funktor $\mathscr{F}\colon \mathscr{A} \to \mathscr{C}$ gegeben. Wir konstruieren einen Funktor $\mathscr{F}_A^*\colon T(A) \to \mathscr{C}$ für jedes Objekt $A \in \mathscr{A}$. Ist $a \in T(A)$ gegeben, so ist dadurch eine exakte Folge

$$
0 \longrightarrow A \xrightarrow{\;a\;} X \longrightarrow \mathrm{Kok}\,a \longrightarrow 0
$$

definiert. Da $\mathscr{F}$ nicht notwendig exakt ist, braucht $\mathscr{F}$ bei Anwendung auf die exakte Folge speziell den Kern A von $X \to \mathrm{Kok}\,a$ nicht zu erhalten. Definieren wir $\mathscr{F}_A^*(a)$ als den Kern von $\mathscr{F}(X) \to \mathscr{F}(\mathrm{Kok}\,a)$, so erhalten wir ein kommutatives Diagramm mit exakter Zeile

$$
\begin{array}{ccccccc}
& & \mathscr{F}(A) & & & & \\
& & \big\downarrow \;\;\searrow^{\;\mathscr{F}(a)} & & & & \\
0 \longrightarrow & \mathscr{F}_A^*(a) & \longrightarrow & \mathscr{F}(X) & \longrightarrow & \mathscr{F}(\mathrm{Kok}\,a), &
\end{array}
$$

in dem $\mathscr{F}(A) \to \mathscr{F}_A^*(a)$ eindeutig existiert, weil $\mathscr{F}(A) \to \mathscr{F}(X) \to \mathscr{F}(\mathrm{Kok}\,a) = 0$ ist. Ist $a \leq a'$ in $T(A)$, so existiert in $\mathscr{A}$ ein Morphismus $x\colon X \to Y$ mit $X = Z(a)$, $Y = Z(a')$ und $xa = a'$. Wir erhalten dadurch ein kommutatives Diagramm mit exakten Zeilen

$$
\begin{array}{ccccccc}
0 \longrightarrow & \mathscr{F}_A^*(a) & \xrightarrow{\;i_a\;} & \mathscr{F}(X) & \longrightarrow & \mathscr{F}(\mathrm{Kok}\,a) \\
& {\scriptstyle \mathscr{F}_A^*(x)}\downarrow \quad \mathscr{F}(A) & & \downarrow{\scriptstyle \mathscr{F}(x)} & & \downarrow \\
0 \longrightarrow & \mathscr{F}_A^*(a') & \xrightarrow[\;i_{a'}\;]{} & \mathscr{F}(Y) & \longrightarrow & \mathscr{F}(\mathrm{Kok}\,a')
\end{array}
$$

in dem $\mathscr{F}(\mathrm{Kok}\,a) \to \mathscr{F}(\mathrm{Kok}\,a')$ durch den natürlichen Morphismus $\mathrm{Kok}\,a \to \mathrm{Kok}\,a'$ bestimmt wird und $\mathscr{F}_A^*(x)$ existiert, weil das rechte Quadrat des Diagramms kommutativ ist. Wegen der Eindeutigkeit von Faktorisierungen durch Kerne bzw. Kokerne ist $\mathscr{F}_A^*(x)$ durch x eindeutig bestimmt.

Wir müssen jetzt zeigen, daß der Morphismus $\mathscr{F}_A^*(x)$ nicht von der Auswahl des Repräsentanten für $a \leq a'$ abhängt. Sei also auch $y\colon X \to Y$ mit $ya = a'$ gegeben. Dann ist $(x - y)a = 0$. Also läßt sich $x - y$ durch $\mathrm{Kok}\,a$ faktorisieren. Dann läßt sich auch $\mathscr{F}(x - y)$ durch $\mathscr{F}(\mathrm{Kok}\,a)$

faktorisieren, und es ist $\mathscr{F}(x-y)i_a = 0$, also $\mathscr{F}(x)i_a = \mathscr{F}(y)i_a$. Aus dem obigen Diagramm folgt $i_a \cdot \mathscr{F}_A{}^*(x) = i_a \cdot \mathscr{F}_A{}^*(y)$ und $\mathscr{F}_A{}^*(x) = \mathscr{F}_A{}^*(y)$. Damit ist $\mathscr{F}_A{}^*$ auf $T(A)$ definiert. Die Funktoreigenschaften folgen trivial aus den Funktoreigenschaften von $\mathscr{F}$ und der Eindeutigkeit der Faktorisierungen.

Sei $f: A \to B$ ein Morphismus in $\mathscr{A}$. Dann sind Funktoren $\mathscr{F}_B^* \, T(f): T(A) \to \mathscr{C}$ und $\mathscr{F}_A{}^*: T(A) \to \mathscr{C}$ definiert. Wir konstruieren einen funktoriellen Morphismus $\mathscr{F}_f^*: \mathscr{F}_A{}^* \to \mathscr{F}_B^* \, T(f)$. Sei $a: A \to X$ ein Monomorphismus in $\mathscr{A}$, also ein Objekt in $T(A)$, so ist $T(f)(a) = b: B \to Y$ ein Monomorphismus in das Kofaserprodukt Y von X und B über A. Wir erhalten ein kommutatives Diagramm mit exakten Zeilen

$$
\begin{array}{ccccccccc}
0 & \longrightarrow & A & \longrightarrow & X & \longrightarrow & \mathrm{Kok}\,a & \longrightarrow & 0 \\
& & \downarrow & & \downarrow & & \downarrow & & \\
0 & \longrightarrow & B & \longrightarrow & Y & \longrightarrow & \mathrm{Kok}\,b & \longrightarrow & 0\,.
\end{array}
$$

Dieses Diagramm induziert ein weiteres kommutatives Diagramm mit exakten Zeilen

$$
\begin{array}{ccccccc}
0 & \longrightarrow & \mathscr{F}_A{}^*(a) & \longrightarrow & \mathscr{F}(X) & \longrightarrow & \mathscr{F}(\mathrm{Kok}\,a) \\
& & \downarrow & & \downarrow & & \downarrow \\
0 & \longrightarrow & \mathscr{F}_B^*(b) & \longrightarrow & \mathscr{F}(Y) & \longrightarrow & \mathscr{F}(\mathrm{Kok}\,b)\,.
\end{array}
$$

Den Morphismus $\mathscr{F}_A{}^*(a) \to \mathscr{F}_B^*(b) = \mathscr{F}_B^* \, T(f)(a)$ bezeichnen wir mit $\mathscr{F}_f^*(a)$. Er ist offenbar durch f und a eindeutig bestimmt. Ist $g: B \to C$ ein weiterer Morphismus in $\mathscr{A}$, so ist wegen dieser Eindeutigkeit das Diagramm

$$
\begin{array}{ccc}
\mathscr{F}_A^*(a) & \xrightarrow{\;\mathscr{F}_f^*(a)\;} & \mathscr{F}_B^* T(f)(a) \\
& \searrow \raisebox{1ex}{$\scriptstyle \mathscr{F}_{gf}^*(a)$} \quad \swarrow \raisebox{1ex}{$\scriptstyle \mathscr{F}_g^* T(f)(a)$} & \\
& \mathscr{F}^* T(gf)(a) &
\end{array}
$$

kommutativ. Ist $a \le a'$ in $T(A)$ gegeben, so ist $T(f)(a) = b \le b' = T(f)(a')$. Mit demselben Argument wie für die Eindeutigkeit von $\mathscr{F}_f^*(a)$ zeigt man, daß der Morphismus $\mathscr{F}_A{}^*(a) \to \mathscr{F}_B^*(b')$ eindeutig bestimmt ist. Damit ist das Diagramm

$$
\begin{array}{ccc}
\mathscr{F}_A{}^*(a) & \xrightarrow{\;\mathscr{F}_A{}^*(x)\;} & \mathscr{F}_A{}^*(a') \\
{\scriptstyle \mathscr{F}_f^*(a)}\downarrow & & \downarrow{\scriptstyle \mathscr{F}_f^*(a')} \\
\mathscr{F}_B^*(b) & \xrightarrow{\;\mathscr{F}_B^*(y)\;} & \mathscr{F}_B^*(b')
\end{array}
$$

kommutativ, wobei x Repräsentant für $a \le a'$ und $y = T(f)(x)$ Repräsentant für $b \le b'$ sind. Also ist $\mathscr{F}_f^*$ ein funktorieller Morphismus.

Wir setzen jetzt voraus, daß $\mathscr{C}$ eine Grothendieck-Kategorie ist. Dann existieren die direkten Limites der Funktoren $\mathscr{F}_A{}^*$. Nach 2.5 existiert ein Morphismus

$$\varinjlim T(f): \varinjlim \mathscr{F}_B^* \, T(f) \to \varinjlim \mathscr{F}_B^*.$$

Außerdem induziert $\mathscr{F}_f^*$ einen Morphismus $\varinjlim \mathscr{F}_f^*: \varinjlim \mathscr{F}_A{}^* \to \varinjlim \mathscr{F}_B^* \, T(f)$. Die Zusammensetzung dieser beiden Morphismen bezeichnen wir mit $(R\mathscr{F})(f)$ und $\varinjlim \mathscr{F}_A{}^*$ mit $(R\mathscr{F})(A)$. $(R\mathscr{F})(f): (R\mathscr{F})(A) \to (R\mathscr{F})(B)$ ist so definiert, daß das Diagramm

$$\begin{array}{ccc}
\mathscr{F}_A^*(a) & \xrightarrow{\;\mathscr{F}_f^*(a)\;} & \mathscr{F}_B^*(b) \\
\downarrow & & \downarrow \\
(R\mathscr{F})(A) & \xrightarrow{\;(R\mathscr{F})(f)\;} & (R\mathscr{F})(B)
\end{array}$$

kommutativ ist. $(R\mathscr{F})(f)$ ist eindeutig dadurch bestimmt, daß alle Diagramme dieser Form für alle $a \in T(A)$ kommutativ sind. Die senkrechten Pfeile sind dabei die Injektionen in den direkten Limes.

Wegen $\mathscr{F}_{1_A}^*(a) = 1_{\mathscr{F}_A^*(a)}$ ist $(R\mathscr{F})(1_A) = 1_{(R\mathscr{F})(A)}$. Wegen $\mathscr{F}_g^*(b)\mathscr{F}_f^*(a) = \mathscr{F}_{gf}^*(a)$ ist weiter $(R\mathscr{F})(g)(R\mathscr{F})(f) = (R\mathscr{F})(gf)$. Daher ist $(R\mathscr{F})$ ein Funktor von $\mathscr{A}$ in $\mathscr{C}$. Aus der Konstruktion von $\mathscr{F}_A^*(a)$ haben wir Morphismen $\mathscr{F}(A) \to \mathscr{F}_A^*(a)$, so daß für $a \le a'$ das Diagramm

$$\begin{array}{ccc}
& \mathscr{F}(A) & \\
\swarrow & & \searrow \\
\mathscr{F}_A^*(a) & \xrightarrow{\hspace{2cm}} & \mathscr{F}_A^*(a')
\end{array}$$

kommutativ ist. Wir erhalten so einen Morphismus $\mathscr{F}(A) \to \mathscr{F}_A^*(a) \to (R\mathscr{F})(A)$, der von a unabhängig ist. Da für $f\colon A \to B$ das Diagramm

$$\begin{array}{ccc}
\mathscr{F}(A) & \xrightarrow{\;\mathscr{F}(f)\;} & \mathscr{F}(B) \\
\downarrow & & \downarrow \\
\mathscr{F}_A^*(a) & \xrightarrow{\;\mathscr{F}_f^*(a)\;} & \mathscr{F}_B^*(b)
\end{array}$$

kommutativ ist, ist auch

$$\begin{array}{ccc}
\mathscr{F}(A) & \xrightarrow{\;\mathscr{F}(f)\;} & \mathscr{F}(B) \\
\downarrow & & \downarrow \\
(R\mathscr{F})(A) & \xrightarrow{\;(R\mathscr{F})(f)\;} & (R\mathscr{F})(B)
\end{array}$$

kommutativ. Der Morphismus $\mathscr{F}(A) \to (R\mathscr{F})(A)$ ist also ein funktorieller Morphismus, den wir mit $\rho\colon \mathscr{F} \to (R\mathscr{F})$ bezeichnen wollen.

Lemma 2. *Seien $\mathscr{G}\colon \mathscr{A} \to \mathscr{C}$ ein linksexakter Funktor und $\varphi\colon \mathscr{F} \to \mathscr{G}$ ein funktorieller Morphismus. Dann existiert genau ein funktorieller Morphismus $\psi\colon (R\mathscr{F}) \to \mathscr{G}$, so daß $\psi\rho = \varphi$ ist.*

Beweis: Sei $a \in T(A)$. Dann erhalten wir wegen der Linksexaktheit von $\mathscr{G}$ ein kommutatives Diagramm mit exakten Zeilen:

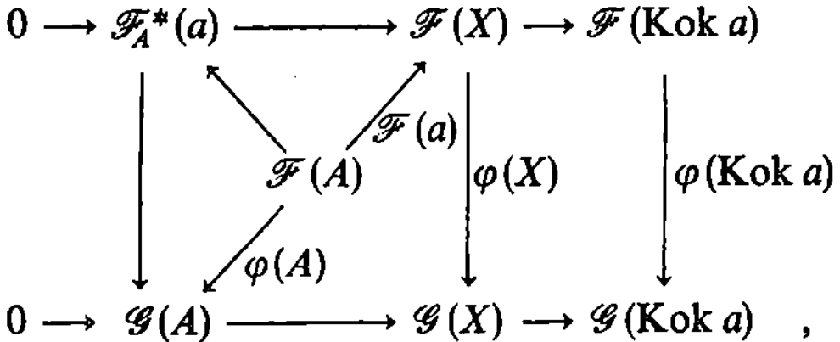

in dem $\mathscr{F}_A^*(a) \to \mathscr{G}(A)$ eindeutig durch φ bestimmt ist. Ist $a \le a'$, so ist wegen dieser Eindeutigkeit das Diagramm

$$\mathscr{F}(A) \nearrow^{\mathscr{F}_A^*(a)} \searrow \mathscr{G}(A)$$

kommutativ. Wir können also $\varphi(A)$ durch $(R\mathscr{F})(A) = \varinjlim \mathscr{F}_A^*$ faktorisieren:

$$\varphi(A) = (\mathscr{F}(A) \xrightarrow{\rho(A)} (R\mathscr{F})(A) \xrightarrow{\psi(A)} \mathscr{G}(A)),$$

wobei $\psi(A)$ durch diese Eigenschaft schon eindeutig bestimmt ist, denn $(R\mathscr{F})(A)$ ist ein direkter Limes.

Wir müssen noch zeigen, daß ψ ein funktorieller Morphismus ist. Sei dazu $f\colon A \to B$ ein Morphismus in $\mathscr{A}$. Sei $b = T(f)(a)$. Dann erhält man durch zweimalige Anwendung des ersten Diagramms in diesem Beweis zusammen mit der Konstruktion von b, daß

$$\begin{array}{ccc} \mathscr{F}_A^*(a) & \longrightarrow & \mathscr{F}_B^*(b) \\ \downarrow & & \downarrow \\ \mathscr{G}(A) & \longrightarrow & \mathscr{G}(B) \end{array}$$

kommutativ ist. Beim Übergang zum direkten Limes bleibt diese Kommutativität erhalten, d. h. ψ ist funktorieller Morphismus.

Lemma 3. *Wenn $f\colon A \to B$ ein Monomorphismus in $\mathscr{A}$ ist, so ist $(R\mathscr{F})(f)$ ein Monomorphismus in $\mathscr{C}$.*

Beweis: Ähnlich wie bei der Definition von $\mathscr{F}_f^*$ definieren wir einen funktoriellen Morphismus $\mathscr{F}_f^+\colon \mathscr{F}_A^* T^+(f) \to \mathscr{F}_B^*$ durch das kommutative Diagramm

$$\begin{array}{ccccccc} 0 & \longrightarrow & \mathscr{F}_A^*(bf) & \longrightarrow & \mathscr{F}(Y) & \longrightarrow & \mathscr{F}\,\mathrm{Kok}\,bf) \\ & & \downarrow & & \downarrow{\scriptstyle\mathscr{F}(1_Y)} & & \downarrow \\ 0 & \longrightarrow & \mathscr{F}_B^*(b) & \longrightarrow & \mathscr{F}(Y) & \longrightarrow & \mathscr{F}(\mathrm{Kok}\,b)\,. \end{array}$$

Wie bei $\mathscr{F}_f^*$ sieht man auch hier, daß $\mathscr{F}_f^+$ ein funktorieller Morphismus ist. Aus dem obigen Diagramm geht aber auch hervor, daß $\mathscr{F}_f^+(b)\colon \mathscr{F}_A^*(bf) \to \mathscr{F}_B^*(b)$ ein Monomorphismus ist, weil $\mathscr{F}_A^*(bf) \to \mathscr{F}(Y)$ ein Monomorphismus ist. Da nach Voraussetzung über $\mathscr{C}$ die Grothendieck-Bedingung gilt, ist auch $\varinjlim \mathscr{F}_f^+\colon \varinjlim \mathscr{F}_A^* T^+(f) \to \varinjlim \mathscr{F}_B^*$ ein Monomorphismus (4.7 Satz 2).

· Sei $a \in T(A)$ und $b = T(f)(a)$. Aus dem kommutativen Diagramm

$$\begin{array}{ccc} A & \xrightarrow{\,a\,} & X \\ {\scriptstyle 1_A}\downarrow & & \downarrow \\ A & \xrightarrow{\,bf\,} & Y \\ {\scriptstyle f}\downarrow & & \downarrow{\scriptstyle 1_Y} \\ B & \xrightarrow{\,b\,} & Y \end{array}$$

folgt, daß $\mathscr{F}_f^*(a)$ sich durch $\mathscr{F}_f^+(T(f)(a))\colon \mathscr{F}_A^* T^+(f)T(f)(a) \to \mathscr{F}_B^* T(f)(a)$ faktorisieren läßt, wobei der Morphismus $\mathscr{F}_A^*(a) \to \mathscr{F}_A^* T^+(f)T(f)(a)$ von $a \leq T^+(f)T(f)$ induziert wird. Diese Faktorisierung bleibt beim Übergang zum direkten Limes erhalten. Beachten wir, daß die Morphismen $\mathscr{F}_A^*(a) \to \mathscr{F}_A^* T^+(f)T(f)(a)$ beim Übergang zum direkten Limes die Identität ergeben, so erhalten wir die Behauptung des Lemmas.

Lemma 4. *Sei $\mathscr{F}: \mathscr{A} \to \mathscr{C}$ ein additiver Funktor, der Monomorphismen erhält. Dann ist $(R\mathscr{F})$ linksexakt.*

Beweis: Sei $a \le a'$ in $T(A)$ gegeben. Wir zeigen zunächst, daß der dadurch induzierte Morphismus $\mathscr{F}_A^*(x): \mathscr{F}_A^*(a) \to \mathscr{F}_A^*(a')$ ein Monomorphismus ist. Dazu bilden wir das Kofaserprodukt

$$
\begin{array}{ccc}
A & \xrightarrow{\ a\ } & X \\
{\scriptstyle a'}\downarrow & & \downarrow{\scriptstyle x} \\
Y & \longrightarrow & Z .
\end{array}
$$

Der zusammengesetzte Morphismus $a'': A \to Z$ ist ein Monomorphismus, weil in dem Kofaserprodukt der Morphismus $X \to Z$ ein Monomorphismus ist. Wir erhalten daher ein Diagramm

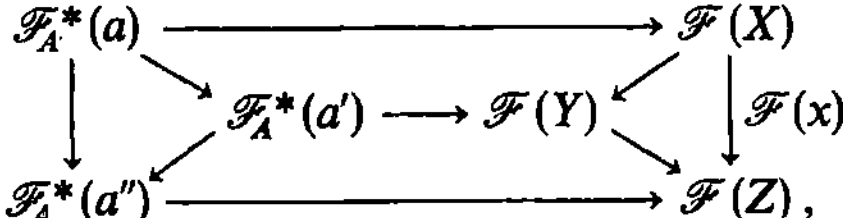

in dem die beiden inneren und das äußere Viereck kommutativ sind, aber nicht notwendig das rechte Dreieck. Wegen $a \le a' \le a''$ ist jedoch das linke Dreieck auch kommutativ! Da nach Voraussetzung $\mathscr{F}(x)$ ein Monomorphismus ist, ist $\mathscr{F}_A^*(a) \to \mathscr{F}(Z)$ und damit auch $\mathscr{F}_A^*(a) \to \mathscr{F}_A^*(a')$ ein Monomorphismus.

Sei eine exakte Folge $0 \to A \xrightarrow{f} B \xrightarrow{g} C \to 0$ gegeben und ein Objekt $b \in T(B)$. Dann erhalten wir ein kommutatives Diagramm mit exakten Zeilen

$$
\begin{array}{ccccccccc}
0 & \longrightarrow & A & \xrightarrow{\ f\ } & B & \xrightarrow{\ g\ } & C & \longrightarrow & 0 \\
& & {\scriptstyle 1_A}\downarrow & & {\scriptstyle b}\downarrow & & {\scriptstyle c}\downarrow & & \\
0 & \longrightarrow & A & \xrightarrow{\ bf\ } & Y & \longrightarrow & Z & \longrightarrow & 0 ,
\end{array}
$$

in dem das rechte Quadrat ein Kofaserprodukt ist. Aus den Eigenschaften des Kofaserprodukts folgt, daß c ein Monomorphismus und $Y \to Z$ ein Epimorphismus ist. Nach Konstruktion ist $A \subseteq \mathrm{Ke}(Y \to Z)$. Um die Umkehrung zu zeigen, betrachte man das entsprechende Diagramm mit Y/A anstelle von Z. Dann erhält man einen Morphismus $Z \to Y/A$, so daß $Y \to Y/A = Y \to Z \to Y/A$ ist. Das bedeutet, daß $\mathrm{Ke}(Y \to Z) \subseteq A$ ist. Da $1_A, b$ und c Monomorphismen sind, können wir dieses Diagramm nach dem 3×3-Lemma vervollständigen. Sind $U = \mathrm{Kok}(b)$ und $V = \mathrm{Kok}(c)$, so ist $U \cong V$, weil $\mathrm{Kok}(1_A) = 0$. Wenden wir $\mathscr{F}$ auf das Diagramm an und bilden die entsprechenden Kerne, so erhalten wir ein kommutatives Diagramm mit exakten Zeilen und Spalten:

$$
\begin{array}{ccccccc}
& & 0 & & 0 & & \\
& & \downarrow & & \downarrow & & \\
0 \to & \mathrm{Ke}(d) & \longrightarrow & \mathscr{F}_B^*(b) & \xrightarrow{\ d\ } & \mathscr{F}_C^*(c) & \\
& \downarrow & & \downarrow & & \downarrow & \\
0 \to & \mathscr{F}_A^*(bf) & \longrightarrow & \mathscr{F}(Y) & \longrightarrow & \mathscr{F}(Z) & \\
& \downarrow & & \downarrow & & \downarrow & \\
& & & \mathscr{F}(U) & \xrightarrow{\ 1\ } & \mathscr{F}(U) & .
\end{array}
$$

Da $\mathscr{F}_A^*(bf) \to \mathscr{F}(Y) \to \mathscr{F}(U) = 0$ ist, existiert genau ein Morphismus $\mathscr{F}_A^*(bf) \to \mathscr{F}_B^*(b)$, der das Diagramm kommutativ erhält. Dann ist aber $\mathscr{F}_A^*(bf) \to \mathscr{F}_B^*(b) \to \mathscr{F}_C^*(c) = 0$, also läßt sich $\mathscr{F}_A^*(bf) \to \mathscr{F}_B^*(b)$ eindeutig durch $\mathrm{Ke}(d)$ faktorisieren. Damit ist $\mathrm{Ke}(d) \cong \mathscr{F}_A^*(bf)$.

Für $b \leq b'$ erhalten wir jetzt ein kommutatives Diagramm mit exakten Zeilen

$$
\begin{array}{ccccccc}
0 & \longrightarrow & \mathscr{F}_A^* T^+(f)(b) & \longrightarrow & \mathscr{F}_B^*(b) & \longrightarrow & \mathscr{F}_C^* T(g)(b) \\
& & \downarrow & & \downarrow & & \downarrow \\
0 & \longrightarrow & \mathscr{F}_A^* T^+(f)(b') & \longrightarrow & \mathscr{F}_B^*(b') & \longrightarrow & \mathscr{F}_C^* T(g)(b') \;,
\end{array}
$$

das bei Anwendung des direkten Limes in die exakte Folge

$$
0 \longrightarrow \varinjlim \mathscr{F}_A^* T^+(f) \xrightarrow{\;\varinjlim \mathscr{F}_f^+\;} (R\mathscr{F})(B) \xrightarrow{\;\varinjlim \mathscr{F}_g^*\;} \varinjlim \mathscr{F}_C^* T(g)
$$

übergeht. Aus dem Beweis von Lemma 3 wissen wir schon, daß $\varinjlim \mathscr{F}_A^* T^+(f) = (R\mathscr{F})(A)$ ist und $\varinjlim \mathscr{F}_f^+ = (R\mathscr{F})(f)$. Nach Definition ist $(R\mathscr{F})(g) = \varinjlim T(g)\varinjlim \mathscr{F}_g^*$. Um die Behauptung des Lemmas zu beweisen, genügt es zu zeigen, daß $\varinjlim T(g)$ ein Monomorphismus ist.

Da für $c \leq c'$ der Morphismus $\mathscr{F}_C^*(c) \to \mathscr{F}_C^*(c')$ ein Monomorphismus ist, sind die Morphismen $\mathscr{F}_C^*(c) \to (R\mathscr{F})(C)$ Monomorphismen nach 4.7 Lemma 3. Nach 4.7 Satz 2, b) ist $\varinjlim T(g)$ ein Monomorphismus.

Lemma 5. $(R\mathscr{F})$ *ist ein additiver Funktor.*

Beweis: Seien A und B Objekte in $\mathscr{A}$ und sei $S = A \oplus B$ deren direkte Summe. Sei ein Objekt $c \in T(S)$ gegeben. Fassen wir A vermöge $A \to S \xrightarrow{c} X$ als Unterobjekt von X auf und entsprechend $B \subseteq X$, so ist der von $X \to X/A$ und $X \to X/B$ induzierte Morphismus $X \to X/A \oplus X/B$ ein Monomorphismus, weil sein Kern $A \cap B = 0$ ist. Der Morphismus $S \xrightarrow{c} X \to X/A \oplus X/B = d$ ist wieder ein Monomorphismus und es gilt $c \leq d$ in $T(S)$. Weil $A \to S \to X/A = 0$ und $B \to S \to X/B = 0$, ist d die direkte Summe der Monomorphismen $A \to S \to X/B = a$ und $B \to S \to X/A = b$. Also ist der Kokern von d die direkte Summe der Kokerne von a und b. Da $\mathscr{F}$ ein additiver Funktor ist, erhält $\mathscr{F}$ diese Zerlegungen in direkte Summen. Da Kerne direkte Summen erhalten, ist der Kern von $\mathscr{F}(X/A \oplus X/B) \to \mathscr{F}(\mathrm{Kok}\, d)$ die direkte Summe der Kerne von $\mathscr{F}(X/A) \to \mathscr{F}(\mathrm{Kok}\, b)$ und $\mathscr{F}(X/B) \to \mathscr{F}(\mathrm{Kok}\, a)$. Bei dieser Konstruktion bleiben die Injektionen und Projektionen entsprechend erhalten. Damit ist $\mathscr{F}_S^*(d) = \mathscr{F}_A^*(a) \oplus \mathscr{F}_B^*(b)$. Beim Übergang zum direkten Limes erhalten wir $(R\mathscr{F})(S) = (R\mathscr{F})(A) \oplus (R\mathscr{F})(B)$. Es genügt nämlich, den direkten Limes über diejenigen Objekte $d \in T(S)$ zu bilden, die sich als direkte Summe von Objekten $a \in T(A)$ mit Objekten $b \in T(B)$ schreiben lassen, denn zu jedem Objekt c existiert ein solches Objekt d mit $c \leq d$.

Lemma 6. $R: \mathfrak{A}(\mathscr{A},\mathscr{C}) \to \mathfrak{A}(\mathscr{A},\mathscr{C})$ *ist ein linksexakter Funktor.*

Beweis: Sei $0 \to \mathscr{F} \xrightarrow{a} \mathscr{G} \xrightarrow{b} \mathscr{H} \to 0$ eine exakte Folge in $\mathfrak{A}(\mathscr{A},\mathscr{C})$. Für jedes $A \in \mathscr{A}$ und jedes $a \in T(A)$ erhalten wir dann ein kommutatives Diagramm mit exakten Zeilen und Spalten:

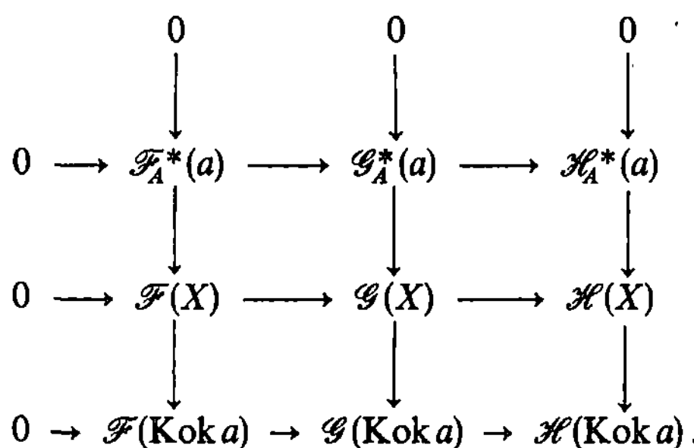

Die so konstruierten Morphismen $\mathscr{F}_A(a) \to \mathscr{G}_A(a)$ sind offenbar bezüglich $A \in \mathscr{A}$ und $a \in T(A)$ funktoriell. Damit können wir in der ersten Zeile zum direkten Limes über $T(A)$ übergehen und erhalten eine exakte Folge

$$0 \longrightarrow (R\mathscr{F})(A) \xrightarrow{(R\alpha)(A)} (R\mathscr{G})(A) \xrightarrow{(R\beta)(A)} (R\mathscr{H})(A),$$

in der die Morphismen durch α und β eindeutig bestimmt sind und nach Konstruktion funktoriell in $\mathscr{A}$ sind. Wegen der Eindeutigkeit ist klar, daß R ein Funktor ist. Wegen der Definition der Exaktheit in $\mathfrak{A}(\mathscr{A},\mathscr{C})$ ist R ein linksexakter Funktor.

Mit diesen Hilfssätzen können wir jetzt leicht das am Anfang dieses Paragraphen beschriebene universelle Problem lösen.

Satz 2. *Sei $\mathscr{A}$ eine kleine abelsche Kategorie und $\mathscr{C}$ eine Grothendieck-Kategorie. Dann ist $\mathfrak{L}(\mathscr{A},\mathscr{C})$ eine reflexive Unterkategorie von $\mathfrak{A}(\mathscr{A},\mathscr{C})$. Der Reflektor R^0: $\mathfrak{A}(\mathscr{A},\mathscr{C}) \to \mathfrak{L}(\mathscr{A},\mathscr{C})$ heißt nullter rechts-abgeleiteter Funktor.*

Beweis: Wir wissen, daß es genügt, das zugehörige universelle Problem zu lösen. Seien also $\mathscr{F} \in \mathfrak{A}(\mathscr{A},\mathscr{C})$, $\mathscr{G} \in \mathfrak{L}(\mathscr{A},\mathscr{C})$ und ein funktorieller Morphismus $\varphi: \mathscr{F} \to \mathscr{G}$ gegeben. Durch zweimalige Anwendung von Lemma 2 erhalten wir ein kommutatives Diagramm

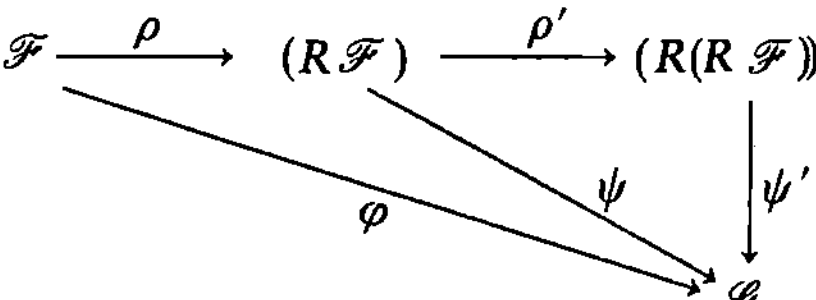

wobei ρ' der zu $(R\mathscr{F})$ gehörige funktorielle Morphismus ist, der wie ρ konstruiert ist. ψ und ψ' sind durch φ eindeutig bestimmt. Nach Lemma 3 erhält $(R\mathscr{F})$ Monomorphismen. Nach Lemma 4 ist daher $(R(R\mathscr{F}))$ linksexakt. Das universelle Problem ist damit gelöst. Außerdem ist $R^0\mathscr{F} = (R(R\mathscr{F}))$.

Korollar 1. *Unter den Voraussetzungen von Satz 2 ist $\mathfrak{L}(\mathscr{A},\mathscr{C})$ eine abelsche Kategorie.*

Beweis: Weil die direkte Summe von linksexakten Funktoren linksexakt ist, stimmen die direkten Summen in $\mathfrak{L}(\mathscr{A},\mathscr{C})$ und $\mathfrak{A}(\mathscr{A},\mathscr{C})$ überein. Außerdem ist der Nullfunktor linksexakt. Nach 4.1 Satz ist $\mathfrak{L}(\mathscr{A},\mathscr{C})$ eine additive Kategorie.

Sei $\varphi: \mathscr{F} \to \mathscr{G}$ ein funktorieller Morphismus von linksexakten Funktoren. Der Kern dieses Morphismus in Funkt$(\mathscr{A},\mathscr{C})$ — also argumentweise gebildet — ist mit Kernen vertauschbar, d. h. linksexakt. Wir bezeichnen diesen Funktor mit Ke(φ). Er hat auch in $\mathfrak{L}(\mathscr{A},\mathscr{C})$ die Eigenschaften eines Kerns. Sei $\mathscr{K}$ der Kokern von φ in Funkt$(\mathscr{A},\mathscr{C})$. Sei $\psi: \mathscr{G} \to \mathscr{H}$ ein Morphismus in $\mathfrak{L}(\mathscr{A},\mathscr{C})$ mit $\psi\varphi = 0$. Dann erhalten wir ein kommutatives Diagramm

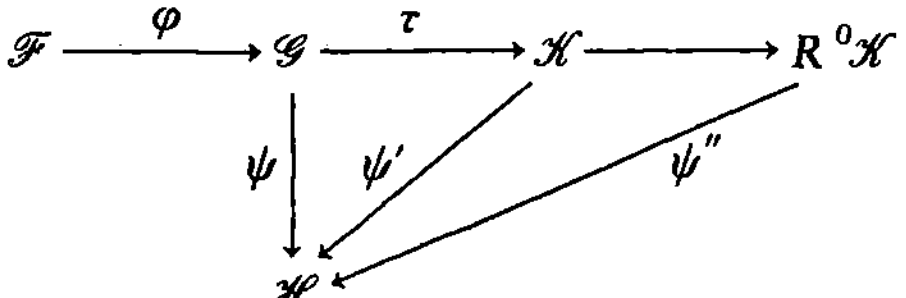

in dem ψ'' durch ψ eindeutig bestimmt ist. Also ist $R^0\mathscr{K} = \mathrm{Kok}(\varphi)$ der Kokern von φ in $\mathfrak{L}(\mathscr{A},\mathscr{C})$.

In $\mathfrak{A}(\mathscr{A},\mathscr{C})$ haben wir eine exakte Folge

$$0 \longrightarrow \mathrm{Ke}(\tau) \longrightarrow \mathscr{G} \xrightarrow{\ \tau\ } \mathscr{K} \longrightarrow 0.$$

Da nach Lemma 6 R linksexakt ist, ist auch R^0 linksexakt. Wir erhalten so die exakte Folge

$$0 \longrightarrow R^0\mathrm{Ke}(\tau) \longrightarrow \mathscr{G} \longrightarrow R^0\mathscr{K}$$

in $\mathfrak{A}(\mathscr{A},\mathscr{C})$ (und auch in $\mathfrak{L}(\mathscr{A},\mathscr{C})$), denn es ist $\mathscr{G} = R^0\mathscr{G}$, weil $\mathscr{G}$ linksexakt ist. Sei $\mathscr{L}$ der Kokern von $\mathrm{Ke}(\varphi) \to \mathscr{F}$ in $\mathfrak{A}(\mathscr{A},\mathscr{C})$. Dann erhalten wir eine exakte Folge

$$0 \longrightarrow \mathrm{Ke}(\varphi) \longrightarrow \mathscr{F} \longrightarrow R^0\mathscr{L}.$$

Da $\mathscr{L}$ das Kobild von φ in $\mathfrak{A}(\mathscr{A},\mathscr{C})$ und $\mathrm{Ke}(\tau)$ das Bild von φ ist, ist $\mathscr{L} \cong \mathrm{Ke}(\tau)$. Also ist auch $R^0\mathscr{L} \cong R^0\mathrm{Ke}(\tau)$. Die beiden letzten exakten Folgen zeigen aber, daß $R^0\mathscr{L}$ das Kobild von φ in $\mathfrak{L}(\mathscr{A},\mathscr{C})$ und $R^0\mathrm{Ke}(\tau)$ das Bild von φ in $\mathfrak{L}(\mathscr{A},\mathscr{C})$ ist. Damit ist $\mathfrak{L}(\mathscr{A},\mathscr{C})$ eine abelsche Kategorie.

Satz 3. *Sei $\mathscr{A}$ eine kleine abelsche Kategorie und* **Ab** *die Kategorie der abelschen Gruppen. Dann ist $\mathfrak{L}(\mathscr{A},\mathrm{Ab})$ eine Grothendieck-Kategorie mit einem Generator.*

Beweis: Da Funkt$(\mathscr{A},\mathrm{Ab})$ Koprodukte besitzt und Koprodukte von additiven Funktoren additiv sind, ist $\mathfrak{A}(\mathscr{A},\mathrm{Ab})$ kovollständig. Da $\mathfrak{L}(\mathscr{A},\mathrm{Ab})$ eine volle reflexive Unterkategorie von $\mathfrak{A}(\mathscr{A},\mathrm{Ab})$ ist, ist auch $\mathfrak{L}(\mathscr{A},\mathrm{Ab})$ kovollständig (2.11 Satz 3).

Wir zeigen, daß in Funkt$(\mathscr{A},\mathrm{Ab})$ die Grothendieck-Bedingung gilt. Ist $\{\mathscr{F}_i\}$ eine gerichtete Familie von Unterfunktoren von $\mathscr{G}$ und $\mathscr{H}$ ein Unterfunktor von $\mathscr{G}$. Da Unterfunktoren Kerne in Funkt$(\mathscr{A},\mathrm{Ab})$ sind, sind die entsprechenden Monomorphismen punktweise Monomorphismen. Da Limites und Kolimites in Funkt$(\mathscr{A},\mathrm{Ab})$ punktweise gebildet werden, werden auch Durchschnitte und Vereinigungen von Funktoren punktweise gebildet:

$$\left(\left(\bigcup\mathscr{F}_i\right) \cap \mathscr{H}\right)(A) = \left(\left(\bigcup\mathscr{F}_i(A)\right) \cap \mathscr{H}(A)\right) = \bigcup\left(\mathscr{F}_i(A) \cap \mathscr{H}(A)\right) = \bigcup\left(\mathscr{F}_i \cap \mathscr{H}\right)(A).$$

Damit sind direkte Limites in Funkt$(\mathscr{A},\mathrm{Ab})$ exakt. Da sie additive Funktoren erhalten, sind sie auch in $\mathfrak{A}(\mathscr{A},\mathrm{Ab})$ exakt. Da Kerne in $\mathfrak{L}(\mathscr{A},\mathrm{Ab})$ mit Kernen in $\mathfrak{A}(\mathscr{A},\mathrm{Ab})$ übereinstimmen, stimmen auch die Monomorphismen überein. Da direkte Limites Monomorphismen in $\mathfrak{A}(\mathscr{A},\mathrm{Ab})$ erhalten, erhalten sie auch Monomorphismen in $\mathfrak{L}(\mathscr{A},\mathrm{Ab})$, denn direkte Limites von linksexakten Funktoren sind wegen der Grothendieck-Bedingung wieder linksexakt. Damit sind direkte Limites in $\mathfrak{L}(\mathscr{A},\mathrm{Ab})$ exakt, d. h. es gilt die Grothendieck-Bedingung.

Um zu zeigen, daß $\mathfrak{L}(\mathscr{A},\mathrm{Ab})$ lokal klein ist, genügt es zu wissen, daß in $\mathfrak{L}(\mathscr{A},\mathrm{Ab})$ ein Generator existiert. Wir behaupten, daß $\coprod_{A \in \mathscr{A}} h^A = G$ ein Generator ist. Zunächst ist h^A für alle $A \in \mathscr{A}$ linksexakt. Dann ist das Koprodukt von linksexakten Funktoren linksexakt (2.7 Korollar 2), also $G \in \mathfrak{L}(\mathscr{A},\mathrm{Ab})$. Seien φ und ψ zwei verschiedene funktorielle Morphismen von $\mathscr{F}$ in $\mathscr{G}$ in $\mathfrak{L}(\mathscr{A},\mathrm{Ab})$. Dann existiert mindestens ein $A \in \mathscr{A}$ mit $\varphi(A) \neq \psi(A)$. Also sind die Produktmorphismen von $\prod_{A \in \mathscr{A}}\mathscr{F}(A)$ in $\prod_{A \in \mathscr{A}}\mathscr{G}(A)$ verschieden. Nach dem Yoneda-Lemma werden diese von den Morphismen $\mathrm{Mor}_f(G,\varphi)$ bzw. $\mathrm{Mor}_f(G,\psi)$ induziert, denn es ist $\mathrm{Mor}_f(G,\mathscr{F}) \cong \prod\limits_{A \in \mathscr{A}} \mathscr{F}(A)$ und $\mathrm{Mor}_f(G,\mathscr{G}) \cong \prod\limits_{A \in \mathscr{A}} \mathscr{G}(A)$. Da $\mathscr{F}(A) \neq \emptyset$ für alle $A \in \mathscr{A}$, ist $\mathrm{Mor}_f(G,\mathscr{F}) \neq \emptyset$ für alle $\mathscr{F} \in \mathfrak{L}(\mathscr{A},\mathbf{Ab})$. Damit ist G ein Generator für $\mathfrak{L}(\mathscr{A},\mathbf{Ab})$.

Korollar 2. $\mathfrak{L}(\mathscr{A},\mathbf{Ab})$ *ist eine abelsche Kategorie mit einem injektiven Kogenerator.*

Beweis: Folgt aus 4.9 Korollar 3.

Satz 4. *Der kontravariante Darstellungsfunktor* $h\colon \mathscr{A} \to \mathfrak{L}(\mathscr{A},\mathbf{Ab})$ *ist voll, treu und exakt.*

Beweis: Wir bezeichnen den injektiven Kogenerator von $\mathfrak{L}(\mathscr{A},\mathbf{Ab})$ mit $\mathscr{K}$. Der Funktor $\mathrm{Mor}_f(-,\mathscr{K})\colon \mathfrak{L}(\mathscr{A},\mathbf{Ab}) \to \mathbf{Ab}$ ist treu und exakt nach Definition von $\mathscr{K}$. Nach 4.3 Lemma 2 und 2.12 Lemma 1 ist eine Folge in $\mathfrak{L}(\mathscr{A},\mathbf{Ab})$ genau dann exakt, wenn ihr Bild bei $\mathrm{Mor}_f(-,\mathscr{K})$ exakt ist. Sei

$$0 \longrightarrow A \longrightarrow B \longrightarrow C \longrightarrow 0$$

eine exakte Folge in $\mathscr{A}$. Dann ist die Folge $0 \to h^C \to h^B \to h^A$ exakt, weil für alle $D \in \mathscr{A}$ die Folge $0 \to h^C(D) \to h^B(D) \to h^A(D)$ exakt ist und in $\mathfrak{L}(\mathscr{A},\mathbf{Ab})$ Kerne punktweise gebildet werden. Damit sind die Folgen $\mathrm{Mor}_f(h^A,\mathscr{K}) \to \mathrm{Mor}_f(h^B,\mathscr{K}) \to \mathrm{Mor}_f(h^C,\mathscr{K}) \to 0$ und $\mathscr{K}(A) \to \mathscr{K}(B) \to \mathscr{K}(C) \to 0$ exakt. Da $\mathscr{K}$ aber ein linksexakter Funktor ist, ist sogar $0 \to \mathscr{K}(A) \to \mathscr{K}(B) \to \mathscr{K}(C) \to 0$ und auch $0 \to \mathrm{Mor}_f(h^A,\mathscr{K}) \to \mathrm{Mor}_f(h^B,\mathscr{K}) \to \mathrm{Mor}_f(h^C,\mathscr{K}) \to 0$ exakt. Mit der obigen Bemerkung ist daher

$$0 \longrightarrow h^C \longrightarrow h^B \longrightarrow h^A \longrightarrow 0$$

exakt. Daß der Darstellungsfunktor voll treu ist, wissen wir schon aus 2.12 Satz 2.

4.14 Einbettungssätze

Die Bedeutung voller treuer Funktoren haben wir schon früher (in 2.12) untersucht. Bei abelschen Kategorien kommt ein weiterer wichtiger Begriff hinzu, nämlich der des exakten Funktors. Wieder ist das Verhalten von Funktoren in bezug auf Diagramme von Interesse. Da die zugehörigen Diagrammschemata jedoch im allgemeinen keine abelsche Kategorien sein werden, müssen wir hier die Exaktheit anders formulieren.

Als Beispiel möge uns ein Teil der Aussage des 3×3-Lemmas dienen. Wenn ein kommutatives Diagramm in einer abelschen Kategorie $\mathscr{C}$

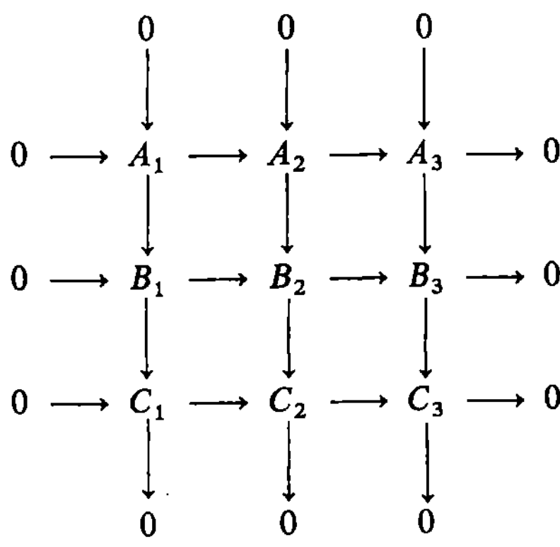

mit exakten Spalten und exakter erster und zweiter Zeile gegeben ist, so ist auch die dritte Zeile exakt. Wie können wir diese Aussage in der Sprache der Diagrammschemata formulieren? Sei zunächst ein Diagrammschema $\mathscr{D}$ mit den entsprechenden Objekten A_i', B_i', C_i' ($i = 1,2,3$) und $0'$ gegeben. Bei der Angabe der Morphismen von $\mathscr{D}$ können wir auch die schon bestehenden Kommutativitätsrelationen mit berücksichtigen. Sei $\mathscr{F}$ der Funktor, der $\mathscr{D}$ auf unser vorgegebenes Diagramm abbildet. Die Exaktheitsaussagen müssen wir in $\mathscr{C}$ nachprüfen. Wir können aber schon in $\mathscr{D}$ sagen, für welche Paare von Morphismen die Exaktheit nachzuprüfen ist, nämlich für

$$(0' \to A_1', A_1' \to A_2'), \dots, (B_3' \to C_3', C_3' \to 0'),$$

nicht aber für

$$(0' \to C_1', C_1' \to C_2'), (C_1' \to C_2', C_2' \to C_3') \quad \text{und} \quad (C_2' \to C_3', C_3' \to 0').$$

Wenn diese Paare von Morphismen bei Anwendung von $\mathscr{F}$ exakt werden, so werden nach dem 3×3-Lemma auch die Paare $(0' \to C_1', C_1' \to C_2'), \dots, (C_2' \to C_3', C_3' \to 0')$ exakt bei Anwendung von $\mathscr{F}$. Dabei haben wir aber noch nicht berücksichtigt, daß $\mathscr{F}(0')$ das Nullobjekt von $\mathscr{C}$ sein soll. Wir könnten das natürlich getrennt von den Exaktheitsaussagen fordern. Es gibt aber eine Exaktheitsaussage, die diese Bedingung automatisch nach sich zieht. Wenn $(0' \xrightarrow{1} 0', 0' \xrightarrow{1} 0')$ nach Anwendung von $\mathscr{F}$ exakt wird, so kann $\mathscr{F}(0')$ nur das Nullobjekt von $\mathscr{C}$ sein. Wir werden später noch weitere solcher Bedingungen durch Exaktheitsbedingungen ausdrücken. Die bisherigen Überlegungen wollen wir jedoch zunächst formalisieren.

Sei $\mathscr{D}$ ein Diagrammschema. Eine Menge E von Paaren von Morphismen aus $\mathscr{D}$ heißt Menge von Exaktheitsbedingungen, wenn für jedes Paar $(a,b) \in E$ gilt $Z(a) = Q(b)$, d. h. wenn sich die beiden zu einem Paar zusammengefügten Morphismen in $\mathscr{D}$ verknüpfen lassen. Sei $\mathscr{F}: \mathscr{D} \to \mathscr{C}$ ein Diagramm über $\mathscr{D}$ in $\mathscr{C}$. Wir sagen, daß $\mathscr{F}$ die Exaktheitsbedingungen E erfüllt, wenn für jedes Paar $(a,b) \in E$ die Folge

$$\mathscr{F}(Q(a)) \xrightarrow{\ \mathscr{F}(a)\ } \mathscr{F}(Z(a)) \xrightarrow{\ \mathscr{F}(b)\ } \mathscr{F}(Z(b))$$

exakt ist. Bezeichnen wir mit E_1 die Exaktheitsbedingungen für das Nullobjekt und die Exaktheit der Spalten und der ersten und zweiten Zeile und mit E_2 die Exaktheitsbedingungen für die Exaktheit der letzten Zeile des vorgegebenen Diagramms, so läßt sich das 3×3-Lemma auch folgendermaßen formulieren. Jedes Diagramm $\mathscr{F}$, das die Exaktheitsbedingungen E_1 erfüllt, erfüllt auch die Exaktheitsbedingungen E_2.

Wenn $\mathscr{F}$ eine Menge von vorgegebenen Exaktheitsbedingungen erfüllt, so ist es möglich, daß gewisse Teile des Diagramms kommutativ werden, deren Kommutativität in $\mathscr{D}$ nicht erkennbar oder gegeben war. Die Kommutativität von Diagrammen läßt sich nun auch durch eine Menge K von Paaren von Morphismen aus $\mathscr{D}$ ausdrücken, für die aus $(a,b) \in K$ immer folgen muß $Q(a) = Q(b)$ und $Z(a) = Z(b)$. Eine solche Menge K nennen wir auch Menge von Kommutativitätsbedingungen. Wir sagen, daß $\mathscr{F}$ die Kommutativitätsbedingungen K erfüllt, wenn für jedes Paar $(a,b) \in K$ gilt: $\mathscr{F}(a) = \mathscr{F}(b)$. Unter einer exakten kategorischen Aussage in einer abelschen Kategorie $\mathscr{C}$ bezüglich des Diagrammschemas $\mathscr{D}$ mit den Exaktheitsbedingungen E und E' und den Kommutativitätsbedingungen K und K' verstehen wir eine Aussage der Form: Jedes Diagramm $\mathscr{F}$ über $\mathscr{D}$ in $\mathscr{C}$, das die Exaktheitsbedingungen E und die Kommutativitätsbedingungen K erfüllt, erfüllt auch die Exaktheitsbedingungen E' und die Kommutativitätsbedingungen K'.

Da die Identitäten und Verknüpfungen von Morphismen schon in $\mathscr{D}$ formuliert werden können und durch den Funktor $\mathscr{F}$ erhalten werden, läßt sich eine Reihe unserer bisherigen Begriffe in abelschen Kategorien durch Exaktheits- und Kommutativitätsbedingungen erhalten. Da wir nur an Funktoren $\mathscr{F}$ interessiert sind, die die vorgegebenen Exaktheits- und Kommutativitätsbedingungen erfüllen, können wir die zu den Begriffen äquivalenten Exaktheits- bzw. Kommutativitätsbedingungen in $\mathscr{C}$ unabhängig vom Diagrammschema $\mathscr{D}$ formulieren.

Es gelten folgende Aussagen in einer abelschen Kategorie $\mathscr{C}$:

$A = 0$	genau dann, wenn	$A \xrightarrow{1} A \xrightarrow{1} A$ exakt.
$A \to B = 0$	genau dann, wenn	$A \to B \xrightarrow{1} B$ exakt.
$A \to B$ Monomorphismus	genau dann, wenn	$0 \to A \to B$ exakt.
$(A \to B) = \mathrm{Ke}(B \to C)$	genau dann, wenn	$0 \to A \to B \to C$ exakt.

$S = A \oplus B$ mit den Projektionen bzw. Injektionen
$S \to A,\; S \to B,$
$A \to S,\; B \to S$ $\left.\right\}$ genau dann, wenn $\left\{\begin{array}{l} A \to S \to B \quad \text{exakt} \\ B \to S \to A \quad \text{exakt} \\ (A \to S \to A) = (A \xrightarrow{1} A) \\ (B \to S \to B) = (B \xrightarrow{1} B). \end{array}\right.$

$C \to S$ durch $C \to A$ und
$C \to B$ induzierter Morphismus
in die direkte Summe $\left.\right\}$ genau dann, wenn $\left\{\begin{array}{l} (C \to S \to A) = (C \to A) \\ (C \to S \to B) = (C \to B). \end{array}\right.$

$\begin{array}{ccc} P & \to & A \\ \downarrow & & \downarrow \\ B & \to & C \end{array}$ Faserprodukt $\left.\right\}$ genau dann, wenn $0 \to P \to A \oplus B \to C$ exakt.

Diese Beispiele mögen genügen für die Vielzahl weiterer Begriffe, die auf diese Weise dargestellt werden können. Speziell lassen sich endliche Limites und Kolimites mit ihren universellen Eigenschaften so erfassen.

Lemma 1. *Sei* $\mathscr{G}: \mathscr{B} \to \mathscr{C}$ *ein treuer, exakter Funktor zwischen abelschen Kategorien. Sei die durch* $(\mathscr{D}, E, K, E', K')$ *definierte exakte kategorische Aussage in* $\mathscr{C}$ *wahr. Dann ist sie auch in* $\mathscr{B}$ *wahr.*

Beweis: Wir müssen zeigen, daß ein Diagramm $\mathscr{F}: \mathscr{D} \to \mathscr{B}$, daß die Exaktheitsbedingungen E und die Kommutativitätsbedingungen K erfüllt, auch die Exaktheitsbedingungen E' und die Kommutativitätsbedingungen K' erfüllt. Nach Voraussetzung erfüllt $\mathscr{G}\mathscr{F}: \mathscr{D} \to \mathscr{C}$ die Bedingungen E' und K'. Wenn $\mathscr{F}$ nämlich E und K erfüllt, so erfüllt $\mathscr{G}\mathscr{F}$ die Bedingungen E und K, weil $\mathscr{G}$ exakt ist. Da $\mathscr{G}$ treu ist, müssen die Bedingungen K' auch schon in $\mathscr{B}$ erfüllt sein. Wir müssen noch zeigen, daß eine Folge $A \to B \to C$ in $\mathscr{B}$ exakt ist, falls $\mathscr{G}(A) \to \mathscr{G}(B) \to \mathscr{G}(C)$ in $\mathscr{C}$ exakt ist. Dann ist nämlich auch E' in $\mathscr{B}$ erfüllt.
Sei $A \xrightarrow{f} B \xrightarrow{g} C$ in $\mathscr{B}$ nicht exakt. Dann ist $A \to B \to C \neq 0$ oder $\mathrm{Ke}(g) \to B \to \mathrm{Kok}(f) \neq 0$. Da $\mathscr{G}$ treu und exakt ist, erhält $\mathscr{G}$ Kerne, Kokerne und von Null verschiedene Morphismen. Also ist $\mathscr{G}(A) \to \mathscr{G}(B) \to \mathscr{G}(C) \neq 0$ oder $\mathrm{Ke}(\mathscr{G}(g)) \to \mathscr{G}(B) \to \mathrm{Kok}(\mathscr{G}(f)) \neq 0$. Damit ist auch $\mathscr{G}(A) \to \mathscr{G}(B) \to \mathscr{G}(C)$ nicht exakt (4.3 Lemma 1).

Nach diesem Lemma können wir die Wahrheit von exakten kategorischen Aussagen über treue, exakte Funktoren prüfen. Da ein Diagramm immer nur eine Menge von Objekten und Morphismen umfaßt, wäre es von Interesse zu wissen, ob jedes Diagramm in einer abelschen Kategorie schon in einer kleinen abelschen Kategorie liegt. Wie wir später sehen werden, lassen sich für kleine abelsche Kategorien treue, exakte Testfunktoren in die Kategorie der abelschen Gruppen angeben.

Satz 1. *Jede Menge von Objekten in einer abelschen Kategorie liegt in einer kleinen, vollen, exakten, abelschen Unterkategorie.*

Beweis: Sei $\mathscr{A}_0$ die volle Unterkategorie der abelschen Kategorie $\mathscr{C}$ mit der vorgegebenen Menge von Objekten aus $\mathscr{C}$ als Objekten. Wir konstruieren jetzt eine Folge von vollen Unterkategorien $\mathscr{A}_i$ von $\mathscr{C}$ durch folgende Konstruktion. Ist $\mathscr{A}_i$ gegeben, so bestehe $\mathscr{A}_{i+1}$ aus den Kernen und Kokernen aller Morphismen von $\mathscr{A}_i$ sowie allen direkten Summen von Objekten aus $\mathscr{A}_i$, wobei die Kerne, Kokerne und direkten Summen in $\mathscr{C}$ zu bilden sind und zu jedem Morphismus nur ein Kern bzw. Kokern und zu jeder endlichen Menge von Objekten nur eine direkte Summe hinzugenommen wird. $\mathscr{A}_{i+1}$ sei die durch diese Objekte definierte volle Unterkategorie von $\mathscr{C}$. Mit $\mathscr{A}_i$ ist auch $\mathscr{A}_{i+1}$ klein. Außerdem ist $\mathscr{A}_i \subseteq \mathscr{A}_{i+1}$, wenn wir zum Beispiel A als Kern von $0: A \to A$ verwenden. Daher liegt $\mathscr{A}_0$ in $\mathscr{B} = \bigcup_{i=0}^{\infty} \mathscr{A}_i$, und $\mathscr{B}$ ist eine kleine, volle, exakte, abelsche Unterkategorie von $\mathscr{C}$. $\mathscr{B}$ ist nach Definition eine kleine volle Unterkategorie. $\mathscr{B}$ enthält das Nullobjekt von $\mathscr{C}$ als Kern von einer Identität und die Morphismenmengen in $\mathscr{B}$ bilden in derselben Weise wie in $\mathscr{C}$ abelsche Gruppen. Außerdem existiert für jede endliche Menge von Objekten in $\mathscr{B}$, die ja schon in einem der $\mathscr{A}_i$ liegen müssen, eine direkte Summe in $\mathscr{B}$. Damit ist $\mathscr{B}$ eine additive Kategorie. Außerdem stimmen Kerne und Kokerne von Morphismen aus $\mathscr{B}$ mit Kernen und Kokernen in $\mathscr{C}$ nach Definition überein und existieren. Der natürliche Morphismus vom Kobild in das Bild eines Morphismus in $\mathscr{B}$ stimmt mit dem in $\mathscr{C}$ überein, hat also auch in $\mathscr{B}$ seinen inversen Morphismus. Damit ist $\mathscr{B}$ abelsch und der Einbettungsfunktor exakt.

Satz 2. *Sei $\mathscr{A}$ eine kleine, abelsche Kategorie. Dann existiert ein kovarianter, treuer, exakter Funktor $\mathscr{F}: \mathscr{A} \to \mathbf{Ab}$ von $\mathscr{A}$ in die Kategorie der abelschen Gruppen.*

Beweis: Wir verwenden 4.13 Satz 4 und 4.13 Korollar 2. Der kontravariante Darstellungsfunktor $h: \mathscr{A} \to \mathfrak{L}(\mathscr{A}, \mathbf{Ab})$ ist treu und exakt. Sei $\mathscr{K}$ ein injektiver Kogenerator in $\mathfrak{L}(\mathscr{A}, \mathbf{Ab})$. Dann ist der kontravariante darstellbare Funktor $\mathrm{Mor}_f(-, \mathscr{K}): \mathfrak{L}(\mathscr{A}, \mathbf{Ab}) \to \mathbf{Ab}$ nach Definition des injektiven Kogenerators treu und exakt. Die Hintereinanderausführung dieser beiden Funktoren ist kovariant, treu und exakt, und es ist $\mathrm{Mor}_f(-, \mathscr{K})h \cong \mathscr{K}$. Damit ist $\mathscr{K}: \mathscr{A} \to \mathbf{Ab}$ ein kovarianter, treuer, exakter Funktor.

Nach Lemma 1 genügt es jetzt, exakte kategorische Aussagen nur in der Kategorie der abelschen Gruppen $\mathbf{Ab}$ auf ihre Wahrheit zu prüfen. Das gilt auch für beliebige abelsche Kategorien $\mathscr{C}$, da jedes Diagramm nach Satz 1 schon in einer kleinen abelschen Kategorie $\mathscr{A}$ liegt und die Exaktheitsbegriffe in $\mathscr{A}$ und $\mathscr{C}$ übereinstimmen. Da wir in $\mathbf{Ab}$ Exaktheit und Gleichheit von Morphismen elementweise nachprüfen können, werden viele Beweise erheblich erleichtert. Wir formulieren diese Tatsache im

Metasatz 1. *Eine exakte kategorische Aussage, die in der Kategorie $\mathbf{Ab}$ der abelschen Gruppen wahr ist, ist in jeder abelschen Kategorie wahr.*

Als Anwendung dieses Metasatzes zeigen wir, daß in jeder abelschen Kategorie der Verband der Unterobjekte eines Objekts modular ist. Ein Verband heißt m o d u l a r, wenn für Elemente A, B und C des Verbandes aus $A \subseteq C$ folgt $A \cup (B \cap C) = (A \cup B) \cap C$. Es gilt immer $A \cup (B \cap C) \subseteq (A \cup B) \cap C$ unter der Voraussetzung $A \subseteq C$. Um die Gleichheit im Verband der Unterobjekte zu zeigen, ist zu zeigen, daß der Morphismus $A \cup (B \cap C) \subseteq (A \cup B) \cap C$ ein Isomorphismus ist. Zur Formulierung von Durchschnitt und Vereinigung benötigen wir endliche Limites und Kolimites. Also ist die Modularität des Verbandes der Unterobjekte eines Objekts in einer abelschen Kategorie eine exakte kategorische Aussage. Wir dürfen sie in **Ab** nachprüfen. Ist aber $c \in (A \cup B) \cap C$, so ist $c = a + b$ mit $a \in A$ und $b \in B$. Da $A \subseteq C$, ist $c - a = b \in C$, also $b \in B \cap C$. Damit ist gezeigt, daß $c = a + b \in A \cup (B \cap C)$, d. h. $A \cup (B \cap C) = (A \cup B) \cap C$.

Korollar 1. *Der Verband der Unterobjekte eines Objekts in einer abelschen Kategorie ist modular.*

Bei unserem Beispiel des 3×3-Lemmas haben wir nur einen Teil dieses Lemmas als exakte kategorische Aussage erfassen können. Obwohl es in diesem Falle leicht ist, die Existenz der Morphismen in der unteren Zeile nachzuweisen, die das Diagramm kommutativ machen, so ist es doch von prinzipiellem Interesse, auch diese Aufgabe mit einem geeigneten Funktor in eine andere Kategorie zu verlagern. Es handelt sich bei diesem Problem um zwei Diagrammschemata mit denselben Objekten, wobei die Morphismen des einen auch Morphismen des anderen sind. Im zweiten Diagrammschema sind aber noch weitere Morphismen hinzu gekommen.

Sei $\mathcal{D}$ ein Diagrammschema mit den Exaktheitsbedingungen E und den Kommutativitätsbedingungen K. Sei $\mathcal{D}'$ ein weiteres Diagrammschema mit den Exaktheitsbedingungen E' und den Kommutativitätsbedingungen K'. Sei $\mathcal{I}: \mathcal{D} \to \mathcal{D}'$ ein Funktor, der auf den Objekten bijektiv ist. $(\mathcal{I}, \mathcal{D}, \mathcal{D}', E, K, E', K')$ definiert eine **volle exakte kategorische Aussage** in bezug auf eine abelsche Kategorie $\mathcal{C}$ der folgenden Form: Zu jedem Diagramm $\mathcal{F}: \mathcal{D} \to \mathcal{C}$, das die Exaktheitsbedingungen E und die Kommutativitätsbedingungen K erfüllt, existiert ein Diagramm $\mathcal{F}': \mathcal{D} \to \mathcal{C}$ mit $\mathcal{F}'\mathcal{I} = \mathcal{F}$, das die Exaktheitsbedingungen E' und die Kommutativitätsbedingungen K' erfüllt. Das 3×3-Lemma ist also eine volle exakte kategorische Aussage, die in jeder abelschen Kategorie wahr ist.

Lemma 2. *Sei $\mathcal{G}: \mathcal{B} \to \mathcal{C}$ ein voller, treuer, exakter Funktor zwischen abelschen Kategorien. Sei die durch $(\mathcal{I}, \mathcal{D}, \mathcal{D}', E, K, E', K')$ definierte volle exakte kategorische Aussage in $\mathcal{C}$ wahr. Dann ist sie auch in $\mathcal{B}$ wahr.*

Beweis: Erfülle $\mathcal{F}: \mathcal{D} \to \mathcal{B}$ die Bedingungen E und K. Dann erfüllt auch $\mathcal{G}\mathcal{F}: \mathcal{D} \to \mathcal{C}$ die Bedingungen E und K, weil $\mathcal{G}$ exakt ist. Es gibt also ein Diagramm $\mathcal{F}'': \mathcal{D}' \to \mathcal{C}$, das die Bedingungen E' und K' erfüllt. Nach 1.15 Lemma 2 läßt sich $\mathcal{F}''$ eindeutig durch $\mathcal{B}$ faktorisieren mit einem Diagramm $\mathcal{F}': \mathcal{D}' \to \mathcal{B}$ und $\mathcal{F}'' = \mathcal{G}\mathcal{F}'$. Da $\mathcal{G}$ treu und exakt ist, erfüllt mit $\mathcal{G}\mathcal{F}'$ auch $\mathcal{F}'$ die Bedingungen E' und K'. Das hatten wir schon in Lemma 1 gezeigt.

Nach Satz 1 können wir jede volle exakte kategorische Aussage schon in einer kleinen abelschen Kategorie entscheiden, nämlich in der kleinen, vollen, exakten, abelschen Unterkategorie, die alle Objekte des Diagramms $\mathcal{F}: \mathcal{D} \to \mathcal{C}$ umfaßt. Diese Kategorie hängt natürlich von der Wahl des Diagramms $\mathcal{F}$ ab. Wenn wir aber zeigen, daß eine volle exakte kategorische Aussage in jeder kleinen, vollen, exakten, abelschen Unterkategorie von $\mathcal{C}$ wahr ist, so ist sie auch in $\mathcal{C}$ wahr. Für die folgenden Überlegungen benötigen wir noch einen weiteren Satz.

Satz 3. *Sei $\mathcal{C}$ eine kovollständige abelsche Kategorie mit einem projektiven Generator P. Sei $\mathcal{A}$ eine kleine, volle, exakte, abelsche Unterkategorie von $\mathcal{C}$. Dann existiert ein voller, treuer, exakter, kovarianter Funktor $\mathcal{F}: \mathcal{A} \to \mathbf{Mod}_R$ von $\mathcal{A}$ in eine Kategorie von R-Moduln.*

Beweis: Der Beweis verläuft ähnlich, wie der Beweis von 4.11 Satz 1. Da P nicht endlich ist, werden wir die Objekte von $\mathcal{A}$ nicht durch Epimorphismen von Koprodukten von P mit sich selbst zu erreichen suchen, sondern durch Epimorphismen von einem projektiven Generator. Da jedes Koprodukt von Kopien von P wieder ein projektiver Generator ist, wählen wir die Anzahl der Faktoren so groß, daß jedes Objekt A von $\mathscr{A}$ durch einen Epimorphismus $\coprod P \to A$ erreicht werden kann. Das ist möglich, weil $\mathscr{A}$ klein ist. Wir nennen $\coprod P = P'$ und $R = \mathrm{Hom}_{\mathscr{C}}(P',P')$. Da P' ein projektiver Generator ist, ist der Funktor $\mathrm{Hom}_{\mathscr{C}}(P',-)\colon \mathscr{C} \to \mathbf{Mod}_R$ treu und exakt. Wir müssen noch zeigen, daß die Einschränkung $\mathscr{F}$ von $\mathrm{Hom}_{\mathscr{C}}(P',-)$ auf die Unterkategorie $\mathscr{A}$ voll ist. Dann ist $\mathscr{F}$ voll, treu und exakt. Sei $\mathscr{G} = \mathrm{Hom}_{\mathscr{C}}(P',-)$.

Sei $f\colon \mathscr{F}A \to \mathscr{F}B$ für Objekte $A,B \in \mathscr{A}$ gegeben. Wir müssen einen Morphismus $f'\colon A \to B$ mit $\mathscr{F}f' = f$ finden. Seien $a\colon P' \to A$ und $b\colon P' \to B$ Epimorphismen. Da der Ring R projektiv ist, erhalten wir ein kommutatives Diagramm

$$\begin{array}{ccccc} \mathrm{Ke}(\mathscr{G}a) & \longrightarrow & R & \xrightarrow{\ \mathscr{G}a\ } & \mathscr{F}A \\ & & \mathscr{G}g\downarrow & & \downarrow f \\ & & R & \xrightarrow{\ \mathscr{G}b\ } & \mathscr{F}B\,. \end{array}$$

Der Morphismus $R \to R$ läßt sich in der Form $\mathscr{G}g$ darstellen, weil $\mathrm{Hom}_{\mathscr{C}}(P',P') \cong \mathrm{Hom}_R(R,R)$ bei dem Funktor $\mathrm{Hom}_{\mathscr{C}}(P',-)$ ist. Da $\mathscr{G}$ exakt ist, ist $\mathrm{Ke}(\mathscr{G}a) = \mathscr{G}(\mathrm{Ke}(a))$. Da $\mathscr{G}$ treu ist, ist mit $\mathrm{Ke}(\mathscr{G}a) \to R \to R \to \mathscr{F}B = 0$ auch $\mathrm{Ke}(a) \to P' \to P' \to B = 0$. Daher existiert in dem Diagramm

$$\begin{array}{ccccc} \mathrm{Ke}(a) & \longrightarrow & P' & \xrightarrow{\ a\ } & A \\ & & g\downarrow & & \downarrow f' \\ & & P' & \xrightarrow{\ b\ } & B \end{array}$$

genau ein Morphismus f', der das Quadrat kommutativ macht. Also wird das obere Diagramm auch kommutativ, wenn wir f durch $\mathscr{F}f'$ ersetzen. Da aber $\mathscr{G}a$ ein Epimorphismus ist, ist $f = \mathscr{F}f'$.

Satz 4 (Einbettungssatz von Mitchell). *Sei $\mathscr{A}$ eine kleine, abelsche Kategorie. Dann existiert ein kovarianter, voller, treuer, exakter Funktor $\mathscr{F}\colon \mathscr{A} \to \mathbf{Mod}_R$ von $\mathscr{A}$ in eine Kategorie von R-Moduln.*

Beweis: Der Funktor $h\colon \mathscr{A} \to \mathfrak{L}(\mathscr{A},\mathbf{Ab})$ ist kontravariant, voll, treu und exakt. Sei h^0 der entsprechende Funktor von $\mathscr{A}$ in die zu $\mathfrak{L}(\mathscr{A},\mathbf{Ab})$ duale Kategorie $\mathfrak{L}^0(\mathscr{A},\mathbf{Ab})$, die nach 4.13 kovollständig ist und einen projektiven Generator besitzt. h^0 ist dann kovariant, voll, treu und exakt. Sei $\mathscr{B}$ die kleine, volle, exakte, abelsche Unterkategorie von $\mathfrak{L}^0(\mathscr{A},\mathbf{Ab})$, die durch $h^0(\mathscr{A})$ nach Satz 1 erzeugt wird. Nach Satz 3 existiert ein voller, treuer, exakter Funktor $\mathscr{B} \to \mathbf{Mod}_R$ für einen Ring R. Damit ist auch $\mathscr{A} \to \mathscr{B} \to \mathbf{Mod}_R$ kovariant, voll, treu und exakt.

Wie im Falle des Metasatzes 1 folgt aus Lemma 2 und Satz 4 der

Metasatz 2. *Eine volle exakte kategorische Aussage, die in allen Modulkategorien wahr ist, ist in jeder abelschen Kategorie wahr.*

Mit diesem Satz können wir jetzt auch Existenzaussagen über Morphismen in einfach zu handhabenden Kategorien, nämlich in Modulkategorien, in denen man elementweise rechnen kann, entscheiden. Das 3×3-Lemma brauchte mit diesen Hilfsmitteln nur noch in einer beliebigen Modulkategorie bewiesen zu werden, um dann schon in allen abelschen Kategorien zu gelten.

Das bekannteste Anwendungsbeispiel dieses Satzes ist die Existenz des verbindenden Homomorphismus.

Korollar 2. *Sei das Diagramm*

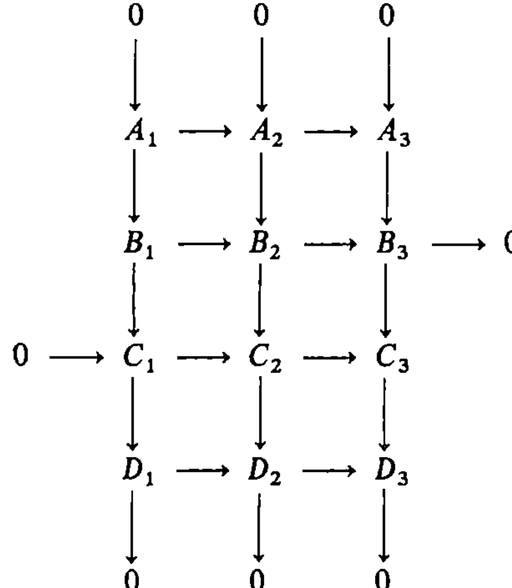

in einer abelschen Kategorie $\mathscr{C}$ kommutativ mit exakten Zeilen und Spalten. Dann existiert ein Morphismus $A_3 \to D_1$, so daß die Folge

$$A_2 \longrightarrow A_3 \longrightarrow D_1 \longrightarrow D_2$$

exakt ist.

Beweis: Die Aussage des Korollars ist eine volle exakte kategorische Aussage. Wir brauchen sie also nur in Modulkategorien nachzuprüfen. Wir definieren dazu die folgende Zuordnung: $A_3 \ni a_3 \mapsto b_3 \mapsto b_2 \mapsto c_2 \mapsto c_1 \mapsto d_1 \in D_1$. Dabei seien die Elemente aus den entsprechend indizierten Moduln. b_2 sei so gewählt, daß b_2 bei $B_2 \to B_3$ auf b_3 abgebildet wird. Da c_2 bei $C_2 \to C_3$ auf 0 abgebildet wird, liegt c_2 schon in C_1 als ein Element c_1. Die einzige Mehrdeutigkeit bei dieser Zuordnung ist die Wahl von b_2. Diese ist bis auf einen Summanden $b_1' \in B_1$ festgelegt. Es ist aber $b_2 + b_1' \mapsto c_2 + c_1' \mapsto c_1 + c_1' \mapsto d_1$, weil $B_1 \to C_1 \to D_1 = 0$ ist. Diese Abbildung ist offenbar ein Homomorphismus, den wir mit $\delta\colon A_3 \to D_1$ bezeichnen und verbindenden Homomorphismus nennen.

Ist $\delta(a_3) = 0$, so existiert ein $b_1' \in B_1$ mit $b_1' \mapsto c_1$ bei $B_1 \mapsto C_1$. Dann ist $b_2 - b_1' \mapsto 0$ bei $B_2 \to C_2$. Damit existiert genau ein a_2 mit $a_2 \mapsto b_2 - b_1'$. Dann ist $a_2 \mapsto a_3$ bei $A_2 \to A_3$, also ist $A_2 \to A_3 \to D_1$ exakt.

Ist $d_1 \in D_1$ so gegeben, daß d_1 bei $D_1 \to D_2$ auf 0 abgebildet wird, so existiert c_1 mit $c_1 \mapsto d_1$ und c_1 wird bei $C_1 \to C_2 \to D_2$ in 0 abgebildet. Also existiert ein b_2 mit $b_2 \mapsto c_2$ und $c_1 \mapsto c_2$. Deshalb geht b_2 bei $B_2 \to B_3 \to C_3$ in 0 über, d. h. es existiert ein a_3 mit $a_3 \mapsto b_3$ und $b_2 \mapsto b_3$. Nach Definition von δ ist $\delta(a_3) = d_1$. Damit ist die Folge

$$A_2 \longrightarrow A_3 \xrightarrow{\ \delta\ } D_1 \longrightarrow D_2$$

exakt.

Aufgaben zu Kapitel 4

1. Man zeige, daß 4.1 Beispiel 2 keine abelsche Kategorie ist.

2. Die Folge $0 \to A \to B \to 0$ ist genau dann exakt, wenn $A \to B$ ein Isomorphismus ist.

3. Sei $\mathscr{C}$ eine abelsche Kategorie. Wenn das folgende Diagramm in $\mathscr{C}$

$$\begin{array}{ccccccccc}
0 & \longrightarrow & A & \xrightarrow{\ f\ } & B & \xrightarrow{\ g\ } & C & \longrightarrow & 0 \\
& & \downarrow{\scriptstyle u} & & \downarrow{\scriptstyle v} & & \downarrow{\scriptstyle w} & & \\
0 & \longrightarrow & A' & \xrightarrow{\ f'\ } & B' & \xrightarrow{\ g'\ } & C' & \longrightarrow & 0
\end{array}$$

kommutativ ist und beide Zeilen kurze, exakte Folgen sind, so gilt:

1) sind u und w Monomorphismen, so ist v ein Monomorphismus,
2) sind u und w Epimorphismen, so ist v ein Epimorphismus.

4. Man dualisiere 4.3 Lemma 2.

5. Sei $0 \to A \xrightarrow{f} B \xrightarrow{g} C \to 0$ eine exakte Folge. Dann sind äquivalent:

1) f ist ein Schnitt.
2) g ist eine Retraktion.
3) $B = A \oplus C$ und $f \colon A \to A \oplus B$ ist die Injektion zu A.

6. Man zeige, daß die Kategorie der geordneten abelschen Gruppen nicht abelsch ist. Eine abelsche Gruppe G heißt geordnet, wenn G eine geordnete Menge ist (1.1 Beispiel 2), so daß gilt $a \le b \Rightarrow a + x \le b + x$. Seien G und G' geordnete abelsche Gruppen. Ein Homomorphismus $f \colon G \to G'$ heißt ordnungstreu, wenn $a \le b \Rightarrow f(a) \le f(b)$. Die geordneten abelschen Gruppen zusammen mit den ordnungstreuen Homomorphismen bilden eine additive Kategorie, die Kategorie der geordneten abelschen Gruppen.

7. Man zeige, daß die Behauptung von 4.5 Lemma 1 auch ohne die Annahme, daß C/A einfach ist, gilt.

8. Man gebe ein Objekt endlicher Länge mit unendlich vielen verschiedenen Unterobjekten in einer abelschen Kategorie an.

9. Man zeige, daß $_R\mathbf{Mod}$ für jeden unitären, assoziativen Ring R eine Grothendieck-Kategorie ist.

10. In einer Modulkategorie $_R\mathbf{Mod}$ ist die Vereinigung (im kategorietheoretischen Sinne) von Untermoduln eines Moduls die Summe (im modultheoretischen Sinne) dieser Untermoduln.

11. Man beweise den Steinitzschen Austauschsatz für Vektorräume mit 4.10 Satz 5.

12. Man zeige, daß in 4.9 Korollar 4 der Modul R/M für einen lokalen Ring R kein Kogenerator ist, daß also im allgemeinen $\coprod R/M$ kein Kogenerator ist.

13. (Zu 4.14 Lemma 1). Ein additiver Funktor zwischen abelschen Kategorien ist genau dann treu, wenn er exakte Folgen reflektiert.

14. Gilt 4.10 Korollar 1 für beliebige gleichungsdefinierte Algebren anstelle von R-Moduln?

15. a) Sei $M \in {_R\mathbf{Mod}}$. Sei $\{G_i\}_{i \in I}$ die Menge der großen Untermoduln von M und $\{E_j\}_{j \in J}$ die Menge der einfachen Untermoduln von M. Dann ist $\bigcap_i G_i = \coprod_{j \in K} E_j$ mit einer geeigneten Teilmenge $K \subseteq J$ und heißt Sockel von M.
b) $M \in {_R\mathbf{Mod}}$ heiße kokompakt, wenn M in $_R\mathbf{Mod}^0$ kompakt ist. M ist genau dann kokompakt, wenn der Sockel von M groß in M und endlich erzeugt ist.

Anhang   Mengentheoretische Grundlagen

Auf der Grundlage des Axiomensystems von Gödel und Bernays sollen hier die aus der naiven Mengenlehre weniger bekannten Tatsachen dargestellt werden. Der Unterschied zwischen Mengen und Klassen und die Folgerungen aus dem starken Auswahlaxiom spielen eine wichtige Rolle für die Theorie der Kategorien. Da der axiomatische Aufbau der Mengenlehre sehr formal ist, sollen die Formeln soweit wie möglich zusätzlich in Worten ausgedrückt werden. Man beachte, daß bei der axiomatischen Darstellung einer Theorie zwar Sätze über und in dieser Theorie bewiesen werden, daß im allgemeinen jedoch keine Modelle, die den Axiomen genügen, zu dieser Theorie gehören. So ist auch die axiomatische Mengenlehre nur ein Rechnen mit den angegebenen Formeln; „die Klasse aller Mengen" oder besser ein Modell für die Klasse aller Mengen wird nicht angegeben. Die Axiome und die daraus hergeleiteten Sätze sollen allerdings immer eine Deutung in den naiv-anschaulichen Mengenbegriffen haben.

Wir verabreden folgende *Zeichen*: Klassenvariable X, Y, Z, ...; spezielle Klassen $\emptyset$, $\mathfrak{U}$, A_1, A_2, ...; Mengenvariable x, y, z, ... und Formeln φ, ψ, ... Diese Zeichen können auch zusätzlich mit Indizes versehen werden, so daß auf diese Weise abzählbar viele Zeichen zur Verfügung stehen. Gleichheit $=$ und Element von $\in$ stehen zwischen Mengen- bzw. Klassenvariablen bzw. speziellen Klassen, wobei auf beiden Seiten verschiedene Arten dieser Zeichen stehen können. Logische Zeichen sind: non $\neg$, oder $\vee$, und $\wedge$, es folgt $\Rightarrow$, genau dann folgt $\Leftrightarrow$, es existiert $\vee$, es existiert genau ein $\vee!$ und für alle $\wedge$. Das Zeichen $\neg$ steht vor Formeln. Die Zeichen $\vee$, $\wedge$, $\Rightarrow$, $\Leftrightarrow$ stehen zwischen Formeln. Die Zeichen $\vee$, $\vee!$ und $\wedge$ stehen vor Variablen in Klammern, denen eine Formel oder eine sonstige Zeichenfolge folgt.

Zwischen den logischen Zeichen bestehen Beziehungen, durch die alle logischen Zeichen auf die drei logischen Zeichen $\neg$, $\wedge$ und $\vee$ (und das Gleichheitszeichen) zurückgeführt werden können. Die übrigen Zeichen können als Abkürzungen aufgefaßt werden:

$\varphi \wedge \psi$	ist äquivalent zu	$\neg\,(\neg\,\varphi \wedge \neg\,\psi)$
$\varphi \Rightarrow \psi$	ist äquivalent zu	$\neg\,(\varphi \wedge \neg\,\psi)$
$\varphi \Leftrightarrow \psi$	ist äquivalent zu	$(\varphi \Rightarrow \psi) \wedge (\psi \Rightarrow \varphi)$
$(\wedge\, X)\varphi$	ist äquivalent zu	$\neg\,((\vee\, X)\,\neg\,\varphi)$
$(\vee\,!\,X)\varphi$	ist äquivalent zu	$(\vee\, X)\varphi \wedge ((\vee\, Y)\varphi \Rightarrow (X = Y))$.

Eine Formel ist für Variable oder spezielle Klassen Λ, Γ induktiv definiert durch

1) $\Lambda \in \Gamma$ ist eine Formel.

2) Sind φ und ψ Formeln, so sind auch $\neg\,\varphi$, $\varphi \wedge \psi$ und $(\vee x)\varphi$ Formeln, wobei x durch eine andere Mengenvariable ersetzt werden kann und Abkürzungen (z. B. mit anderen logischen Zeichen) zulässig sind.

3) Nur die nach 1) und 2) gebildeten Zeichenfolgen heißen Formeln.

Kommt eine Variable zusammen mit einem der sogenannten Quantoren $\vee$, $\wedge$ oder $\vee!$ (z. B. $(\vee X)...$, $(\wedge X)...$, $(\vee!y)...$) vor, so heißt die Variable **gebundene Variable**, sonst **freie Variable**.

Die *Axiome* der Mengenlehre werden in mehrere Gruppen unterteilt. Die Axiome der Gruppe A sind

A 1: $\qquad\qquad\qquad\qquad x$ ist eine Klasse.

Jede Menge ist eine Klasse.

A 2: $\qquad\qquad\qquad\qquad X \in Y \Rightarrow X$ ist eine Menge.

Jede Klasse, die Element einer anderen Klasse ist, ist eine Menge.

A 3: $\qquad\qquad (\wedge u)(u \in X \Leftrightarrow u \in Y) \Rightarrow X = Y$.

Extensionalitätsaxiom: Wenn zwei Klassen dieselben Elemente haben, so sind sie gleich. (Sind zwei Klassen gleich, so haben sie nach den logischen Eigenschaften des Gleichheitszeichens auch dieselben Elemente.)

A 4: $\qquad\qquad (\wedge u,v)(\vee w)(x \in w \Leftrightarrow x = u \vee x = v)$.

Axiom der Paarbildung: Zu zwei Mengen u, v existiert eine weitere Menge, die genau u und v als Elemente enthält.

Als Elemente von Klassen bzw. Mengen können nur Mengen auftreten. Elemente sind also keine von den Mengen unterschiedenen Objekte, wie das oft in der naiven Mengenlehre der Fall ist. Vielmehr handelt es sich um die sprachliche Umschreibung des Zeichens $\in$, wenn man von Elementen spricht.

Wir führen eine Reihe von Abkürzungen ein, die bis auf die ersten beiden auch in Formeln zugelassen werden. Dabei hat „: $\equiv$" die Bedeutung von „ist Abkürzung von".

$M(X) \qquad : \equiv X$ ist eine Menge.

$K(X) \qquad : \equiv X$ ist eine Klasse, aber keine Menge.

$X \neq Y \qquad : \equiv \neg\, X = Y$.

$X \notin Y \qquad : \equiv \neg\, X \in Y$.

$\{xy\} \qquad : \equiv$ die nach Axiom A 4 existierende Paarmenge zu x und y, die nach Axiom A 3 eindeutig bestimmt ist.

$\{x\} \qquad : \equiv \{xx\}$, also $\{x\} = \{xx\}$.

$\langle xy \rangle \qquad : \equiv \{\{x\}\{xy\}\}$ (das geordnete Paar von x und y).

$\langle x \rangle \qquad : \equiv x$.

$\langle x_1 \ldots x_n \rangle : \equiv \langle x_1 \langle x_2 \ldots x_n \rangle \rangle$ für alle positiven ganzen Zahlen n. Damit sind geordnete endliche Mengen definiert.

$\mathrm{Leer}(X) \quad : \equiv \neg\, ((\vee u)(u \in X))$, X ist leer.

$\mathrm{Ex}(X,Y) \quad : \equiv \neg\, ((\vee u)(u \in X \wedge u \in Y))$, X und Y haben kein gemeinsames Element.

$\mathrm{Ein}(X) \qquad : \equiv (\wedge u,v,w)((\langle vu \rangle \in X \wedge \langle wu \rangle \in X) \Rightarrow w = v)$, die Teilklasse von X, die nur aus geordneten Paaren besteht, enthält zu jedem u höchstens ein Paar $\langle vu \rangle$, d. h. X ist eindeutig.

$X \subseteq Y \quad : \equiv (\wedge u)(u \in X \Rightarrow u \in Y)$.

$X \subset Y \quad : \equiv (X \subseteq Y) \wedge (X \neq Y)$.

Die Axiome der übrigen Gruppen B, C und D sind:

B 1: $\qquad\qquad (\vee A)(\wedge x,y)(\langle xy \rangle \in A \Leftrightarrow x \in y)$.

Es existiert eine Klasse A, die das geordnete Paar $\langle xy \rangle$ genau dann als Element enthält, wenn $x \in y$ gilt.

B 2: $\qquad\qquad (\wedge A,B)(\vee C)(\wedge u)((u \in A \wedge u \in B) \Leftrightarrow u \in C)$.

Zu je zwei Klassen A und B existiert eine Klasse C, der **Durchschnitt** $A \cap B$ von A und B, die aus genau denjenigen Mengen besteht, die Elemente sowohl von A als auch von B sind.

B 3: $\qquad\qquad (\wedge A)(\vee B)(\wedge u)(u \notin A \Leftrightarrow u \in B)$.

Zu jeder Klasse A existiert eine Klasse B, das **Komplement** $-A$ von A, die genau diejenigen Mengen als Elemente enthält, die A nicht enthält.

B 4: $\qquad\qquad (\wedge A)(\vee B)(\wedge u)(u \in B \Leftrightarrow (\vee y)(\langle yu \rangle \in A))$.

Zu jeder Klasse A existiert eine Klasse B, der **Definitionsbereich** $\mathfrak{D}(A)$ von A, die genau die zweiten Komponenten der geordneten Paare in A enthält.

B 5: $\qquad\qquad (\wedge A)(\vee B)(\wedge xy)(\langle yx \rangle \in B \Leftrightarrow x \in A)$.

Zu jeder Klasse A existiert eine Klasse B, die ein geordnetes Paar genau dann enthält, wenn die zweite Komponente in A liegt. Über die Elemente von B, die keine geordneten Paare sind, ist nichts ausgesagt! B 5 dient zur Konstruktion des **Produktes**.

B6: $\qquad (\wedge\ A)(\vee\ B)(\wedge\ xy)(\langle xy\rangle \in A \Leftrightarrow \langle yx\rangle \in B)$.

Zu jeder Klasse A existiert eine Klasse B, die als geordnete Paare genau die geordneten Paare von A mit vertauschter Reihenfolge enthält.

B7: $\qquad (\wedge\ A)(\vee\ B)(\wedge\ x,y,z)(\langle xyz\rangle \in A \Leftrightarrow \langle yzx\rangle \in B)$.

B8: $\qquad (\wedge\ A)(\vee\ B)(\wedge\ x,y,z)(\langle xyz\rangle \in A \Leftrightarrow \langle xzy\rangle \in B)$.

Zu jeder Klasse A existiert eine Klasse B, die als Tripel genau die Tripel von A mit der nach B 7 bzw. B 8 geänderten Reihenfolge enthält.

C1: $\qquad (\vee\ a)(\neg\ \mathrm{Leer}(a) \wedge (\wedge\ x)(x \in a \Rightarrow (\vee\ y)(y \in a \wedge x \subset y)))$.

Es existiert eine Menge a, die mindestens abzählbar unendlich viele Elemente enthält.

C2: $\qquad (\wedge\ x)(\vee\ y)(\wedge\ u,v)(u \in v \wedge v \in x \Rightarrow u \in y)$.

Zu jeder Menge x existiert eine Menge y, die die Vereinigung der Mengen enthält, die Elemente von x sind.

C3: $\qquad (\wedge\ x)(\vee\ y)(\wedge\ u)(u \subseteq x \Rightarrow u \in y)$.

Zu jeder Menge x existiert eine Menge y, die jede Teilmenge von x als Element enthält.

C4: $\qquad (\wedge\ x,A)(\mathrm{Ein}(A) \Rightarrow (\vee\ y)(\wedge\ u)(u \in y \Leftrightarrow (\vee\ v)(v \in x \wedge \langle uv\rangle \in A)))$.

Zu jeder eindeutigen Klasse A (einer Zuordnung) und zu jeder Menge x existiert eine Menge y, die aus genau den Elementen besteht, die den Elementen von x durch A zugeordnet werden.

D: $\qquad \neg\ \mathrm{Leer}(A) \Rightarrow (\vee\ u)(u \in A \wedge \mathrm{Ex}(u,A))$.

Fundierungsaxiom: Jede nichtleere Klasse enthält eine zu ihr disjunkte Menge als Element.

Lemma 1. *Es existiert genau eine Klasse $\emptyset$ mit $(\wedge\ u)(u \notin \emptyset)$ und genau eine Klasse $\mathfrak{U}$ mit $(\wedge\ u)(u \in \mathfrak{U})$.*

Beweis: Nach Axiom B 1 existiert eine Klasse A. Nach B 3 existiert das Komplement $B = -A$ zu A. Nach B 2 existiert der Durchschnitt C von A und B mit $(\wedge u)(u \in C \Leftrightarrow u \in A \wedge u \in B)$, d.h. $(\wedge\ u)(u \in C \Leftrightarrow u \in A \wedge \neg\ (u \in A))$. Also gilt $(\wedge\ u)(u \notin C)$, weil $u \in A \wedge \neg\ (u \in A)$ immer falsch ist. Wir setzen $\emptyset = C$. Nach A 3 ist $\emptyset$ eindeutig bestimmt. $\mathfrak{U}$ sei das Komplement von $\emptyset$ (B 3). Auch $\mathfrak{U}$ ist eindeutig bestimmt.

Wir nennen $\mathfrak{U}$ die **A l l k l a s s e**. $\emptyset$ wird die **l e e r e M e n g e** genannt, wobei wir erst später beweisen werden, daß $\emptyset$ eine Menge ist.

Metasatz der Klassenbildung. *Sei $\varphi(x_1 \ldots x_n)$ eine Formel, in der keine anderen freien Variablen als $x_1, \ldots, x_n$ vorkommen. Dann existiert genau eine Klasse A, so daß gilt*

$$(\wedge u)(u \in A \Leftrightarrow (\vee\ x_1, \ldots, x_n)(u = \langle x_1 \ldots x_n\rangle \wedge \varphi(x_1 \ldots x_n)))\,.$$

Beweis: 1) Wir können annehmen, daß in φ eine spezielle Klasse nicht links von $\in$ steht, denn

$$(A_k \in \Gamma) \Leftrightarrow ((\vee\ x)(x = A_k \wedge x \in \Gamma))\,.$$

2) Wir können annehmen, daß in φ außer speziellen Klassen und Variablen nur $\in$, $\neg$, $\wedge$ und $\vee$ (mit Klammern) in den Formeln auftreten (und kein Gleichheitszeichen), denn

$$(A = \Gamma) \Leftrightarrow ((\wedge x)(x \in A \Leftrightarrow x \in \Gamma))\,.$$

3) Sei $\varphi = (x_r \in x_s)$. Ist $r = s$, so ist $\varphi = (x_r \in x_r)$. Aber es ist $x_r \in x_r$ und $x_r \in \{x_r\}$, also $\neg\ \mathrm{Ex}(x_r,\{x_r\})$ im Widerspruch zu Axiom D. Wir setzen $A_1 = \emptyset$. Ist $r < s$, so gilt nach B 1:

$$(\vee A_1)(\wedge x_r,x_s)(\langle x_r x_s\rangle \in A_1 \Leftrightarrow x_r \in x_s)\,.$$

Ist $r > s$, so gilt nach B 1 und B 6: $(\vee A_1)(\wedge x_r,x_s)(\langle x_s x_r\rangle \in A_1 \Leftrightarrow x_r \in x_s)$. Mit B 5, B 6, B 7 und B 8 erhalten wir in allen drei Fällen mit $1 \le r \le n$ und $1 \le s \le n$:

$$(\vee A_2)(\wedge x_1, \ldots, x_n)(\langle x_1 \ldots x_n\rangle \in A_2 \Leftrightarrow x_r \in x_s)\,.$$

4) Sei $\varphi = (x_r \in A_k)$. Dann gilt $(\vee A_k)(x_r \in A_k \Leftrightarrow x_r \in A_k)$. Mit B 5–B 8 erhalten wir für $1 \le r \le n$:

$$(\vee A_2)(\wedge x_1, \ldots, x_n)(\langle x_1 \ldots x_n\rangle \in A_2 \Leftrightarrow x_r \in A_k)\,.$$

5) Wir führen eine Induktion nach der Anzahl der in der Formel auftretenden logischen Zeichen $\neg$, $\wedge$ bzw. $\vee$ durch. Die notwendigen Induktionsschritte sind:

$\neg\,\varphi$: Nach B 3:
$$(\wedge\, x_1,\ldots,x_n)(\langle x_1\ldots x_n\rangle \in A_2 \Leftrightarrow \varphi(x_1\ldots x_n)) \Rightarrow$$
$$(\wedge\, x_1,\ldots,x_n)(\langle x_1\ldots x_n\rangle \in -A_2 \Leftrightarrow \neg\,\varphi(x_1\ldots x_n)).$$

$\varphi\wedge\psi$: Nach B 2:
$$(\wedge\, x_1,\ldots,x_n)(\langle x_1\ldots x_n\rangle \in A_2 \Leftrightarrow \varphi(x_1\ldots x_n)) \wedge$$
$$(\wedge\, x_1,\ldots,x_n)(\langle x_1\ldots x_n\rangle \in A_3 \Leftrightarrow \psi(x_1\ldots x_n)) \Rightarrow$$
$$(\wedge\, x_1,\ldots,x_n)(\langle x_1\ldots x_n\rangle \in A_2 \cap A_3 \Leftrightarrow (\varphi\wedge\psi)(x_1\ldots x_n)).$$

$(\vee\, x)$: Nach B 4:
$$(\wedge\, x,x_1,\ldots,x_n)(\langle xx_1\ldots x_n\rangle \in A_2 \Leftrightarrow \varphi(xx_1\ldots x_n)) \Rightarrow$$
$$(\wedge\, x_1,\ldots,x_n)(\langle x_1\ldots x_n\rangle \in \mathfrak{D}(A_2) \Leftrightarrow (\vee\, x)(\varphi(xx_1\ldots x_n))).$$

6) Wir definieren $A\times B$ durch

$$(\wedge\, x)(x\in A\times B \Leftrightarrow (\vee\, y,z)(x = \langle yz\rangle \wedge y\in A \wedge z\in B)).$$

Weiter sei $A^n = A\times A^{n-1}$. Also gilt speziell

$$(\wedge\, u)(u\in \mathfrak{U}^n \Leftrightarrow (\vee\, x_1,\ldots,x_n)(u = \langle x_1\ldots x_n\rangle)).$$

Wir ersetzen die nach 5) erhaltene Klasse $B\ (= -A_2,\ A_2\cap A_3,\ \mathfrak{D}(A_2))$ durch $A = B\cap \mathfrak{U}^n$. Nach A 3 ist dann A eindeutig bestimmt durch
$$(\wedge\, u)(u\in A \Leftrightarrow (\vee\, x_1,\ldots,x_n)(u = \langle x_1\ldots x_n\rangle \wedge \varphi(x_1\ldots x_n))).$$

Das im Metasatz der Klassenbildung konstruierte A wird auch als $A = \{\langle x_1\ldots x_n\rangle\,|\,\varphi(x_1\ldots x_n)\}$ geschrieben. Damit erhält man weitere Abkürzungen:

$A-B$	$:\equiv \{x\,|\,x\in A \wedge x\notin B\},$
$A\cup B$	$:\equiv \{x\,|\,x\in A \wedge x\in B\},$
$\bigcup X$	$:\equiv \{x\,|\,(\vee y)(x\in y \wedge y\in X)\},$
$\bigcap X$	$:\equiv \{x\,|\,(\wedge y)(y\in X \Rightarrow x\in y)\},$
$\mathfrak{P}(X)$	$:\equiv \{x\,|\,x\subseteq X\},$
X^{-1}	$:\equiv \{x\,|\,(\vee y,z)(x = \langle yz\rangle \wedge \langle zy\rangle \in X)\},$
$\mathfrak{W}(X)$	$:\equiv \mathfrak{D}(X^{-1})$ (Wertebereich von X),
$F(\!(X)\!)$	$:\equiv \mathfrak{W}(F\cap(\mathfrak{U}\times X))$ (Bildklasse von X bei F, d. h. die Klasse der Elemente, die als Bilder bei Anwendung von F auf Elemente von X auftreten).

Eine Reihe von neuen Formeln wird definiert durch:

$\mathrm{Rel}(X)$	$:\equiv X\subseteq \mathfrak{U}^2,$
$\text{Äqu.\,Rel}(X)$	$:\equiv \mathrm{Rel}(X) \wedge (\wedge\, x)(x\in \mathfrak{D}(X) \Rightarrow \langle xx\rangle \in X)$
	$\wedge\, (\wedge\, x,y)(\langle xy\rangle \in X \Rightarrow \langle yx\rangle \in X)$
	$\wedge\, (\wedge\, x,y,z)(\langle xy\rangle \in X \wedge \langle yz\rangle \in X \Rightarrow \langle xz\rangle \in X).$
$\mathrm{Abb}(X)$	$:\equiv \mathrm{Rel}(X) \wedge \mathrm{Ein}(X),$
F Abb auf X	$:\equiv \mathrm{Abb}(F) \wedge \mathfrak{D}(F) = X,$
F Abb von X in Y:	$\equiv F$ Abb auf X $\wedge\ \mathfrak{W}(F)\subseteq Y,$
$\mathrm{bijektiv}(F)$	$:\equiv \mathrm{Ein}(F) \wedge \mathrm{Ein}(F^{-1}).$

Seien F eine Klasse und x eine Menge. Dann ist $F(x)$ eindeutig definiert durch:

$$(((\vee !\,y)(\langle yx\rangle \in F)) \Rightarrow (\langle F(x)x\rangle \in F)) \wedge ((\neg\,(\vee !\,y)(\langle yx\rangle \in F)) \Rightarrow F(x) = \emptyset).$$

Sei F Abb von X in Y gegeben. F heißt injektiv, wenn $\mathrm{Ein}(F^{-1})$. F heißt surjektiv, wenn $\mathfrak{W}(F) = Y$. Statt F Abb von X in Y schreiben wir auch oft $F\colon X\to Y$ bzw. $X\ni x\mapsto F(x)\in Y$ bzw. $X\xrightarrow{F}Y$. Man beachte dabei, daß der Pfeil $\mapsto$ zwischen Mengen steht, die einander zugeordnet werden, während der Pfeil $\to$ zwischen Mengen bzw. Klassen steht, deren Elemente einander zugeordnet werden. Eine Familie F von Elementen aus Y mit Indexklasse X ist (F Abb von X in Y).

Es gelten folgende

Regeln der Mengenlehre

a) $\bigcap \varnothing = \mathfrak{U}; \ \bigcap \mathfrak{U} = \varnothing; \ \bigcup \varnothing = \varnothing; \ \bigcup \mathfrak{U} = \mathfrak{U};$

b) $\varnothing \subseteq X \subseteq \mathfrak{U};$

c) $X = Y \Leftrightarrow X \subseteq Y \wedge Y \subseteq X;$

d) $\mathfrak{D}(\mathfrak{U}) = \mathfrak{U}; \ \mathfrak{W}(\mathfrak{U}) = \mathfrak{U};$

e) $\mathfrak{P}(\mathfrak{U}) = \mathfrak{U};$

f) $M(\varnothing); \ K(\mathfrak{U});$

g) $M(X) \Rightarrow M(X \cap Y) \wedge M(\mathfrak{P}(X)) \wedge M(\bigcup X);$

h) $X \neq \varnothing \Rightarrow M(\bigcap X);$

i) $M(X) \wedge (Y \subseteq X) \Rightarrow M(Y);$

k) $M(X) \wedge M(Y) \Rightarrow M(X \times Y) \wedge M(X \cup Y);$

l) $F \text{ Abb auf } x \Rightarrow M(F) \wedge M(\mathfrak{W}(F)) \wedge M(F((x)));$

m) $K(X) \Rightarrow K(\mathfrak{P}(X)) \wedge K(\bigcup X) \wedge K(X \cup Y) \wedge K(X - y);$

n) $K(X) \wedge Y \neq \varnothing \Rightarrow K(X \times Y);$

o) $\text{bijektiv}(F) \wedge X \subseteq \mathfrak{D}(F) \wedge K(X) \Rightarrow K(F((X)));$

p) $F \text{ Abb auf } A \wedge G \text{ Abb auf } A \Rightarrow ((\wedge u)(u \in A \Rightarrow F(u) = G(u)) \Rightarrow F = G).$

Beweis: a), b), c), d) und e) sind trivial zu verifizieren.

i) Sei $A = \{\langle zz \rangle \mid z \in Y\}$, so ist A eindeutig (Ein(A)). Nach Axiom C 4 ist dann $y = Y$, also M(Y).

g) $M(X \cap Y)$ ist nach i) trivial. $M(\mathfrak{P}(X))$ und $M(\bigcup X)$ folgt mit den Axiomen C 2 und C 3 aus i).

k) Nach Axiom A 4 ist $\{X, Y\}$ eine Menge. Nach g) ist $M(X \cup Y)$. Es ist $X \times Y \subseteq \mathfrak{P} \, \mathfrak{P}(X \cup Y)$, also ist nach i) und g) $M(X \times Y)$.

l) $M(\mathfrak{W}(F))$ und $M(F((x)))$ gelten wegen Axiom C 4. $F \subseteq x \times \mathfrak{W}(F)$ impliziert M(F).

m), n) und o) werden analog bewiesen.

p) gilt nach Definition von $F(x)$.

f) $\varnothing \subseteq X$ und die Existenz einer Menge (Axiom C 1) impliziert M($\varnothing$). Sei M($\mathfrak{U}$). Dann ist $\mathfrak{U} \in \mathfrak{U}$ und $\mathfrak{U} \in \{\mathfrak{U}\}$ im Widerspruch zu Axiom D. Also ist K($\mathfrak{U}$).

h) $y \in X \wedge \bigcap X \subseteq y \Rightarrow M(\bigcap X).$

Das von G ö d e l verwendete starke Auswahlaxiom ist äquivalent zu dem hier verwendeten Auswahlaxiom, das für die Anwendung in Kategorien besonders geeignet ist. (Die Äquivalenz der beiden Axiome gilt allerdings nur, wenn das Fundierungsaxiom gilt.) Dieses Auswahlaxiom lautet:

$$\text{Äqu. Rel } R \Rightarrow (\vee X)(\wedge u)(u \in \mathfrak{D}(R) \Rightarrow (\vee ! v)(v \in X \wedge \langle uv \rangle \in R)).$$

Zu jeder Äquivalenzrelation R auf $\mathfrak{D}(R)$ existiert ein vollständiges Repräsentantensystem $X \cap \mathfrak{D}(R)$.

Satz. *Das Auswahlaxiom ist äquivalent zu dem folgenden Gödelschen Auswahlaxiom:*

$$(\vee A)(\text{Ein}(A) \wedge (\wedge x)(\neg \text{Leer}(x) \Rightarrow (\vee y)(y \in x \wedge \langle yx \rangle \in A)).$$

(Es gibt eine eindeutige Klasse (eine Zuordnung), die jeder nichtleeren Menge x eines ihrer Elemente zuordnet.)

Beweis: Gelte das Auswahlaxiom. Sei E die Klasse der $\in$-Relation: $E = \{\langle xy \rangle \mid x \in y\}$. Sei

$$R = \{\langle wxyz \rangle \mid \langle wx \rangle \in E \wedge \langle yz \rangle \in E \wedge x = z\}.$$

Dann ist R eine Äquivalenzrelation auf E. Sei A ein vollständiges Repräsentantensystem für R. Ist $y \neq \varnothing$, so existiert genau ein x mit $\langle xy \rangle \in A \subseteq E$. Damit ist A die gesuchte Auswahlfunktion für das G ö d e l sche starke Auswahlaxiom.

Die Umkehrung des Beweises soll hier nur angedeutet werden. Das G ö d e l sche starke Auswahlaxiom impliziert, daß $\mathfrak{U}$ wohlgeordnet werden kann. Ist dann R eine Äquivalenzrelation, so ist

$$X = \{x \mid x \in \mathfrak{D}(R) \wedge \langle \wedge y \rangle (y \in \mathfrak{D}(R) \wedge \langle xy \rangle \in R \Rightarrow x \leq y\}$$

ein vollständiges Repräsentantensystem.

Speziell steht dadurch das Lemma von Zorn zur Verfügung. Dazu definiert man eine Kette K in einer geordneten Menge X (im Sinne von 1.1 Beispiel 2) als eine Teilmenge von X, so daß für je zwei Elemente $x, y \in K$ immer $x \leq y$ oder $y \leq x$ gilt. Eine obere Schranke für eine Kette K in X ist ein Element $s(K) \in X$, so daß für alle $x \in K$ gilt $x \leq s(K)$. Ein maximales Element $m \in X$ ist ein Element mit der Eigenschaft, daß für alle $x \in X$ mit $m \leq x$ gilt $m = x$.

Lemma von Zorn: *Ist X eine geordnete Menge und gibt es zu jeder Kette K in X eine obere Schranke, so gibt es in X ein maximales Element.*

Zum Beweis dieses und des folgenden Lemmas über Ordinalzahlen sei der Leser auf die Lehrbücher der Mengenlehre verwiesen.

Lemma 2. *Sei K eine wohlgeordnete Menge von Ordinalzahlen α, sei γ die erste Ordinalzahl mit $|K| < |\gamma|$ und $|\alpha| < |\gamma|$ für alle $\alpha \in K$. Dann existiert eine Ordinalzahl β mit $\beta < \gamma$ und $\alpha < \beta$ für alle $\alpha \in K$.*

Literaturhinweise

Brinkmann, H. B.; Puppe, D.: Kategorien und Funktoren (Lecture Notes 18). Berlin-Heidelberg-New York 1966.

Ehresmann, C.: Catégories et structures. Paris 1965.

Freyd, P.: Abelian Categories. New York-Evanston-London 1964.

Gabriel, P.: Des catégories abéliennes. Bull. Soc. Math. France, 90 (1962).

Hasse, M.; Michler, L.: Theorie der Kategorien. Berlin 1966.

Lambek, J.: Completion of Categories (Lecture Notes 24). Berlin-Heidelberg-New York 1966.

MacLane, S.: Categorical Algebra. Bull. Amer. Math. Soc., 71 (1965).

Mitchell, B.: Theory of Categories. New York-London 1965.

Proceedings of the Conference on Categorical Algebra — La Jolla 1965. Berlin-Heidelberg-New York 1966.

Seminar on Triples and Categorical Homology Theory. (Lecture Notes 80) Berlin-Heidelberg-New York 1969.

Namen- und Sachverzeichnis